高职高专机电及电气类专业系列教材

# 液压传动技术

主编　简引霞
参编　孙兆元　周小勇　赵忠宪
主审　唐建生

西安电子科技大学出版社

## 内 容 简 介

本书是根据高等职业技术教育和高等专科教育的教学要求而编写的。在编写理念上力求基础理论以应用为目的，以必需、够用为度，贯彻理论联系实际的原则，着重基本概念和原理的阐述，突出理论知识的应用，加强针对性和实用性，注重引入新技术。

全书共6章，包括概论、液压泵、液压马达、液压缸、液压控制阀和辅助装置等内容。书中介绍了各类液压元件的功用、结构、工作原理、特性、应用、常见故障及其排除方法；每章后附有习题与思考题，便于学生巩固提高。全书配有大量的工业应用图例，有利于提高学生分析问题和解决问题的能力。

本书既可作为高职高专院校液压技术应用专业、液压与气动技术专业、流体传动与控制专业的专业教材，又可供高职高专院校、成人教育(如职大、夜大、函大等)院校机械类、机电类专业的师生学习和参考，还可供从事液压技术的工程技术与维护人员参考使用。

**★ 本书配有电子教案，需要者可与出版社联系，免费提供。**

**图书在版编目(CIP)数据**

液压传动技术/简引霞主编. —西安：西安电子科技大学出版社，2006.7(2022.8重印)
ISBN 978-7-5606-1678-0

Ⅰ. 液…　Ⅱ. 简…　Ⅲ. 液压传动　Ⅳ. TH137

中国版本图书馆CIP数据核字(2006)第046128号

策　　划　毛红兵
责任编辑　邵汉平　毛红兵
出版发行　西安电子科技大学出版社(西安市太白南路2号)
电　　话　(029)88202421　88201467　　邮　编　710071
http://www.xduph.com　　E-mail：xdupfxb@pub.xaonline.com
经　　销　新华书店
印刷单位　西安日报社印务中心
版　　次　2022年8月第1版第5次印刷
开　　本　787毫米×1092毫米　1/16　印张19
字　　数　447千字
定　　价　46.00元
ISBN 978-7-5606-1678-0/TH

**XDUP　1970001-5**

# 高职高专机电及电气类专业系列教材

## 编审专家委员会名单

# 前　言

液压技术是实现现代传动和控制的关键技术之一，近年来与微电子技术、计算机技术相结合，使液压技术进入了一个崭新的历史阶段。液压技术与传动、控制、检测等技术一起成为对现代机械装备技术进步有重要影响的基础技术，其应用遍布各个工业领域，如机床、工程机械、冶金机械、农业机械、塑料机械、锻压机械、航空、航天、航海、石油与煤炭等领域都广泛采用了液压技术。液压技术的采用对机电产品的质量和生产水平的提高起到了极大的促进和保证作用，因此，采用液压技术的程度已成为衡量一个国家工业水平的重要标志。

本书是根据高职高专教育的教学要求而编写的。全书共6章，内容包括概论、液压泵、液压马达、液压缸、液压控制阀和辅助装置等；每章后附有习题与思考题，便于学生巩固提高。

本书既可作为高职高专院校液压技术应用专业、液压与气动技术专业、流体传动与控制专业的专业教材，又可供高职高专院校、成人教育(如职大、夜大、函大等)院校机械类、机电类专业的师生学习和参考，还可供从事液压技术工作的工程技术人员与维护人员参考使用。

本书在编写过程中，主要考虑了以下几点：

(1) 特色鲜明。本书的编写力求基础理论以应用为目的，以必需、够用为度，以掌握概念、强化应用为教学重点，增加了生产现场使用的应用性知识，具有明显的职业教育特色，有利于高等技术应用型人才的培养。

(2) 内容适当。在编写过程中，贯彻理论联系实际的原则，着重基本概念和原理的阐述，突出理论知识的应用，加强针对性和实用性，既兼顾了现有元件，又反映了液压技术的新发展，具有内容适当、浅显易懂、实践性强的特点。

(3) 应用性强。为加强学生实际应用能力的培养，本书主要介绍了各种液压元件的结构、原理、特性、应用和液压元件的常见故障及其排除方法。全书配有大量的工业应用图例，具有很强的实用性，有利于提高学生分析问题和解决问题的能力。

(4) 填补空白。液压技术专业的专用教材相应较少，特别是侧重于液压元件应用和分析类的教材比较缺乏，因此，根据高职高专教育改革的需求和多年的教学研究实践，我们特地编写了本书，填补了高职高专教材的空白。

本书采用国际单位制，专业名词术语和图形符号均符合我国制定的相应标准。

本书由西安航空技术高等专科学校简引霞主编，西安航空技术高等专科学校孙兆元、周小勇及兰州石油化工职业技术学院赵忠宪等参编。全书编写分工如下：简引霞编写第1章、第5章；简引霞、孙兆元合作编写第2章；孙兆元编写第3章；周小勇编写第4章；赵忠宪编写第6章。

河南工业职业技术学院唐建生担任本书主审。主审对本书原稿进行了细致的审阅，提出了许多宝贵的意见，在此深表谢意。

由于编者水平所限，疏误和缺点在所难免，欢迎广大读者批评指正。

编　者

2006年3月于西安

# 目　录

# 第1章 概　　论

## 1.1 液压技术发展概况

液压技术是在水力学、工程力学和机械制造基础上发展起来的一门应用科学技术。1650年，Pascal提出的水静压力原理(也称为帕斯卡原理)是液压技术的基础。1795年，英国伦敦的Joseph Bramah首次用水作为介质，将帕斯卡原理应用于水压机。但帕斯卡原理真正的实际应用则是在19世纪50年代的英国工业革命时代，W. G. Armstrong采用蒸汽机驱动水泵作为动力源，将水压机实用化并应用了重锤式蓄能器。1870年左右，液压技术曾扩展应用于压榨机、铰盘、千斤顶等装置。

19世纪末，由于电力驱动技术的发展，使液压技术停滞不前。直至1906年，美国战舰Virginia号以液压传动取代电力驱动，用于起吊和操纵火炮，首次用油作介质，较好地解决了润滑和密封问题，使液压技术开始迅速发展。

液压元件是液压技术发展的基础。1593年出现的Serviere齿轮泵是一种较早的液压泵，与目前的外啮合齿轮泵结构很相近。叶片泵的雏形产生于16世纪末，但直到1925年Vickers发明了双作用叶片泵，才使它成为完善的形式并沿用至今。1910年出现的Hele Shaw径向柱塞泵为提供结构紧凑、压力较高的液压动力源开创了新的一页。1920年左右发明的Hans Thoma型轴向柱塞泵，是高压系统应用最为广泛的轴向柱塞泵形式。1930年开始采用平面配流面，并用万向节实现同步；1946年后改用球面配流面，用连杆实现同步；1950年斜盘式轴向柱塞泵开始广泛应用于工业生产。20世纪40年代，前苏联和瑞士发展并奠定了具有流量平稳、低噪声特点的螺杆泵的设计理论和结构。

最早应用的低速大转矩液压马达是英国ChamberLain公司生产的径向曲轴连杆式马达。20世纪50年代后，许多国家发展出多种形式的径向柱塞式低速大转矩液压马达，为直接应用液压驱动而不需要减速装置创造了有利条件。

除了液压泵和液压马达作为动力元件和执行元件外，液压控制阀的发展对推进液压技术也起到了十分重要的作用。19世纪中叶由Fleeming Jenkin发明的压差补偿型流量阀和1935年由Harrg Vichers发明的先导式溢流阀，为发展液压控制阀的压力补偿、先导控制和匹配耦合起到了开创性的作用。

20世纪40年代初，首先应用在飞机上的电液伺服阀开辟了液压技术向高响应、高精度发展的新领域。美国麻省理工学院的Blackburn和Lee等在20世纪50年代发表的电液伺服器件设计理论和实践，为电液伺服控制奠定了基础。

20世纪60年代末至70年代初，先后在瑞士和日本出现了电液比例控制阀，介于定值控制和伺服控制之间的一个新兴领域——电液比例控制技术诞生并迅速发展，元器件性能大幅提高，应用领域不断扩展。

20世纪80年代后期，又出现了电液数字控制阀，使液压技术向着更广泛的领域发展。

电液比例控制、电液伺服控制和电液数字控制赋予液压技术以更强的活力，使液压技术作为一种基本的传动形式占有着相当重要的地位，并且以优良的静、动态特性而成为一种重要的控制手段。

当前，液压技术在实现高压、高速、大功率、高效率、低噪声、高可靠性、高度集成化等方面都取得了重大进展，在完善发展比例控制、伺服控制以及开发数字控制技术等方面也有许多新成就。液压与电气、液压与微电子技术、液压与计算机控制相结合的机电液一体化已成为世界液压技术的发展潮流。

我国从20世纪50年代末期开始发展液压工业，特别是20世纪80年代到90年代，国家对液压行业进行了重点改造，并先后引进近50项国外先进技术，使我国液压行业的产品水平、科研开发能力和工艺装备水平都有了大幅度提高，液压技术在各工业部门得到广泛的应用。但是，与国外先进水平相比，我国的液压技术还有很大差距，主要表现在：产品水平低，品种规格少，自我开发能力薄弱，成套性差，特别是对重大技术装备、重点工程的配套率严重不足；产品质量不稳定，可靠性差，寿命短；一些新的应用领域(如航空航天，海洋工程，生物医学工程，机器人，微型机械)以及高温、明火环境下所急需的一些特殊元件，几乎处于空白。液压工业已成为影响我国机械工业和扩大机电产品国际交往的瓶颈产业，迅速改变这种落后面貌，是我国液压技术界和工业界所面临的迫切任务。

液压技术包括液压传动技术和液压控制技术两大部分。本教材主要介绍液压传动技术中常用的液压元件，较详细地阐述了液压元件的结构、工作原理、性能特点和应用，还简单介绍了一些新出现的液压元件，如插装阀、电液比例阀和电液数字阀等。

本章的任务是使初学者对液压传动的工作原理及图形符号、液压传动系统的组成、液压传动的特点等内容有一个初步的认识。

## 1.2 液压传动的工作原理和特性

**1. 液压传动的基本概念**

任何一部机器都有传动机构，借助它以达到对动力进行传递和控制的目的。按照传动所采用的机构或工作介质的不同可分为机械传动、电气传动和流体传动。

流体传动是以流体(液体、气体)为工作介质进行能量转换、传递和控制的传动形式。以液体为工作介质时为液体传动；以压缩空气为工作介质时为气体传动。

液体传动又分为性质截然不同的两种传动形式：液压传动和液力传动。液压传动主要利用液体静压能来传递运动和动力，其工作原理基于物理学中的帕斯卡原理，也称静液传动或容积式传动。液力传动主要利用液体动能来传递运动和动力，其工作原理基于流体力学中的动量矩定理。

**2. 液压传动的工作原理**

液压传动应用了液体的两个最重要的特征：① 假定液体不可压缩；② 静止液体压力各向相等。

图 1－1 所示为液压传动的工作原理图。右边是液压泵 1，左边是液压缸 3，均配以密封的活塞，中间用管道 5 连接起来。当小活塞 2 上作用有较小的主动力时，液压泵就产生相应的压力，根据帕斯卡原理，这个压力等值传递到液压缸 3，平衡作用于大活塞 4 上的很大的作用力。当小活塞向下移动时，液压泵排出的液体进入液压缸下腔，使大活塞提升，推动负载作功。这就是液压传动的工作原理。

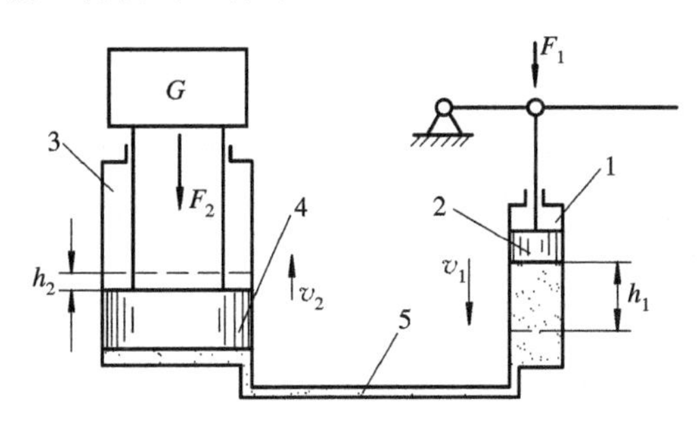


1—液压泵；2—小活塞；3—液压缸；4—大活塞；5—管道

图 1－1　液压传动工作原理图

**3. 液压传动常用的基本公式**

1）负载作用力 $F$ 与液压介质压力 $p$ 之间的关系

在图 1－1 所示的简单液压传动装置中，设液压泵活塞 2 的面积为 $A_1(\mathrm{m}^2)$，液压缸活塞 4 的面积为 $A_2(\mathrm{m}^2)$，工作腔与管道 5 中都充满油液并与大气隔绝。在液压缸活塞上放有重物 $G$，设它所产生的重力为 $F_2(\mathrm{N})$，作用在液压泵活塞上的作用力为 $F_1(\mathrm{N})$，根据液体静力学原理，存在以下关系：

$$\left.\begin{aligned} F_1 &= p_1 A_1 \\ F_2 &= p_2 A_2 \end{aligned}\right\} \tag{1-1}$$

由于 $p_1=p_2=p$，因而

$$\frac{F_1}{A_1}=\frac{F_2}{A_2}=p \quad (\mathrm{Pa}) \tag{1-2}$$

或

$$F = pA$$

从式(1－2)及图 1－1 可以看出，因为 $A_2$ 比 $A_1$ 大得多，所以只需给泵一个较小的力 $F_1$，就可以使缸得到一个较大的力 $F_2$ 来举起重物 $G$，可见此液压传动装置是一个力的放大机构。又因为当结构尺寸一定时，液压缸中的压力 $p$ 取决于举升负载重物所需要的作用力 $F_2$，而液压泵上的作用力 $F_1$ 则取决于压力 $p$，所以，被举升的负载越重，则液体介质的压力越高，所需的作用力 $F_1$ 也就越大；反之，如果空载工作且不计摩擦力等因素，则压力 $p$ 及使液压泵工作所需的作用力 $F_1$ 都为零。

液压传动中负载 $F$ 与压力 $p$ 之间的关系可表述为：液压系统的压力取决于负载，并且随着负载的变化而变化。

*2) 运动速度 $v$ 与液体介质流量 $q$ 之间的关系*

假定不考虑液体的渗漏，也不考虑油液的可压缩性以及泵体、缸体和管道的弹性变形，在传动过程中，各工作腔容积变化是相等的，也即符合液流的连续性方程，所以有

$$q_1 = v_1 A_1 \quad q_2 = v_2 A_2 \tag{1-3}$$

由于 $q_1 = q_2 = q$，因而

$$A_1 v_1 = A_2 v_2 = q$$

或

$$v_2 = v_1 \frac{A_1}{A_2} \quad (\mathrm{m/s}) \tag{1-4}$$

从式(1-4)可以看出，因为 $A_1$ 比 $A_2$ 小得多，所以液压缸活塞的运动速度比液压泵活塞的运动速度小得多，可见此液压传动装置是一个减速传动机构。又因为 $A_1$ 和 $A_2$ 已定，所以液压缸带动工作机构的移动速度 $v_2$ 只取决于输入流量的大小，输入液压缸的流量 $q_2$ 越多，则运动速度 $v_2$ 越快。

液压传动中运动速度 $v$ 与流量 $q$ 的关系可表述为：液压缸的运动速度取决于进入液压缸的流量，并且随着流量的变化而变化。

*3) 液压传动的功率计算*

功率是力和速度的乘积。如果忽略各种摩擦损失和漏损，则液压泵输入的功率和液压缸输出的功率符合能量守恒原理，即

$$P_1 = F_1 v_1 \quad (\mathrm{W}) \qquad P_2 = F_2 v_2 \quad (\mathrm{W}) \tag{1-5}$$

由于 $P_1 = P_2 = P$，因而

$$P = F_1 v_1 = F_2 v_2 \quad (\mathrm{W}) \tag{1-6}$$

为了区别这两种功率，我们把 $P_1 = F_1 v_1$ 称为泵的输入功率，把 $P_2 = F_2 v_2$ 称为缸的输出功率。

我们将 $F_1 = pA_1$、$F_2 = pA_2$ 代入式(1-6)，就得到液压传动中常用的功率公式：

$$P = pA_1 v_1 = pA_2 v_2 = pq \quad (\mathrm{W}) \tag{1-7}$$

式中：$p$——压力($\mathrm{N/m^2}$)；

$q$——流量($\mathrm{m^3/s}$)。

因此，在液压传动中，功率就是压力与流量的乘积。

**4. 液压传动的特点**

液压传动与其它传动方式相比主要有以下特点：

(1) 液压传动必须用具有一定压力的液体作为工作介质。

(2) 传动过程中必须经过两次能量转换。首先，液压泵把机械能转换为液体的压力能；然后，油液输入液压缸，又通过液压缸把油液的压力能转换成驱动外界负载运动的机械能。

(3) 液压传动必须在密封容积内进行，而且容积要发生变化。如果容积不密封，则不能形成压力；如果容积不变化，则不能实现传递速度的要求。因此，有人把“液压传动”叫做“容积式液力传动”。

# 1.3　液压传动系统的组成和图形符号

**1. 液压传动系统举例**

图 1－1 所示的液压传动装置虽然能达到起重的目的，但是液压缸活塞 4 的行程太小，而且不能实现不断上升的要求，为此还必须进一步完善。图 1－2 所示为一种常用的液压千斤顶的工作原理图。它主要由杠杆 1、小活塞 2、泵体 3 和单向阀 4、5 等组成的手动液压泵和由大活塞 7、缸体 6 等组成的液压缸构成，8 为重物，9 为截止阀，10 为油箱。

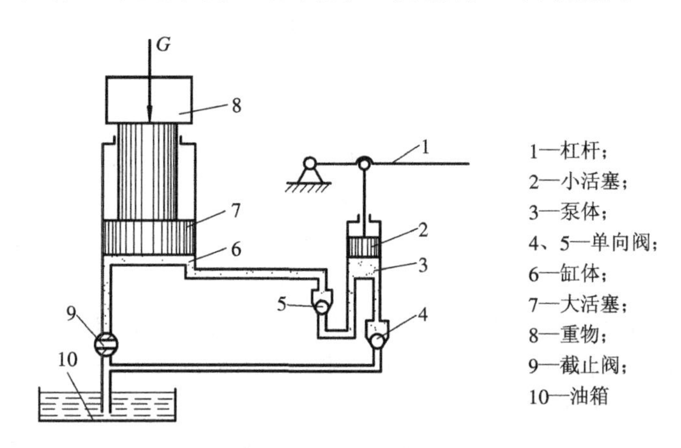


图 1－2　液压千斤顶的工作原理

当提起杠杆 1 时，活塞 2 上升，泵体 3 下腔的工作容积增大(此时单向阀 5 关闭)，腔内形成真空，油箱 10 中的油液在大气压的作用下推开单向阀 4 的钢球，进入并充满泵体 3 的下腔。当压下杠杆 1 时，活塞 2 下降，单向阀 4 关闭，泵体 3 中的油液推开单向阀 5 进入缸体 6 的下腔，推动活塞 7 将重物 8 举起。反复提压杠杆，就可以使重物不断上升，达到起重的目的。

当活塞 7 停止运动时，只要停止杠杆 1 的运动，缸体 6 中的油压使单向阀 5 关闭，活塞 7 就自锁不动。如果需要重物下降，则可打开截止阀 9，使缸体 6 的下腔直接与油箱 10 相通，在重物 $G$ 的作用下，活塞 7 向下移动，油液即排回油箱。

在实际应用中要完成液压传动的任务，往往需要由许多不同的液压元件组成液压传动系统来实现。如图 1－3 所示的机床工作台往复运动的传动系统，工作台 8 由活塞杆带动作直线往复运动，液压系统中的工作油液由齿轮泵 3 供给。为了改变工作台的运动方向，设置了手动换向阀 6，以改变进入液压缸的油液流向。节流阀 5 用来改变进入液压缸的油液流量，以控制工作台的运动速度。溢流阀 4 在控制液压泵输出油液压力的同时，也起着把泵输

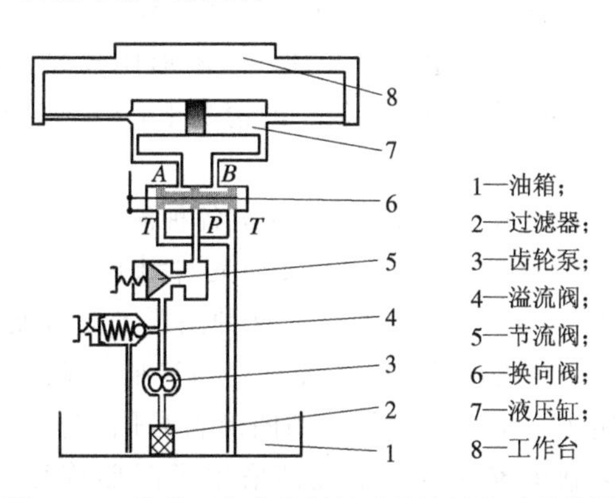


图 1－3　机床工作台往复运动的液压传动系统图

出的多余油液排回油箱的作用。管道和管接头用于将这些元件连接起来。

当电动机带动齿轮泵 3 旋转时，油箱中的油液经过滤器 2 被吸入。图示位置换向阀 6 的阀芯处于中间位置，接通换向阀的油路被堵塞，液压缸活塞处于停止状态。此时，液压泵输出的油液全部经过溢流阀流回油箱。当换向阀 6 的阀芯处于左端位置时，泵输出的压力油经节流阀 5、换向阀的 $P$、$B$ 阀口进入液压缸 7 的右腔，推动活塞带动工作台 8 向左运动。与此同时，缸 7 左腔的油液经换向阀的 $A$、$T$ 阀口流回油箱。当换向阀 6 的阀芯处于右端位置时，泵输出的压力油便经节流阀 5、换向阀的 $P$、$A$ 阀口进入液压缸 7 的左腔，使工作台右移。与此同时，缸 7 右腔的油液经 $B$、$T$ 阀口流回油箱。

过滤器 2 的作用是滤去油液中的污染物质，保证油液的清洁，使系统正常工作。

**2. 液压传动系统的组成和作用**

从以上的例子可以看出，液压传动系统主要由以下 4 个部分组成。

(1) 动力元件(液压泵)：是把机械能转换成液体压力能的元件，作为系统的供油能源，如图 1－2 中的手动液压泵和图 1－3 中的齿轮式液压泵。

(2) 执行元件(液压缸或液压马达)：是把液体的压力能转换成机械能的元件，对负载做功，如图 1－2 和图 1－3 中作直线运动的液压缸。

(3) 控制元件(各种液压控制阀)：是控制液压系统中油液的压力、流量和流动方向的元件，用来实现执行元件的作用力、运动速度和运动方向的控制与调节，如图 1－3 中的溢流阀、节流阀和换向阀等元件。

(4) 辅助元件：是除上述三项以外的其它元件，如图 1－3 中的油箱、过滤器、油管、压力表等，它们对保证液压系统可靠、稳定、持久地工作有着重要的作用。

**3. 液压传动系统的图形符号**

综上所述，液压传动系统是由各种液压元件组成的。如果用结构图来表达液压系统，则往往是各元件纵横排列，管路来回交错，既看不清楚，而且绘制也比较复杂。为了清晰地表达液压系统中各个元件及它们之间的相互关系，我们可以采用相应的图形符号来表示。

目前，液压元件及系统有两种表示法，即结构式表示法和图形符号式表示法。

在结构式表示法中，各种液压元件用结构原理简图表示，如图 1－2、图 1－3 所示。这种图形直观性强，容易理解，当系统发生故障时检查、分析也比较方便，但图形比较复杂，特别是在系统中元件较多的情况下，绘制则更加不便。

在图形符号式表示法中，各种液压元件用只说明元件的职能而不反映元件结构的符号来表达，如图 1－4 所示。这种图形绘制方便、简洁，表达较复杂的系统时尤为清晰。我国已制定了一整套液压及气动图形符号国家标准。大多数国家的液压系统都采用了图形符号式表示法，各国的图形符号大同小异。

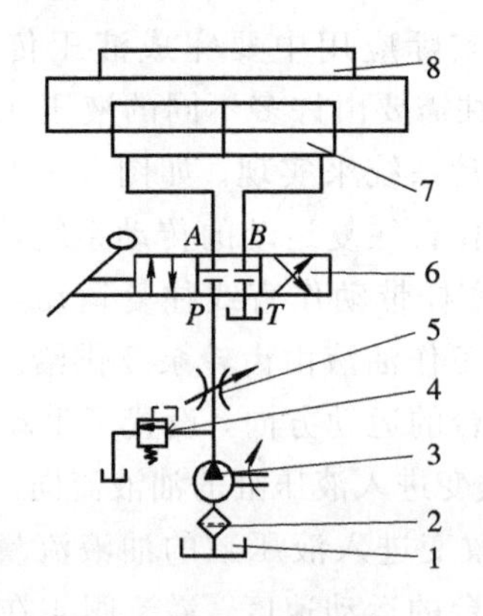

图 1－4　用图形符号表示的液压系统图

为了着重说明某些元件的结构和动作原理，有些液压系统仍采用结构原理图，而其余元件则用图形符号来表示。

各种液压元件的图形符号将在讲述各元件时分别介绍。

## 1.4　液压传动的优缺点及其应用

**1. 液压传动的优点**

液压传动与机械传动、电气传动、气压传动相比有下列一些优点：

(1) 与机械、电气传动相比，在输出同等功率的条件下，液压传动装置的体积小，重量轻，惯性小，结构紧凑。例如，液压马达的体积仅为同功率电动机的12%～13%，重量仅为同功率电动机的10%～20%。

(2) 液压传动装置能在运转过程中进行无级调速，方法简便且调速范围较大，如某些情况下可达1000∶1。

(3) 液压传动装置的工作比较平稳，反应快，冲击小，能高速启动、制动和换向。例如，往复直线运动的换向频率每分钟可达400～1000次。

(4) 液压传动装置的控制、调节比较简单，操纵比较方便、省力，易于实现自动化，特别是与电气控制配合使用时，能实现复杂的顺序动作和远程控制。

(5) 液压传动装置易于实现过载保护。例如，系统中设置安全阀后，就可以防止超载而发生故障。同时，油液能使各相对运动表面自行润滑，所以液压传动装置的使用寿命较长。

(6) 液压元件已经实现了系列化、标准化、通用化，故易于设计、制造和推广使用。

**2. 液压传动的缺点**

(1) 液压传动装置以液体作为工作介质，往往容易形成泄漏。同时，油液也具有一定的可压缩性。由于这些原因，因而液压传动的效率较低，一般为75%～80%。

(2) 液压传动装置由于在能量转换及传递过程中存在着机械摩擦损失、压力损失和泄漏损失等问题，因而无法保证严格的传动比。

(3) 因为油液的温度变化会引起油液的粘度变化，从而影响系统的工作性能，所以液压传动装置一般不宜在低温及高温下工作。另外，液压传动对油液的污染亦比较敏感，要求有良好的过滤设施。

(4) 液压元件制造精度要求较高，因此价格较贵。此外，液压装置的使用与维修要求有较高的技术水平和一定的专业知识。

**3. 液压技术的应用**

由于液压技术的诸多优点，使其发展很快，特别是经过最近半个世纪的飞速发展，液压技术已成为包括传动、控制、检测在内的对现代机械装备技术进步有重要影响的基础技术，其应用遍布各个工业领域。从蓝天到水下，从军用到民用，从重工业到轻工业，到处都有液压传动及控制技术的应用。国外生产的95%的工程机械、90%的数控加工中心、95%的自动生产线都采用了液压传动与控制技术。由于液压技术的采用对机电产品的质量和生产水平的提高起到了极大的促进和保证作用，因而采用液压技术的程度已成为衡量一个国家工业水平的重要标志。可以预见，随着科学技术的不断发展，液压技术将会在许多工业部门中发挥越来越大的作用。

## 习题与思考题

1. 什么叫液压传动？液压传动的特点是什么？

2. 液压传动系统通常由哪几部分组成？各部分的作用是什么？

3. 如图所示，已知 $F_1=10\times10^3$ N，$F_2=15\times10^3$ N，液压缸活塞直径均为25 cm。当液压泵压油时，两缸活塞能否同时动作？为什么？液压泵的出口压力是多少？

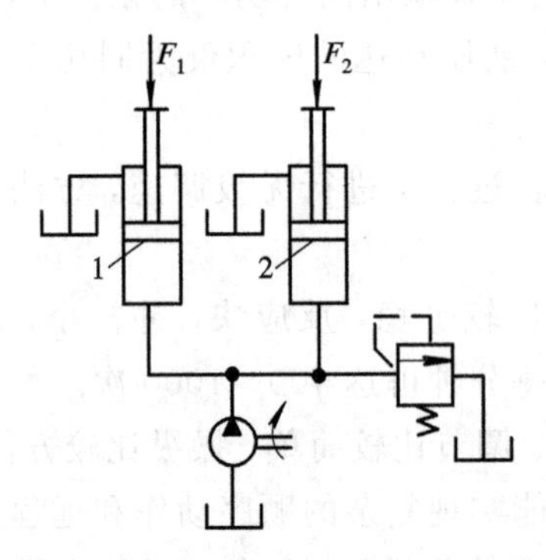


题 3 图

4. 如图所示，设杠杆尺寸 $a=30$ cm，$b=2.5$ cm，小活塞直径 $d=1.6$ cm，液压缸活塞直径 $D=12$ cm。若手的作用力 $F=200$ N，求液压缸活塞向上顶起的作用力是多少？力放大了多少倍？

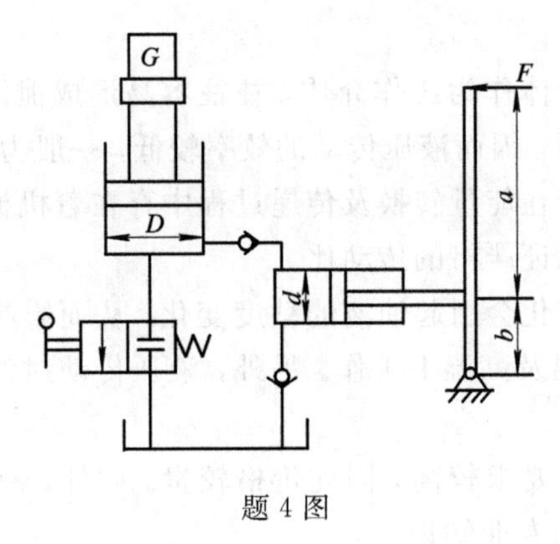


题 4 图

# 第2章　液　压　泵

## 2.1　液压泵概述

液压传动以具有压力的油液作为传递动力的工作介质，因此在液压系统中要有能量转换装置。液压泵就是在电动机或其它原动机的带动下，将机械能转换为流动液体压力能的能量转换装置，它不断向系统输送一定流量和压力的油液，达到驱动执行机构的目的。

**1. 液压泵的工作原理和分类**

图2-1所示为一活塞式手摇液压泵的工作原理图。它由泵体1、活塞2、压杆3和两只单向阀4、5组成。当压杆3向下运动时，活塞2向上运动，使泵腔中的体积扩大，形成真空，此时单向阀5关闭，在油箱液面大气压力作用下，单向阀4打开，液体经吸油管由油箱中吸入泵腔内；当压杆3向上运动时，活塞2向下运动，泵腔中的体积缩小，油液的压力上升，将单向阀4关死，而将单向阀5推开，液体则经压油管排出。如此不停地往复工作，使液压泵不断地吸油和压油。

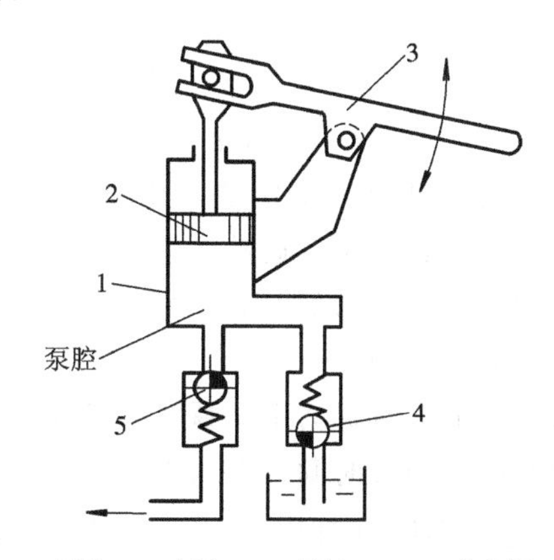


1—泵体；2—活塞；3—压杆；4、5—单向阀

图2-1　活塞式手摇液压泵的工作原理图

从上述液压泵的工作过程可以看出，液压泵工作时应满足如下必要条件：

(1) 在泵中必须形成一定体积的密封容积。例如，当活塞2不动时，两只单向阀均处于关闭状态，此时泵即为一密封容积。

(2) 密封容积必须变化。由工作原理可知，活塞上移时，容积扩大，吸油；活塞下移时，容积缩小，压油。密封容积的变化是泵吸、压油的根本原因。由于这种泵是依靠容积变化而进行工作的，因而称为容积式液压泵。

(3) 吸油腔和压油腔要互相隔开。当活塞上移时，单向阀 5 的上腔连同吸油管为吸油腔(或称低压腔)，其下腔为压油腔(或称高压腔)，吸油腔和压油腔由单向阀 5 隔开；当活塞下移时，单向阀 4 的上腔连同压油管为压油腔，其下腔为吸油腔，两腔由单向阀 4 隔开。显然，吸油管路与压油管路既不允许互相连通，也不允许同时与密封容积沟通。

液压传动中常用的液压泵按其结构来分，可以分为齿轮泵、叶片泵、柱塞泵和螺杆泵等类型。按照额定工作压力来分，可以分为：低压泵，其工作压力在 0～2.5 MPa 范围以内；中压泵，其工作压力在 2.5～8 MPa 范围以内；中高压泵，其工作压力在 8～16 MPa 范围以内；高压泵，其工作压力在 16～32 MPa 范围以内；超高压泵，其工作压力大于 32 MPa。按照供油流量能否调节，可以分为定量泵和变量泵。在转速不变的条件下，输出流量不能改变的液压泵称为定量泵，输出流量可以改变的液压泵称为变量泵。按其输油方向能否改变，可分为单向泵和双向泵。液压泵的图形符号见附录。

**2. 液压泵的主要性能参数**

1) 排量与流量

液压泵的排量是指泵在工作过程中每一循环或每转所能排出液体的体积。显然，排量取决于泵的结构参数。例如在图 2-1 所示的活塞式液压泵中，手柄每往复一次，打出的油量取决于活塞的直径 $d$ 和行程 $s$，于是液压泵的排量 $V$ 为

$$V = \frac{\pi d^2}{4}s \quad (\text{mL/ 每循环}) \tag{2-1}$$

液压泵的流量表示单位时间内输出油液的体积。它除了取决于泵的结构参数外，还和单位时间内体积变化的次数有关，其常用单位为 L/min。设图 2-1 所示液压泵手柄每分钟往复的次数为 $n$，则液压泵的流量为

$$q = \frac{\pi d^2}{4}sn \times 10^{-3} \quad (\text{L/min}) \tag{2-2}$$

或

$$q = Vn \tag{2-3}$$

由于活塞在往复运动过程中向上运动时吸油，只有向下运动时才压油，因而单缸活塞泵的输油量是不连续的；此外，在活塞向下运动的过程中，其运动速度也不相同，因此在压油过程中，液压泵压出的油量是不均匀的。这种现象称为输油量的脉动。

液压泵常用的流量参数有以下三种。

瞬时流量：泵每一瞬时输出的流量称为泵的瞬时流量 $q_s$。

平均流量：泵在某一时间间隔内按时间计算的平均输出流量称为泵的平均流量 $q$。

理论流量：根据泵的几何尺寸计算而得到的流量称为泵的理论流量 $q_t$，一般指平均理论流量。

2) 压力

液压泵出口压力的形成原理可以由图 2-2 来解释。图 2-2(a)所示为液压泵向液压缸连续供油的情况，液压缸下端带有重物 $G$。当液压泵工作时，将油箱中的油液吸入，并且不断地将吸入的油液输往液压缸的下腔。随着液压泵不断供油，液体受阻，其压力不断上升。当液体的压力升高到一定值后，即可克服外负载，使活塞上移。此时液压系统的压力为

$$p = \frac{G}{A} \quad (\text{Pa}) \tag{2-4}$$

式中：$G$——外加负载(N)；

$A$——活塞有效作用面积($m^2$)。

外界负载 $G$ 越大，则泵的出口压力也越高；负载为零时，泵的出口压力等于零(略去摩擦及各种液压损失等)。由于负载是以机械的形式出现的，因此我们称它为“机械”负载。

图 2－2(b)所示为液压泵经可变节流孔向油箱中供油的情况。由流体力学可知，液体流经节流孔时会产生压力损失 $\Delta p$，图示情况为节流孔后直接通油箱，我们认为油箱内液体的压力为零，则泵的出口压力数值就等于压力损失的值。关小节流孔，液体进一步受阻，压力损失值上升，则泵的出口压力上升。反之，开大节流孔，压力损失值下降，则泵的出口压力也下降。由于负载以液压的形式出现，因而我们称它为“液压”负载。

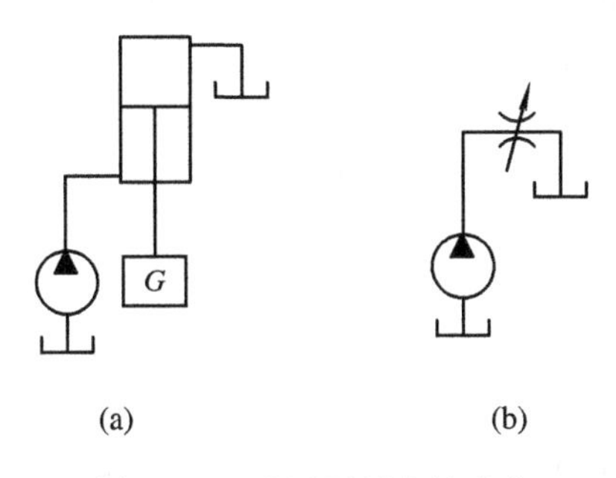


图 2－2　液压泵压力的形成

综上所述，泵的出口压力 $p$ 的大小完全取决于负载的大小。泵的出口压力取决于负载，这是液压传动中一个非常重要的概念。

根据工作情况不同，液压泵的出口压力有下列三项指标。

(1) 额定压力 $p_n$：指泵在正常工作条件下，按试验标准规定连续运转的最高压力。

(2) 最高允许压力 $p_{max}$：指泵按试验标准规定超过额定压力作短暂运行的最高压力。

(3) 实际工作压力 $p$：指泵在使用过程中的压力。如前所述，它是随负载的变化而变化的。通常情况下，为了使液压泵有一定的压力储备，实际工作压力为额定压力的 60%以下。

3) 泄漏

在液压元件中，少量工作液体总会从压力较高的地方经过各种密封间隙流往压力较低的地方，这种现象称为泄漏。单位时间内泄漏掉的工作液体的体积称为元件的泄漏流量 $\Delta q$，简称泄漏量，其单位为 mL/min。也有以单位时间内漏出工作液的滴数来表示泄漏量的。

泄漏分内、外两种。内泄漏是指液压元件内工作液体从高压容积处流往低压容积处的泄漏；外泄漏是指液压元件中的工作液体从高压或低压容积处流往大气的泄漏。在图 2－1 中，两只单向阀处的泄漏称为内泄漏，因为油液没有泄漏到元件的外面去；而活塞杆与泵体之间的泄漏称为外泄漏，因为泄漏到活塞上腔的油液经活塞杆泄漏到了泵的外面。

一般情况下，泄漏在液压元件中是有害因素，这是因为液体泄漏的过程即是能量损耗的过程。对于外泄漏来说，不但有能量损耗的问题，而且工作液也会损耗，还会污染环境。

考虑了液压泵的泄漏现象以后，我们就可以来定义泵的实际流量和额定流量了。

(1) 实际流量 $q$ 是泵实际工作时能输出的流量，简称泵的流量。它等于理论流量 $q_t$ 减去泄漏流量 $\Delta q$，即

$$q = q_t - \Delta q \tag{2-5}$$

当然也可以再减去因液体受压缩或容器膨胀等原因而损失的流量。

(2) 额定流量 $q_n$ 是在正常工作条件下，按试验标准规定必须保证的流量。当然，一般情况下实际流量应大于额定流量，否则泵的泄漏量就超过了规定的数值。

4) *功和功率*

设图 2-1 所示液压泵的输出压力为 $p$，活塞的面积为 $A$，则作用在活塞上的液压力为

$$F = pA \quad (\text{N}) \tag{2-6}$$

当活塞的移动量为 $s$ 时，杠杆对活塞所做的功为

$$W = Fs = pAs \quad (\text{N} \cdot \text{m}) \tag{2-7}$$

在理想情况下，杠杆对活塞所做的功也就是液压泵所输出的功。

液压泵的功率亦即单位时间内所做的功，可以用下式来表示：

$$P = \frac{W}{t} = pAv$$

由流体力学可知 $q=Av$，所以液压泵的功率为

$$P = pq \quad (\text{W}) \tag{2-8}$$

式中：$p$——液压泵的输出压力；

$q$——液压泵的输出流量。

在选用液压泵配套用电机时，常将泵的额定压力和额定流量代入。

液压泵的功率有以下三种常用的指标。

(1) 输入功率 $P_i$：驱动泵轴的机械功率称为泵的输入功率。

(2) 液压功率 $P$：液体所具有的功率，用压力和流量的乘积来表示，其计算方法见式(2-8)。

(3) 输出功率 $P_o$：泵输出的液压功率。

5) *效率*

液压泵的效率 $\eta$ 也与其它机器的效率相同，是指它的输出功率与输入功率之比，即

$$\eta = \frac{P_o}{P_i}$$

由于功率损失是不可避免的，因而输出功率总是小于输入功率，故效率的数值永远小于 1。

在液压泵中，一般存在着两种功率损失，即容积损失和机械损失。因此存在两种效率，即容积效率和机械效率。两种效率组合起来，称做泵的总效率。

(1) 容积损失和容积效率。液压泵的泄漏所引起的功率损失称为液压泵的容积损失，容积损失的严重程度一般用容积效率 $\eta_v$ 来表示。例如，某液压泵的理论流量为 $q_t$，由于泄漏使泵的实际流量为 $q$，泵经过容积损失后的实际输出功率与泵的理论输出功率之比称为容积效率，其表达式为

$$\eta_v = \frac{P_o}{P_t} = \frac{pq}{pq_t} = \frac{q}{q_t} = \frac{q_t - \Delta q}{q_t} = 1 - \frac{\Delta q}{q_t} \tag{2-9}$$

或

$$q = q_t \eta_v \tag{2-10}$$

式中：$\Delta q$——泵腔向外部或低压腔泄漏而损失的流量，其中也可以包括液体受压缩等原因

而损失的流量；

$p$——泵的出口压力。

显然，容积效率与泵的工作压力、泵中各有关零件间隙的大小、工作液体的粘度以及泵的转速等有关。当工作压力较高，零件间间隙较大，油液的粘度较低时，泄漏流量就较大，于是容积效率就较低。当转速降低时，因为理论流量减小，而泄漏流量与转速的关系不大，所以泄漏量所占的比例增加，使容积效率下降。

(2) 机械损失与机械效率。在各种液压泵中，由于都有相对运动的零件存在，而零件与零件间及零件与液体间又必然存在摩擦，因而会产生功率损失，称为液压泵的机械损失。机械损失的严重程度通常用机械效率 $\eta_m$ 来表示，它定义为液压泵的理论输出功率与实际输入功率之比，其表达式为

$$\eta_m = \frac{P_t}{P_i} = \frac{pq_t}{P_i} \tag{2-11}$$

式中：$P_t$——液压泵的理论输出功率。

$P_i$——驱动泵轴的机械功率，即泵的输入功率。

当零件与零件间的间隙减小以及工作液体的粘度加大时，零件间的摩擦和零件与液体之间的摩擦都将随之加大。于是，同样大小的理论输出功率就需要较大的输入功率，故机械效率下降。

(3) 泵的总效率。泵的实际输出功率与输入功率之比称为泵的总效率，即

$$\eta = \frac{P_o}{P_i} = \frac{pq}{P_i} \tag{2-12}$$

将式(2-10)、式(2-11)代入式(2-12)，得

$$\eta = \frac{pq_t\eta_v}{P_i} = \eta_v\eta_m \tag{2-13}$$

由上式可知，泵的总效率等于容积效率与机械效率的乘积。

6) 转速

液压泵的转速有以下三种。

(1) 额定转速：在额定压力下，泵能连续长时间正常运转的最高转速。

(2) 最高转速：在额定压力下，泵超过额定转速允许短暂运行的转速。

(3) 最低转速：保证泵能正常运行而不出现吸空现象的转速。

7) 吸入性能

如前所述，液压泵是利用泵腔容积扩大形成真空，而后油液在大气压力作用下进入泵腔的，这种借助于大气压力自行吸油的现象称为自吸现象。在额定转速下，从液面与大气相通的油箱中自行吸油的能力称为自吸能力。自吸能力的大小常常以吸入高度来表示。

(1) 吸入高度。泵的吸入高度 $H_s$ 是指泵能保证自吸，油箱液面至泵的吸油口处的最大高度。

分析液压泵吸油的工作情况(见图 2-3)，设油箱的液面为截面Ⅰ-Ⅰ，泵的吸油口为截面Ⅱ-Ⅱ，并以液面为参考平面，利用伯努利方程即得

$$\frac{p_1}{\rho g} + \frac{\alpha v_1^2}{2g} = \frac{p_2}{\rho g} + \frac{\alpha v_2^2}{2g} + H_s + \sum \frac{\Delta p}{\rho g}$$

式中：$p_1$——油箱液面上的大气压力；

$\rho$——工作液体的密度；

$\alpha$——动能修正系数，因为是层流，所以$\alpha=2$；

$v_1$——油箱液面处的流速，实际上可以近似为零；

$p_2$——液压泵吸油处的压力，称为吸入压力；

$v_2$——吸油管的流速；

$\Delta p$——吸油管的压力损失。

于是吸入高度为

$$H_s=\frac{1}{\rho g}(p_1-p_2-\sum\Delta p)-\frac{\alpha v_2^2}{2g} \tag{2-14}$$

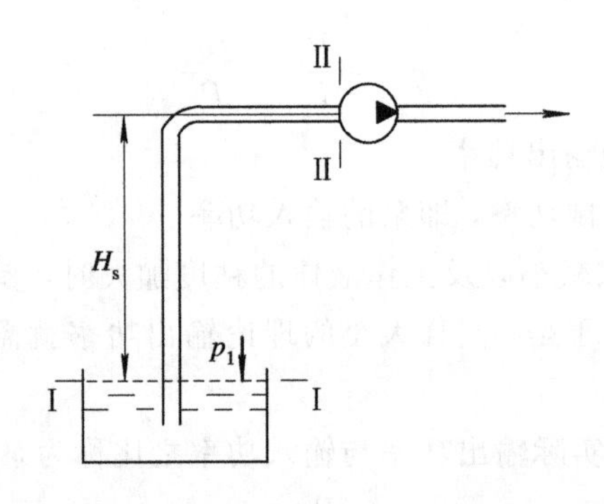


图 2-3　液压泵吸油的工作情况

(2) 最低吸入压力。泵的最低吸入压力 $p_{i\,min}$是指泵在正常运转时，在泵内不发生汽蚀现象的条件下，泵的吸油口处所允许的最低压力。

众所周知，油液压力过小，将引起油液发生汽化。这样油气混合，将使吸油严重不足，泵的流量显著减小，容积效率急剧下降。含有气体的油液运动到高压腔后，气泡迅速破裂，会产生噪声并出现振动现象，严重时还会引起泵内零件表面的腐蚀。据有关资料介绍，发生汽蚀现象的压力一般为0.02～0.03 MPa的绝对压力。

为了避免这一情况的发生，一般规定液压泵的吸油高度不大于0.5 m。另外，吸油管的直径应尽量取得大一些，以使吸油管内液体的流速小一些，一般为0.5～1.2 m/s。再则，吸油管的局部损失及沿程损失系数也应尽量减小。

对于自吸能力较差或没有自吸能力的液压泵来说，可以采取如下措施中的任一种：

① 使油箱的液面高于液压泵，即液压泵安装在油箱液面以下工作。

② 采用压力油箱，即采用封闭式油箱，并通入经过滤清的压缩空气，以增加油箱表面的压力，其压力值一般为0.05～0.07 MPa的相对压力。

③ 采用补油泵供油，一般补油压力为0.3～0.7 MPa。

具体采用何种措施，可以由泵的不同结构及工作条件而定。

8) 噪声

随着液压泵向高压、高速、大流量和大功率方向发展，噪声问题越来越严重，其大小已成为衡量泵性能好坏的重要指标之一。

人们常用声压来衡量声音的强弱，声压的单位为Pa(N/m$^2$)。人能听到的最小声压为

$2\times10^{-1}$ Pa，叫做“听阈声压”。声压的大小用声压级表示，声压级用某声压对听阈声压之比的以10为底的对数值之20倍来表示，称为分贝(dB)值，即

$$L_p = 20\lg\frac{p}{p_0}\quad(\text{dB})\tag{2-15}$$

式中：$L_p$——声压级；

$p$——某声压。当声波(相对于大气压力)的压力瞬时值为 $p'$ 时，有

$$p=\sqrt{\frac{1}{T}\int_0^T(p')^2\,dt}\quad(\text{Pa})\tag{2-16}$$

$p_0$——某准声压。一般取频率为1000 Hz的听阈声压，即 $p_0=2\times10^{-3}$ Pa。

噪声的大小由声级计来测量。液压泵的噪声声压级一般小于80 dB。

**3. 液压泵的特性曲线**

液压泵的常用特性有流量特性、效率特性和功率特性。其特性曲线常以输出压力为横坐标，流量、效率及输入功率为纵坐标的性能曲线来表示。这种性能曲线对应一定品种的工作液体、某一工作温度及某一对应转速。现分述如下。

1）流量与压力的关系曲线

液压泵的理论流量 $q_t$ 与出口压力无关。由于泵的泄漏流量 $\Delta q$ 随着出口压力的上升而增加，因而泵的实际流量随着出口压力的上升而减小。其关系如图2-4所示。

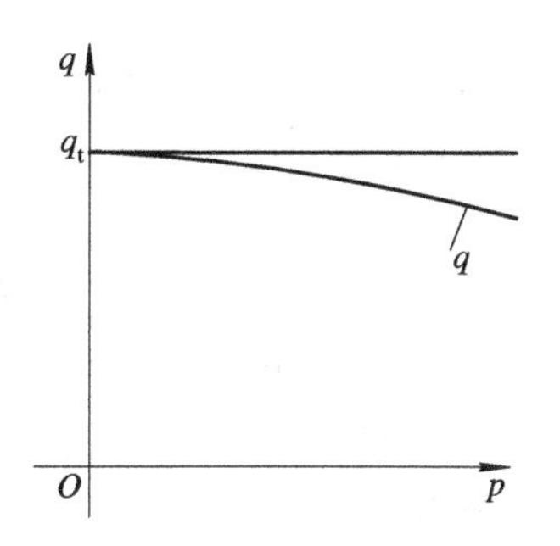


图2-4　液压泵流量特性曲线

2）效率与压力的关系曲线

由式(2-10)可以看出，因为理论流量与压力无关，所以容积效率 $\eta_v$ 与压力的关系曲线和实际流量与压力的关系曲线一样，如图2-5所示。

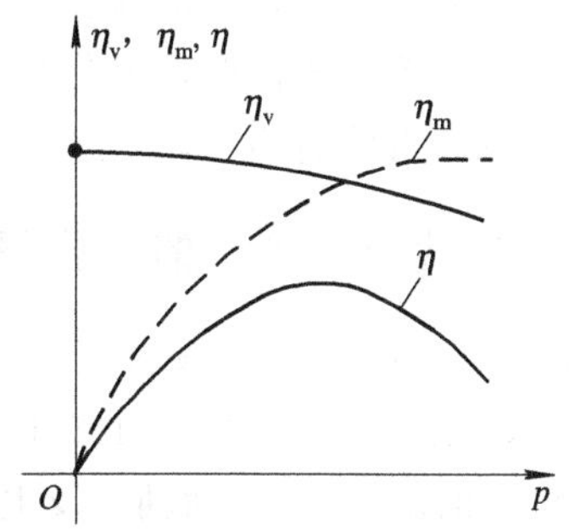


图2-5　液压泵效率特性曲线

机械效率 $\eta_m$ 与压力的关系由式(2-11)可以看出，当压力 $p$ 等于零时，理论输出功率为零，因此机械效率为零。当压力升高时，因为机械损失增加缓慢，而理论功率增加很快，所以机械效率显著上升。随后，机械损失逐渐增大，机械效率上升就比较缓慢。如图2-5所示。

总效率 $\eta$ 为两种效率的乘积(见图2-5)，开始等于零，而后增加且有一个最高点。一般情况下，我们希望液压泵在总效率最高点的压力附近

工作，因为这种压力下泵的效率最高。

3) 输入功率与压力的关系曲线

由式(2－12)可以看出，随着压力的升高，输入功率 $P_i$ 与压力基本上呈线性上升，只是由于实际流量随压力增加而变小以及总效率变化对功率的影响，曲线略呈弯曲形。如图 2－6 所示。

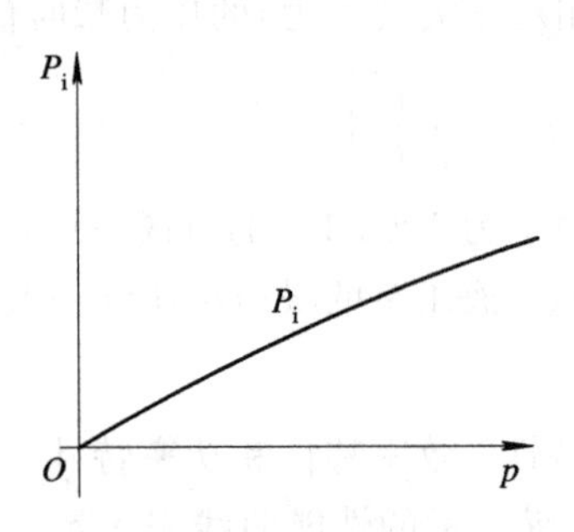


图 2－6 液压泵功率特性曲线

# 2.2 齿 轮 泵

齿轮泵是一种常用的液压泵。和其它类型泵相比，齿轮泵结构简单，制造方便，工作可靠，抗污染性强，自吸性能好，价格低廉，且由于齿轮泵是轴对称的旋转体，故允许转速较高。因此，齿轮泵在机床工业、国防工业及工程机械中得到了非常广泛的应用。但齿轮泵的流量脉动和困油现象比较严重，径向液压力不平衡，噪声大，且排量不可改变。

低压齿轮泵的工作压力为 2.5 MPa，常用于各种补油、润滑及冷却装置中。中压齿轮泵的工作压力为 2.5～8 MPa，常用于机床、轧钢设备的液压系统。中高压齿轮泵的工作压力为 8～16 MPa，高压齿轮泵的工作压力为 16～32 MPa，这两种泵常用于工程机械、国防工业及农业机械中。

目前，齿轮泵的流量范围为 $q$=2.5～750 L/min；压力范围为 $p$=1～31.5 MPa；转速范围为 $n$=1300～4000 r/min，个别情况下(如飞机用齿轮泵)最高转速可达 8000 r/min；容积效率 $\eta_v$=0.88～0.96，总效率 $\eta$=0.78～0.92。

齿轮泵利用一对齿轮的啮合运动形成吸、压油腔的容积变化进行工作。啮合的齿轮为其核心零件，按其啮合形式可分为外啮合齿轮泵和内啮合齿轮泵。外啮合齿轮泵一般采用便于加工的渐开线直齿齿轮。内啮合齿轮泵除采用渐开线齿轮外，还采用摆线齿轮。

## 2.2.1 外啮合齿轮泵的工作原理和结构

图 2－7 所示为我国自行设计的低压(CB 型)齿轮泵。该系列泵的额定压力为 2.5 MPa，系列流量为 2.5～125 L/min，转速为 1500 r/min。它是由后端盖 1、滚针轴承 2、泵体 3、前端盖 4、传动轴 5 及主、从动齿轮等组成的，也称三片式齿轮泵。$a$、$c$、$d$ 为泄油通道，$b$ 为端面卸荷槽，主要用以降低泵体与泵盖接合面上的油压对端盖造成的推力，减小螺钉载荷。

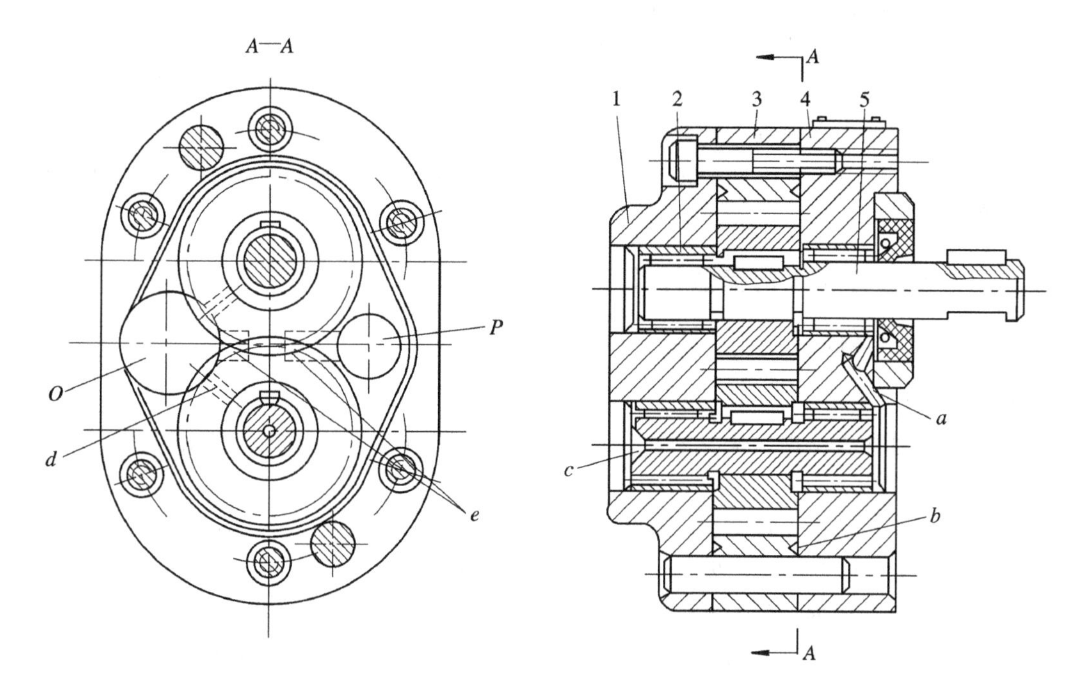


1—后端盖；2—滚针轴承；3—泵体；4—前端盖；5—传动轴；
$a$、$c$、$d$—孔道；$b$—卸荷槽；$e$—困油卸荷槽

图 2-7 齿轮泵结构图

图 2-8 所示为齿轮泵的工作原理图。一对齿数、模数和齿形完全相同的渐开线齿轮互相啮合，安装在泵体内部，齿轮的两端面靠泵盖密封。由传动轴带动的叫主动齿轮，由主动齿轮带动的叫从动齿轮。齿轮把泵体内部分成左、右两个互不相通的油腔。

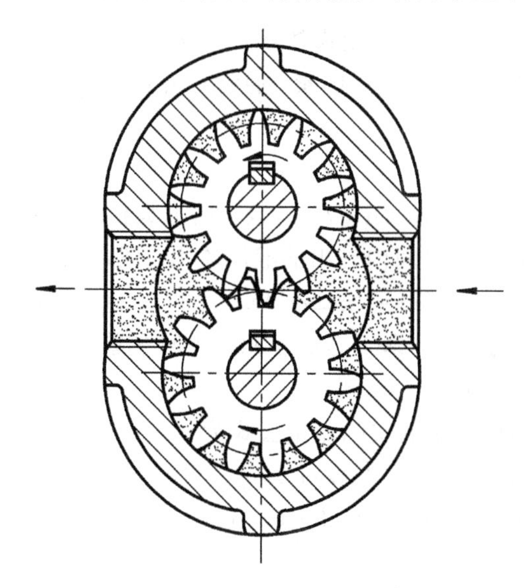

图 2-8 齿轮泵的工作原理图

当传动轴逆时针方向转动时，齿轮啮合点右侧原来啮合着的齿逐渐退出啮合，使右油腔容积逐渐增大，形成局部真空，油箱中的油液在大气压力的作用下进入此腔，该腔为吸油腔。吸入到齿间的油液随齿轮的转动沿泵体内壁被带到左油腔，填满油腔的齿间，在齿轮啮合点左侧因轮齿逐渐进入啮合，使左油腔容积逐渐减小，把齿间的油液挤出去，该腔为压油腔。当齿轮不断旋转时，左、右两腔就不断地吸油和压油。这就是齿轮泵的吸油和压油过程。

### 2.2.2 外啮合齿轮泵的流量计算

#### 1. 近似流量计算

1）排量和流量

理论流量是在完全理想情况下，不考虑任何实际存在的损失，只根据几何尺寸计算得出的流量。

根据齿轮泵的工作原理可知，泵的排量为主动齿轮转动一周、泵无泄漏时所排出液体的体积。该体积近似等于两个齿轮齿间容积之和。由于精确计算齿间容积比较麻烦，因而工程上常采用较实用的近似公式。

假设齿间的容积等于轮齿的体积，则齿轮泵排量等于一个齿轮的齿间容积和轮齿体积之和，即等于一个齿轮的齿顶圆与齿根圆之间的圆环体积。又设齿顶高和齿根高相等，且都等于齿轮的模数。齿轮的重合度 $\varepsilon=1$。这样可得泵每转排量的近似值为

$$V = \pi D2mB = 2\pi Zm^2B \quad (\mathrm{mL/r}) \tag{2-17}$$

式中：$D$——齿轮的分度圆直径，$D=mZ$；

$m$——齿轮的模数(cm)

$Z$——齿轮的齿数；

$B$——齿轮的宽度(cm)。

实际上，考虑到齿间容积稍大于轮齿体积，因此按式(2-17)计算所得理论排量值偏小，而且齿数越少差值越大。由于这一因素，通常在公式(2-17)中乘以修正系数 $k$ 以补偿其误差，则齿轮泵排量为

$$V = 2\pi kZm^2B \quad (\mathrm{mL/r}) \tag{2-18}$$

式中：$k=1.0\sim1.115$，即 $2\pi k=6.66\sim7$，齿数少时取大值，齿数多时取小值。

齿轮泵的流量即泵在单位时间内排出的液体体积。理论流量与排量有如下关系：

$$q_t = Vn = 2\pi kZm^2Bn\times10^{-3} \quad (\mathrm{L/min}) \tag{2-19}$$

式中：$q_t$——泵的理论平均流量，即不考虑容积损失时泵单位时间的排油体积(L/min)；

$n$——泵的转速(r/min)。

若考虑容积损失，则可得泵的实际流量公式为

$$q = q_t\eta_v = 2\pi kZm^2Bn\eta_v\times10^{-3} \quad (\mathrm{L/min}) \tag{2-20}$$

式中：$\eta_v$——泵的容积效率，一般为0.88～0.96。

2）影响流量的因素

(1) 齿数和模数对流量的影响。由式(2-19)可知，齿轮泵的平均流量与齿数 $Z$ 的一次方成正比，而与模数 $m$ 的平方成正比，因而模数对流量的影响大于齿数的影响。设计齿轮

泵时，若要增大流量，则采用增大模数的方法；若要保持流量不变而减小体积，则采用增大模数而减小齿数的方法。图 2－9 所示为流量相同而模数、齿数不同的三个齿轮泵的外形尺寸。由图可以看出，在输出流量相同的情况下，齿数少、模数大的齿轮泵的外形尺寸要小得多，即减少齿数可以减小泵的外形尺寸。一般齿轮泵的齿数 $Z=6\sim19$；用于机床的低压齿轮泵要求流量脉动小，取 $Z=13\sim19$；而中高压及高压齿轮泵为了减小作用于齿轮轴承上的径向力，取 $Z=6\sim14$；对于标准渐开线齿轮，当 $Z<17$ 时，齿轮将发生根切现象，使齿轮强度削弱，工作情况变坏，为解决根切现象，需对齿数少的齿轮采用移距修正法进行修正。

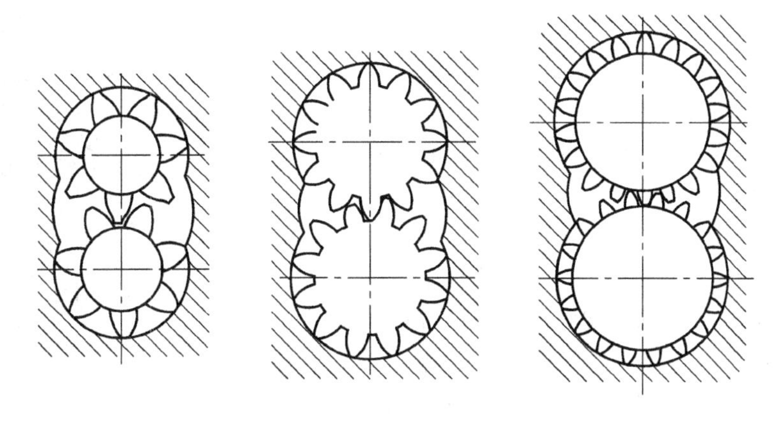

图 2－9　相同流量、不同模数和齿数的齿轮泵

（2）齿宽对流量的影响。由式(2－19)可知，齿轮泵的流量与齿宽 $B$ 成正比，增加齿宽可以相应增加流量，但也增加了作用在轴承上的径向力，压力越高，后果越严重。这不仅使结构设计困难，而且降低了泵的使用寿命。另外，齿宽 $B$ 过大，势必要求提高齿轮齿形的加工精度，以减小由于轮齿的啮合不良而产生的齿侧泄漏，降低齿轮泵的容积效率。因此，一般情况下按下式计算齿宽 $B$：

$$B=(6\sim10)m \tag{2-21}$$

式中：$m$——齿轮的模数(cm)。

泵的工作压力越高，式(2－21)中系数应取得越小。

（3）转速对流量的影响。由式(2－19)可以看出，齿轮泵的流量与转速 $n$ 也是成正比的，转速越高，流量越大。但转速太高，会引起液体不能完全充满齿间容积的问题。首先，由于圆周速度太大，齿间容积与吸油腔相接通的时间太短，油液来不及充填。其次，由于齿轮旋转使齿间液体产生离心力，此力力图使液体从齿间容积甩出，转速越高，离心力越大，液体越容易甩出。在吸油腔处，离心力阻止液体进入齿间容积。因此，一般齿轮泵的最大圆周速度应小于 5～6 m/s。当油液粘度较高时，圆周速度还应低些。

齿轮泵的转速也不能太低，因为泵的泄漏量基本上与转速无关。转速越低，泄漏量与输出流量的比值就越大，因此泵的容积效率就越低。当转速小于 200～300 r/min 时，齿轮泵实际上已不能正常工作了。

（4）间隙对流量的影响。在齿轮泵中，因为吸油腔压力低于大气压力，压油腔压力为工作压力，所以油液便会从泵中间隙由压油腔流向吸油腔，使实际流量减小。齿轮泵间隙有如下三种。

① 齿侧间隙，即齿轮啮合面间隙。齿与齿啮合时，由于齿形的制造误差及齿轮的安装误差，导致在啮合过程中两轮齿接触不良，从而使齿侧存在间隙，使吸、压油腔密封不好而造成泄漏。但是，由于一般齿轮泵齿轮都是2～3级精度，而且表面经过磨削或研磨，加之啮合时主动齿轮带动从动齿轮，使它们彼此互相压紧，因此这种间隙基本上是可以消除的。所以，通过齿侧间隙泄漏的油液比较少，约占泵总泄漏量的4%～5%。

② 径向间隙。由于齿轮与泵体间有相对运动，又由于齿轮泵工作时温度要发生变化，而齿轮与泵体两种材料的线膨胀系数不同，因而齿轮与泵体在径向存在一定的间隙，导致油液从压油腔泄至吸油腔。但是，径向间隙中油液的泄漏方向正好与齿轮旋转方向相反，对油液的泄漏起阻挡作用，另外，泄漏途径也较长，这样使液体的泄漏量比较小，约占总泄漏量的15%～20%。

③ 轴向间隙，也称端面间隙，即齿轮端面与端盖之间存在的间隙。由图2-10可以看出，油液经轴向间隙泄漏的面积大、路程短，特别在两轴之间的间隙处，液流的泄漏方向相同，促使油液自压油腔泄至吸油腔。因此，油液经轴向间隙的泄漏量占总泄漏量的75%～80%，显著大于前两种间隙的泄漏量。

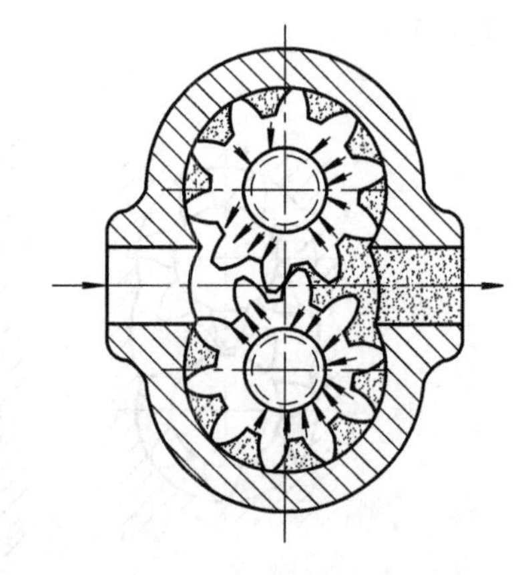
图2-10　齿轮泵的端面泄漏

泄漏量不但与间隙大小、吸压油腔的压差有关，还与油液的温度、粘度有关，应尽量采取相应措施以减小泄漏量，提高泵的容积效率。

***2. 瞬时流量计算**

齿轮泵的瞬时流量即泵每一瞬间输出的流量，具有一定的脉动性。对于液压系统来说，传动的均匀性、平稳性及噪声都和泵的流量脉动有关。分析瞬时流量的目的，在于了解影响瞬时流量脉动的因素，提出减小流量脉动的方法。

在推导瞬时流量公式以前，先证明一个将要用到的几何关系：渐开线(见图2-11)绕点$O$转过$d\varphi$角所扫过的面积等于该线端点$a$、$c$所对应的半径$Oa$、$Od$($Od=Oc$)转过同样$d\varphi$角所扫过的两扇形面积之差。

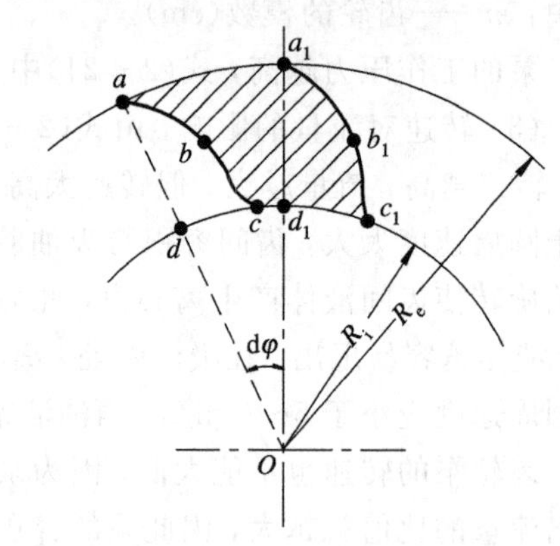

图2-11　渐开线转过$d\varphi$角扫过的面积

渐开线$abc$转过$d\varphi$角后，扫过的面积为$A_{abcc_1b_1a_1a}$。

因为

$$A_{add_1a_1a}=A_{adcba}+A_{abcd_1a_1a}$$

而

$$A_{adcba}=A_{a_1d_1c_1b_1a_1}$$

所以

$$A_{abcc_1b_1a_1a}=A_{add_1a_1a}$$

由此证明了上述关系。

显然，任意曲线也存在上述关系。

由图 2-11 可以看出，根据齿轮的几何参数，两扇形的面积差可以写成如下的式子，即

$$A_{add_1a_1a}=(R_e-R_i)(R_i+\frac{R_e-R_i}{2})d\varphi=\frac{1}{2}(R_e^2-R_i^2)d\varphi \tag{2-22}$$

式中：$R_e$——齿顶圆半径；

$R_i$——齿根圆半径。

如图 2-12 所示，当一对啮合齿轮的主动齿轮以图示方向旋转时，齿廓表面 $A_1$、$A_2$ 使压油腔容积减小，而齿廓表面 $A_3$、$A_4$ 使压油腔容积扩大。

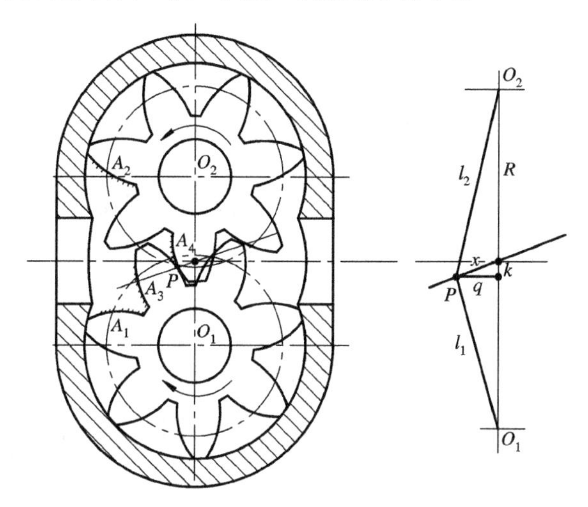


图 2-12 齿轮泵工作示意图

当主动齿轮转过 $d\varphi$ 角时，压油腔缩小的容积为

$$dV_1=B\frac{1}{2}(R_e^2-R_i^2)d\varphi\times 2=B(R_e^2-R_i^2)d\varphi$$

与此同时，压油腔扩大的容积为

$$dV_2=\frac{B}{2}(l_1^2-R_i^2)d\varphi+\frac{B}{2}(l_2^2-R_i^2)d\varphi=\frac{B}{2}(l_1^2+l_2^2)d\varphi-BR_i^2d\varphi$$

式中，$l_1$、$l_2$ 是啮合点 $P$ 到主动齿轮和从动齿轮中心的距离。

因此，压油腔容积的实际变化量为

$$\begin{aligned}dV&=dV_1-dV_2=B(R_e^2-R_i^2)d\varphi-\left[\frac{B}{2}(l_1^2+l_2^2)d\varphi-BR_i^2d\varphi\right]\\&=BR_e^2d\varphi-\frac{B}{2}(l_1^2+l_2^2)d\varphi\end{aligned}$$

将上式两端同时除以 $dt$，即可求得从压油腔压出的瞬时流量为

$$q_s=\frac{dV}{dt}=\frac{BR_e^2\,d\varphi-\frac{B}{2}(l_1^2+l_2^2)d\varphi}{dt} \tag{2-23}$$

考虑到 $\omega=d\varphi/dt$，所以

$$q_s=B\left[R_e^2-\frac{1}{2}(l_1^2+l_2^2)\right]\omega \tag{2-24}$$

式中含有 $l_1$ 和 $l_2$ 两个参数，使用起来十分不便，我们可以利用几何关系作如下简化。

由图 2-12 可知，因为

$$l_1^2 = q^2 + (R-k)^2, \quad q^2 = x^2 - k^2$$

所以

$$l_1^2 = x^2 - k^2 + R^2 - 2Rk + k^2 = x^2 - 2Rk + R^2$$

同理

$$l_2^2 = x^2 + 2Rk + R^2$$

于是

$$l_1^2 + l_2^2 = 2(x^2 + R^2) \tag{2-25}$$

式中：$x$——瞬时啮合点沿啮合线到节点 $P$ 的长度，它在齿轮啮合过程中是变量；

$R$——节圆半径。

将式(2-25)代入式(2-24)，则得

$$q_s = B\omega(R_e^2 - R^2 - x^2) \tag{2-26}$$

由上述公式可以看出，对给定尺寸的齿轮泵而言，$q_s$ 只是 $x$ 的函数，而 $x$ 的数值又随啮合点位置的变化而变化，即随转角 $\varphi$ 而变化。

假如重合度 $\varepsilon=1$，则当啮合点在节点时，$x=0$，令此时的转角为零，瞬时流量为最大值：

$$q_{s\max} = B\omega(R_e^2 - R^2) \tag{2-27}$$

当啮合点在啮合线的两端时，$x=l\pm\dfrac{l}{2}$($l$ 为啮合线长度)，此时转角为 $\varphi$，瞬时流量为最小值：

$$q_{s\min} = B\omega\left(R_e^2 - R^2 - \frac{l^2}{4}\right) \tag{2-28}$$

由机械原理可知，当 $\varepsilon=1$ 时，$l=\pi m \cos\alpha$。因此

$$q_{s\min} = B\omega\left(R_e^2 - R^2 - \frac{\pi^2 m^2 \cos^2\alpha}{4}\right) \tag{2-29}$$

式中：$\alpha$——齿轮啮合时的压力角；

$m$——齿轮的模数。

在每一对齿的啮合过程中，$x$ 值由 $-\dfrac{l}{2}$ 变到零，又由零变到 $+\dfrac{l}{2}$，流量也从最小变到最大，又从最大变到最小。齿轮泵的流量脉动曲线如图 2-13 所示。

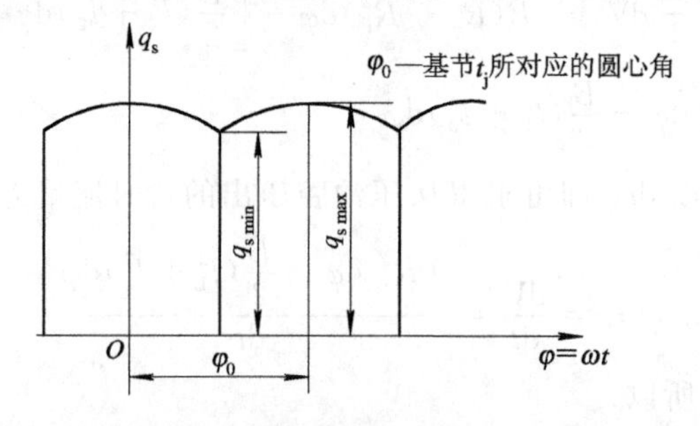


图 2-13　齿轮泵的流量脉动曲线

图中 $x=l$ 时，$\varphi=\dfrac{2\pi}{Z}$；$x=\dfrac{l}{2}$时，$\varphi=\dfrac{\pi}{Z}$。

因此，流量不均匀系数 $\delta$ 可以用下式计算：

$$\delta=\frac{q_{\mathrm{s\,max}}-q_{\mathrm{s\,min}}}{q_{\mathrm{s\,max}}}=\frac{R_{\mathrm{e}}^{2}-R^{2}-R_{\mathrm{e}}^{2}+R^{2}+\dfrac{\pi^{2}m^{2}\cos^{2}\alpha}{4}}{R_{\mathrm{e}}^{2}-R^{2}}=\frac{\pi^{2}m^{2}\cos^{2}\alpha}{4(R_{\mathrm{e}}^{2}-R^{2})}\qquad(2-30)$$

由机械原理可知

$$R_{\mathrm{e}}=\frac{Zm}{2}+m;\qquad R=\frac{Zm}{2}$$

代入式(2－30)，即得

$$\delta=\frac{\pi^{2}\cos^{2}\alpha}{4(Z+1)}$$

对模数 $m=3$，$\varepsilon=1$，$\alpha=20°$的标准齿轮，利用式(2－30)可以算出 $\delta$ 与 $Z$ 之间的关系，如表 2－1 所示。

**表 2－1　$\delta$ 与 $Z$ 之间的关系**

| $Z$ | 6 | 8 | 10 | 12 | 14 | 16 | 20 |
|---|---|---|---|---|---|---|---|
| $\delta$/% | 31.1 | 24.2 | 19.8 | 16.8 | 14.5 | 12.8 | 10.4 |

显然，增加齿数可以减小泵的流量不均匀性。从式(2－30)还可以看到，增大齿轮啮合角 $\alpha$，也可以减小流量不均匀系数。

流量脉动会引起压力脉动，继而产生振动和噪声。

齿轮泵的流量脉动频率可以用下式表示：

$$f=\frac{Zn}{60}\quad(\mathrm{Hz})\qquad(2-31)$$

式中：$Z$、$n$ 分别表示主动齿轮的齿数和转速。

由于流量脉动将导致压力脉动，如果脉动频率与阀门、管道(或整个系统)的固有频率相等，则将会发生共振。为了避免共振，可以通过改变泵转速或齿数的办法来改变频率的大小。

综上所述，从齿数对流量大小的影响来看，希望采用齿数较少的齿轮；从齿数对流量脉动的影响来看，又希望采用齿数较多的齿轮。因此，齿轮泵齿数的选取应综合以上两种矛盾而确定。

### 2.2.3　外啮合齿轮泵的困油现象及其卸荷措施

**1. 困油现象**

为了保证齿轮泵齿轮平稳地啮合运转，吸、压油腔严格分开，均匀而连续地供油，必须使齿轮的重合度 $\varepsilon>1$(一般取 $\varepsilon=1.05\sim1.3$)。也就是说，要求在前一对轮齿尚未脱开啮合前，后一对轮齿又进入了啮合。因此在这段时间内，同时啮合的就有两对轮齿，留在齿间的油液就被围困在两对轮齿所形成的封闭容积中。当齿轮转动时，此封闭容积的大小会发生变化，造成封闭容积内液体的压力发生急剧变化。这种现象称为困油现象。

图 2－14 所示为齿轮泵困油现象原理图。从图 2－14(a)中可以看到，新的一对轮齿在 $A_2$ 点开始啮合时，前一对轮齿在 $B$ 点的啮合尚未脱开。两对啮合齿之间形成一闭死容积 $V=V_a+V_b$，此时困油容积最大。由于存在齿侧间隙，因而 $V_a$ 与 $V_b$ 是互相沟通的。当齿轮

按图示方向旋转时，$V_a$ 逐渐减小，$V_b$ 逐渐增大，它们的容积之和 $V$ 随着齿轮转动逐渐减小。当齿轮旋转到啮合点 $C$、$D$ 与节点 $P$ 对称时，闭死容积最小(见图 2 - 14(b))。齿轮继续旋转，$V_a$ 继续减小，$V_b$ 继续增大，闭死容积 $V$ 逐渐增大，直到前一对轮齿即将脱开啮合时，$V$ 又达到最大值(见图 2 - 14(c))。

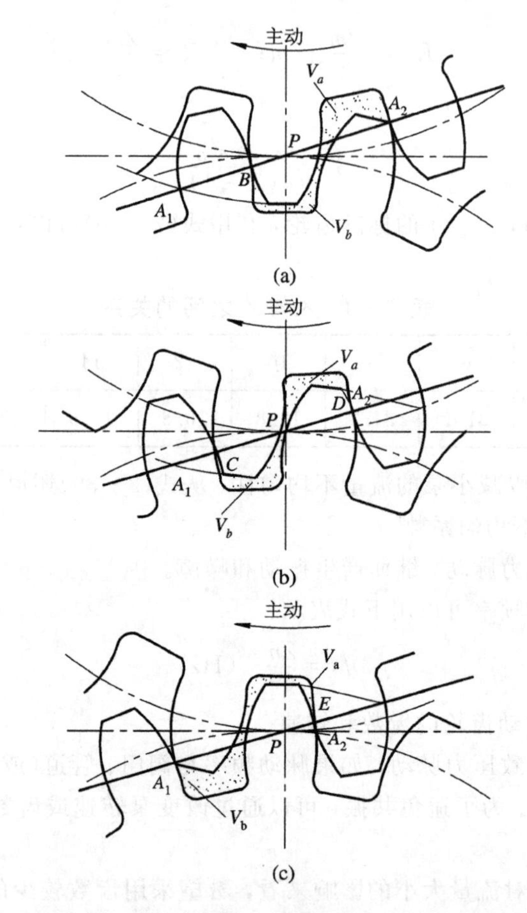


图 2 - 14　齿轮泵的困油现象原理图

图 2 - 15 所示为闭死容积 $V$、$V_a$、$V_b$ 的变化情况。图中横坐标为后一对轮齿转过的角度 $\varphi$，纵坐标为困油容积，$L$ 为啮合长度，$t_j$ 为基节。

由于液体的可压缩性很小，因而当闭死容积减小时，压力骤增，远远超过齿轮泵的输出压力，使轴和轴承受到很大的径向力；同时，被封闭的液体从零件缝隙强行挤出，造成功率损耗，并使油液发热。当闭死容积增加时，由于多余油液已被挤压出去，因而随着闭死容积增大，在困油区形成局部真空，使混溶于油液中的气体析出，形成气泡，产生汽蚀。这种周期性的冲击压力使泵的零件受到很大的冲击载荷，引起振动和噪声。因此，困油现象对齿轮泵的工作性能、寿命和强度都是非常有害的。

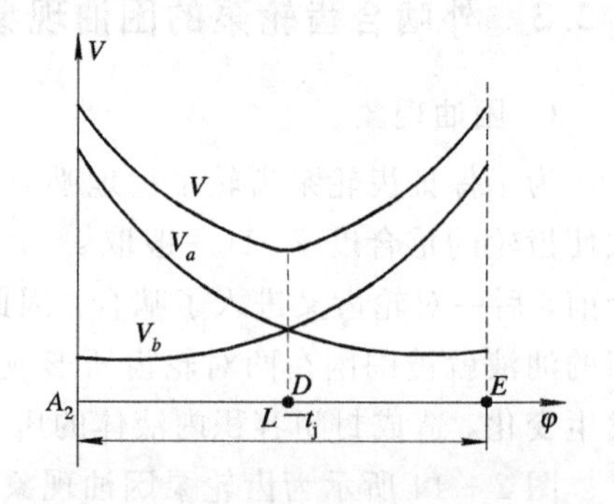


图 2 - 15　齿轮泵闭死容积的变化曲线

**2. 卸荷措施**

困油现象是由于闭死容积发生变化，油液无法吸入和压出而引起的。因此，在设计齿轮泵时，在保证吸、压油腔分开的前提下，只要设法使封闭容积 $V$ 从大变小时与压油腔相通，从小变大时与吸油腔相通，就可以减小困油现象。根据这一原则，有各种各样的结构用以消除困油现象，最常用的方法是在与齿轮端面相接触的端盖或轴承座圈上开矩形卸荷槽(见图 2－16)。

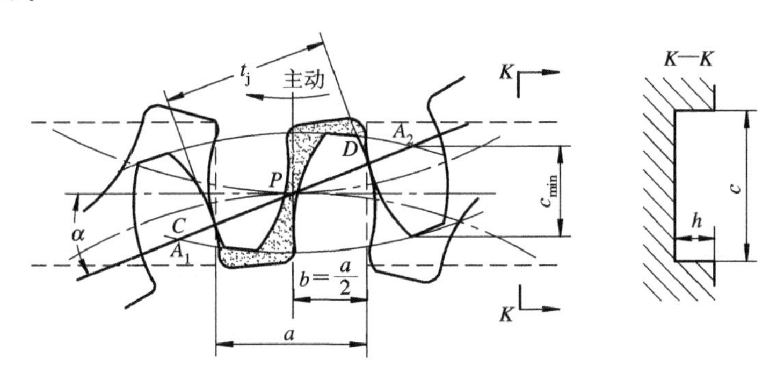


图 2－16　对称矩形卸荷槽尺寸计算图

图中封闭容积 $V$ 正处于最小位置，两个卸荷槽(虚线所示)的边缘正好和啮合点 $C$、$D$ 相接，左边的槽始终和吸油腔相通，右边的槽始终和压油腔相通。两卸荷槽之间的距离应保证封闭容积 $V$ 在达到最小位置以前始终和压油腔相通，通过了最小位置以后始终和吸油腔相通；在最小位置时，既不和吸油腔相通，也不和压油腔相通。因此，$a$ 的尺寸很关键，若 $a$ 太大，则困油现象消除不彻底；若 $a$ 太小，则吸、压油腔相通引起漏损，使齿轮泵的容积效率降低。

卸荷槽尺寸计算如下：

根据卸荷槽边缘与 $C$、$D$ 相接的原则，可得两卸荷槽间距

$$a = t_j \cos\alpha = \pi m \cos\alpha_n \frac{mZ}{A} \cos\alpha_n = \pi \cos^2\alpha_n \frac{m^2 Z}{A} \qquad (2-32)$$

式中：$m$、$Z$——齿轮的模数及齿数；

$\alpha$、$\alpha_n$——齿轮啮合角和分度圆压力角；

$t_j$——齿轮基节；

$A$——两个齿轮的实际中心距。

为了保证封闭容积在两个极端位置(见图 2－14(a)和(c))都能和卸荷槽相通，卸荷槽的最小宽度应为啮合线 $A_1$、$A_2$ 在两齿轮中心连线上的投影(见图 2－16)：

$$\begin{aligned} c_{min} &= A_1 A_2 \sin\alpha = \varepsilon t_j \sin\alpha \\ &= \varepsilon\pi m \cos\alpha_n \sqrt{1-\cos^2\alpha} \\ &= \varepsilon\pi m \cos\alpha_n \sqrt{1-\frac{m^2 Z^2}{A^2}\cos^2\alpha_n} \end{aligned} \qquad (2-33)$$

为了保证卸荷槽畅通，必须使卸荷槽宽度 $c > c_{min}$。在不影响密封的情况下，$c$ 值可以取得大一些，一般取 $c=2.5\sim3$ m。齿根以内的部分需要进行端面密封，因此卸荷槽不应超过齿根圆。最大卸荷槽宽度为

$$c_{\max} = 2\left[R - \sqrt{R_i^2 - \left(\frac{a}{2}\right)^2}\right] = 2\left[R - \sqrt{R_i^2 - \left(\frac{t_j}{2}\cos\alpha\right)^2}\right] \tag{2-34}$$

式中：$R$、$R_i$——齿轮节圆半径和齿根圆半径。

在卸荷槽宽度确定以后，卸荷槽深度 $h$ 的大小就直接影响闭死容积的压油速度。因此，应根据闭死容积变化率为最大值 $q_{\max}$($\text{mm}^3$/s)时，从卸荷槽中压油的速度 $v>3\sim5$ m/s 的原则来确定卸荷槽的深度，即应满足

$$v = \frac{q_{\max}}{1000ch} \leqslant 3 \sim 5 \quad (\text{m/s}) \tag{2-35}$$

式中：$ch$——卸荷槽宽度和深度的乘积，即通流面积($\text{mm}^2$)。

所以可由式(2 - 35)得

$$h \geqslant \frac{q_{\max}}{(3 \sim 5) \times 1000c} \quad (\text{mm}) \tag{2-36}$$

一般只要取 $h\geqslant0.8m$，即可保证式(2～36)的要求，$m$ 为齿轮的模数。

上面的分析仅考虑了闭死容积 $V$ 的变化，而认为齿侧间隙足够大，因而两端的容积 $V_a$ 和 $V_b$ 互相沟通(见图 2 - 14)，这和实际情况不完全相符。当齿轮啮合处于图 2 - 14(b)所示的位置时，闭死容积 $V$ 最小。当齿轮继续旋转时，$V_a$ 继续减小，但此时 $V_a$ 已与压油腔切断，$V_a$ 腔压出的液体只能通过齿侧间隙流到 $V_b$ 中去。由于齿侧间隙一般较小，$V_a$ 中的油来不及排到 $V_b$ 中去，因此 $V_a$ 中压力升高，困油现象还不能彻底消除。增加齿侧间隙可以使闭死容积 $V_a$ 腔与 $V_b$ 腔的流道通畅，实验表明，当把齿间间隙增大到 0.2 mm 以上时，泵的工作噪声明显下降。因此，$V_a$ 和 $V_b$ 的畅通使困油现象得到进一步改善，但将使泵的泄漏增大，且给齿轮加工带来困难，使齿轮和加工齿轮的刀具为非标准件。为了更好地解决这个问题，最好使 $V_a$ 在压缩到最小值的过程中始终和压油腔相通，但必须防止吸油腔和压油腔互通。根据这个要求，可以使卸荷槽的位置不对称于两齿轮中心连线，而向吸油腔方向偏移一段距离，如图 2 - 17 所示。两个卸荷槽之间的距离 $a$ 仍符合公式(2 - 32)，保证高、低压腔必要的密封。这样布置不仅基本上解决了困油问题，还可以多排出一部分压力油，提高了泵的容积效率。卸荷槽偏移后，当封闭容积的中心越过节点 $P$ 以后，$V_b$ 不立即和吸油腔相通，因此当 $V_b$ 逐渐增大时，由于齿侧间隙较小，可能出现局部真空，但此时吸空现象对泵的运行影响较小，不是困油现象中的主要矛盾，只要适当选择偏移量 $b$ 就可以减轻其危害。所以，在我国自行设计的低压齿轮泵中采用了这样的卸荷结构。

实践表明，当 $b=0.8m$ 时，泵的振动和噪声明显下降，但泵就不能反转了。

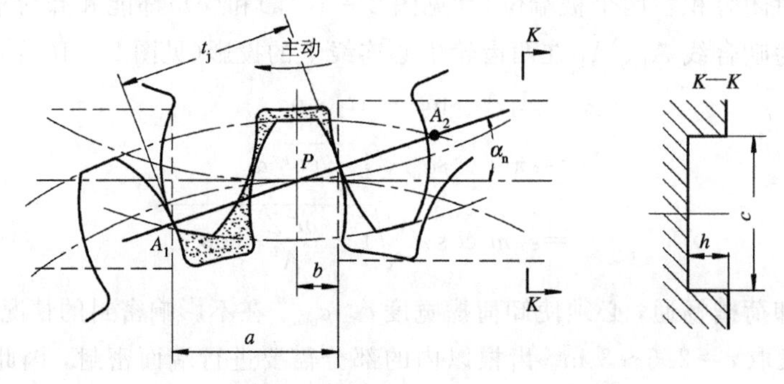


图 2 - 17　CB 型齿轮泵卸荷槽尺寸计算图

## 2.2.4 外啮合齿轮泵的径向不平衡力及其改善措施

齿轮泵轴承的磨损是影响齿轮泵寿命的主要因素之一，因此分析齿轮泵轴承上的径向作用力，对齿轮泵轴承的设计和选用有着重要的意义。

**1. 径向作用力**

作用在齿轮泵轴承上的径向力 $F$，是由沿齿轮圆周上液体压力所产生的径向力 $F_p$ 和由齿轮啮合时传递转矩而产生的径向力 $F_T$ 组成的。

1）沿齿轮圆周液体压力所产生的径向力 $F_p$

齿轮泵工作时，作用在齿轮周围的液体压力的分布情况如图 2-18 所示。在吸油腔内齿轮受低压作用，其压力一般低于大气压力。在压油腔内齿轮受高压作用，其压力为工作压力。由于齿顶与泵体内表面之间存在间隙，因此沿齿轮圆周从压油腔到吸油腔油液的压力是逐步分级降低的。

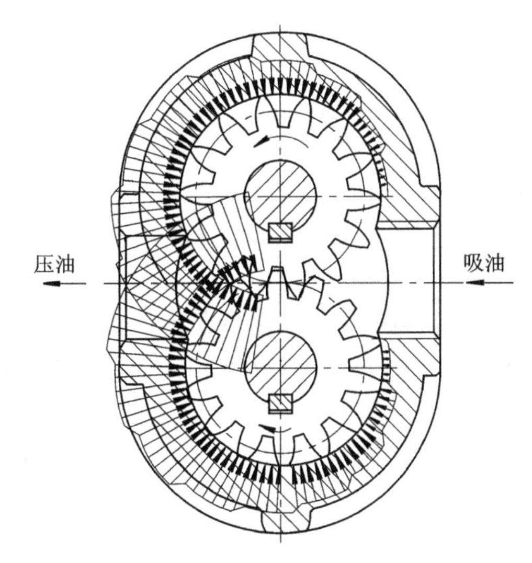


图 2-18 沿齿轮圆周液体压力分布情况

计算证明(见图 2-19)，液体所产生的径向力 $F_p$ 的大小为

$$F_p = BR_e\Delta p\left(1+\frac{\sin\varphi'}{\pi-\varphi'}\right) \quad (\mathrm{N}) \tag{2-37}$$

式中：$B$——齿宽(m)；

$R_e$——齿顶圆半径(m)；

$\Delta p$——高、低压腔压力差，$\Delta p = p_o - p_i$(Pa)；

$\varphi'$——中心线 $O_1O_2$ 与进油口边缘之夹角。

$F_p$ 的方向水平指向吸油腔。

2）齿轮啮合时传递转矩所产生的径向力 $F_T$

齿轮泵在工作时，齿轮上作用有液压转矩，因此，齿轮在啮合转动过程中，无论是主动齿轮还是从动齿轮，在同一啮合点都作用有齿的啮合力，其大小相等，方向相反，与啮合线重合。如图 2-19 所示，将作用在齿轮啮合点上的啮合力简化到齿轮中心上，得到一个转矩和一个径向力 $F_T$。主动齿轮上的液压转矩除了平衡本身的液压转矩外，还要用于带

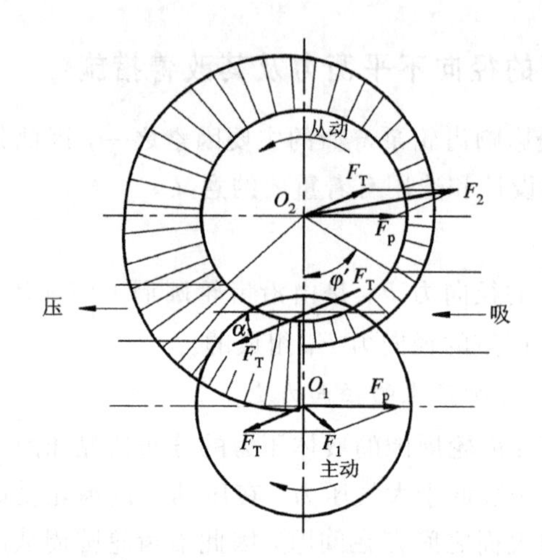


图 2-19　径向力计算

动从动齿轮，从动齿轮上的转矩和作用在该齿轮上的液压转矩相平衡，径向力 $F_T$ 的大小可以用下式表示：

$$F_T=\frac{1}{2}\frac{B\Delta p}{R\ \cos\alpha}(R_e^2-l_2^2)\quad (N) \tag{2-38}$$

式中：$R$——节圆半径(m)；

$\alpha$——齿轮啮合角；

$l_2$——啮合点到从动齿轮中心的距离(m)。

$F_T$ 的方向如图 2-19 所示，对主动齿轮来说是向左下方的，与 $F_p$ 成钝角，使合力减小；对从动齿轮来说是向右上方的，与 $F_p$ 成锐角，使合力增大。通常，$F_T$ 比 $F_p$ 小得多。

3) 径向力的合成

根据余弦定理，将 $F_p$ 与 $F_T$ 合成，即可求出作用于主动齿轮和从动齿轮轴承上的径向力：

$$F_1=\sqrt{F_p^2+F_T^2-2F_pF_T\cos\alpha}\quad (N) \tag{2-39}$$

$$F_2=\sqrt{F_p^2+F_T^2+2F_pF_T\cos\alpha}\quad (N) \tag{2-40}$$

径向合力的方向如图 2-19 所示。

显然 $F_2>F_1$，即作用在从动齿轮上的径向合力大于作用在主动齿轮上的径向合力。这一结论是十分有用的，例如当主动齿轮和从动齿轮上的轴承规格相同时，从动齿轮的轴承磨损快，先损坏。

上述计算公式虽然比较准确，但比较繁琐，在实际设计中常采用经验公式来计算作用在齿轮泵轴承上的径向合力，且考虑到由于油液压力的脉动使啮合点位置产生的变化，因困油现象消除不完善所产生的附加径向力等的影响，一般取径向力：

$$F_1=7.5\Delta pBD_e\quad (N) \tag{2-41}$$

$$F_2=8.5\Delta pBD_e\quad (N) \tag{2-42}$$

式中：$\Delta p$——高、低压腔压力差(Pa)；

$B$——齿轮宽度(m)；

$D_e$——齿顶圆直径(m)。

**2. 改善措施**

减小齿轮泵的径向力既可以减小齿轮轴的变形，更主要的是可以减轻轴承的径向载荷，以提高泵的使用寿命。

为了减小径向力，可采取如下一些改善措施。

1）缩小压油口尺寸

为了减小作用在齿轮上的径向力，可以采取缩小压油口尺寸的方法，使出口压力仅作用在一个齿到两个齿的范围内，通过减小压力油作用在齿轮上的面积来减小径向力。我国自行设计的低压齿轮泵即采用此法，但泵不能反转。

2）改善沿齿轮圆周的压力分布规律

实践证明，齿轮泵在工作过程中，由于齿轮轴的变形，齿顶与壳体的径向间隙是不均匀的，在接近吸油口处间隙最小，所以压力在径向间隙中沿圆周分布并不是逐步下降的。压力油从高压腔沿径向间隙开始下降很慢，而在靠近吸油腔的最后 1～2 个齿上压力急剧下降（占泵高、低压腔压差的 80％），这说明主要由最后 1～2 个齿起密封作用。

既然如此，在一些高压泵的结构中，采用了把压油腔扩大到吸油腔的最后 1～2 个齿之前，则在沿齿轮圆周方向的很大范围内径向液压力得到平衡，从而减小了作用在轴承上的径向力。图 2－20 所示为 CBN 型齿轮泵结构，它采用了在轴套的外周开有与压油腔相通的高压油槽的办法来达到减小径向力的目的。

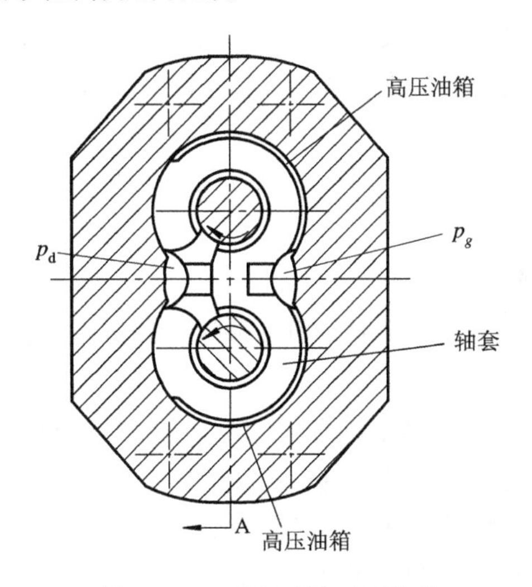


图 2－20　CBN 型齿轮泵结构

3）开设压力平衡槽

如图 2－21 所示，在侧盖或轴承套上开设压力平衡槽，分别与低压腔和高压腔相通。在图示位置时，压油腔的高压油由通道引向右上侧和右下侧的平衡槽处，与压油口处的高压油相平衡，以减小径向力。当泵反转时，高、低压腔易位，另外两条平衡槽起作用。ЩГ—01 型齿轮泵采用的就是此法。

这种结构可以使径向力大大减小，但压力平衡槽使高压腔和低压腔接近，引起泄漏增加，降低了泵的容积效率。

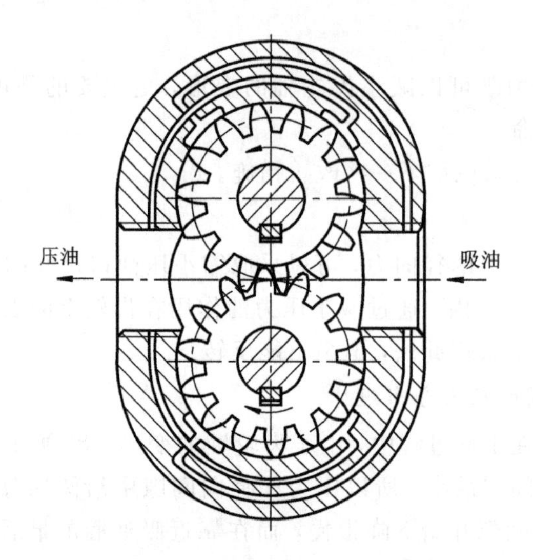


图 2-21　齿轮泵的压力平衡槽

## 2.2.5　高压齿轮泵的结构特点

高压齿轮泵和低压齿轮泵的工作原理是相同的，但低压齿轮泵却不能在高压下使用，其原因主要有两个方面。一是低压齿轮泵齿轮的端面间隙和径向间隙都是定值，当工作压力提高后，这两种间隙的泄漏量大大增加，其中尤以经过端面间隙的泄漏更为严重，使容积效率显著下降，以致达到不能允许的程度；二是随着工作压力的提高，不平衡的径向力也随之增大，以致轴承不能正常工作。

为了提高齿轮泵的工作压力，针对上述两方面的问题，在高压齿轮泵的结构上采取了以下措施。

**1. 提高容积效率的措施**

为了提高齿轮泵的容积效率，一般采用各种间隙自动补偿装置。

1）轴向间隙的自动补偿

轴向间隙的自动补偿一般采用浮动轴套（或浮动侧板）或弹性侧板的方法，使它们在油液压力的作用下压紧齿轮端面，以减小轴向间隙，从而减少泄漏量。

（1）浮动轴套式轴向间隙补偿装置。图 2-22 所示为浮动轴套的一种结构形式。齿轮轴支承在滚针轴承里，浮动轴套和轴承外套可以在泵体内作轴向移动。轴承外套又紧贴支承环。在支承环右侧环形面积上作用着从泵的压油腔引入的高压油，高压油对浮动轴套产生一个向左的压紧力，使浮动轴套压在齿轮右端面上，以消除齿轮的轴向间隙。由于齿轮左侧的轴套静止不动，因此在齿轮受到向左的轴向力后，齿轮左侧的轴向间隙也随之减小。当齿轮和轴套的端面磨损后，轴向间隙可以得到自动补偿。由于泵在启动时压油腔不存在高压油，因此浮动轴套的右侧通常还装有弹簧，以保证在泵启动时轴向间隙也能得到减小。

浮动轴套向左的压紧力为

$$F_y = \frac{\pi}{4}(D_e^2 - D^2)p + F_t \tag{2-43}$$

式中：$D_e$——齿顶圆直径(m)；

$D$——承压环内径(m)；

$p$——泵的出口压力(Pa)；

$F_t$——弹簧的弹力，一般取 50～80 N。

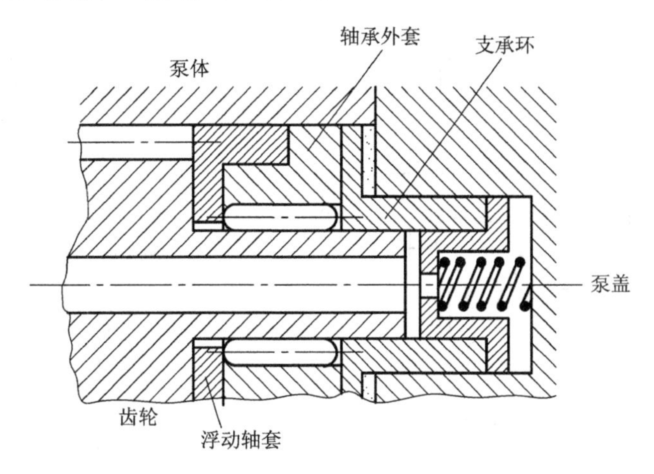


图 2-22　浮动轴套结构原理图

齿轮端面的液压力作用在轴套内端面的反推力比较复杂。如果不计齿根圆以内端面与浮动轴套贴合的环带处的油压作用，考虑到齿轮环形端面上的油液压力是不等的，反推力可用下式近似计算：

$$F_f = (0.6 \sim 0.7)\frac{\pi}{4}(D_e^2 - D_i^2)p \tag{2-44}$$

式中：$D_i$——齿根圆直径(m)。

为了保证轴套和齿轮端面的密封，压紧力 $F_y$ 必须大于反推力 $F_f$。但是 $F_y$ 也不宜比 $F_f$ 大得太多，即剩余压紧力($F_y - F_f$)的数值不宜太大，以保证轴套和齿轮之间能形成适当的油膜，减少摩擦损失。一般取

$$\frac{F_y}{F_f} = 1 \sim 1.2$$

这种浮动轴套的右侧是一个环形空间，而且整个环形空间引入了同一高压，结构比较简单。但是它有一个显著的缺点，即磨损不均匀。这是由于浮动轴套右侧整个环形面是受同一高压作用，而左侧和齿轮贴合的端面上是受各个齿谷中的压力作用，如前所述，各个齿谷中的压力是不相等的，因此，随着齿谷位置不同，浮动轴套左、右两侧面上作用的压力差也不相等。在压油腔的两侧都是高压，压力差为零；而在吸油腔，则右侧压力高，左侧压力低，压力差大，从而引起了浮动轴套对齿轮端面的接触力不均匀，长期工作后便造成了浮动轴套左端面的偏磨，以致容积效率下降，甚至发生浮动轴套和轴承外套歪斜，使轴套在工作中发生卡死现象。

为了使浮动轴套左、右两侧所受的液压合力的作用线在轴向重合，以避免因合力作用线不重合而产生使浮动轴套倾倒的力矩，可以采用图 2-23 所示的偏心作用的液压活塞浮动轴套。

可作轴向移动的轴套 4 通过活塞 1 压紧在齿轮端面上。从 $B$ 孔将高压油引到活塞内

腔，压紧力的大小取决于液体压力、活塞面积和弹簧预紧力。调整活塞轴线与轴套中的偏心量 $e_1$ 和 $e_2$，就可以使压紧力与反推力的作用线基本重合。图中 2 为密封圈，3 为泵体；$A_1$ 为补偿面，$A$ 为泄漏油孔。

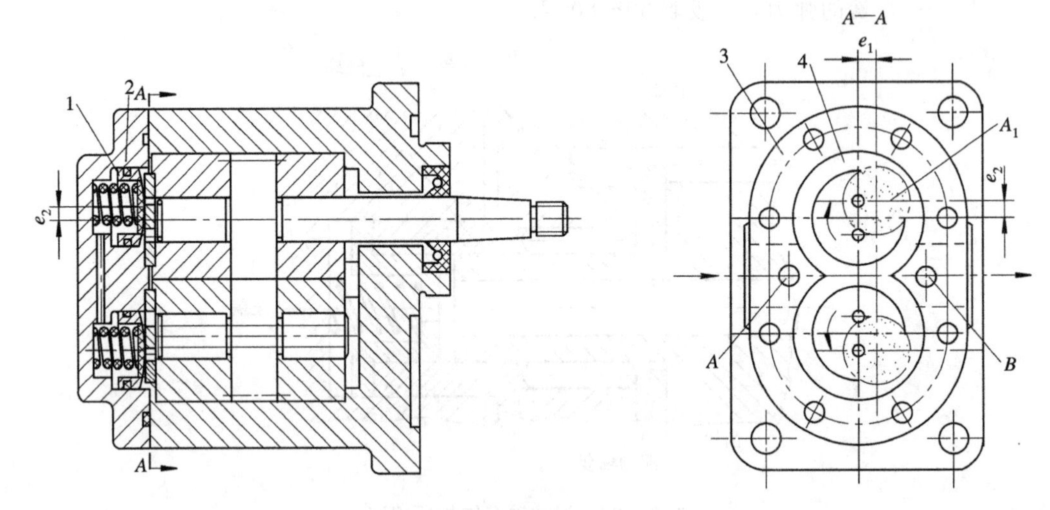


1—活塞；2—密封圈；3—泵体；4—轴套；
$A$—泄漏油孔；$A_1$—补偿面

图 2 - 23　偏心液压活塞浮动轴套

(2) 弹性侧板式轴向间隙补偿装置。弹性侧板式轴向间隙补偿装置的工作原理与前述的浮动轴套一样，只不过它是以弹性侧板来代替浮动轴套，把高压油引到弹性侧板的背部，侧板在高压油的作用下产生弹性变形，减小了侧板与齿轮端面的间隙，从而起到轴向间隙补偿作用。

图 2 - 24 所示为采用弹性侧板式轴向间隙补偿装置的某高压齿轮泵。

在齿轮端面和前后盖板间夹有侧板 1 和 4。侧板是在钢板的内侧烧结了 0.5～0.7 mm 厚的磷青铜后做成的，因此，侧板与齿轮端面间具有良好的摩擦性能。侧板的外侧为泵盖，在泵盖的槽内嵌有弓形密封圈 5，弓形密封圈的位置正好在齿轮泵压油区一侧，侧板 1 和 4 的厚度(2.4 mm)比它外圈的垫板 2 和 3 的厚度小 0.2 mm，因此，在弓形密封圈内的侧板与盖板之间形成了一个密封腔，在这个密封腔中还有一个密封圈 6，使密封腔与泵的压油腔通道 $a$ 隔开。在侧板 1 和 4 上各有两个小孔 $b$ 与泵的过渡区的压力油相通，因此，在弓形密封腔内充满了有一定压力的油液，侧板在压力油的作用下变形而紧贴在齿轮端面上，使侧板和齿轮端面间仅有一层油膜的厚度。当端面磨损后，侧板继续弹性变形而自动补偿间隙。当然，弓形密封圈内压力油作用在侧板上的压紧力，应稍大于齿轮端面和侧板之间的反推力，而压紧力的大小是由弓形密封圈内的油液压力决定的。因为齿轮泵从吸油区到压油区的压力是逐步分级增大的，所以，只要适当选择板上小孔 $b$ 的位置，就可以使压紧力的大小比较合适。弓形密封圈所以要做成图中所示的形状，是考虑到侧板内侧的压力分布情况，从而使侧板外侧压紧力的作用点与侧板内侧反推力的作用点大体对准，达到良好的密封效果。

这种轴向间隙补偿装置结构比较复杂，又因侧板变形不均匀，所以侧板与齿轮端面间的磨损也不够均匀。

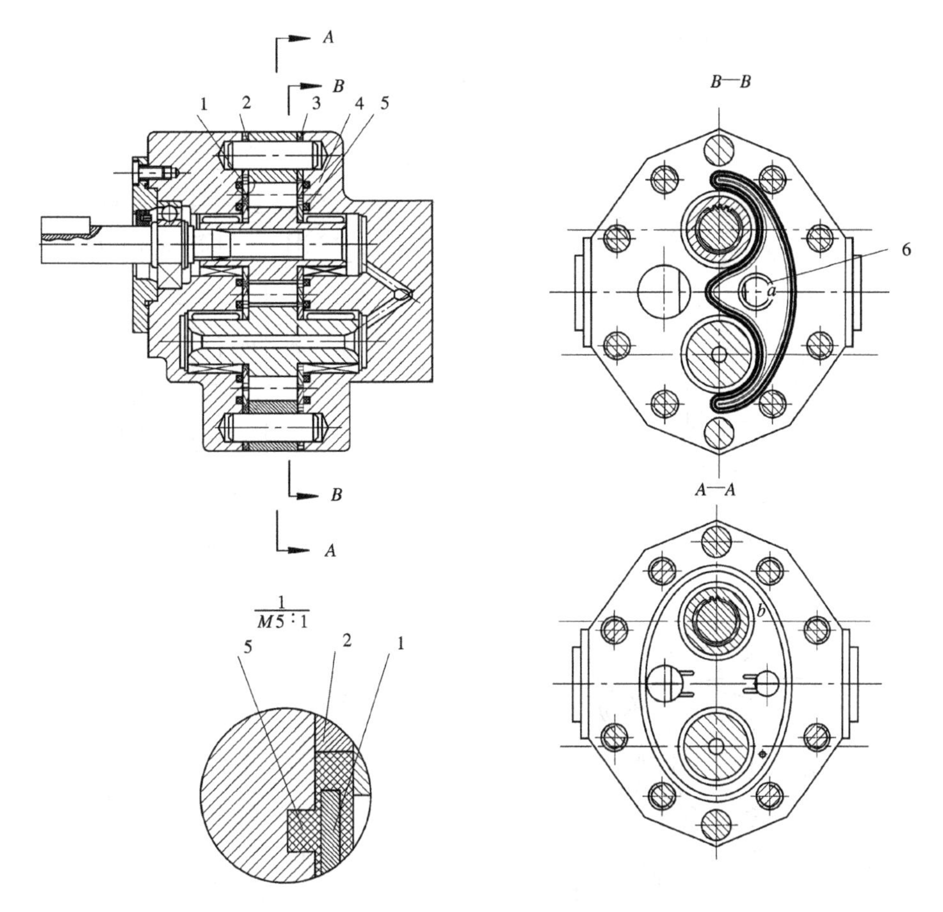


1、4—侧板；2、3—垫板；5、6—密封圈

图 2 - 24　弹性侧板结构图

2）径向间隙的自动补偿

在一些工作压力更高的齿轮泵中，为了提高容积效率，除了对轴向间隙进行补偿外，还必须对径向间隙进行自动补偿。

图 2 - 25 所示为径向间隙补偿的原理图。在压油腔装一径向浮动轴套，在压油口高压油的作用下，其圆弧形表面被压向齿轮顶圈，并与齿轮顶圈贴紧，从而消除了齿轮在高压处的径向间隙，并能补偿因磨损而造成间隙的增大。

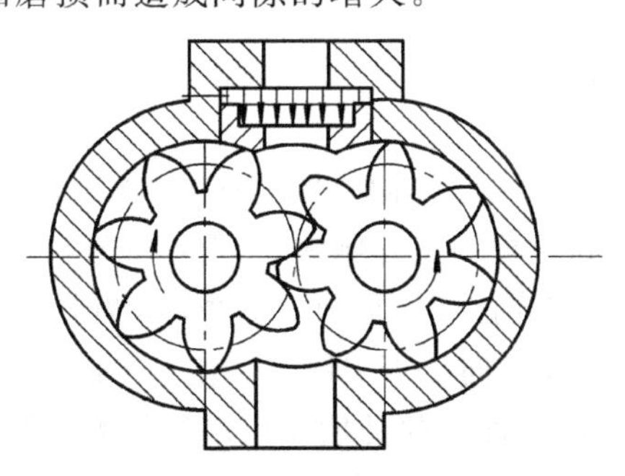

图 2 - 25　径向间隙补偿原理图

3）轴向、径向间隙同时补偿

图 2-26 所示为轴向和径向间隙都可以补偿的齿轮泵结构。

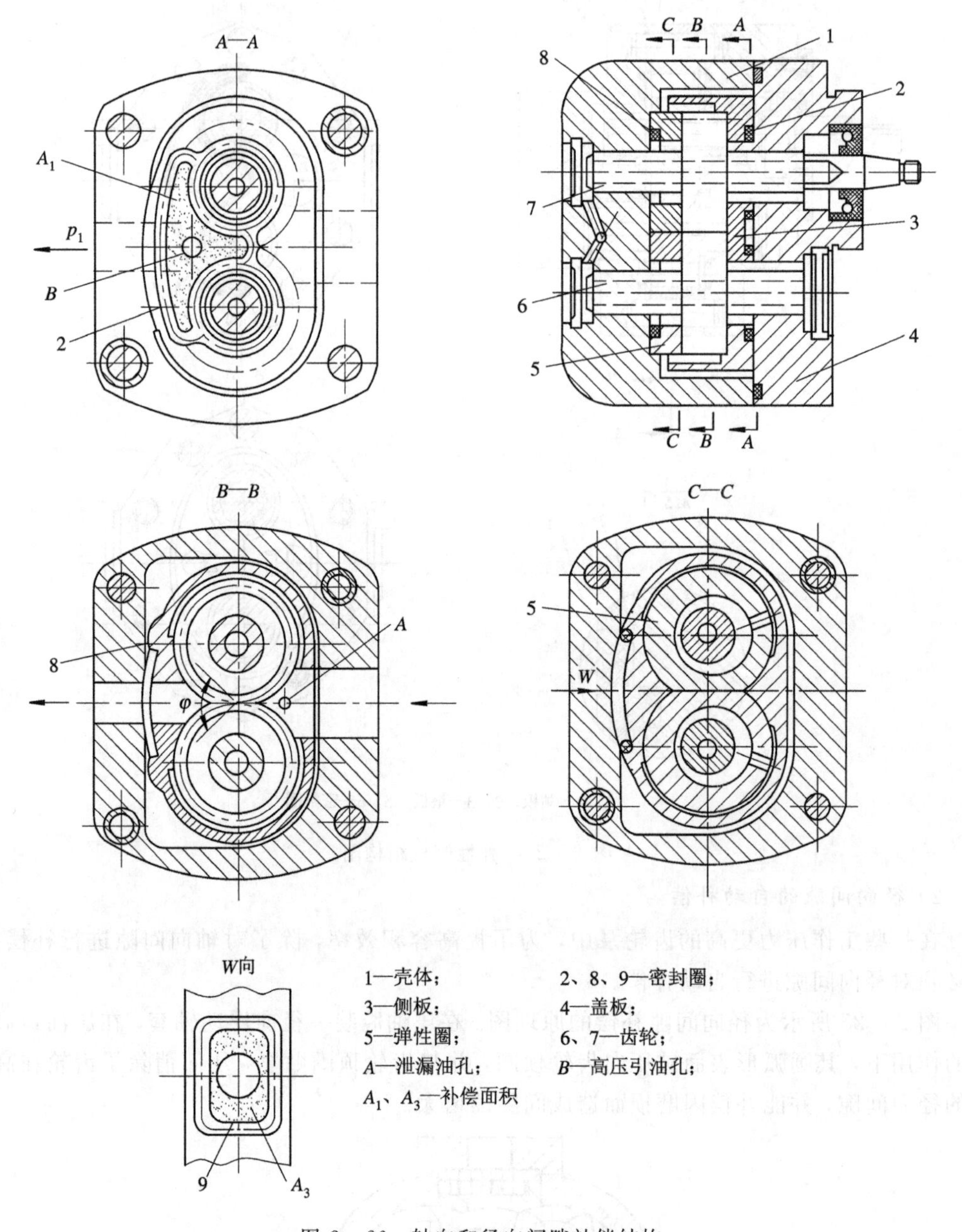


图 2-26 轴向和径向间隙补偿结构

在齿轮 6 和 7 的右端面和盖板 4 间有侧板 3，左端面和壳体 1 间有弹性圈 5，侧板和盖板端面间有密封圈 2，弹性圈与壳体端面间有密封圈 8，齿轮与壳体径向有密封圈 9。

侧板对齿轮的预压紧力，在径向由密封圈 9 产生，在轴向由密封圈 2 和弹性圈 5 产生。

$A-A$ 剖面中的面积 $A_1$ 起端面间隙补偿作用。在壳体 1 底部，角度 $\varphi$ 范围内的密封靠两个特制的弹性圈 5(见 $C-C$ 剖面)来实现。

$B-B$ 剖面表示径向间隙补偿原理。侧板 3 一方面受到齿轮腔中的液压力的作用，被推向压油腔侧；另一方面受到出口压力油的作用(其大小为 $p_g A_3$，如 $W$ 向视图所示)，被推向吸油腔侧，与齿轮贴紧。面积 $A_3$ 由密封圈 9 围成的形状决定，它的大小应保证侧板有一个较小的剩余压紧力，使侧板在 $B-B$ 剖面所示的扇形角 $\varphi$ 范围内紧贴齿轮外圆，以保持最小的径向间隙，并在磨损后自动补偿；在扇形角 $\varphi$ 范围外径向间隙很大，故这部分全部处于吸油压力作用下。由于齿轮上的径向液压力仅限于 $\varphi$ 角范围内，因此径向力较小，对减小轴承负荷很有好处。

**2. 提高轴承寿命的措施**

随着齿轮泵工作压力的提高，齿轮泵轴承承受的径向力增大。高压齿轮泵轴承必须有较大的承载能力，但其径向尺寸又受到齿轮中心距的限制，因此，一般选用滚针轴承或滑动轴承。为了提高轴承的寿命，除了选用合适的轴承、减小径向力以外，最常用的方法就是对轴承进行充分的润滑和冷却。下面介绍几种轴承润滑方式。

1) 利用高压泄漏油进行润滑

这种润滑方式是将齿轮轴向间隙的泄漏油引到轴承腔对轴承进行润滑的。油液从齿轮的端面流到齿轮的根部，然后流经四个轴承，轴承的另一端均有油路通吸油腔(或通泵体外)，使油液不断地流经轴承，对轴承进行润滑和冷却。这种润滑方式常用于滚针轴承中，因为滚针轴承对油液的清洁度要求较低，对工作油温的要求也不敏感。顺便指出，中、低压齿轮泵也采用这种润滑方式。

2) 向滑动轴承连续供油的高压润滑

图 2－27 所示为这种结构形式的轴套图。在轴套端面开小槽 $a$，将轴承内孔与高压卸荷槽沟通，在轴承外端(轴承靠近齿轮的一端称为轴承内端，另一端称为轴承外端)有孔道与泵的低压腔相通，在轴套孔内的非承载面上开设轴向沟槽 $b$，并在轴承内端车出环形槽(或在轴颈根部车出沉割槽)以形成集油槽 $c$。

当泵工作时，就连续不断地有油液从高压卸荷槽经小槽 $a$、集油槽 $c$、轴向沟槽 $b$ 进入轴承，对轴承进行润滑和冷却，然后从轴承外端流出，并汇集到吸油腔，从而形成连续供油的高压润滑系统。

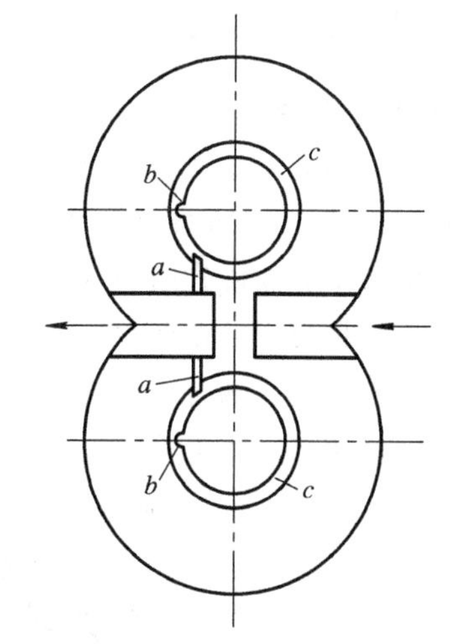

图 2－27　向滑动轴承连续供油的高压润滑

这种润滑方式的优点是比利用高压泄漏油进行润滑所获得的润滑油流量大得多。其缺点是进入轴承的油液温度较高，油液的粘度低，从而降低了轴承的承载能力。另外，因为消耗了高压油，从而使泵的容积效率降低。

3) 滑动轴承的低压油自吸润滑

这种润滑方式是利用困油容积的扩大及齿轮脱开啮合时形成的真空，将低压油经轴承吸入，从而实现对轴承进行润滑和冷却。其轴套的结构如图 2－28 所示。

在滑动轴承的外端有宽敞的通道与泵的吸油口连通，以保证轴承外端的油压与泵的吸油口油压相等。在轴承内孔非承载面上沿轴向开设润滑油槽 $a$，并在轴承孔的内端车出环形槽(或在轴颈根部车出沉割槽)以形成集油槽，既可储油稳压，又可使低压油顺利通过。在轴套内端的低压侧开设长槽，与两个轴承连通。

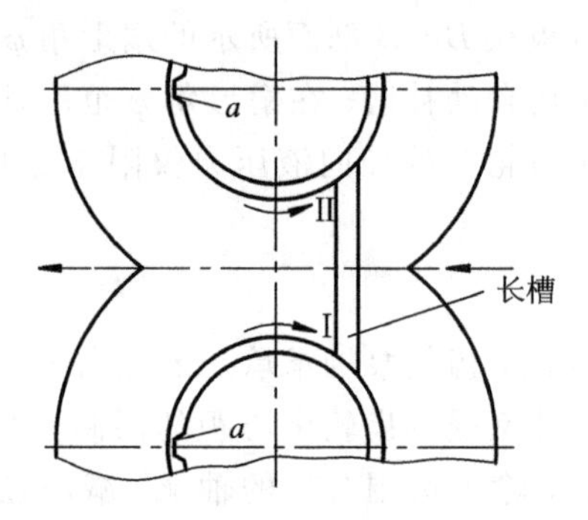


图 2-28　利用形成真空实现低压油的自吸润滑

齿轮泵工作时，当困油容积扩大及齿轮脱开啮合时形成了真空，此时轴承两端就形成了压差，所以泵的进油口就有一股油液由轴承外端进入轴承孔内的轴向油槽 $a$，在对轴承进行润滑和冷却后，经轴承内端的集油槽流入压力较低的长槽，进而充填有一定真空度的齿间容积，由此形成一个润滑系统。

这种润滑方式的优点是：因为泵的进口油温较低，油液的粘度较大，所以改善了油膜的形成条件，提高了轴承的承载能力。低温油液通过轴承时将热量带走，对轴承起到了良好的润滑和冷却作用。此外，这种润滑方式与前两种润滑方式相比，减少了高压油的损耗，从而提高了泵的容积效率。

## 2.2.6　内啮合齿轮泵

### 1. 内啮合齿轮泵的组成和工作原理

图 2-29 所示为内啮合齿轮泵的工作原理图。它主要由外齿轮 1、内齿轮 2、月牙形隔板 3 和配油盘(起分配油液的作用)、泵体等组成，外齿轮与内齿轮不同心。当外齿轮 1 由电机带动按图示方向旋转时，内齿轮 2 也以相同的方向旋转。图中左半部齿轮脱开啮合时，齿间容积逐渐扩大，形成真空，油液在大气压力作用下进入配油盘的吸油腔，填满齿间；而在右半部轮齿进入啮合时，齿间容积逐渐缩小，油液被挤压出来而形成压油腔，由配油盘的压油窗口排出。月牙形隔板 3 将吸油腔和压油腔分隔开。

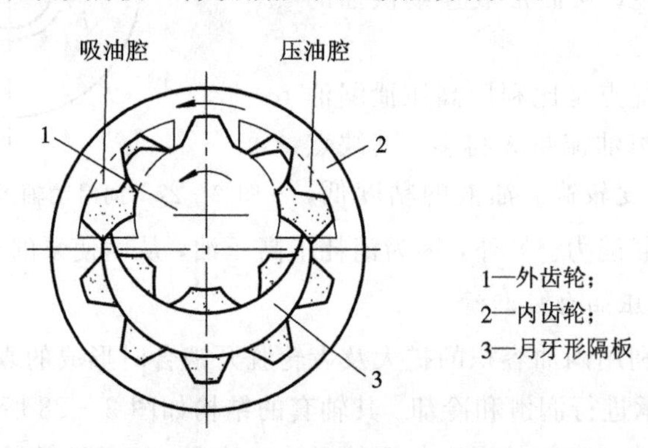


图 2-29　内啮合轮泵工作原理图

内啮合齿轮泵流量的近似计算，可以用与外啮合齿轮泵相同的公式，即

$$q = 2\pi Z_1 m^2 B n_1 \tag{2-45}$$

式中：$Z_1$、$n_1$——外齿轮的齿数和转速；

$m$、$B$——外齿轮的模数和齿宽。

显然，内啮合齿轮泵流量也可以用内齿轮的齿数和转速代入公式来计算。

内啮合齿轮泵的结构紧凑，体积小，吸油性能好，流量脉动小，噪声低。但结构比较复杂，工艺性也差，因此限制了它的应用。

**2. 典型结构**

图 2-30 所示为一种高压内啮合齿轮泵的结构图。轴承支座 3、9 和前泵盖 11、后泵盖 2 用螺钉 1 紧固在一起。双金属的滑动轴承 4 和 10 安装于轴承支座 3 和 9 的轴承孔内，用来支承外齿轮 7 的轴颈，内齿环 6 用径向半圆支承环(块)15 支承，两齿轮的两侧面装有浮动侧板 5 和 8，浮动侧板外周上各有一小段被支承环 15 支承着。外齿轮和内齿轮之间装有棘爪填隙片 12，填隙片 12 用导销 14 支承在两个浮动侧板 5 和 8 上，导销 14 与浮动侧板孔有径向活动量，填隙片 12 的顶部以止动销 13 支承，止动销 13 的两端轴颈插入支座 3 和 9 的相应孔内(止动销轴颈之间能够转动)。当外齿轮 7 按图示方向旋转时，内齿轮 6 也同向旋转，在吸油腔 $a$ 处由于轮齿脱离啮合而形成真空，油液在大气压力作用下进入吸油腔 $a$，填满各齿间。两轮继续旋转，就将各齿间的油液带到压油腔 $b$ 处(由填隙片 12 的尖端至齿轮啮合点之间形成的压油腔)，由于两轮齿在 $b$ 处的啮合作用，齿间容积逐渐缩小，油液被挤出，通过内齿轮间的底部孔 $f$ 及支承块 15 上的孔 $g$ 将油压出。

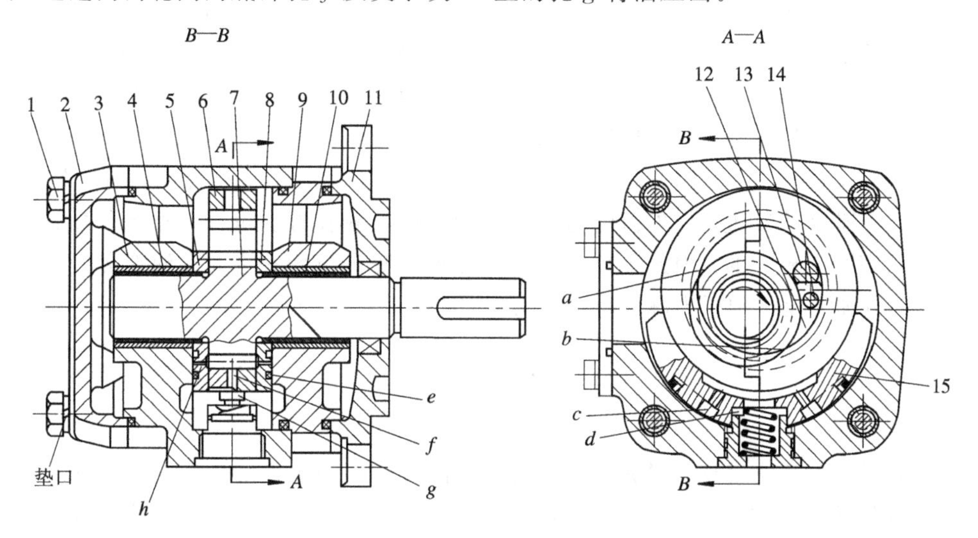


1—螺钉；2—后泵盖；3、9—轴承支座；4、10—滑动轴承；5、8—浮动侧板；6—内齿环；7—外齿轮；11—前泵盖；12—填隙片；13—止动销；14—导销；15—支承环

图 2-30 渐开线的啮合齿轮泵

这种泵的轴向间隙和径向间隙都是可以自动补偿的。

轴向间隙的补偿是利用齿轮两侧的浮动侧板(见图 2-31，图中为左侧板)来实现的。侧板的外侧各有一背压室 $e$，压油腔的压力油经通孔 $h$ 与背压室相通，在背压力的作用下，

两侧板紧贴在两齿轮和填隙片的端面上，使轴向间隙变小，并且自动补偿齿轮端面与侧板的磨损。

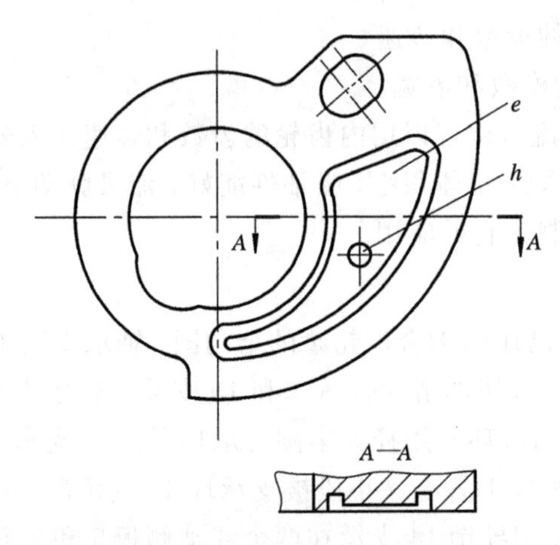


图 2-31　浮动侧板及背压室

径向间隙的补偿是利用径向半圆支承块 15 来实现的。因为在支承块的下面也有两个背压室 $c$ 和一个背压室 $d$，并有弹簧的作用，各背压室均和压油腔相通。在背压力的作用下，径向半圆支承块推动内齿轮，内齿轮又推动填隙片与外齿轮齿顶相接触，从而形成高压区的径向密封，并自动补偿因磨损而造成的间隙增大。因为轴向间隙及径向间隙均有自动补偿装置，所以该泵的容积效率可达 96%以上。

由于该泵的高压区比较小，压力油作用在外齿轮上的径向力比外啮合齿轮泵小得多，因此轴承承受的径向负载较小。同时，轴承支座下部有一段截面较薄，具有一定的挠性，能够适应齿轮泵在承受径向力后产生的弯曲变形，使轴颈和轴承始终配合良好。另外，轴承处采用了强制润滑供油，所以机械损耗小，机械效率高，使该泵的总效率达 90%以上。

由于采用了挠性支承，因此轴和轴承间接触良好，运转平稳，机械噪声小。因为采用了径向间隙自动补偿装置，故外齿轮与内齿轮的齿面接触良好。同时，由于压力油是从内齿轮的齿间底孔引出去的，因此无困油现象；且吸油腔进口面积大，吸油充分，不会产生空穴现象。再加上流量和压力脉动小，因此泵的噪声很小。

## 2.3　摆线转子泵

摆线转子泵实质上是以摆线成型、外转子比内转子多一个齿的内啮合齿轮泵。它与渐开线外啮合齿轮泵相比，具有结构紧凑，零件少，噪声低，流量脉动小，适应于高转速等优点。其缺点是工艺性较差，容积效率较低。

### 1. 摆线转子泵的组成和工作原理

摆线转子泵的工作原理如图 2-32 所示。它由一对内啮合的转子所组成。内转子 1 为外齿轮，中心为 $O_1$；外转子 2 为内齿轮，中心为 $O_2$；$O_1$ 和 $O_2$ 之间有偏心距 $e$。内转子比外转子少一个齿。在图 2-32 中，内转子为六个齿，外转子为七个齿，也有内转子为四个齿、八个齿或十个齿的。内转子的齿廓和外转子的齿廓是由一对共轭曲线所组成的，因此内转子上的齿廓和外转子上的齿廓相啮合，这样就形成了若干密封容积。转子的两侧通常即为泵体或泵盖，上面开有配油窗口，其中吸油口与油箱相连，压油口与泵的出油口相通(图中虚线所示)。

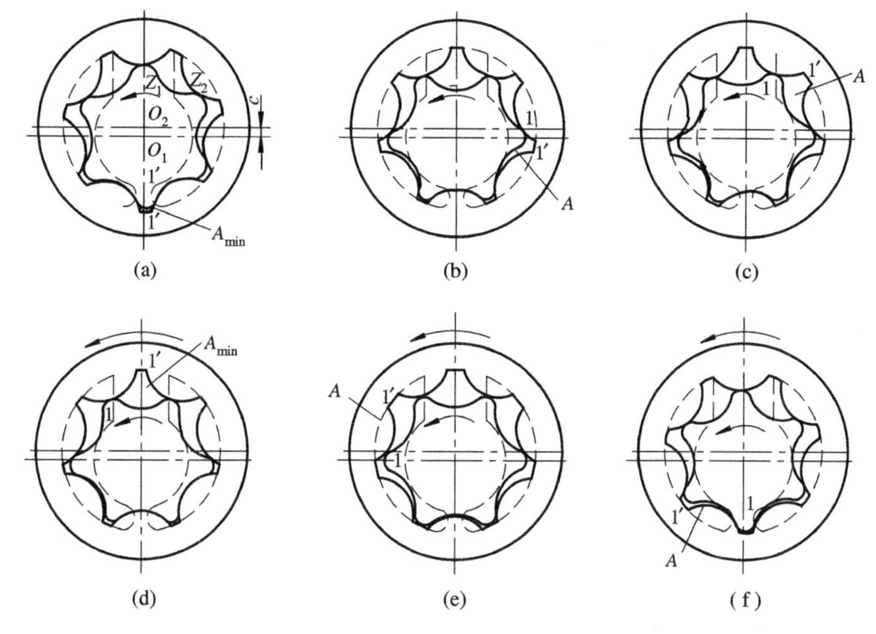


图 2-32 摆线转子泵的工作原理图

当内转子由电动机(或发电机)带动绕 $O_1$ 作逆时针方向回转时，外转子就绕 $O_2$ 随着内转子作同向回转。我们以内转子上的1齿和外转子上的1′齿间为起点，通过分析1′齿内侧的 $A$ 腔容积的变化，来研究它的吸油和压油过程。在图2-32(a)所示位置时，$A$ 腔的容积最小；当由图(a)位置向图(b)位置回转时，$A$ 腔容积逐步扩大；当转到图(c)位置时，$A$ 腔容积进一步扩大。$A$ 腔容积由小变大的过程中(图2-32(a)～(b))，腔内产生局部真空，在大气压作用下，油箱中的油液通过进油管道和转子泵后盖上的月牙形吸油槽(图中虚线所示)被吸入，此过程即为吸油过程。当内转子转到图(d)位置时，$A$ 腔容积达到最大($A=A_{max}$)，吸油过程结束。转子继续转，由图(d)位置转到图(e)位置时，$A$ 腔容积由大变小，腔内油液从月牙形排油槽(图中虚线所示)中被压出，此为泵的压油过程。转到图(f)位置时，$A$ 腔容积进一步缩小，直到外转子1′齿转到最低位置时，$A$ 腔容积达到最小值($A=A_{min}$)，压油过程结束。由此可知，转子泵在工作过程中，外转子的一个齿每转一周时，出现一个工作循环，完成吸、压油各一次。对于具有 $Z_2$ 个齿的外转子，当它转一转，则将出现 $Z_2$ 个与 $A$ 腔相当的工作循环。

内、外转子的转速和其齿数成反比，即

$$\frac{n_1}{n_2}=\frac{Z_2}{Z_1} \tag{2-46}$$

式中：$n_1$、$Z_1$——内转子的转速和齿数；

$n_2$、$Z_2$——外转子的转速和齿数。

因为 $Z_2-Z_1=1$，即 $Z_2=Z_1+1$，所以

$$n_2=\frac{Z_1}{Z_2}n_1=\frac{Z_1}{Z_1+1}n_1 \tag{2-47}$$

由上式可知，内转子转得快，外转子转得慢，两转子的转速差为

$$n_1 - n_2 = \frac{1}{Z_1 + 1} n_1 \tag{2-48}$$

**2. 摆线转子泵的排量和流量**

由于摆线转子泵内、外转子的齿形比较复杂，用数学方法精确计算排量相当麻烦，因此在实用过程中，常用以下近似公式来计算，其误差在2%～4%以内。

转子泵的排量为

$$V = (A_{max} - A_{min}) B Z_2 \quad (\mathrm{mL/r}) \tag{2-49}$$

因为

$$A_{max} - A_{min} = \frac{\pi}{Z_1}(R_{e1}^2 - R_{i1}^2) \tag{2-50}$$

所以

$$V = \frac{\pi}{Z_1}(R_{e1}^2 - R_{i1}^2) B Z_2 \tag{2-51}$$

转子泵的流量为

$$q = V n_2 = B Z_1 n_1 \frac{\pi}{Z_1}(R_{e1}^2 - R_{i1}^2) = \pi B n_1 (R_{e1}^2 - R_{i1}^2) \times 10^{-3} \quad (\mathrm{L/min}) \tag{2-52}$$

式中：$B$——转子的宽度(cm)；

$n_1$——内转子的转速(r/min)。

转子泵也存在着轴向间隙和齿侧间隙。由于泄漏途径比较短，因此容积效率比较低。在一些中高压转子泵上，也有采用轴向间隙补偿装置以提高容积效率的。

转子泵的瞬时流量也是脉动的，但理论分析和实验证明，其流量不均匀系数要比外啮合渐开线齿轮泵小得多。

**3. 摆线转子泵的典型结构**

图2-33所示为摆线转子泵的结构示例。其额定工作压力为2.5 MPa。该泵采用三片式结构，主要零件为一对内啮合的齿轮(即内、外转子)。内转子6用平键7与轴13相连接，轴孔配合段较短，使内转子具有一定的自位能力。内、外转子6和5直接安装在泵体2内。工作时内转子是主动轮，它带动外转子按一定的传动比作同向运动。泵体内孔与前后盖、轴承孔的偏心距(即内、外转子的偏心距)由两圆柱销3的定位来保证。因为摆线齿轮与渐开线齿轮不同，它没有分开性，所以，内、外转子的啮合必须有正确的偏心距，否则将影响内、外转子的啮合，以致降低效率，产生噪声，甚至损坏转子。前盖1中装有滚珠轴承17，后盖4中装有滚针轴承9。在轴和后盖上设有泄漏油孔，可把泄漏油直接引回油箱。采用这种"泄漏外引"的结构，可避免泵的旋转方向相反时因压力油倒灌而造成压盖8与油封15等零件的损坏。在后盖上有进出油槽与进出油口相通；同时，前盖上还设有与后盖相对称的进出油槽，用来平衡泵内的轴向力。对于大排量转子泵，在外转子上还设有径向小孔与外圆上的圆柱面相通，以改善外转子与泵体孔的润滑条件，减少发热，还可起到平衡部分径向力的作用。

在泵体两端面上开有环形的平面卸荷槽19和油孔，可将泵的结合面泄漏的油液引入后盖，由排油孔回油箱。

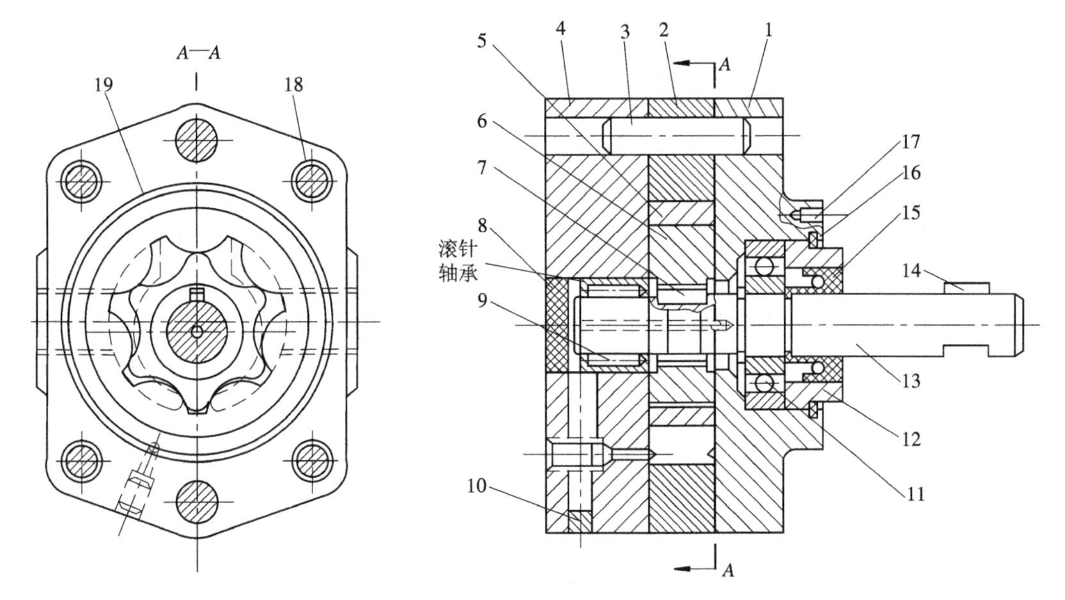


1—前盖；2—泵体；3—圆柱销；4—后盖；5—外转子；6—内转子；
7—平键；8—压盖；9—滚针轴承；10—堵头；11—滚珠轴承；12—轴承座；
13—轴；14—键；15—密封环；16—油封；17—滚珠轴承；18—螺钉；19—卸荷槽

图 2-33　摆线转子泵结构图

转子泵同样存在径向力不平衡的问题，而且由于压油腔几乎占了齿轮侧面的一半，因此径向力不平衡的问题比外啮合齿轮泵更为突出。在转子泵内、外齿轮啮合过程中，同时有 $Z_i$ 个啮合点，重合度是远远大于1的，所以它的传动过程相当平稳。

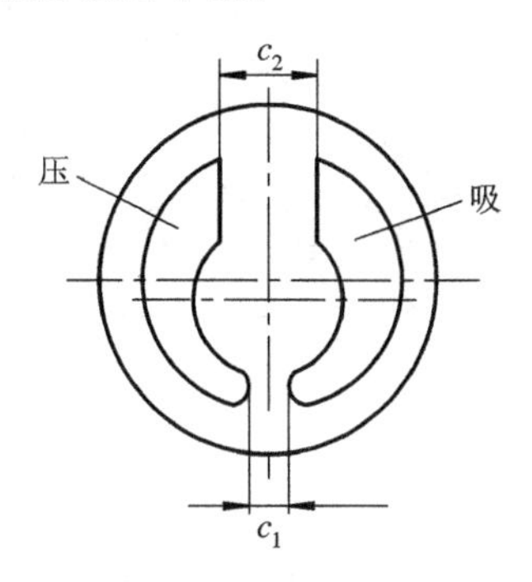


图 2-34　配油窗口图

转子泵也可能产生困油现象，不过其产生原因与外啮合齿轮泵不同。不是由于重合度大于1，而是由于两个配油窗口的位置开得不合适而造成的(图2-34)。当然，假如尺寸 $c_1$ 及 $c_2$ 过小，在图2-32(a)和图(d)位置时，就会使高压腔和低压腔沟通。显然，这是不允许的。但是，如果尺寸 $c_1$、$c_2$ 过大，就会造成困油现象。例如，在吸油腔一侧的 $c_1$ 处，当内转子逆时针转动时，过了起始点(图2-32(a))后，密封容积 $A$ 就要扩大，但由于尺寸 $c_1$ 过大，使密封容积 $A$ 不能及时和吸油窗口相通，造成油液吸不进来，导致空穴现象。在吸油腔一侧的 $c_2$ 处，假如尺寸 $c_2$ 过大，使密封容积在还没有变到最大值时(图2-32(c))，就提前与吸油窗口断开了，于是也会造成空穴现象。当转子旋转到密封容积为最大值后，密封容积 $A$ 就要缩小，$A$ 腔进入压油腔一侧进行压油，但是由于尺寸 $c_2$ 过大，密封容积不能及时和压油窗口相通，造成油液排不出去，导致 $A$ 腔内压力过高。在压油腔一侧的 $c_2$ 处，假如尺寸 $c_2$ 过大，使密封容积还没有变到最小值时，就提前与压油窗口断开了，于是也会出现 $A$ 腔内压力过高的现象。由此可见，配油盘上吸油窗口和压油窗口之间的距离 $c_1$ 及 $c_2$ 值是一个十分重要的尺寸，应该严加控制。

## 2.4 螺 杆 泵

螺杆泵属于转子型容积式泵，它是依靠作旋转运动的螺杆把液体挤压出去的方法来输送液体的。它具有在工作中不产生困油现象，流量均匀，无压力脉动，噪声和振动小，自吸性能强，允许转速高，结构紧凑，工作可靠，使用寿命长等一系列优点，因此，目前已较多地应用于精密机械的液压传动系统中。

**1. 螺杆泵的组成和工作原理**

图 2－35 所示为螺杆泵的结构图，其额定工作压力为 2.5 MPa。在泵体 6 中有三根轴线平行的螺杆，中间一根是主动螺杆 4，两边各有一根从动螺杆 5 与之啮合。主动螺杆为双头右旋凸螺杆，从动螺杆为双头左旋凹螺杆。后盖 1 上设有吸油口，泵体 6 的右上部设有压油口。三根螺杆互相啮合，与泵体之间形成了一个个空间“8”字形的密封容积，如图 2－36 所示。当从轴头伸出端的方向向左看，主动螺杆作顺时针方向旋转时，在左端油口处密封容积逐渐增大，完成吸油过程。随着空间啮合线的移动，密封容积沿着轴线方向向右移动。主动螺杆每转一转，密封容积就移动一个导程的距离。在右端油口处，密封容积逐渐减小，完成压油过程。

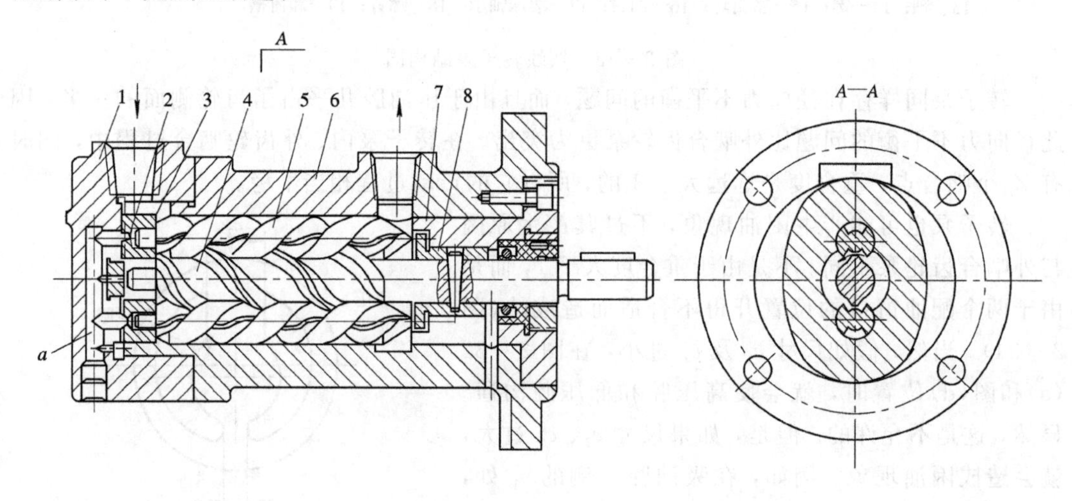


1—后盖；2—铜垫；3、8—铜套；4—主动螺杆；5—从动螺杆；6—泵体；7—压盖

图 2－35　螺杆泵结构图

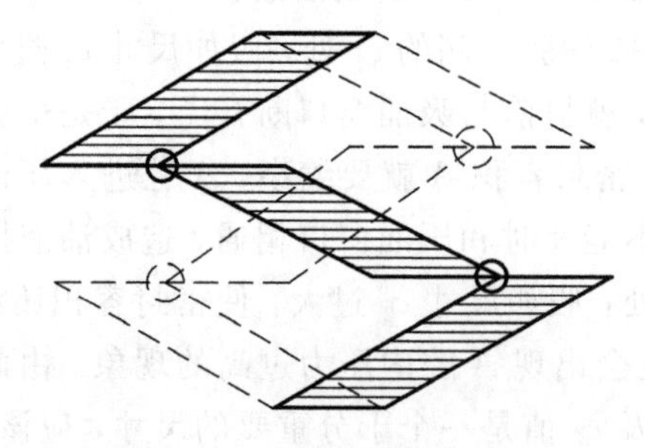

图 2－36　螺杆泵的密封容积

铜垫 2 和铜套 3 为主动螺杆及从动螺杆的止推轴承。铜套 8 用锥销和主动螺杆的轴连接在一起，7 为压盖。

**2. 螺杆泵的排量和流量**

1）主要参数

螺杆横截面的几何参数中，最基本的参数为节圆直径 $d_p$。其余参数一般取为：

主动螺杆的根圆直径 $D_i=d_p$；

主动螺杆的顶圆直径 $D_e=\frac{5}{3}d_p$；

从动螺杆的顶圆直径 $d_e=d_p$；

从动螺杆的根圆直径 $d_i=\frac{1}{3}d_p$；

主动螺杆的齿顶中心角 $\alpha_1$ 与从动螺杆的齿根中心角 $\alpha_2$：

$$\alpha_1 = \alpha_2 = 0.18\pi = 32°24'00''$$

螺杆的导程 $t$：对于低压螺杆泵取 $t=\frac{10}{3}d_p$；对于高压螺杆泵取 $t=\frac{5}{3}d_p$；也有的取 $t=\frac{7}{3}d_p$。

取 $t=\frac{5}{3}d_p$ 的螺杆泵称为短螺距螺杆泵，与长螺距螺杆泵相比，其优点是螺杆泵的轴向尺寸可以更紧凑，适用于高压小流量。如果取相同的螺杆工作长度，螺杆泵密封容积的数目就可增多一倍，从而提高了泵的容积效率，并可降低液压泵的输油脉动。这种泵的缺点是，短螺距的从动螺杆加工工艺比较复杂。

为了保证密封，螺杆泵在工作时必须使吸油腔与压油腔始终彼此隔开，因此对螺杆泵的螺杆长度 $L$ 有一定要求，螺杆所取长度与泵的设计压力有关：

当油压 $p=1.5\sim2.0$ MPa 时，取 $L=(1.5\sim2)t$；

当油压 $p=5.0\sim7.5$ MPa 时，取 $L=(3\sim4)t$；

当油压 $p=15.0\sim20.0$ MPa 时，取 $L=(6\sim8)t$。

式中：$t$——螺杆的导程。

通常把 $d_i : d_p : D_e=1:3:5$ 的螺杆泵称为标准型螺杆泵。

2）排量

螺杆泵的任一横截面都可以分成两部分，如图 2－37 所示，即螺杆形成齿轮占据的面积(图中打剖面线的部分)和液体浸占的部分(图中打点的部分)。在螺杆啮合转动中，由于泵体和形成齿轮的面积都保持不变，因此液体占据的面积 $A$ 等于常数。但由于螺杆转动时，将吸、压油腔隔开的螺旋线以一定的轴向速度向压油腔移动，主动螺杆转一转，填充在螺旋槽中的液体(即空间"8"字形内的液体)就向压油腔移动一个导程 $t$，因此螺杆泵的排量为

$$V = At \quad (\text{mL/r}) \tag{2-53}$$

式中：$t$——主动螺杆的导程(cm)；

$A$——横截面中液体占据的面积(即螺杆泵的过流面积)(cm)。对 1∶3∶5 的标准型螺

杆泵，$A=1.243\ 133d_p^2$。

所以

$$V=1.243\ 133d_p^2 t \quad (\mathrm{mL/r}) \tag{2-54}$$

若取 $t=\frac{10}{3}d_p$，$A=1.243d_p^2$，则

$$V=4.14d_p^3 \quad (\mathrm{mL/r}) \tag{2-55}$$

式中：$d_p$——节圆直径(cm)。

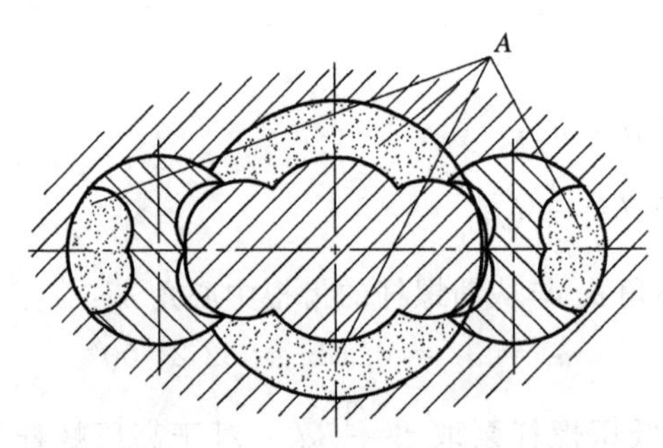


图 2-37　螺杆泵的过流截面积 A

如果事先给出螺杆泵的排量 $V$，则可求出标准型螺杆的节圆直径 $d_p$ 如下所示：

$$d_p=\sqrt[3]{\frac{V}{4.14}} \quad (\mathrm{cm}) \tag{2-56}$$

3) 流量

理论流量 $q_t$：

$$q_t=\frac{Vn}{1000} \quad (\mathrm{L/min}) \tag{2-57}$$

实际流量 $q$：

$$q=q_t\eta_v=\frac{Vn}{1000}\eta_v \quad (\mathrm{L/min}) \tag{2-58}$$

式中：$V$——排量(mL/r)；

$n$——螺杆泵的转速(即主动螺杆的转速)(r/min)；

$\eta_v$——螺杆泵的容积效率。一般取 $\eta_v=0.75\sim0.95$。

## 2.5　叶　片　泵

叶片泵具有结构紧凑，运转平稳，流量均匀，噪声低，体积小，重量轻，寿命长等优点，广泛应用于机床、工程机械、船舶、压铸及冶金设备中。但与齿轮泵相比，它对油液的污染较为敏感；另外，结构也比齿轮泵复杂。

叶片泵按作用次数(或受力情况)来划分，可分为单作用非卸荷式和双作用卸荷式两大类。单作用叶片泵可以采用改变定子和转子间的偏心距来调节泵的流量，所以，一般适宜做变量泵。双作用叶片泵一般做定量泵，但与单作用叶片泵相比，它具有结构紧凑，流量均匀，转子体和轴承所承受径向液压力平衡等优点，因此比单作用叶片泵的应用更为普遍。下面首先介绍双作用叶片泵。

### 2.5.1 双作用叶片泵的组成和工作原理

图 2 - 38 所示为我国自行设计、性能较好的一种双作用(YB 型)叶片泵，其额定工作压力为 6.3 MPa。它主要由安装在泵体 6 内的定子 5、转子 4、配油盘 2 和 7 等组成。在转子 4 上均匀地开有十二条狭槽，叶片 9 装在槽内，保证配合间隙为 0.01～0.02 mm，因此叶片可在槽内自由滑动。由定子内表面、转子外表面、叶片和两个配油盘的端面组成密封容积。转子 4 由传动轴 3 通过花键带动旋转，传动轴 3 由滚珠轴承 8 和滚针轴承 1 支承。

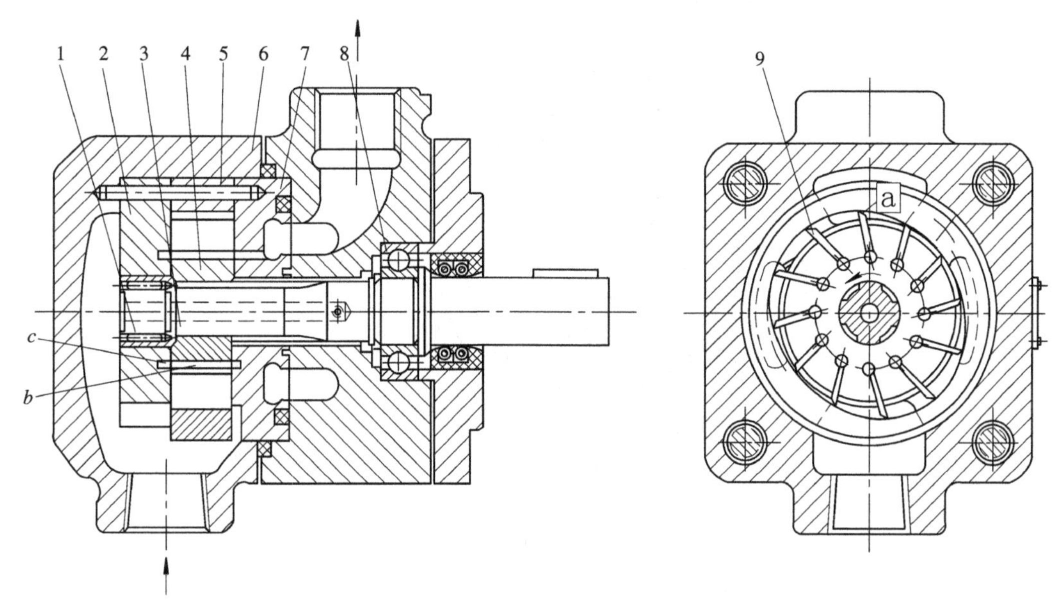


1—滚针轴承；2、7—配油盘；3—传动轴；4—转子；5—定子；6—泵体；8—滚珠轴承；9—叶片

图 2 - 38 双作用叶片泵的结构图

这种叶片泵主要有两个地方漏油，一是配油盘与转子及叶片之间的轴向间隙，二是叶片与定子内表面之间的径向间隙。在双作用叶片泵中，两个配油盘在螺钉的夹紧力作用下，端面紧密地与定子、转子和叶片的端面相接触，在压力油的作用下，配油盘不会被推离定子，因此保证了配油盘和转子等端面间的一定间隙。为了使叶片顶部和定子内表面紧密接触，以减少泄漏，在配油盘的端面上做成一个与压油腔相通的环槽 $c$，环槽又和叶片槽底 $b$ 相通，这样压力油就可以进入到叶片底部，叶片在压力油和本身离心力的作用下，压向定子内表面，保证了紧密接触。处于压油区的叶片，由于叶片顶部有压力油作用，因此叶片和定子之间的接触应力并不太大；但处于吸油区的叶片，底部 $b$ 为压力油，顶部 $a$ 为低压油，因此叶片和定子之间的接触应力很大，使吸油区定子内表面和叶片顶端磨损加剧，影响叶片泵的使用寿命。

这种叶片泵性能较好，容积效率高，一般可达 0.90 以上。转子、配油盘都为圆盘形，便于加工。泵体做成分离式，油槽露在外面，使铸造和清砂工作大为简化。

图 2 - 39 所示为双作用叶片泵的工作原理图。它主要由定子 1、转子 3 和叶片 4 等组成。转子上开有均布小槽，矩形叶片安装在槽内，并可以在槽内滑动。定子内表面近似椭圆形，其实是由两段长半径为 $R$ 的大圆弧、两段短半径为 $r$ 的小圆弧及四段过渡曲线所组

成。转子中心和定子中心重合。配油盘上有四个窗口，其中左上和右下两个窗口与吸油口相通。当转子由原动机带动作顺时针方向旋转时，叶片受离心力作用紧贴定子表面，并在转子槽内往复运动。当叶片由短半径 $r$ 处向长半径 $R$ 处移动时，则两叶片间的密封容积逐渐增大，形成局部真空而吸油；当叶片由长半径 $R$ 处向短半径 $r$ 处移动时，则两叶片间的密封容积逐渐减小，油液被压出去。在吸油窗口与压油窗口之间有一段封油区，把吸油腔和压油腔隔开。转子转一圈，叶片在槽内往复运动两次，完成两次吸压油过程，所以称双作用式叶片泵。又由于双作用叶片泵有两个吸油区和两个压油区，并且各自的中心角对称，所以作用在转子上的径向液压力平衡，因此这种泵又称为卸荷式叶片泵。

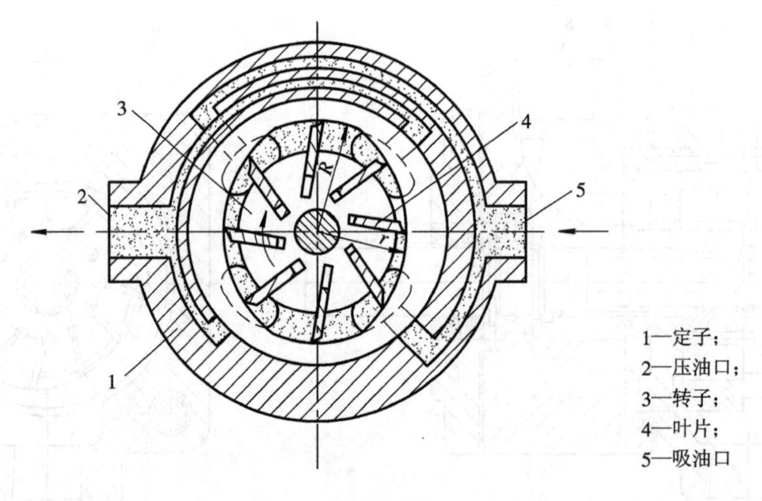


图 2-39　双作用叶片泵工作原理图

转子中叶片槽底部通压油腔，因此在建立压油压力后，处在吸油区的叶片贴紧在定子内表面的压紧力为其离心力和液压力之和。在压力还未建立起来的启动时刻，此压紧力仅由离心力产生。如果离心力不够大，叶片就不能与定子内表面贴紧以形成吸、压油腔之间的可靠密封，则泵由于吸、压油腔沟通而不能进行正常工作。这就是叶片泵转速不能太低的主要原因。

## 2.5.2　双作用叶片泵的流量计算

### 1. 平均流量计算

图 2-40 所示为双作用叶片泵平均流量计算原理图。当两叶片间的密封容积从最大值 $V$ 变到最小值 $V'$，它们的差值 $V-V'$ 就是一个密封容积完成一次吸油和压油时的输油量。$V$ 及 $V'$ 的大小为：

$$V=\pi(R^2-r_0^2)\frac{\beta' B}{2\pi}=\frac{\beta' B}{2}(R^2-r_0^2)\quad (\text{mL}) \tag{2-59}$$

$$V'=\pi(r^2-r_0^2)\frac{\beta'}{2\pi}B=\frac{\beta' B}{2}(r^2-r_0^2)\quad (\text{mL}) \tag{2-60}$$

式中：$R$——定子的长半径(cm)；

$r$——定子的短半径(cm)；

$r_0$——转子的半径(cm)；

$B$——叶片的宽度(cm);

$\beta'$——两叶片之间的夹角，$\beta'=\frac{2\pi}{Z}$，$Z$ 为叶片数。

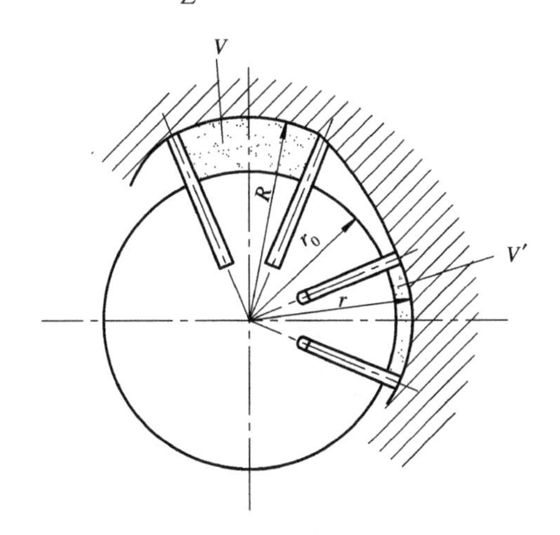


图 2－40　双作用叶片泵平均流量计算原理图

所以，最大容积与最小容积的差值为

$$V-V'=\frac{\pi}{Z}(R^2-r^2)B \quad (\mathrm{mL}) \tag{2-61}$$

双作用叶片泵每转一转，每个密封容积完成两次吸油和压油。若泵共有 $Z$ 个密封容积，则各密封容积变化的总和就是叶片泵每转的排量。当不考虑叶片的厚度时，每转排量 $V_t$ 为

$$V_t=2Z(V-V')=2\pi(R^2-r^2)B \quad (\mathrm{mL/r}) \tag{2-62}$$

实际上，因叶片有一定厚度，叶片所占的体积不起吸、压油作用，又因双作用叶片泵的叶片在转子上并不是径向安装的，而是倾斜了一个角度 $\theta$(见图 2－41)，这时叶片所占容积为

$$V'=\frac{2B}{\cos\theta}(R-r)bZ \quad (\mathrm{mL}) \tag{2-63}$$

式中：$b$——叶片的厚度(cm);

$\theta$——叶片的倾角。

减去叶片所占的容积，叶片泵每转排量为

$$V=V_t-V'=2\left[\pi(R^2-r^2)-\frac{(R-r)bZ}{\cos\theta}\right]B \quad (\mathrm{mL/r}) \tag{2-64}$$

如果叶片泵的转速为 $n$，容积效率为 $\eta_v$，则双作用叶片泵的平均理论流量为

$$q_t=Vn=2\left[\pi(R^2-r^2)-\frac{(R-r)bZ}{\cos\theta}\right]Bn\times10^{-3} \quad (\mathrm{L/min}) \tag{2-65}$$

实际流量为

$$q=q_t\eta_v=2\left[\pi(R^2-r^2)-\frac{(R-r)bZ}{\cos\theta}\right]Bn\eta_v\times10^{-3} \quad (\mathrm{L/min}) \tag{2-66}$$

***2. 瞬时流量计算**

图 2－41 所示为双作用叶片泵瞬时流量计算原理图。计算中取定子长半径为 $R$，短半

径为 $r$，两叶片间的夹角 $\beta=\frac{2\pi}{Z}$，叶片 M 与 N 互相垂直，转子宽度为 $B$，半径为 $r_0$。

由于叶片是中心对称分布的，因此我们首先讨论一个压油区的情况。当叶片在 d$t$ 时间内转过 d$\varphi$ 角后，一个压油腔所排出的油液体积为 d$V'$。显然，d$V'$是由两部分组成的。第一部分为转子转过 d$\varphi$ 角后，处于长半径 $R$ 上的叶片 M 和处于短半径 $r$ 上的叶片 N 所包围的高压区中发生的容积变化：

$$\mathrm{d}V_1=\frac{B}{2}(R^2-r_0^2)\mathrm{d}\varphi-\frac{B}{2}(r^2-r_0^2)\mathrm{d}\varphi=\frac{B}{2}(R^2-r^2)\mathrm{d}\varphi \tag{2-67}$$

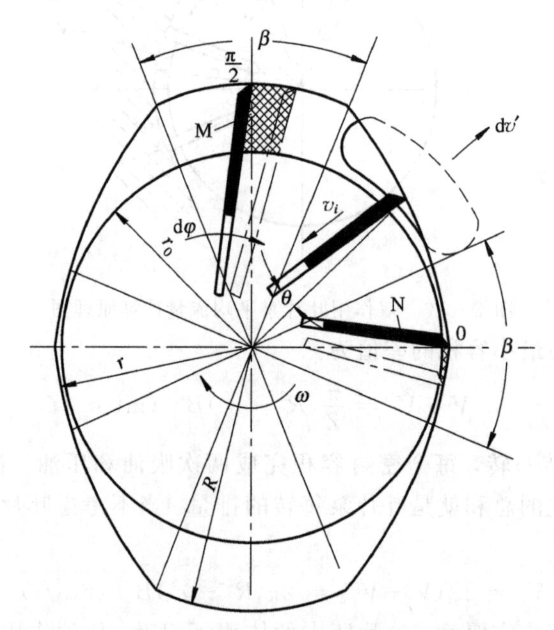


图 2-41　双作用叶片泵瞬时流量计算原理图

第二部分为叶片 M 和 N 之间的叶片，因为转子在旋转过程中要向槽内缩进去，所以要让出一定的容积，使该腔排出的液体体积减小一个 d$V_2$。让出的容积可以由下式计算：

$$\mathrm{d}V_2=\sum\frac{bB}{\cos\theta}v_i\,\mathrm{d}t \tag{2-68}$$

式中：$b$——叶片厚度；

$B$——叶片宽度；

$\theta$——叶片的倾角；

$v_i$——处于一个压油腔上各叶片的径向瞬时速度，设叶片向槽内运动时速度为正；

d$t$——转子转过 d$\varphi$ 角所需之时间。

于是 d$V'$为

$$\mathrm{d}V'=\mathrm{d}V_1-\mathrm{d}V_2=\frac{B}{2}(R^2-r^2)\mathrm{d}\varphi-\sum\frac{bB}{\cos\theta}v_i\,\mathrm{d}t \tag{2-69}$$

由于是双作用叶片泵，因此在 d$t$ 时间内泵全部压出的液体体积为 d$V'$的两倍，所以

$$\mathrm{d}V=2\mathrm{d}V'=B(R^2-r^2)\,\mathrm{d}\varphi-2\sum\frac{bB}{\cos\theta}v_i\,\mathrm{d}t \tag{2-70}$$

将 d$V$ 除以 d$t$ 后，得到双作用叶片泵的瞬时流量公式为

$$q_s = B\omega(R^2 - r^2) - 2\frac{bB}{\cos\theta}\sum v_i \tag{2-71}$$

式中：$\omega$——转子的角速度，一般为常数，$\omega=\frac{d\varphi}{dt}$；

$\sum v_i$——一个压油区上诸叶片径向瞬时速度之和。

若用 $\rho_i$ 表示定子曲线上各点到转子中心的距离，$\varphi$ 表示泵轴的转角，则

$$v_i = \frac{d\rho_i}{dt} = \frac{d\rho_i}{d\varphi}\cdot\frac{d\varphi}{dt} = \omega\frac{d\rho_i}{d\varphi}$$

将此式代入式(2－71)，可得

$$q_s = B\omega\left[(R^2 - r^2) - 2\frac{b}{\cos\theta}\sum\frac{d\rho_i}{d\varphi}\right] \tag{2-72}$$

从以上瞬时流量计算公式我们可以看出，当 $\omega$ 为常数时，第一部分是固定不变的；第二部分表示叶片径向滑移速度对瞬时流量的影响，其中 $\sum v_i$ 取决于定子表面的形状和叶片数。但由于第二部分比第一部分的比例要小得多，因此双作用叶片泵的流量脉动相应也小得多。

## *2.5.3 双作用叶片泵的定子曲线及叶片数

双作用叶片泵的定子内表面曲线如图 2－42 所示。它由两段半径为 $R$ 的大圆弧、两段半径为 $r$ 的小圆弧以及联结圆弧部分的四段过渡曲线组成。圆弧段夹角为 $\beta$，过渡曲线段夹角为 $\alpha$。

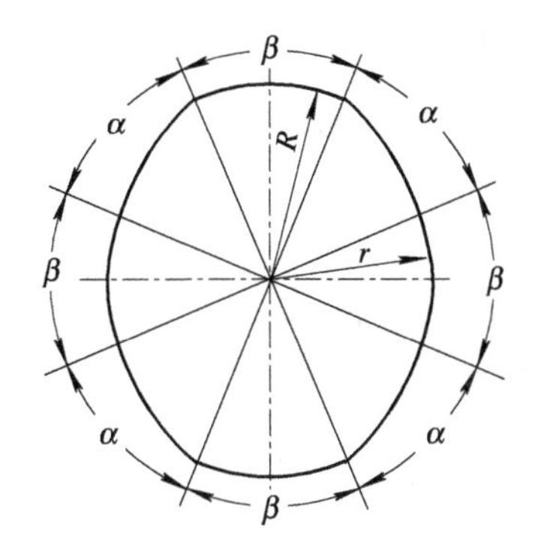


图 2－42 双作用叶片泵定子曲线简图

双作用叶片泵的定子曲线对泵的流量均匀性、噪声大小、吸入性能和使用寿命等有很大影响，因此对定子曲线有如下一些要求。

**1. 对定子曲线的要求**

1) 圆弧区段

由式(2－64)可以看到，增大定子曲线大、小圆弧半径之差 $R-r$ 可以增加泵的排量。但是，增大 $R-r$ 值受到以下条件的制约：

(1) 叶片和转子强度的制约。$R-r$ 值越大，则叶片伸出转子的部分越长，液压力产生的弯曲力矩越大，因而叶片受力情况恶化。

(2) 叶片对定子不脱空条件的制约。$R-r$ 值越大，连接大、小圆弧半径的过渡曲线的斜率也越大，使叶片的离心力不足以将叶片紧贴在定子过渡曲线上，即产生叶片的脱空现象。计算分析表明，当叶片径向移动按等加速、等减速规律变化时，允许选用较大的 $R-r$ 值，可产生较大排量。所以，我国 YB 型叶片泵上主要采用等加速、等减速过渡曲线。

2) 过渡曲线

四条过渡曲线是对称的。为了保证工作平稳和流量均匀，过渡曲线应满足下列要求：

(1) 使泵的流量均匀。由式(2－72)可见，为了使泵的瞬时流量均匀，叶片数和定子曲线形状的选择应使过渡曲线上所有叶片径向速度之和 $\sum v_i$（即$\frac{d\rho_i}{d\varphi}$）在整个运动过程（即不同转角 $\varphi$ 时）中等于或接近常数。

(2) 使叶片不发生脱空。转子旋转时，叶片在转子槽中作径向滑动，叶片头部应紧贴在定子曲线上。叶片作径向滑动的速度大小与过渡曲线的形状有关。在叶片泵刚启动，尚未建立起油压的时候，叶片根部没有液压压紧力。此时若叶片径向运动的向心惯性力大于随转子旋转时的离心力，则叶片就会与定子表面脱离，称为脱空。以后，当叶片重新和定子表面接触时，就会发生撞击而产生噪声，并将降低寿命。故即使叶片短时间脱空，也是不允许的。

图 2－43 表示了四分之一的定子曲线。过渡曲线的范围对应于中心角 $\alpha$。从小圆弧的终点为起点计算转角 $\varphi$，在 $\varphi$ 角从 0 变到 $\alpha$ 的范围内，过渡曲线的矢径从 $\rho=r$ 变到 $\rho=R$。

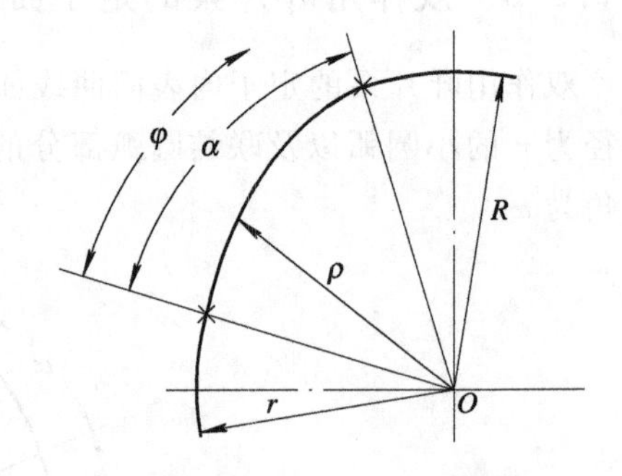


图 2－43 四分之一的定子曲线

当叶片头部在过渡曲线上向外滑动时，如前所述，其径向速度 $v=\omega\frac{d\rho}{d\varphi}$，则径向加速度为

$$a=\frac{dv}{dt}=\omega^2\frac{d^2\rho}{d\varphi^2} \qquad (2-73)$$

保证叶片不脱空的条件是叶片作圆周运动的离心力大于其沿叶片槽滑动的向心惯性力。即

$$m\omega^2\left(\rho-\frac{1}{2}L\right)>m\omega^2\frac{d^2\rho}{d\varphi^2}$$

式中：$m$——叶片的质量；

$L$——叶片的长度；

$\rho$——叶片与过渡曲线接触点的矢径。

上式可写为

$$\frac{d^2\rho}{d\varphi^2}<\rho-\frac{1}{2}L \qquad (2-74)$$

式(2－74)为在吸油过渡曲线区叶片不脱空的条件。在压油过渡曲线区，叶片相对于转子槽作向心运动，其速度变化规律是从零值增至最大值，然后再减小到零值。此时，向心运动减速度的惯性力必须小于离心力，否则也会出现脱空现象。在压油区不脱空的条件同样可用式(2－74)来表示。由于双作用叶片泵的四条过渡曲线是对称的，因此若满足吸油过渡曲线区叶片不脱空的条件，则压油区的不脱空条件同样得到满足。

(3) 减小冲击、噪声和磨损。叶片经过定子曲线的圆弧部分与过渡曲线的连接处，以及沿过渡曲线滑行时，希望径向速度和加速度的变化尽可能小，不应发生突变，以免产生冲击和噪声。径向速度的突变将使径向加速度为无穷大，因而产生撞击。为了消除速度的突变，必须使圆弧段与过渡曲线在连接点处有公共切线。如果径向速度发生突变，而加速度在数值上是有限的突变，则称为“软冲”。“软冲”使叶片和定子内表面的压紧力发生突变，也会产生噪声和磨损，但比“硬冲”轻微得多。过大的“软冲”也是不希望的。

**2. 定子过渡曲线及其特点**

常见的定子过渡曲线有阿基米德螺线、正弦加速曲线、等加速等减速曲线和高次曲线等几种形式。

下面主要对等加速等减速曲线作一分析，其分析方法同样适应于其它曲线。

叶片的径向加速度按等加速等减速规律变化的曲线，称等加速等减速曲线，简称等加速曲线。等加速曲线要求叶片在过渡区前半段的径向速度从零开始线性地增加，按等加速规律变化，至过渡曲线中点处，速度达最大值；然后在过渡曲线后半段，径向速度从最大线性减小，按等减速规律变化，在过渡曲线结束时，速度降为零值。

过渡曲线为等加速曲线的极坐标表示如图 2-44 所示。其极坐标方程为：

① 当 $0\leqslant\varphi\leqslant\frac{\alpha}{2}$ 时，

$$\rho=r+\frac{2(R-r)}{\alpha^{2}}\varphi^{2} \tag{2-75}$$

于是，当 $\varphi=0$ 时，

$$\rho=r$$

当 $\varphi=\frac{\alpha}{2}$ 时，

$$\rho=r+\frac{2(R-r)}{\alpha^{2}}\left(\frac{\alpha}{2}\right)^{2}=r+\frac{R-r}{2}$$

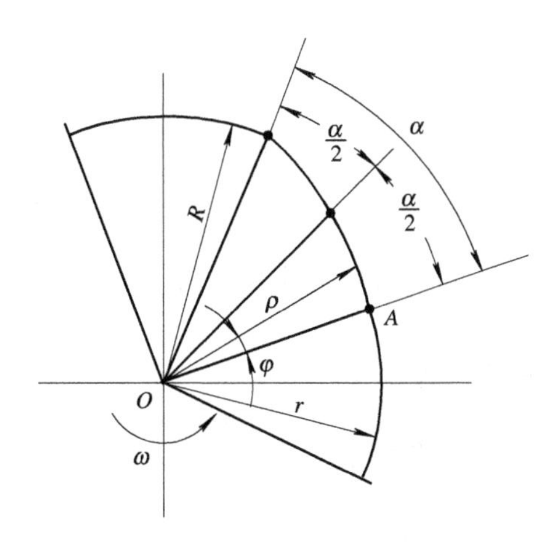


图 2-44　等加速过渡曲线的极坐标表示

② 当$\frac{\alpha}{2}\leqslant\varphi\leqslant\alpha$时，

$$\rho = 2r - R + \frac{4(R-r)}{\alpha}\left(\varphi - \frac{\varphi^2}{2\alpha}\right) \tag{2-76}$$

于是，当$\varphi=\frac{\alpha}{2}$时，

$$\rho = 2r - R + \frac{4(R-r)}{\alpha}\left[\frac{\alpha}{2} - \frac{(\alpha/2)^2}{2\alpha}\right] = r + \frac{R-r}{2}$$

当$\varphi=\alpha$时，

$$\rho = 2r - R + \frac{4(R-r)}{\alpha}\left(\alpha - \frac{\alpha^2}{2\alpha}\right) = R$$

极坐标方程也表示了叶片在过渡曲线上的径向位移与转子转角$\varphi$的关系，由式(2－75)和式(2－76)可以看出，它们都是二次曲线。

叶片径向运动的速度方程可以用下式表示：

① 当$0\leqslant\varphi\leqslant\frac{\alpha}{2}$时，

$$v = \frac{d\rho}{dt} = \frac{d\rho}{d\varphi}\cdot\frac{d\varphi}{dt} = \frac{4(R-r)}{\alpha^2}\varphi\omega \tag{2-77}$$

于是$\varphi=0$时，

$$v = 0$$

$\varphi=\frac{\alpha}{2}$时，

$$v = \frac{2(R-r)}{\alpha}\omega$$

② 当$\frac{\alpha}{2}\leqslant\varphi\leqslant\alpha$时，

$$v = \frac{d\rho}{dt} = \frac{4(R-r)\omega}{\alpha} - \frac{4(R-r)\omega}{\alpha^2}\varphi \tag{2-78}$$

于是$\varphi=\frac{\alpha}{2}$时，

$$v = \frac{2(R-r)}{\alpha}\omega$$

$\varphi=\alpha$时，

$$v = 0$$

由式(2－77)和式(2－78)可以看出，叶片径向运动速度与转子转角$\varphi$的关系为一次函数。

叶片径向运动的加速度方程为

$$a = \frac{d^2\rho}{dt^2} = \frac{4(R-r)}{\alpha^2}\omega^2 \tag{2-79}$$

当$\frac{\alpha}{2}\leqslant\varphi\leqslant\alpha$时，

$$a = \frac{d^2\rho}{dt^2} = \frac{4(R-r)}{\alpha^2}\omega^2 \tag{2-80}$$

采用等加速曲线作为过渡曲线时，叶片的运动关系如图 2-45 所示。

由图(a)可以看出，叶片位移曲线虽然都是二次曲线，但在 $\varphi$ 为 $0\sim\frac{\alpha}{2}$时，曲线稍下凹；$\varphi$ 为$\frac{\alpha}{2}\sim\alpha$ 时，曲线稍上凸。

由图(b)可以看出，叶片速度曲线为一次曲线：$\varphi$ 在 $0\sim\frac{\alpha}{2}$时，速度由零上升到最大值，$v_{\max}=\frac{2(R-r)}{\alpha}\omega$；$\varphi$ 在$\frac{\alpha}{2}\sim\alpha$ 时，速度由最大值下降到零。

由图(c)可以看出，叶片的径向加速度为常量，其绝对值为 $a=\frac{4(R-r)}{\alpha^2}\omega^2$，不过 $\varphi$ 在 $0\sim\frac{\alpha}{2}$ 时为正值，$\varphi$ 在$\frac{\alpha}{2}\sim\alpha$ 时为负值。

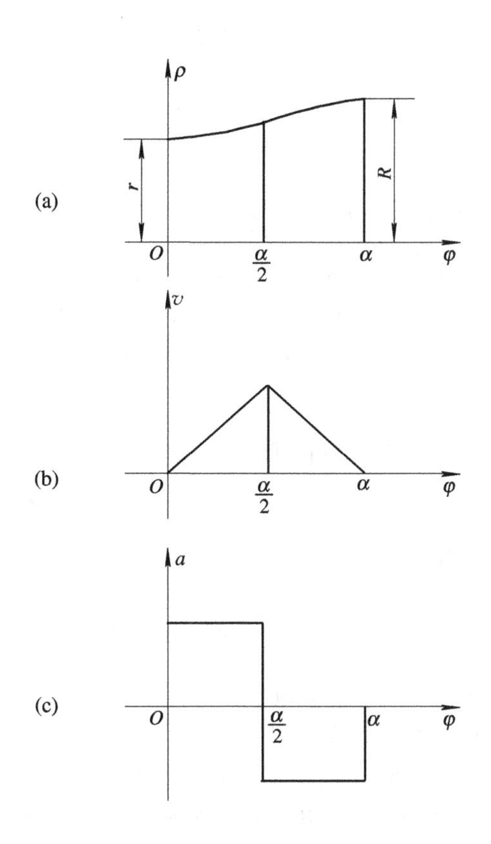


图 2-45　采用等加速曲线时叶片运动关系图

由以上分析可知，用等加速曲线作为定子曲线时具有以下特点：

首先，由于叶片的径向运动速度是变化的，因此流量均匀性可能差些。但是，由于$\frac{d\rho}{d\varphi}$曲线在加速区和减速区分别成中心对称，因此只要过渡区上的叶片数为偶数时，即可保证$\sum v_i$ 等于常数，使流量均匀。

其次，由于径向加速度有一定的值，因此，要使叶片顶部和定子内表面不产生脱空现象，叶片的离心力应大于其沿叶片槽滑动的向心惯性力。由式(2-74)可知，

$$\frac{d^2\rho}{d\varphi^2}<\rho-\frac{1}{2}L$$

对式(2-79)进行如下改写：

$$\frac{d^2\rho}{dt^2}=\frac{d^2\rho}{d\varphi^2}\cdot\frac{d^2\varphi}{dt^2}=\frac{d^2\rho}{d\varphi^2}\cdot\omega^2=\frac{4(R-r)}{\alpha^2}\omega^2$$

则

$$\frac{d^2\rho}{d\varphi^2}=\frac{4(R-r)}{\alpha^2} \tag{2-81}$$

因此，叶片不产生脱空现象的条件为

$$\rho-\frac{1}{2}L>\frac{4(R-r)}{\alpha^2} \tag{2-82}$$

当 $\rho=r$ 时，离心加速度最小。将 $\rho=r$ 代入上式，得必须保证不产生脱空的条件为

$$r-\frac{1}{2}L>\frac{4(R-r)}{\alpha^2} \tag{2-83}$$

从式(2-83)可以看出，如果定子长、短半径的差值 $R-r$ 越大，则越容易产生脱空现象。

再则，由于叶片的径向加速度为定值，因此叶片在经过 $\varphi=0$、$\frac{\alpha}{2}$、$\alpha$ 等点时只会发生软性冲击，使叶片泵在工作平稳性及噪声等方面都比较好。

由以上分析可以看出，叶片泵采用等加速曲线作为定子过渡曲线是比较合适的。虽然工艺比较复杂，但随着工艺水平的提高，目前加工这种定子曲线已不十分困难。

**3. 叶片数的选取**

从转子径向力平衡的观点出发，双作用叶片泵的叶片数应取偶数。为避免叶片槽对转子强度的削弱，叶片数应越少越好。根据叶片泵的工作原理，定子曲线必须有过渡曲线，因此，定子曲线圆弧部分对应的中心角 $\beta<\frac{\pi}{2}$；为了保证吸、压油腔间的密封，应使 $\beta\geqslant\beta=\frac{2\pi}{Z}$。由此可推出 $Z>4$，即双作用叶片泵的最小叶片数为 6。

如图 2-42 所示，配油盘的吸、压油窗口都开在过渡曲线区。如果叶片数过少，则 $\beta$ 角较大，过渡曲线所对应的范围小，造成吸油窗口不够大、吸油流速过高(一般叶片泵吸油窗口流速不超过 6 m/s)而导致汽蚀。因此，通常叶片泵的叶片数在 8～12 之间。

叶片数对流量的均匀性也有很大影响。以下分析定子过渡曲线为等加速曲线时，叶片泵的叶片数对流量均匀性的影响。

为使泵的流量均匀，必须保证吸油区过渡曲线上叶片径向速度之和 $\sum v_i$ 为常数。对于叶片数 $Z=8$ 的双作用叶片泵，始终只有一个叶片在过渡曲线区。由图 2-45 可知，此叶片的径向速度与转角 $\varphi$ 成线性关系，不能满足 $\sum v_i$ 为常数的条件，因此泵的流量有脉动性(见图 2-46)。

当泵的叶片数 $Z=12$ 时，有两个叶片在过渡曲线区。其中一个在曲线的前半段，另一个在曲线的后半段。根据式(2-77)和式(2-78)可知：

$$\sum v_i = \frac{4(R-r)\omega\varphi}{\alpha^2} + \frac{4(R-r)\omega}{\alpha} - \frac{4(R-r)\omega\varphi}{\alpha^2} = \frac{4(R-r)\omega}{\alpha} = \text{常数} \qquad (2-84)$$

因而理论流量均匀、无脉动。

根据上述分析可得推论：为了使流量均匀，对于采用等加速等减速定子曲线的双作用叶片泵，应该保证过渡曲线区的叶片数为偶数，即 $Z=4(2n+1)$，式中 $n$ 为正整数。考虑到转子的强度及工艺性，$Z\leqslant 20$。在大部分情况下，双作用叶片泵的叶片数取为 $Z=12$。

图 2-46 表示了叶片数为 $Z=8$、10、12 时理论流量随转角 $\varphi$ 的变化情况。流量脉动以 $Z=8$ 时为最甚，$Z=10$ 时较好，$Z=12$ 时没有流量脉动。由于叶片具有一定厚度，在吸油区，叶片向外伸出，底部容积由压力油充填；在压油区，叶片向里运动，叶片让出的容积也要由压力油来充填；而当相邻两叶片间的密封容积从吸油区进入压油区时，因为油的可压缩性，一部分压出的压力油倒灌入此腔。所有这些都会造成输出油液瞬时减少。所以，即使理论流量完全均匀，实际输出流量仍有少量脉动。

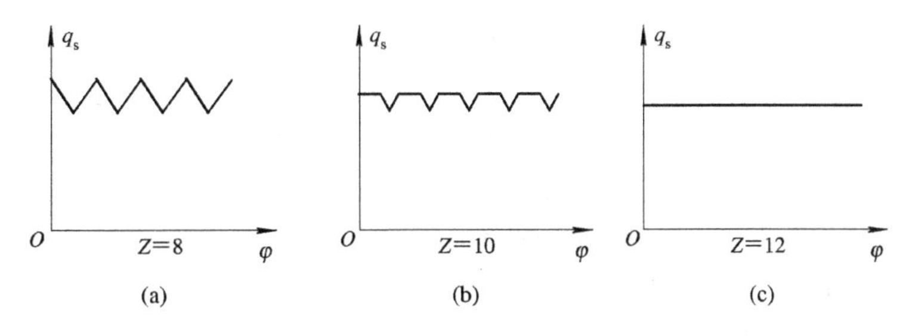


图 2-46 不同叶片数的叶片泵的瞬时流量

## 2.5.4 双作用叶片泵的结构

### 1. 结构特点

*1) 叶片的倾角

双作用叶片泵的转子槽不是沿径向设置的，而是向转子旋转方向前倾了一个 $\theta$ 角（$\theta$ 为叶片顶点与转子中心连线和叶片槽中心线的交角），此 $\theta$ 角称为叶片的倾角。为什么叶片要向前倾斜一个角度呢？可以由图 2-47 来进行分析。

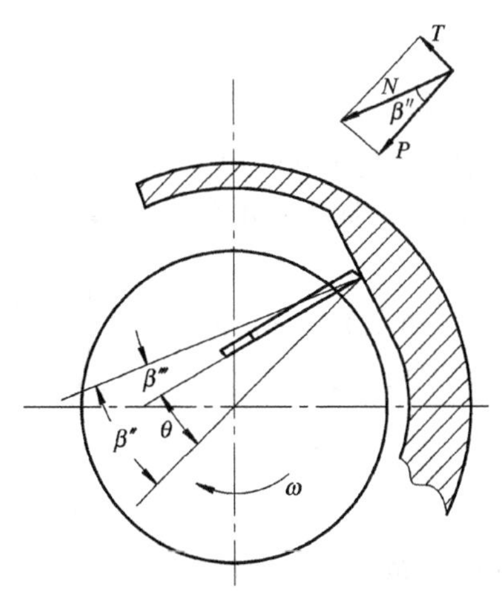


图 2-47 双作用叶片泵叶片的倾角

叶片在工作过程中，由于受本身离心力和叶片底部液压力的作用，使叶片和定子内表面紧密接触，于是，在定子的内表面上产生一个作用于叶片上的反作用力 $N$。反作用力 $N$ 的方向即是定子内表面曲线的法线方向。

若叶片沿转子的半径方向放置，则叶片所受的法向反力与叶片之间形成一个 $\beta'$角，我们称它为压力角。在双作用叶片泵中，由于定子曲线的升程(即 $R-r$)比较大，也就是说比较陡，因此压力角的数值比较大。

法向反力可以分解为两个力，一个是沿叶片的分力 $P$，一个是垂直于叶片的分力 $T$，其关系如下：

$$P = N\cos\beta'$$
$$T = N\sin\beta'$$

$P$ 力的作用使叶片沿转子槽缩回。而 $T$ 力的作用在压油区一方面阻滞叶片沿定子过渡曲线滑动，另一方面有使叶片发生弯曲的趋势，而且将迫使叶片紧压在叶片槽的内侧，增加了叶片与转子槽之间的摩擦和磨损，严重时可将叶片卡住，甚至有折断的危险。这一问题在压油区更加突出，因为在压油区，$T$ 力与叶片和定子的摩擦力方向相同。

因此，在双作用叶片泵中，需要将叶片相对于转子半径方向向前倾斜一个角度 $\theta$，这时的压力角就变成了 $\beta''$，而 $\beta''=\beta'-\theta$。压力角的减小，使 $T$ 力值减小，进而减轻了叶片与转子槽之间的摩擦和磨损。理论分析和实践经验证明，一般叶片的前倾角 $\theta=10°\sim14°$较为合适。我国设计生产的双作用叶片泵取 $\theta=13°$。

需要注意的是，叶片按相对转子半径前倾角度 $\theta$ 放置后，转子只能按确定方向旋转，而不能反转，否则会使叶片发生折断现象，也就是说双作用叶片泵不能反转。

后来的实践表明，引入叶片底部的油液压力为液体通过配油盘配油窗口以后的压力油，其数值略小于泵工作时的压力。转速越高(即配油窗口的流速越高)，此差值越明显。因此，在压油区推动叶片向心运动的力除了定子内表面的推力外，还有液压力。这样，上述关于接触压力角过大使叶片发生折断现象的推理就不确切，许多叶片泵的叶片径向布置仍能正常工作就是一个证明。由于沿袭了以前的结构，因此目前中、低压叶片泵多数还是采用叶片前倾的形式。

2) 配油盘

一般，双作用叶片泵在配油盘上有两个吸油窗口和两个压油窗口，还有四个封油区，其示意图如图 2-48 所示。当转子以图示方向旋转时，左上和右下两个窗口为吸油口，右上和左下两个窗口为压油口。

(1) 几个角度之间的关系。配油盘上封油区的夹角 $\varepsilon$ 应当大于或等于两个叶片之间的夹角，即

$$\varepsilon \geqslant \frac{2\pi}{Z} = \beta' \qquad (2-85)$$

式中：$Z$——叶片数。

如果 $\varepsilon$ 小于相邻两叶片间的夹角，就会使吸、压油腔互相沟通，这是容积式泵工作所不允许的。

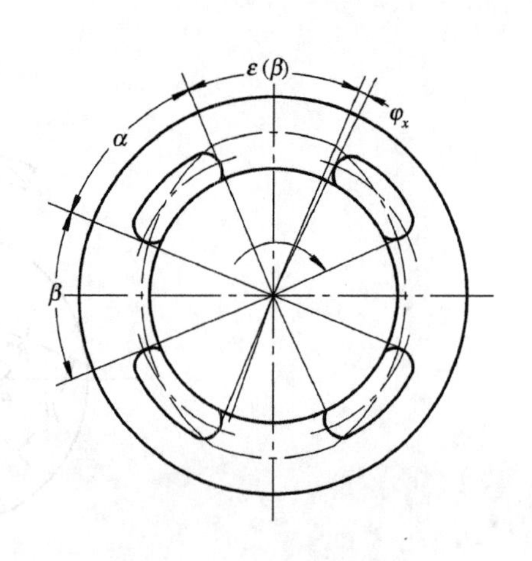

图 2-48　配油盘示意图

定子内表面圆弧部分的夹角$\beta$应当大于或等于配油盘上封油区的夹角$\varepsilon$，这样，当两只叶片都处于封油区内移动时，两叶片间的密封容积不发生变化，所以不会发生困油现象。国产双作用叶片泵的$\beta$角等于$36°$，$\varepsilon$角等于$30°$，两叶片间的夹角$\beta'$也为$30°$，所以，该泵不会发生困油现象。

由上述分析可以看出，定子内表面圆弧部分的夹角$\beta$、配油盘上封油区的夹角$\varepsilon$和两相邻叶片之间的夹角$\beta'$应满足以下不等式：

$$\beta \geqslant \varepsilon \geqslant \beta' = \frac{2\pi}{Z} \tag{2-86}$$

（2）三角槽。一般的配油盘上，在叶片从封油区进入压油区的压油窗口一边开有三角形的小槽。由于其形状如人的眉梢，因此俗称“眉毛槽”，如图2－48所示。开三角槽的目的是为了减小输出压力油的脉动，以减小冲击和噪声。

关于双作用叶片泵瞬时流量的脉动问题，在前面分析叶片数目的影响时已经指出，在某些过渡曲线及叶片数时流量是均匀的。但是实际上，即使在这种条件下，叶片泵的瞬时流量仍有小量脉动，并伴随有一定噪声，而且输出油压越高，流量脉动与噪声也越大。脉动的频率在叶片泵一转中为$Z$次，也就是与叶片数目$Z$有关。

造成这种流量脉动的原因是因为油液具有可压缩性。如前所述（参看式（2－61）），在封油区两叶片间的密封容积为

$$V = \frac{\pi}{Z}(R^2 - r_0^2)B \tag{2-87}$$

当这个容积中的油液从封油区很快转入压油区时，压力从原来吸油腔的压力（低于大气压）迅速提高到泵的输出油压$p$。因此油液被突然压缩，同时产生噪声。由液压流体力学可知，容积的压缩量为

$$\Delta V = \frac{V\Delta p}{E} = \frac{\pi}{ZE}(R^2 - r_0^2)B\Delta p \tag{2-88}$$

式中：$\Delta p$——压油腔与吸油腔的压力差；

$E$——油液的体积弹性模量。

压缩后，$\Delta V$这一部分空间要由压油腔中的压力油来补充，因此泵的流量就相应减少。在减少的这段时间内，瞬时流量的变化率为

$$\frac{\mathrm{d}\Delta V}{\mathrm{d}t} = \frac{\mathrm{d}\Delta V}{\mathrm{d}\varphi} \cdot \frac{\mathrm{d}\varphi}{\mathrm{d}t} = \frac{\pi\omega}{ZE}(R^2 - r_0^2)B\frac{\mathrm{d}\Delta p}{\mathrm{d}\varphi} \tag{2-89}$$

从式（2－89）可以看出，瞬时流量的变化率和密封容积$V$内压力的变化率$\frac{\mathrm{d}\Delta p}{\mathrm{d}\varphi}$成正比。如果在配油窗口上不开三角槽，则原来为低压的密封容积$V$将和压力油腔瞬时接通，$\frac{\mathrm{d}\Delta p}{\mathrm{d}\varphi}$趋近于无限大，因此会产生泵瞬时流量的较大脉动，并产生噪声。

为了减小瞬时流量的脉动，应当减小$\frac{\mathrm{d}\Delta p}{\mathrm{d}\varphi}$，因此在叶片从封油区进入压油区的压油窗口一边开上三角槽，可使密封容积$V$逐渐和压油腔相通，就可以达到减小瞬时流量脉动和降低噪声的目的。三角槽越长，过渡越平缓，脉动就越小。

三角槽所占角度$\varphi_x$及三角槽的尺寸一般由试验决定。

**2. 典型结构示例**

除前面所介绍的双作用叶片泵外，双作用叶片泵还有以下两种形式。

*1) $YB_1$ 型叶片泵

$YB_1$ 型叶片泵是在YB型叶片泵的基础上改进设计而成的，$YB_1$ 型叶片泵的结构如图2-49所示。它由前泵体7和后泵体1，左、右配油盘2和6，定子4，转子3等组成。为了方便装配和使用，两个配油盘与定子、转子和叶片等组装成一个部件。两个长螺钉13为组件的紧固螺钉，它的头部作为定位销插入后泵体1的定位孔内，以保证配油盘上吸、压油窗口的位置与定子内表面的过渡曲线相对应。12个叶片装在转子上的狭槽中，并和槽保持精密的滑动配合，转子槽沿转动方向前倾。压油腔的压力油通过配油盘上的小孔及油槽通入叶片底部，使叶片顶部始终和定子内表面紧密接触。配油盘右端承受压力油，使其紧贴定子；同时，在压力油作用下，配油盘本身发生变形，对转子和配油盘的端面间隙进行补偿，以提高容积效率。转子通过内花键与传动轴相配合，传动轴由两个滚珠轴承11和12支承，以使工作可靠。骨架式密封圈10安装在盖板8上，用来防止油液泄漏和空气渗入。

$YB_1$ 型叶片泵的噪声较低，容积效率较高，泵的使用寿命长，而且装配维修方便。只要将转子反转180°，定子以主轴轴心旋转90°，即可实现泵的反转。

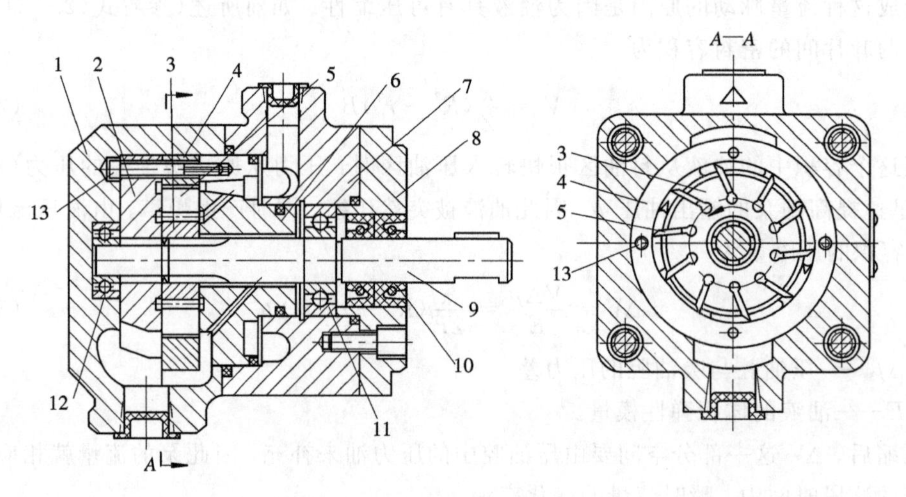


1—后泵体；2—左配流盘；3—转子；4—定子；5—叶片；6—右配流盘；
7—前泵体；8—端盖；9—传动轴；10—防尘密封圈；11、12—轴承；13—螺钉

图2-49 $YB_1$ 型叶片泵结构图

2) 双联叶片泵

双联叶片泵相当于两个双作用叶片泵的组合。泵的两套转子、定子和配油盘等安装在一个泵体内，泵体有一个公共的吸油口和两个各自独立的压油口，两个转子由同一个传动轴传动，其结构如图2-50所示。两个泵的流量可以任意组合。

双联叶片泵的输出流量可以分开使用，也可以合并使用。例如，在轻载快速时，大、小两泵同时供给低压油；在重载慢速时，高压小流量泵单独供油，低压大流量泵卸荷。系统中采用双联叶片泵时，可以节约电机，节省功率，减少油液发热。双联叶片泵还常用于液压系统需要有两个互不干扰的独立油路中。

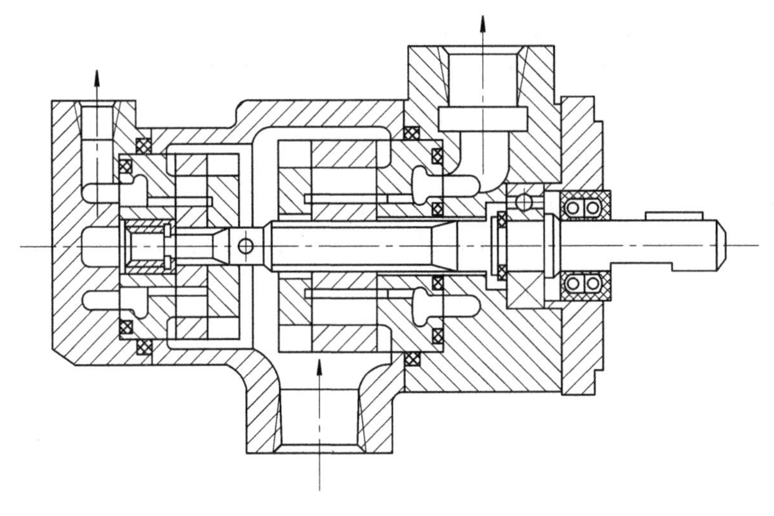

图 2-50　双联叶片泵结构图

### 2.5.5　高压叶片泵的结构特点

随着生产的发展，叶片泵的压力在不断提高，近年来出现的一些双作用高压叶片泵，油压达 14～21 MPa，甚至有高达 40 MPa 的。双作用叶片泵高压化，除要考虑各零件的强度以外，主要存在以下问题：一是高压下泄漏量增加，容积效率明显降低；二是叶片在吸油区与定子的接触应力增大，加剧了叶片与定子间的磨损，噪声明显增大，寿命显著降低。为此，高压叶片泵必须采取适当的措施。

**1. 采用轴向间隙补偿装置**

为了减小转子和配油盘之间的轴向间隙，提高容积效率，有的高压叶片泵采用了浮动式配油盘，以补偿轴向间隙，如图 2-51 所示。配油盘 1 在泵的出口压力油的作用下压向定子 3 的端面，当油压升高时，这一作用力也将增大，和另一方面压力油推开配油盘的作

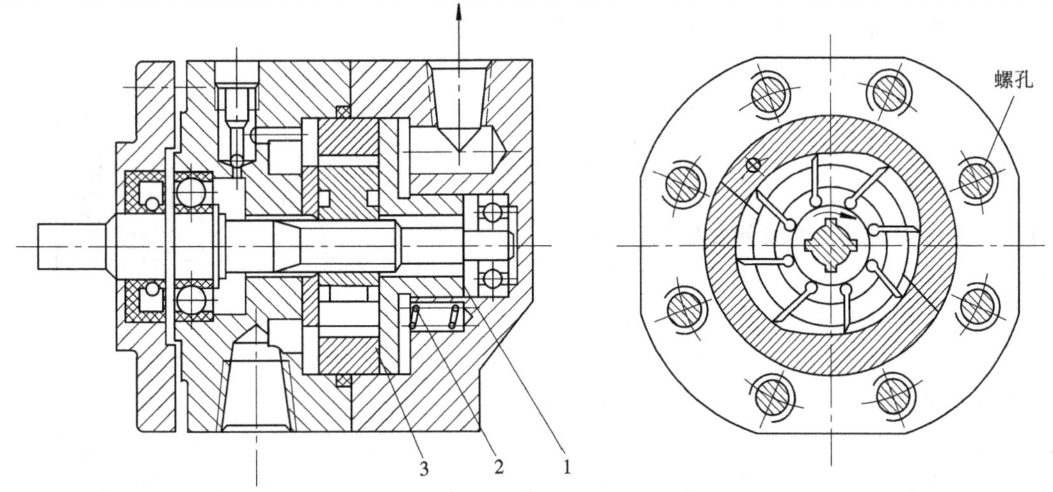


1—配油盘；2—弹簧；3—定子

图 2-51　具有浮动式配油盘的叶片泵

用力相平衡，使间隙不致增大，容积效率也不致降低。当泵刚启动而油压尚未形成时，配油盘由三个弹簧 2 的作用力而靠向定子端面。弹簧的压紧力不宜过大，以免在启动时擦伤配油盘的端面。

**2. 减小叶片与定子间的接触应力**

减小叶片与定子之间压紧力的方法有两大类：一类是平衡法，即使叶片的顶部和底部的液压力基本平衡；另一类是用减小叶片底部受压面积的方法来减小叶片对定子的压紧力。

1）双叶片式结构

双叶片式结构的工作原理如图 2－52 所示。每个转子槽中安装有顶端和两侧倒角的叶片，它们之间可以相对自由滑动，因而保证每个叶片有一定密封棱边和定子内表面接触。两个叶片顶部倒角部分形成油室。叶片底部油室始终和压油腔的油液相通。叶片顶部油室可以经过两叶片中间的小孔和叶片底部相通，因此叶片顶部和底部的油压相等，从而使叶片上、下液压力基本平衡。正确选择叶片顶部棱边的宽度，可以保证叶片具有一定的压力和定子内表面贴紧，又不致产生过大的接触应力。这种结构对零件的制造精度要求较高，如果两只叶片间动作不灵敏，则不但会降低工作性能，而且会缩短泵的使用寿命。

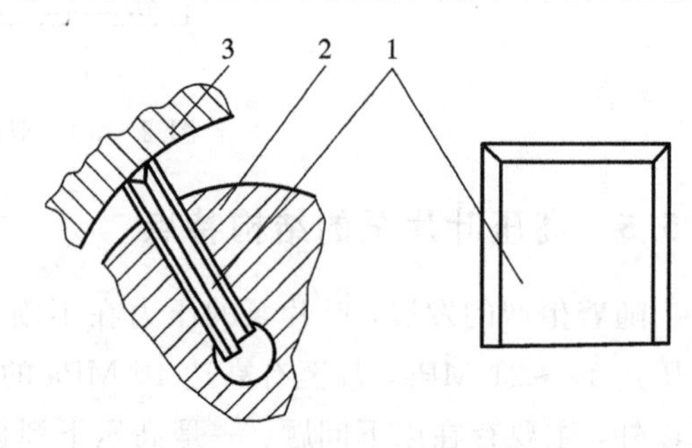

1—叶片；2—转子；3—定子

图 2－52　双叶片式结构图

2）弹簧叶片式结构

弹簧叶片式结构是在双叶片结构的基础上产生的，它把两枚叶片并成一体，变成厚叶片，叶片厚度达 6～7 mm。弹簧叶片式结构的工作原理如图 2－53 所示。叶片 1 顶部加工有圆弧槽形的油室，油室经叶片中间的孔和侧面的槽与叶片底部油室相接通。当叶片和定子内表面圆弧部分接触时，叶片顶端两个棱边同时和定子接触，保证了良好的密封。当叶片处于吸、压油区时，叶片只有一个棱边和定子内表面过渡曲线部分接触，因此顶部油室与吸油腔或压油腔相通，叶片上、下部分由于有孔和槽沟通，因此油压相等，作用力基本平衡。为了保证叶片顶部紧密地和定子内表面接触，除因叶片较厚可增加本身离心力的作用外，在转子槽中还装有弹簧 4，三只弹簧的压力一般在 40 N 左右。这种结构应充分考虑到弹簧的抗疲劳强度，因为在长期周期载荷作用下，弹簧会因疲劳而破坏。

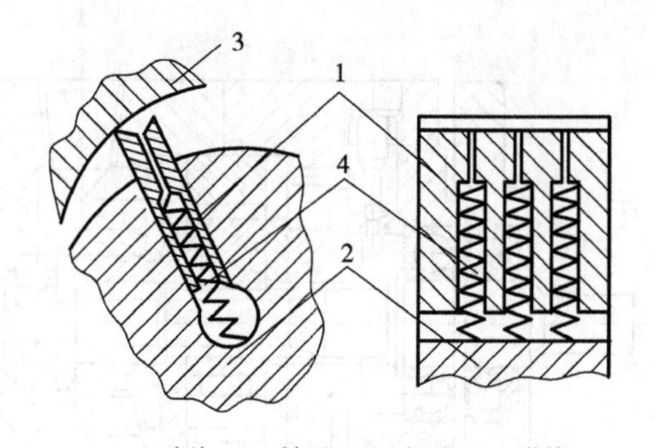

1—叶片；2—转子；3—定子；4—弹簧

图 2－53　弹簧叶片式结构图

3）阶梯叶片式结构

图 2－54 所示为阶梯叶片式结构的工作原理图。图中 1 为定子，2 为叶片，3 为转子。

叶片 2 做成阶梯形，转子槽也做成带台阶状，叶片装在转子槽内，形成油室 $d$。油室 $d$ 始终与配油盘上的压力油环槽 $c$ 相通，所以其中充满了压力油。叶片的底部油室 $e$ 经转子上的孔 $a$ 和密封容积相通，所以叶片顶、底部油液压力相等。图 2－54(a)所示为叶片处于吸油区的情况，叶片在油室 $d$ 中压力油和离心力的作用下，以一定的压力压紧在定子的内表面上。图 2－54(b)所示为叶片处于压油区的情况，由于叶片顶部和底部油室 $d$、$e$ 都是压力油，因此作用于叶片的径向液压力平衡。这种结构是利用减小叶片的厚度尺寸来减小叶片底部的受压面积，选择适当的叶片厚度，就可以控制叶片和定子间的接触应力。这种结构的工艺性较差。

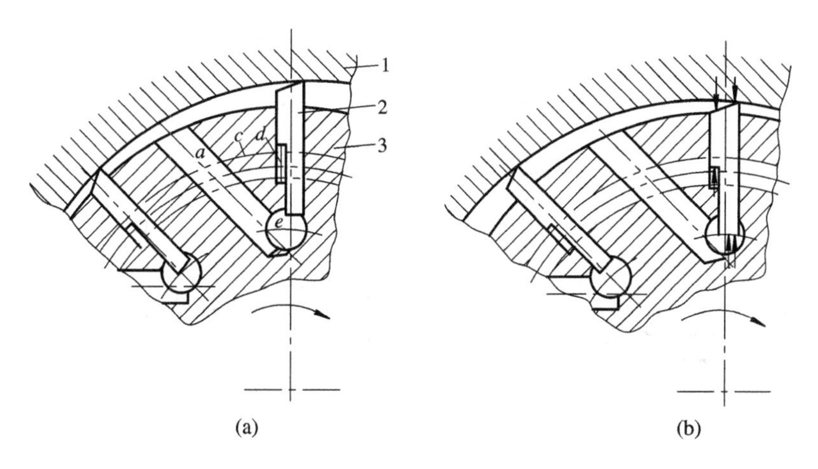


1—定子；2—叶片；3—转子

图 2－54　阶梯叶片式结构图

4）子母叶片式结构

图 2－55 所示为子母叶片式结构的工作原理图。图中 1 为转子，2 为定子，3 为母叶片，4 为子叶片，母、子叶片能自由地相对滑动，母、子叶片之间有一油室 $f$。由于在配油盘的工作端面上有一环形槽 $d$，经过通道 $a$ 和压力油相通，因此，油室 $f$ 经转子上的槽 $e$ 和环形槽 $d$ 始终和压力油相通。母叶片底部的油室 $g$，经转子上的槽 $b$ 和密封容积 $c$ 相通，因此，母叶片的顶、底部作用的油液压力是相同的。

当叶片处于吸油区时，如图 2－55(a)所示，这时母叶片顶、底部都是低压油，只有油室 $f$ 中是压力油。子叶片 4 和母叶片 3 在压力油作用下，分别贴紧在转子槽的底部和定子内表面。因为压力油只作用在母叶片下面积较小的部分，所以叶片对定子内表面的接触应力较小。若不考虑离心力的作用，则叶片和定子间的压紧力为

$$F = plb \tag{2-90}$$

式中：$p$——压油腔的压力；

$l$——子叶片的宽度；

$b$——叶片的厚度。

显然，这种结构是通过减小叶片宽度的方法来减少叶片底部的受压面积。适当选择子叶片的宽度，就可以控制叶片与定子内表面之间的接触应力，以避免叶片与定子之间的磨损。

一般选择子叶片的宽度 $l$ 为母叶片宽度 $L$ 的 1/3～1/4。

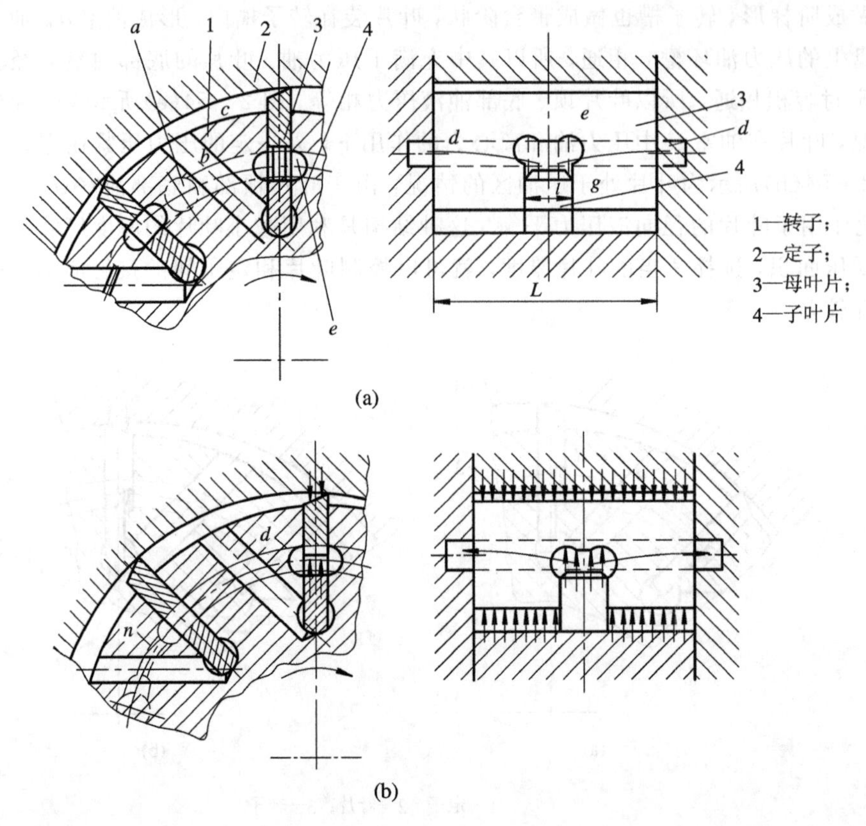


图 2－55　子母叶片式结构图

当叶片处于压油区时，如图 2－55(b)所示，这时母叶片的顶、底都是压力油。同时因母叶片向槽内移动，油室 $f$ 中的油液要经环形槽 $d$ 上的阻尼孔 $h$ 再流到压油腔，所以油室 $f$ 中的油液压力会略高于压油腔的压力，这样在几处油压的作用下，加上母叶片本身的离心力，则母叶片仍以一定压力推向定子内表面，以保证它和定子内表面的可靠接触。

这种泵转子和叶片的加工都比较复杂。

**3. 采用辅助减压阀的结构**

采用辅助减压阀结构的工作原理是利用定值或定比减压阀，把泵的输油压力进行适当减压后再引入吸油区叶片底部。在压油区，输油压力则直接引至叶片底部。

图 2－56 所示为采用定比减压阀的结构图。图中左侧为定比减压阀，右侧为配油盘。定比减压阀的作用是使阀的进油压力与减压后的出口压力成比例；配油盘上除了两对吸、压油口外，还有四条向叶片底部引油的圆弧槽。

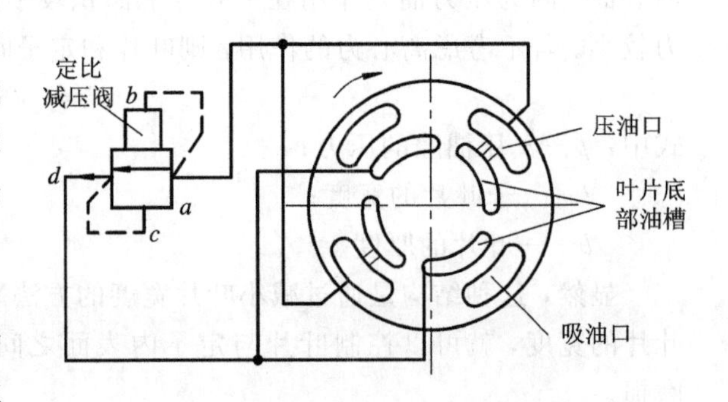


图 2－56　采用定比减压阀的结构图

压油口的油液经孔道 $a$ 引入减压阀，同时经孔道 $b$ 引向减压阀的小端。减压后的油液，一方面经孔道 $c$ 引向减压阀的大端，另一方面经孔道 $d$ 引入吸油区叶片底部的圆弧槽。减压阀的减压比一般为 1/2，就使吸油区叶片底部的油液压力为泵出口压力的 1/2。这样，当叶片经过吸油区时，叶片底部的液压作用力既可以帮助叶片顶部靠紧定子内表面，但又不致产生过大的压紧力而增加磨损。

叶片经过压油区时，由于其底部径向节流孔 $e$ 与压油口相通，因此叶片的顶部和底部都是压力油。但是，因为叶片在压油区是向转子槽内移动，力图把叶片底部的油液排出去，节流孔 $e$ 的阻尼作用是使叶片底部的油液压力略高于叶片顶端的压力，这样可以使叶片压在定子上的压紧力略大些，以免叶片和定子脱开。

## 2.5.6 单作用叶片泵的工作原理和流量计算

### 1. 工作原理

图 2－57 所示为单作用叶片泵的工作原理图，主要由配油盘 1，传动轴 2，转子 3，定子 4，叶片 5 和泵体 6 等组成。定子具有圆柱形表面，转子上开有均布槽，矩形叶片安装在转子槽内，并可在槽内滑动。转子中心与定子中心不重合，有一个偏心距 $e$。配油盘上有两个窗口，图中右侧为吸油口，左侧为压油口。定子、转子、叶片和配油盘之间形成了若干密封容积。当转子由原动机带动作逆时针方向旋转时，叶片在离心力作用下紧贴定子内表面，并在转子槽内作往复运动。右边的叶片逐渐伸出，相邻两叶片间的密封容积逐渐增大，形成局部真空，从吸油口吸油。左边的叶片被定子内表面逐渐压进槽内，相邻两叶片间的密封容积逐渐减小，将油液从压油口压出。在吸油口和压油口之间有一段封油区，把吸、压油腔隔开，这是过渡区。转子不断旋转，泵就不断地吸油和压油。这种叶片泵转子转一周，各叶片间的密封容积吸油一次、压油一次，因此称单作用叶片泵。又因为单作用叶片泵只有一个吸油口、一个压油口，所以轴和轴承上承受较大的径向负载，使轴承磨损增大，泵的寿命缩短。因此，这种泵又称非卸荷式叶片泵，其使用压力一般不大于 7 MPa。

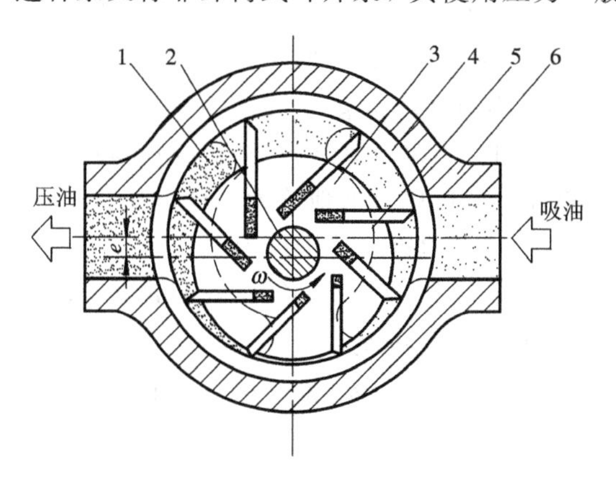


1—配油盘；2—传动轴；3—转子；4—定子；5—叶片；6—泵体

图 2－57 单作用叶片泵的工作原理

若在结构上把转子和定子的偏心距 $e$ 做成不变的，则当泵的转速不变时，输出的流量为常数，即定量泵；若把偏心距 $e$ 做成可变的，则就成为变量叶片泵。偏心距 $e$ 增大，流量就增大；偏心距 $e$ 减小，流量就减小；偏心距 $e$ 等于零，流量就等于零。实际应用中，单作用叶片泵常做为变量叶片泵。

**2. 流量计算**

这里我们讨论单作用叶片泵的平均流量计算方法。图 2－58 所示为单作用叶片泵平均流量计算原理图。

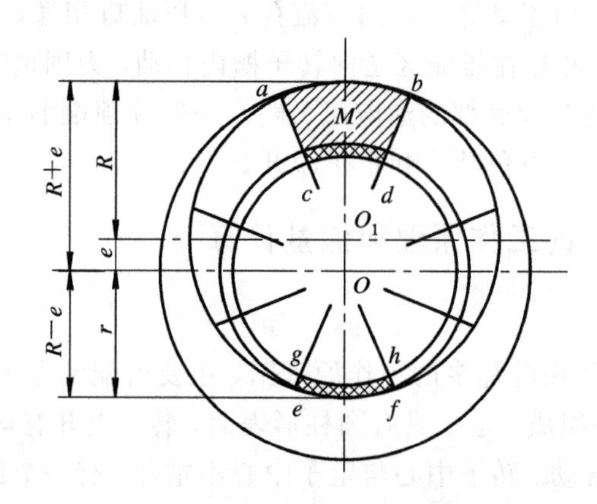


图 2－58 单作用泵的平均流量计算原理图

图中：$O$——转子中心；

$O_1$——定子中心；

$r$——转子半径(cm)；

$R$——定子半径(cm)；

$e$——偏心距(cm)。

假定两叶片处于 $cd$ 位置时，两叶片间的密封容积为最大，并用扇形 $abcd$ 来代替该面积(扇形面积略大于两叶片间的面积)。当转子逆时针方向转过 180°时，叶片转到 $gh$ 位置，两叶片间的密封容积为最小，也用扇形面积 $efgh$ 来代替该面积(扇形面积略小于两叶片间的面积)。在这个过程中，密封容积缩小值为两个扇形面积之差(即图中 $M$ 所示)与叶片宽度 $B$ 的乘积，则泵进行压油。当两叶片从 $gh$ 位置再旋转 180°又回到 $cd$ 时，密封容积又扩大了同样的体积，则泵进行吸油。当泵有 $Z$ 个叶片时，转子转一周，就排出 $Z$ 块与 $M$ 乘 $B$ 相等的容积，这些容积加起来，就可以近似地认为是环形体积。环形的大半径为 $R+e$，小半径为 $R-e$，因此，单作用叶片泵的每一转排量为

$$V = \pi[(R+e)^2-(R-e)^2]B = 4\pi ReB \quad (\text{mL/r}) \tag{2-91}$$

单作用叶片泵每分钟的理论流量 $q_t$ 为

$$q_t = Vn = 4\pi ReBn \times 10^{-3} \quad (\text{L/min}) \tag{2-92}$$

式中：$n$——叶片泵的转速(r/min)。

由于计算中的近似，因此实际数值要比上述公式计算出来的值小一些。

当考虑泵的容积效率 $\eta_v$ 后，叶片泵的实际流量 $q$ 为

$$q = q_t\eta_v = 4\pi ReBn\eta_v \times 10^{-3} \quad (\text{L/min}) \tag{2-93}$$

从式(2－93)可以看出，在转速不变的情况下，当偏心距 $e$ 不能改变时，则该单作用叶片泵为定量泵；当偏心距 $e$ 可以改变时，则该泵为变量泵，即变量叶片泵。

此外，一般情况下，单作用叶片泵叶片底部油室与工作油腔是相通的。当叶片处于吸油区时，它与吸油腔相通，叶片往外伸，叶片底部油室也参加吸油；当叶片处于压油区时，

它与压油腔相通，叶片往里缩，叶片底部油室也参加压油。叶片底部吸油和压油的作用，正好补偿了密封容积中叶片所占体积的变化。因此，流量公式中可以不考虑叶片的体积。

理论分析与实验结果证明，单作用叶片泵的瞬时流量是脉动的，叶片数 $Z$ 越大，流量脉动越小；另外，奇数叶片的流量脉动要比偶数叶片的流量脉动小；再则，由于叶片底部也参加吸、压油，因此叶片本身的尺寸与流量脉动无关。

## 2.5.7 单作用叶片泵的变量原理与结构

### 1. 变量原理

变量叶片泵的结构形式很多，有手动变量叶片泵、限压式变量叶片泵、双向变量叶片泵以及稳流量式变量叶片泵。

如前所述，由于单作用叶片泵的定子和转子之间存在着偏心距 $e$，因此改变偏心距即可改变泵的流量。由于转子均由电动机带动旋转，因此一般情况下，只能通过改变定子的位置来调节偏心距 $e$ 的数值。

1）手动变量叶片泵

图 2－59 所示为手动变量叶片泵的工作原理图。它由调节螺钉 1、叶片 2、转子 3、复位弹簧 4、定子 5 及小轴 6 组成。图示位置，定子中心与转子中心重合，偏心距 $e$ 等于零，所以虽然转子在旋转，但泵的出口流量仍然等于零，即泵不供油。

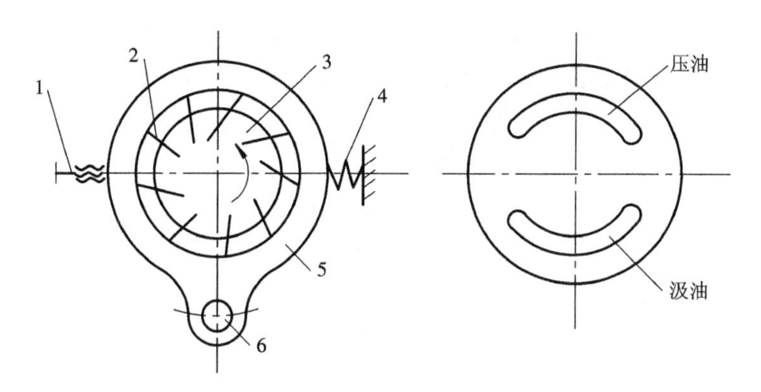


1—调节螺钉；2—叶片；3—转子；4—复位弹簧；5—定子；6—小轴

图 2－59 手动变量叶片泵的工作原理图

由于定子 5 可以绕小轴 6 作摆动，因此当拧动调节螺钉 1 时，就可以克服弹簧 4 的弹力，使定子向右偏移，偏心距 $e$ 就增大。当转子 3 做逆时针方向旋转时，配油盘的上边窗口为压油口，下边窗口为吸油口。偏心距越大，则流量越大。

2）限压式变量叶片泵

限压式变量叶片泵是利用将泵的输出压力反馈到泵内对定子进行控制，改变偏心距 $e$，从而达到对流量的控制。这种泵在液压系统的压力达到限定值后，便自动减小泵的输出流量。它又称压力补偿(或压力反馈)单向变量叶片泵。

根据液压力对定子的作用方式不同，限压式变量叶片泵可以分为外反馈式和内反馈式两种。

外反馈限压式变量叶片泵的原理如图 2－60 所示。定子的右侧是限压弹簧 3，但其弹力可以由螺钉 2 来调节。转子中心 $O_1$ 是固定的，定子可以左右移动，在限压弹簧 3 的作用下，定子被推向左侧，使定子中心 $O_2$ 和转子中心 $O_1$ 之间有一个原始的偏心距 $e_0$，它决定了泵的最大流量。$e_0$ 的大小可以用调节螺钉 1 进行调整。液压泵的出口压力油经一通道外引到小液压缸内(称外反馈)，作用在小活塞的面积 $A$ 上，活塞上作用的液压力与限压弹簧 3 的作用方向相反。当叶片泵的输出压力较低，作用在活塞 $A$ 上的液压力还不够克服弹簧的预压紧力时，定子仍被弹簧推在左边原始位置上，泵的流量始终为最大值。此时

$$pA < kx_0 \tag{2-94}$$

式中：$p$——泵的出口压力；

$A$——活塞的面积；

$k$——限压弹簧的刚性系数；

$x_0$——定子处于最大偏心位置时弹簧的预压缩量。

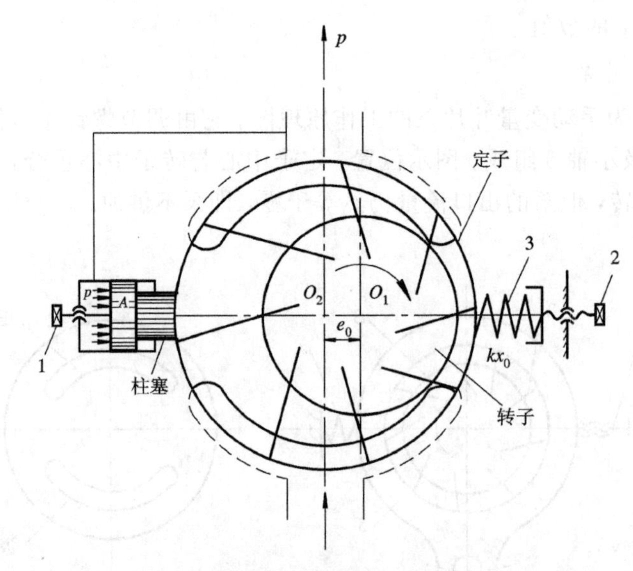


1—调节螺钉；2—调节螺钉；3—限压弹簧

图 2－60　外反馈限压式变量泵工作原理图

若液压系统的压力上升到液压力与弹簧的预紧力相等，即

$$p_x A = kx_0 \tag{2-95}$$

式中：$p_x$——限定压力，即活塞将要移动的压力，也即泵最大流量时可能达到的最高压力。

$$p_x = \frac{kx_0}{A} \tag{2-96}$$

在这个压力下，定子即将向右移动。

由式(2－96)可以看出，当调节螺钉 1 调整好以后，调整调节螺钉 2 即可改变限压弹簧 3 的预紧压力，从而可以改变 $p_x$ 的大小。

当系统压力大于 $p_x$ 时，则

$$pA > kx_0 \tag{2-97}$$

这时油液压力就克服弹簧的作用力，使定子向右移动，减小偏心量，因而泵的流量降低。

设定子最大偏心距为 $e_0$，偏心量变化时弹簧增加的压缩量为 $x$，则压缩后的偏心距 $e$ 为

$$e = e_0 - x \tag{2-98}$$

这时定子上的受力平衡方程式为

$$pA = k(x_0 + x) \tag{2-99}$$

将式(2－95)和式(2－99)代入式(2－98)，得

$$e = e_0 - \frac{(p - p_x)A}{k} \quad (\text{当 } p > p_x \text{ 时}) \tag{2-100}$$

式(2－100)表示了当定子的偏心量发生变化时，偏心距 $e$ 和泵的工作压力之间的关系。从该式可以看出，当泵的工作压力 $p$ 超过限定压力 $p_x$ 时，偏心距 $e$ 越小，工作压力 $p$ 越高，偏心距 $e$ 越小，泵的流量也越小。

内反馈限压式变量叶片泵的原理图如图 2－61 所示。由于配油盘在压油窗口和吸油窗口对泵的轴线 $y$ 不对称分布，压油窗口向限压弹簧方向偏移了一个角度，压油腔油液给定子的作用力 $P$ 也偏移了一个角度 $\theta$，因此在水平方向产生了一个分力为 $P\sin\theta$。当分力 $P\sin\theta$ 超过限压弹簧预先调定好的压力后，定子就向右移动，从而减小偏心距 $e$，最后达到调节流量的目的。调节螺钉 1 用于控制偏心距的原始值 $e_0$。调节螺钉 2 用于改变弹簧的预压缩量 $x$ 的大小。因为液压力直接作用在定子的内表面上，使定子发生偏移，所以称内反馈式。

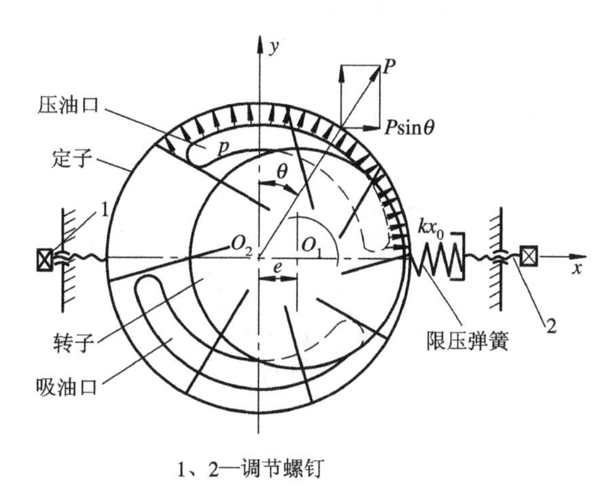


1、2—调节螺钉

图 2－61　内反馈限压式变量泵工作原理图

图 2－62 所示为限压式变量叶片泵的特性曲线。图中纵坐标表示泵的流量，横坐标表示泵的工作压力。

当泵的工作压力没有超过预先调定的压力 $p_x$ 时，液压力还不能克服弹簧的预压紧力，这时定子的偏心距保持最大值 $e_0$ 不变，因此，泵的理论流量 $q_t$ 也不变。但由于供油压力增大时，泵的泄漏量也随着增大，因此实际流量 $q$ 为线段 $AB$ 段所示。$B$ 点为特性曲线的转折点，当供油压力 $p$ 超过预先调定的压力 $p_x$ 时，弹簧受到压缩，定子的偏心距

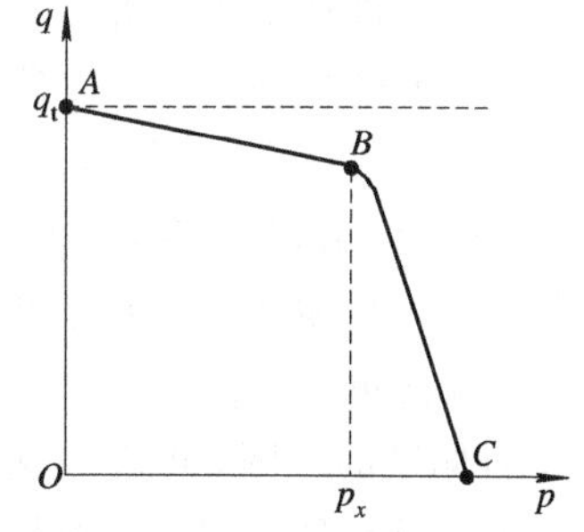


图 2－62　限压式变量叶片泵的特性曲线

减小，泵的流量就随着压力的增大而较快地变小。压力越高，弹簧的压缩量越大，因此流量也就越小，如线段 $BC$ 段所示。直到压力达 $C$ 值时，泵的出口流量等于零。

调节螺钉 1(见图 2-60、图 2-61)即可改变原始偏心距 $e_0$ 的大小，从而改变泵的最大流量，即曲线上 $A$ 点的位置，这时特性曲线 $AB$ 段上、下平移。与此同时，也改变了限定压力 $p_x$ 的大小，因为调节螺钉 1 时也会改变限压弹簧的预压缩量 $x$。调节螺钉 2 可以改变限定压力 $p_x$ 的大小，这时特性曲线的 $BC$ 段左、右平移。当改变限压弹簧的刚度时(例如更换弹簧)，就会改变 $BC$ 段的斜率。弹簧的刚度越大，则线段 $BC$ 段倾斜得越平缓。

由于限压式变量叶片泵具有上述特点，故多用于组合机床进给系统以实现快进、工进、快退等运动，也可用于定位、夹紧系统。当快进和快退时，需较大的流量和较小的压力，可利用特性曲线的 $AB$ 段；在工作进给时，需要较大压力和较小流量，可利用特性曲线 $BC$ 段。在定位、夹紧系统中，定位、夹紧部件的移动需要低压大流量；当夹紧结束后，仅需维持较大压力和补偿泄漏的流量，则可利用特性曲线接近于 $C$ 点的特性。

在液压传动系统中采用限压式变量泵与定量泵相比，可以减少功率损耗，减少油液发热，而且可以简化油路，但它本身结构复杂，泄漏较大(流量为 40 L/min 的泵的泄漏量一般约为 3 L/min)，使执行机构运动速度不平稳。

3) 双向变量叶片泵

图 2-63 所示为双向变量叶片泵的工作原理图。图中定子的左、右两侧都设有偏心距调节机构，缸筒中活塞和柱塞是分开的。定子的上端有一个定位销，可以在定位块内活动。

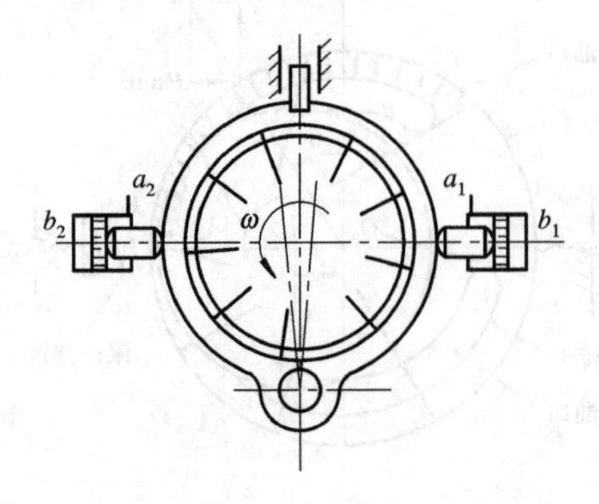


图 2-63 双向变量叶片泵的工作原理图

当油孔 $b_1$ 和 $b_2$ 都通压力油时，定子处于中立位置，此时偏心距 $e$ 等于零，即液压泵的输出流量等于零。当油孔 $b_1$ 和 $b_2$ 都通回油时，泵即开始工作，此时若 $a_1$ 通压力油，$a_2$ 通回油，则右边柱塞推动定子，使定子作逆时针方向摆动，于是在转子作逆时针方向转动的情况下，上半部分叶片伸出，密封容积增大，泵吸油；下半部分叶片缩回，密封容积减小，泵压油。反之，若 $a_2$ 通压力油，$a_1$ 通回油，则左边柱塞推动定子，使定子作顺时针方向摆动，偏心方向改变，在转子转动方向不变的情况下，下半部分叶片伸出，密封容积增大，泵吸油；上半部分叶片缩回，密封容积减小，泵压油。由此可见，当定子的偏心方向不同时，泵的吸、压油腔便可互换。

定子左右偏摆的范围，即左右偏心距 $e$ 的大小，可以借助于定位块和定位销的相互关系来进行调整。通常是使用一个机械装置，使定位块之间的距离发生改变，从而限制了定位销的活动范围，也就限制了定子左右偏摆的范围，也即限制了流量的大小。

稳流量式叶片泵由于要和其它元件共同工作，因此放到液压传动系统中再叙述。

**2. 单作用叶片泵的结构特点**

1）定子曲线

变量叶片泵定子曲线是一个纯圆曲线，偏心距 $e$ 通常并不大，因此，定子曲线对叶片的压力角 $\beta$ 较小，最大压力角接近于 3°，使叶片在转子槽中卡死或折断的可能性较小。

2）配油盘

变量叶片泵的叶片主要靠叶片本身的离心力作用紧紧地贴在定子的内表面上。由图 2－64 可以看出，叶片底部的通油槽采取高压区通高压、低压区通低压的结构，因此叶片的底部和顶部所受的液压力基本上是平衡的。大多数双作用叶片泵的叶片底部始终是与高压腔油液相通的。

另外，图示配油盘只用于内反馈限压式变量叶片泵上，所以它的配油窗口相对于泵的轴线 Y 向转子的旋转方向偏移了一个角度。

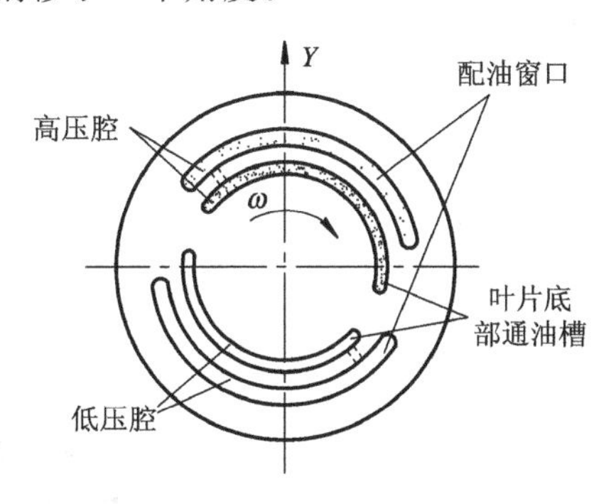


图 2－64　变量叶片泵的配油盘

3）叶片的倾角

如前所述，单作用叶片泵的定子曲线是一纯圆，一般偏心距又比较小，所以当叶片沿定子表面移动时，压力角比较小。此外在变量叶片泵中，处在吸油腔的叶片底部是和低压油相通的，如何保证叶片在吸油腔时能顺利地伸出来并始终抵紧在定子的内表面上，是一个需要解决的问题。因此，叶片的倾斜方向要有利于叶片向外伸出。

变量叶片泵的转子中，其叶片上的受力情况如图 2－65 所示。图中转子作顺时针方向旋转，叶片本身的离心力沿转子的半径方向向外。由于叶片在转子槽内一方面跟随转子作旋转运动，另一方面又要作向外伸或向里缩的径向运动，因此就有切线速度的变化，即有哥氏加速度的存在，从而也就产生了哥氏惯性力。哥氏惯性力垂直于转子的半径，并与转子的旋转方向相反。定子内壁对叶片的摩擦力垂直于定子的半径，也与转子的旋转方向相反。在上述几个力的作用下，转子的叶片槽按转子旋转方向向后倾斜时，就有利于叶片向外伸出，以保证叶片顶端始终贴着定子内壁。图示变量叶片泵转子槽的后倾角为 24°。

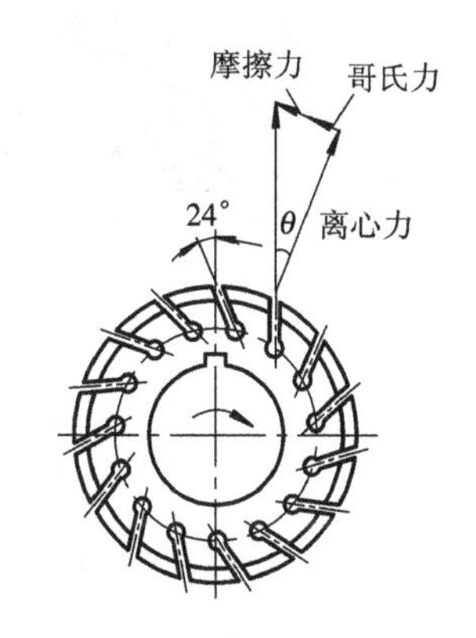


图 2－65　变量叶片泵的转子

4）轴承

由于单作用叶片泵的转子是单方向受力的，因此轴承的负载较大，通常采用能承受较大径向力的滚针轴承。对于定子作水平移动的变量叶片泵，在定子受力的一方也应设有滚针轴承，以增加定子移动的灵敏度。

**3. 限压式变量叶片泵的典型结构**

图 2－66 所示为外反馈限压式变量叶片泵（YBX－25 型）的结构图。带动转子 7 转动的轴 2 支承在两个滚针轴承 1 上作逆时针方向回转。转子的中心是不变的，定子 6 可以上下移动。滑块 8 用来支持定子 6，并承受压力油对定子的作用力。当定子移动时，随着定子一起移动。为了提高定子对油压变化时反应的灵敏度，滑块支承在滚针 9 上。在弹簧 4 的作用下，通过弹簧座 5 使定子被推向下面，紧靠在活塞 11 上，使定子中心和转子中心之间有一个偏心距 $e$，偏心距的大小可用螺钉 10 来调节。螺钉 10 调定后，在这一工作条件下，定子的偏心量为最大，即叶片泵的排量最大。液压泵出口的压力油经油孔 $a$（图中虚线所示）引至活塞 11 的下端，使其产生一个改变偏心量 $e$ 的反馈力。通过螺钉 3 可调节限压弹簧 4 的压力，即可改变泵的限定工作压力。

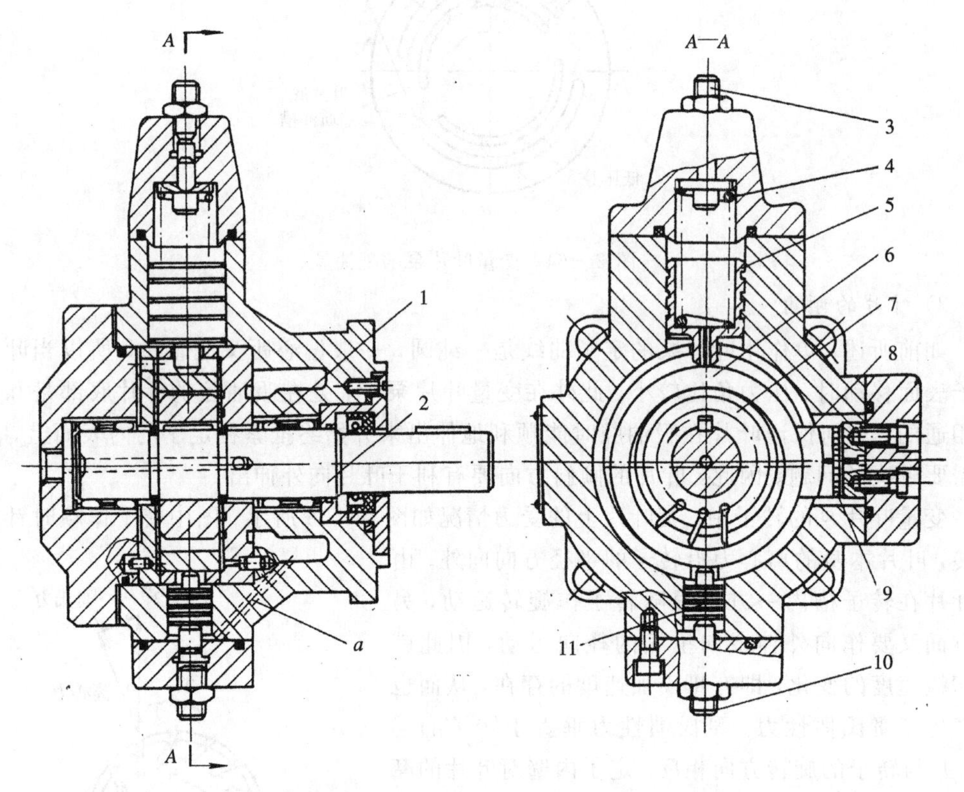


1—滚针轴承；2—轴；3—螺钉；4—弹簧；5—弹簧座；
6—定子；7—转子；8—滑块；9—滚针；10—螺钉；11—活塞

图 2－66　外反馈限压式变量叶片泵结构图

# 2.6 柱　塞　泵

柱塞泵用柱塞和缸体作为主要工作构件。当柱塞在缸体内作往复运动时，由柱塞与缸孔组成的密封容积发生变化，实现泵的吸、压油过程。由于柱塞泵的主要构件是圆形的柱塞和缸孔，因此其加工方便，配合精度高，密封性能好，在高压下工作有较高的容积效率(一般在95%左右)。同时，只要改变柱塞的工作行程就能改变泵的流量，故易于实现流量的调节。所以，柱塞泵具有压力高(可达32～40 MPa)、结构紧凑、效率高(一般在90%以上)以及流量调节方便等优点，常用于需要高压大流量和流量需要调节的龙门刨床、拉床、液压机等液压系统中。

柱塞泵按柱塞排列方式不同，可分为径向柱塞泵和轴向柱塞泵两类。下面分别予以介绍。

## 2.6.1 径向柱塞泵

径向柱塞泵的柱塞排列在传动轴的半径方向，即各柱塞的中心线都是垂直于传动轴的中心线的。径向柱塞泵按其配油方式有阀配油和轴配油之分。阀配油的径向柱塞泵按其结构特点又可分为曲柄连杆式和偏心轮式两种，分别介绍如下。

### 1. 径向柱塞泵的组成和工作原理

*1) 曲柄连杆式径向柱塞泵

图2-67所示为曲柄连杆式径向柱塞泵的工作原理图。曲柄1由原动机带动并绕轴$O$转动，通过连杆2带动柱塞3在缸体4中作直线往复运动。缸体的右端连通着两只单向阀5和6，其中6为吸油阀，5为压油阀。

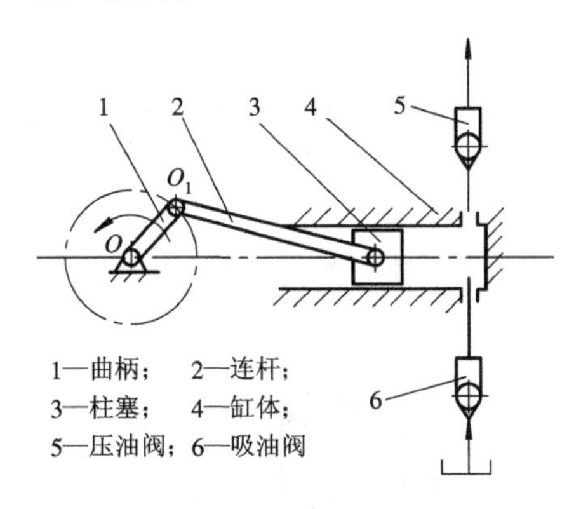


图2-67　曲柄连杆式径向柱塞泵的工作原理图

当曲柄按逆时针方向旋转时，在圆$O$的上半周，柱塞3向左运动，缸体中的密封容积增大，形成局部真空，油箱中的油液便在大气压力的作用下打开吸油阀6，进入缸内。此即为吸油过程。曲柄在圆$O$的下半周旋转时，柱塞向右运动，缸体中的密封容积减小，油液被压缩，吸油阀关闭，油液经压油阀5排入压油管路。此即为压油过程。曲柄1连续旋转，柱塞3就连续往复运动，泵便进行交替的吸油和压油。

为了增大泵的流量，平衡泵的负载，减小流量脉动，曲柄连杆式径向柱塞泵常做成双排形式，同一排又设若干个柱塞(如三个)，每个曲柄在圆周上彼此成120°分布。

这类泵压力可达30 MPa以上，因为柱塞与缸体的配合为圆柱配合，间隙可做得很小，配油阀(吸油阀与压油阀的总称)5、6可以用锥形阀，其密封性也很好，所以压力可以很高。又由于其密封性好，因此它的容积效率也很高。

*2) 偏心轮式径向柱塞泵

图2-68所示为偏心轮式径向柱塞泵的工作原理图。偏心轮1和泵的主轴做在一起，由原动机带动。柱塞2在弹簧3的作用下始终紧贴偏心轮1。偏心轮转一周，柱塞就完成一个往复行程，其行程长度为偏心距的两倍。当柱塞在弹簧的作用下向下运动时，柱塞缸$a$的容积增大，产生真空，油液在大气压力的作用下克服吸油阀5的弹簧力和管道阻力进入柱塞缸$a$内，此时压油阀4在弹簧及液体压力的作用下关闭。这就是该泵的吸油过程。当偏心轮推动柱塞向上运动时，柱塞缸$a$的容积减小，油液受到挤压而使压力增大，高压油将克服压油阀的弹簧力，打开压油阀而进入压油管道，此时吸油阀5在弹簧力及液体压力的作用下关闭。这就是该泵的压油过程。偏心轮连续旋转，柱塞连续往复运动，泵便交替地进行吸油和压油。

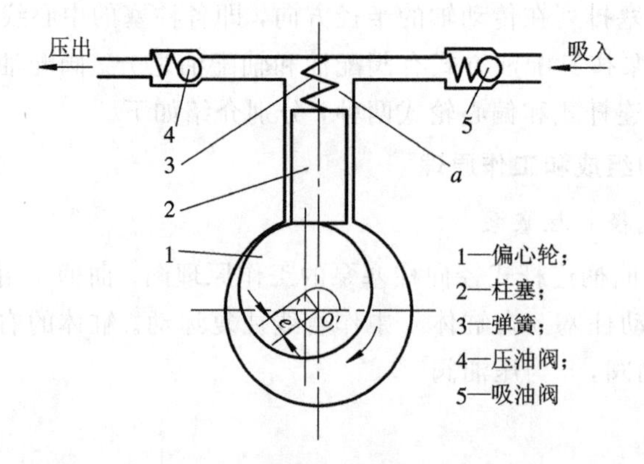


图2-68 偏心轮式径向柱塞泵的工作原理图

同样，为了增大泵的流量、平衡作用在偏心轮上的负载以及减小泵的流量脉动，偏心轮式径向柱塞泵也可做成多缸形式。图2-69所示为一种多缸偏心轮式径向柱塞泵的工作原理图。这种泵的每一个柱塞均需单独配置吸油阀和压油阀(图中未表示出)，所以结构比较复杂。

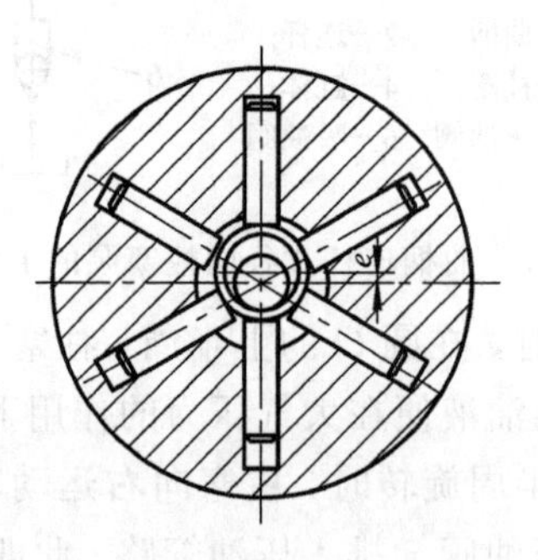


图2-69 多缸偏心轮式径向柱塞泵的工作原理图

以上两种形式的径向柱塞泵都用阀进行油液分配(吸油或压油)，所以属于阀配油式径向柱塞泵。它们的缸体都是固定不动的。

3）缸体旋转式径向柱塞泵

上面介绍的两种径向柱塞泵的缸体都是固定的，由于其密封性比较好，因而可以产生很高的压力。但是它们的排量一般是固定不变的，不能做成变量泵。缸体旋转式径向柱塞泵却不同，它可以通过改变定子相对于缸体(转子)偏心距的大小和方向，来实现改变流量的大小和输油的方向，因此容易做成变量泵。

图 2－70 所示为缸体旋转式径向柱塞泵的工作原理图。柱塞 3 径向排列安装在缸体 2 中，缸体 2 由原动机带动连同柱塞 3 一起旋转，所以缸体 2 也称转子。柱塞 3 靠离心力的作用紧贴在定子 1 的表面上。当转子如图作顺时针方向旋转时，由于定子和转子间有偏心距 $e$，因此柱塞绕经上半周时向外伸出，缸体内的密封容积逐渐增大，形成真空，油液便在大气压力的作用下，从油箱经固定不动的配油轴 4 上的 $a$ 孔、吸油口 $b$ 吸入，泵完成吸油过程。当柱塞转到下半周时，定子内壁将柱塞往里推，缸体内的密封容积逐渐减小，油液经压油口 $d$ 及配油轴上的轴向孔 $c$ 压向压油管路，完成压油过程。转子回转一周，每个柱塞各吸、压油一次，转子不断回转，泵就连续地吸油和压油。

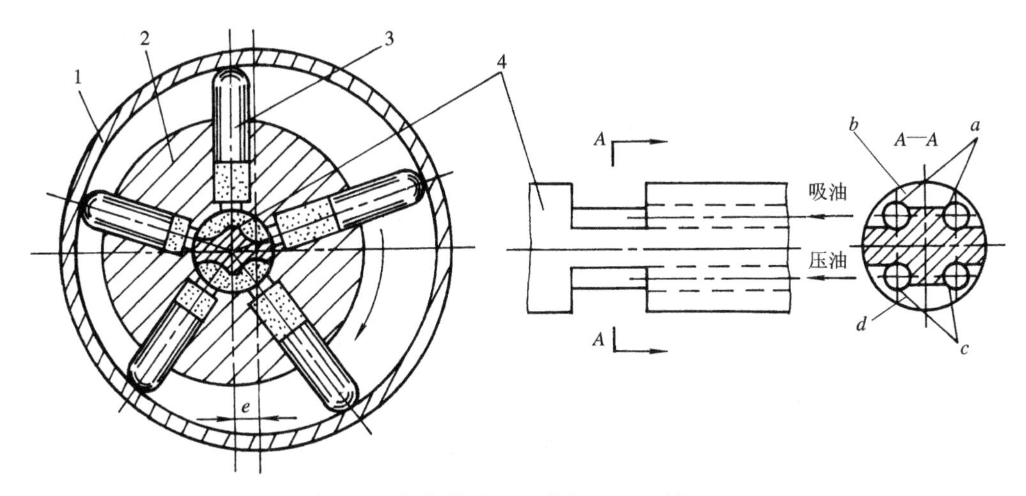


1—定子；2—缸体(转子)；3—柱塞；4—配油轴；

图 2－70　缸体旋转式径向柱塞泵的工作原理图

为了进行配油，在配油轴 4 和缸体 2 接触的一段加工出上、下两个缺口，形成吸油口 $b$ 和压油口 $d$，留下的部分形成封油区(见剖面图)。封油区的宽度应能封住缸体 2 上的孔，使吸油口和压油口不会互通，但是也不能太大，以免产生困油现象。困油现象是这样产生的：由于配油轴上封油区的宽度大于柱塞底部通油孔的直径，因此当柱塞运动到水平位置附近时，密封容积仍然要发生变化，但此时密封容积却被封油区封死，容积增大时无法吸油，容积减小时无法压油，于是形成困油现象。

如果偏心距 $e$ 可变，则该泵就成为变量泵。如果偏心距的方向也可变，则吸、压油口就可互换，该泵就成为双向变量泵。变量的方法与变量叶片泵相同，一般都是通过水平移动定子来调节偏心距的大小和方向。

缸体旋转式径向柱塞泵的密封性比阀配油式径向柱塞泵要差一些。这是因为，虽然柱塞和转子孔的配合精度可以保证，但是配油轴与缸体之间的密封性则比较差。其原因是：一则配油轴上的封油尺寸较小，容易泄漏；二则在配油轴和缸体的接触处，一边为高压腔，一边为低压腔，配油轴上受到很大的单向载荷，为了使配油轴受力变形后不致和缸体咬死，缸体与配油轴之间的间隙不能太小，且当磨损后不容易自动补偿，这就更增加了泄漏。因此，这种径向柱塞泵的工作压力比阀配油式的要低，一般最高压力多在 20 MPa 左右。

此外，这种泵去掉了复杂的配油阀配油机构，只用配油轴来配油(称轴配油)，但其转动部分的惯量比较大，使得启动与停止都不灵活。

**2. 径向柱塞泵的流量计算**

1) 平均流量计算

根据径向柱塞泵的工作原理，其排量可按下式计算：

$$V=\frac{\pi d^2}{4}hz \quad (\mathrm{mL/r}) \tag{2-101}$$

式中：$d$——柱塞的直径(cm)；

$z$——柱塞数；

$h$——柱塞的最大行程。对曲柄连杆式径向柱塞泵，$h=2OO_1=2e$，$e$ 为曲柄长度(见图 2 - 67)；对偏心轮式径向柱塞泵，$h=2e$，$e$ 为偏心距(见图 2 - 68 及图 2 - 69)；对缸体旋转式径向柱塞泵，$h=2e$，$e$ 为定子与转子之间的偏心距(见图 2 - 70)。

所以

$$V=\frac{\pi d^2}{4}2ez \quad (\mathrm{mL/r}) \tag{2-102}$$

则泵每分钟的平均理论流量为

$$q_t=Vn=\frac{\pi d^2}{2}ezn\times10^{-3} \quad (\mathrm{L/min}) \tag{2-103}$$

式中：$n$——泵的转速(r/min)。

当考虑到泵的容积效率，则得泵的实际流量为

$$q=q_t\eta_v=\frac{\pi d^2}{2}ezn\eta_v\times10^{-3} \quad (\mathrm{L/min}) \tag{2-104}$$

式中：$\eta_v$——泵的容积效率。

* 2) 瞬时流量计算

由于柱塞在缸体中的移动速度并不均匀，因此泵在每一瞬时的流量也不均匀。为了分析径向柱塞泵的流量脉动，现以缸体旋转式径向柱塞泵为例讨论瞬时流量的计算方法。这种方法只要略加改动，同样适用于其它两种径向柱塞泵。

图 2 - 71 所示为缸体旋转式径向柱塞泵瞬时流量计算简图。设转子的中心为 $O_1$，定子的中心为 $O_2$，偏心距为 $e$，定子的半径为 $R$。当转子上的某一柱塞转过 $\varphi$ 角时，柱塞顶端和定子内表面的接触点为 $A$。令转子中心 $O_1$ 到 $A$ 点的距离为 $\rho$，则 $\rho$ 的数值可以从 $\triangle O_1O_2A$ 中用下式求得

$$\rho=e\cos\varphi+R\cos\alpha$$

根据正弦定律，$\sin\alpha = \frac{e}{R}\sin\varphi$，且 $\sin^2\alpha + \cos^2\alpha = 1$，得

$$\cos\alpha = \sqrt{1-\sin^2\alpha} = \sqrt{1-\frac{e^2}{R^2}\sin^2\varphi}$$

因此，

$$\rho = e\cos\varphi + R\sqrt{1-\frac{e^2}{R^2}\sin^2\varphi}$$

因为$\frac{e^2}{R^2}\sin^2\varphi \ll 1$，所以可得

$$\sqrt{1-\frac{e^2}{R^2}\sin^2\varphi} \approx 1-\frac{1}{2}\cdot\frac{e^2}{R^2}\sin^2\varphi$$

$$= 1-\frac{e^2}{4R^2}2\sin^2\varphi$$

$$= 1-\frac{e^2}{4R^2}(1-\cos 2\varphi)$$

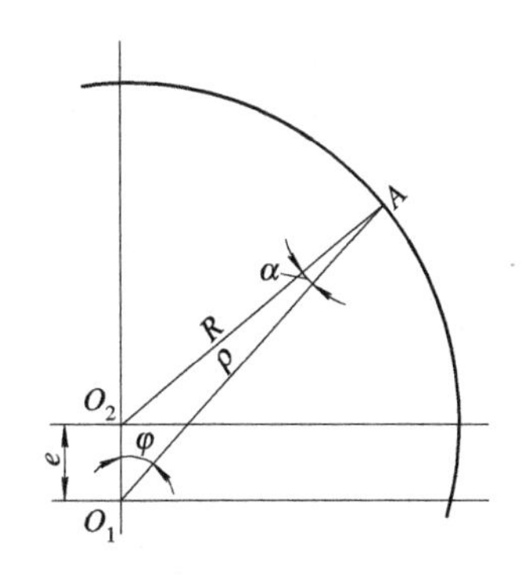


图 2-71　缸体旋转式径向柱塞泵瞬时流量计算简图

因此，

$$\rho = e\cos\varphi + R - \frac{e^2}{4R} + \frac{e^2\cos 2\varphi}{4R} \tag{2-105}$$

柱塞在缸体中的移动速度 $v$ 为

$$v = \frac{d\rho}{dt} = \frac{d\rho}{d\varphi}\cdot\frac{d\varphi}{dt} = \left(-e\sin\varphi - \frac{2e^2}{4R}\sin 2\varphi\right)\omega$$

$$= -e\omega\left(\sin\varphi + \frac{e}{2R}\sin 2\varphi\right) \tag{2-106}$$

随着 $\varphi$ 的增加，柱塞是向里缩的，因此$\frac{d\rho}{dt}$为负值，柱塞处于压油状态。讨论瞬时流量时可以不考虑这个负号。因此，每个柱塞的瞬时流量 $q_s'$ 为

$$q_s' = Av = \frac{\pi d^2}{4}e\omega\left(\sin\varphi + \frac{e}{2R}\sin 2\varphi\right) \tag{2-107}$$

式中：$A$——柱塞的面积。

泵的瞬时总流量 $q_s$ 为处于压油区的所有柱塞的瞬时流量的总和，即

$$q_s = \sum q_s' \tag{2-108}$$

由上式可知，泵的瞬时总流量是角度 $\varphi$ 的函数，即瞬时流量是脉动的。理论分析和实验证明，柱塞数目越多，流量脉动越小，且当柱塞数目为奇数时，则瞬时流量比较均匀。所以，一般取柱塞数 $z$=5、7、9、11 时，瞬时流量的脉动分别约为 5%、2.6%、1.5%、1%。

### *3. 径向柱塞泵的结构

1）曲柄连杆式径向柱塞泵

图 2-72 所示为曲柄连杆式径向柱塞泵的结构图。偏心轮 1 和主轴做成一体，通过一对滚动轴承支承在壳体 5 上，柱塞 6 用销子 4 铰接在连杆 2 上，上、下两个连杆用两个半圆连接环 3 夹持在偏心轮上(连杆与偏心轮之间为滑动摩擦)，两个连接环用螺钉连接。主

轴中心线相当于曲柄的转动中心 $O$，偏心轮中心到主轴中心的距离即为曲柄的长度。偏心轮中心到销子 4 的中心距离为连杆长度。壳体 5 上固定有缸体 7 和阀体 8，上侧阀体上相应每个柱塞缸各装有两个锥形吸油阀 9 和一个锥形压油阀 11。当偏心轮和主轴旋转时，油从吸油口 $A$ 吸入，经吸油阀 9 进入柱塞缸，然后经压油阀 11 和压油通道 $B$ 从压油口 $C$ 排出。排气螺钉 10 用以排除留存于柱塞缸的空气。

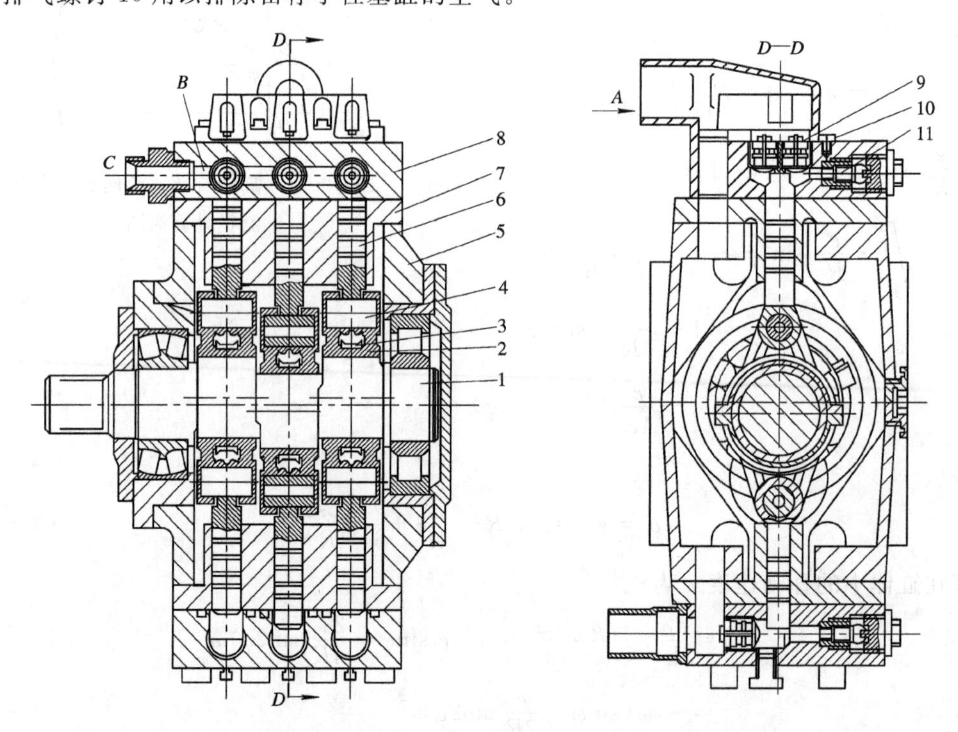


1—偏心轮；2—连杆；3—半圆连接环；4—销子；5—壳体；
6—柱塞；7—缸体；8—阀体；9—锥形吸油阀；10—排气螺钉；11—压油阀

图 2-72　曲柄连杆式径向柱塞泵结构图

由于该泵偏心轮的圆周方向只有两个柱塞，因此流量均匀性很差，而且偏心轮和主轴的径向负荷很大。为了解决这个矛盾，可在主轴上多设置几个偏心轮，而且偏心轮的个数为奇数。但从轴的强度和刚度观点出发，偏心轮的数目则不宜过多。因轴除承受径向液压力作用外，还承受扭矩的作用。偏心轮的数目多一些，虽然能平衡轴上所受径向液压力，但轴承受的扭矩却增大了。因此，一般采用三个偏心轮，且三个偏心轮的偏心方向互成 120°。

三个偏心轮上共分布有六个柱塞，分成两组，每组三个柱塞。其出口可以合并起来作一个大泵使用，流量较大；也可以上、下两组分开，作两个泵单独使用。

由于每组三个柱塞的轴线互相平行，而且都在通过主轴轴心的一个平面上，因此有人把这种泵称为直列偏心泵。

这种泵的额定工作压力为 32 MPa，额定转速为 1500 r/min。由于其外形尺寸和重量都较大，因此一般多用在固定式机械上。

2）缸体旋转式径向柱塞泵

图 2-73 所示为缸体旋转式径向柱塞泵的一个具体实例。这个泵中包括了齿轮泵 1，它由传动轴 2 带动的主动齿轮和从动齿轮所组成，当定子的偏移由液压来操纵时，由该泵

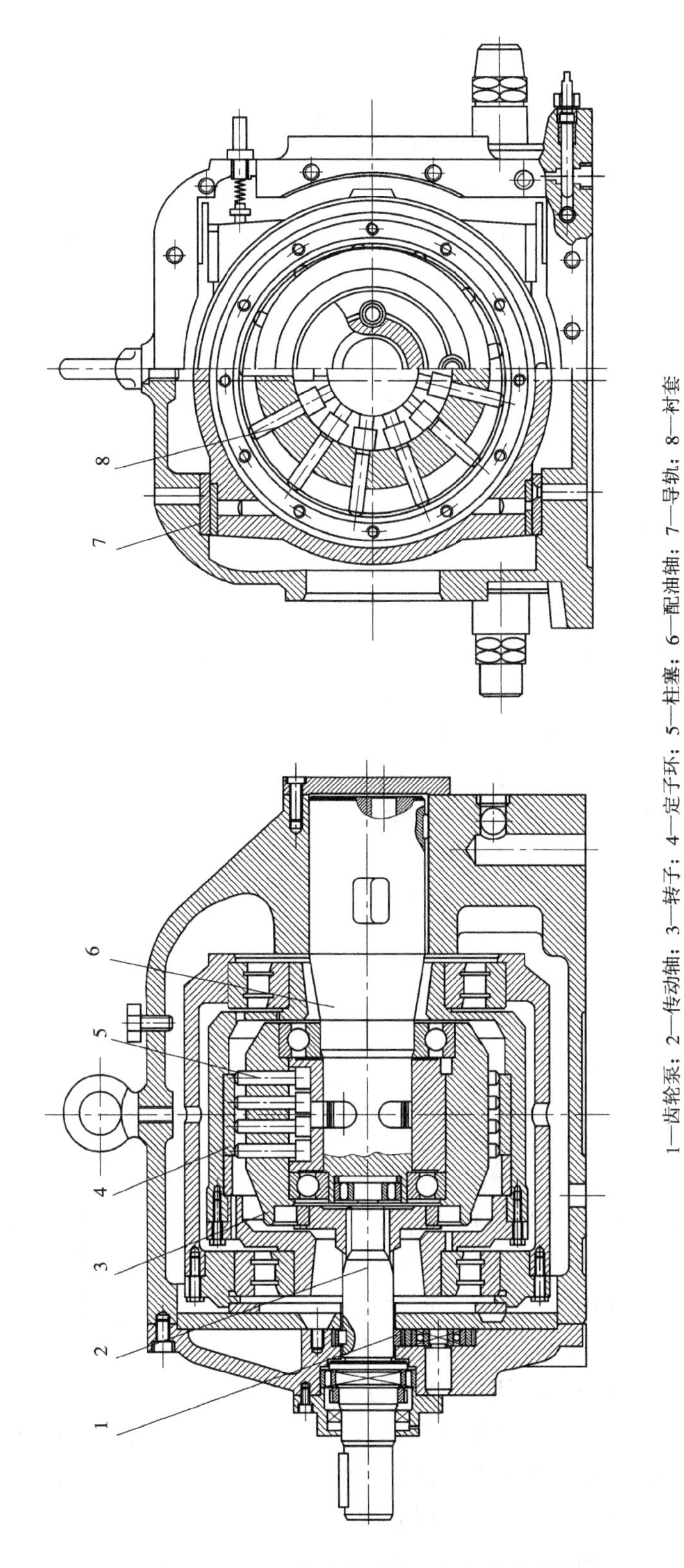


1—齿轮泵；2—传动轴；3—转子；4—定子环；5—柱塞；6—配油轴；7—导轨；8—衬套

图 2 - 73　缸体旋转式径向柱塞泵结构图

来供油。柱塞泵的转子 3 由传动轴 2 通过法兰及滚子带动，转子 3 安装在固定于泵体上的配油轴 6 上，其径向负载由两个滚珠轴承承受。配油轴右端固定在泵体上，左端悬空，呈悬臂梁。转子 3 的径向装有四排柱塞 5。当转子被原动机带动旋转时，柱塞 5 在离心力的作用下压向定子环 4 的内表面。当柱塞在转子孔中作往复运动时，通过衬套 8 向配油轴上的配油窗口吸油和压油。定子环 4 紧固在定子鼓中，定子鼓又安装在可移动的定子座内的两个滚柱轴承上。定子座在导轨 7 中左右移动，用以改变定子和转子间的偏心距，以便调节泵的流量。偏心量可以由侧视图右上角伸出泵体外的指示器读出。

该柱塞泵具有以下结构特点：

(1) 柱塞可在转子孔中自转。该径向柱塞泵的主要机械损耗发生在柱塞和定子的接触部分，由于定子直径较大，转子旋转时柱塞顶部相对于定子内表面的滑动很大，因此磨损比较严重。为了减少磨损，将定子环内表面和柱塞顶端接触部分做成锥面，因柱塞顶端球面和定子环内表面接触点不在柱塞轴线上，故在摩擦力作用下柱塞能绕自己的轴线回转。这样做不但可以减少柱塞顶端和定子内表面间的磨损，也可以改善柱塞和转子配合面间的润滑条件和摩擦状况。这样，柱塞一方面随转子作旋转运动，另一方面沿转子径向作往复运动，再加上绕本身的轴线作自转运动，所以它的运动比较复杂。

(2) 定子可以转动。如前所述，定子鼓是装在定子座的两个轴承上的，所以它可以转动。当转子转动时，柱塞顶端就在定子环内表面产生摩擦力，由于定子环固定在定子鼓内，于是转子通过柱塞带动定子环。定子环、定子鼓一起转动，就进一步减轻了柱塞和定子环之间的磨损。所以，定子环非但能随定子座作水平方向的移动，而且能随转子一起转动。

(3) 柱塞数。该泵的转子上具有 4 排柱塞，每排又有 13 个柱塞，所以共有 52 个柱塞，这将大大增加泵的流量、减少泵的流量脉动。为了进一步减小流量脉动，除了增加柱塞数和将每排的柱塞数取为奇数外，还将各排之间错开一个相位角 $\gamma$，

$$\gamma = \frac{360°}{mz} \tag{2-109}$$

式中：$m$——柱塞的排数；

$z$——每排的柱塞数。

(4) 柱塞上的受力分析。定子环锥面给柱塞顶端的作用力 $N$ 是垂直于锥面并通过柱塞球面中心的，如图 2-74 所示。作用力 $N$ 的径向分力 $P$ 和油液加在柱塞上的作用力平衡，垂直于柱塞轴线的分力 $T$ 将使柱塞受一弯矩，并使转子受一轴向力。在图 2-73 所示的结构中，4 排柱塞上定子锥面互相对称，因此能使转子上所受的轴向力互相平衡，当然，定子上所受的轴向力也就互相平衡。为了使柱塞在受侧向作用力 $T$ 后，柱塞和转子孔的接触情况良好以减小磨损，应使柱塞在伸出最长时它的顶端球面的中心仍在转子孔内。球面半径 $r$ 最好能满足下列条件：

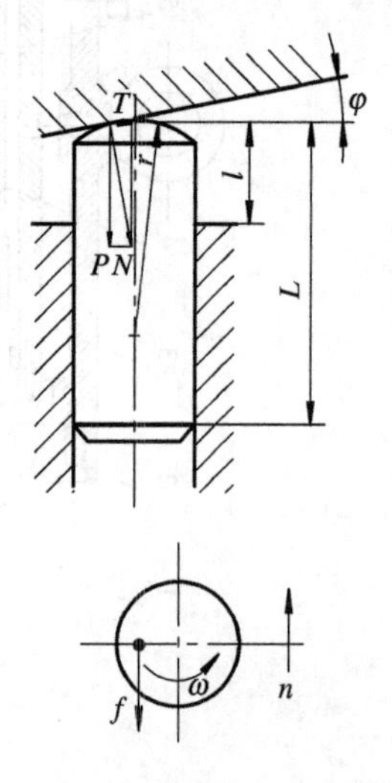

图 2-74　柱塞顶端与定子锥面

$$r = l + \frac{L - l}{2} \tag{2-110}$$

式中：$l$——柱塞伸出部分的最大长度；

$L$——柱塞的长度。

当定子锥面的斜角已定时，柱塞顶部的接触应力大小决定于柱塞上所受的油液作用力，为了使该接触应力不致过大，柱塞的直径应受到限制。一般，当泵的工作压力达10 MPa时，$d$不大于20 mm；当泵的工作压力达20 MPa时，$d$不大于16 mm。

(5) 控制方式。移动定子座就可以改变定子的偏心量，对泵进行流量调节。这种移动方式(即控制流量的方式)可以是手动的、液压的、电动的，或者是它们的组合。手动控制式的径向柱塞泵通常做成单向变量泵，而其它控制形式的径向柱塞泵可以做成双向变量泵，即偏心的方向可以改变，因而其吸、压油口是可以互换的。不同的流量控制方式，其主泵的结构是一样的，都是采用图2-73所示的结构，只是泵两侧的控制部分有所不同罢了。具体结构可参阅有关资料。

这种泵虽然结构比较简单，制造比较方便，但是，当其工作压力超过20 MPa时，则配油轴与转子之间的磨损加剧，配合间隙变大，泄漏增加，容积效率下降；当转速高于1500 r/min时，离心力很大，柱塞与定子环之间的挤压应力变大，磨损严重。因此，目前该泵的工作压力在10～20 MPa之间，转速不超过960 r/min。

## 2.6.2 轴向柱塞泵

轴向柱塞泵的柱塞排列在传动轴的轴线方向，即各柱塞的中心线都是平行(或倾斜)于传动轴中心线的。该泵除具有径向柱塞泵的所有特点外，还比径向柱塞泵的体积小，所以，在国防与民用工业中得到了广泛的应用。

轴向柱塞泵按其配油方式有配油盘配油和配油阀配油之分。配油盘配油的轴向柱塞泵按其结构特点又可分为倾斜盘式和倾斜缸式两种，下面分别予以介绍。

### 1. 轴向柱塞泵的组成及工作原理

1) 倾斜盘式轴向柱塞泵

倾斜盘式轴向柱塞泵也称直轴式轴向柱塞泵，其工作原理如图2-75所示。柱塞3安装于缸体2中，沿轴向圆周均匀分布，柱塞通常为5～11个，在柱塞底部弹簧的作用下，柱塞始终被顶紧在倾斜盘(也称斜盘)4上。当原动机通过传动轴带动缸体旋转时，由于倾斜盘的作用，使柱塞产生左右的往复运动。倾斜盘4是固定不动的，它与传动轴垂直线的倾角为$\gamma$。从图中不难看出，当传动轴按图示方向旋转时，位于$A-A$剖面右半部的柱塞不断向外伸出，柱塞底部的密封容积不断增大，形成局部真空，油箱中的油液在大气压力的作用下，经过配油盘1的吸油口进入柱塞的底部，泵完成吸油过程；与此同时，位于$A-A$剖面左半部的柱塞则不断向内缩回，柱塞底部的密封容积不断减小，油液受压而经配油盘的压油口压出，完成压油过程。如果传动轴带动缸体连续旋转，就可以不断地输出压力油。

假如不设柱塞弹簧，则在吸油过程中柱塞就可能离开倾斜盘，于是就不能自行完成吸油过程，这种泵称为非自吸式泵。在这种情况下，就应该另外设置一台低压泵(例如齿轮泵或离心泵)向柱塞泵供油，利用低压泵供给的压力油来充填吸油容积。而用机械的方式(例如弹簧)迫使柱塞和倾斜盘保持靠紧的柱塞泵，称为自吸式泵。

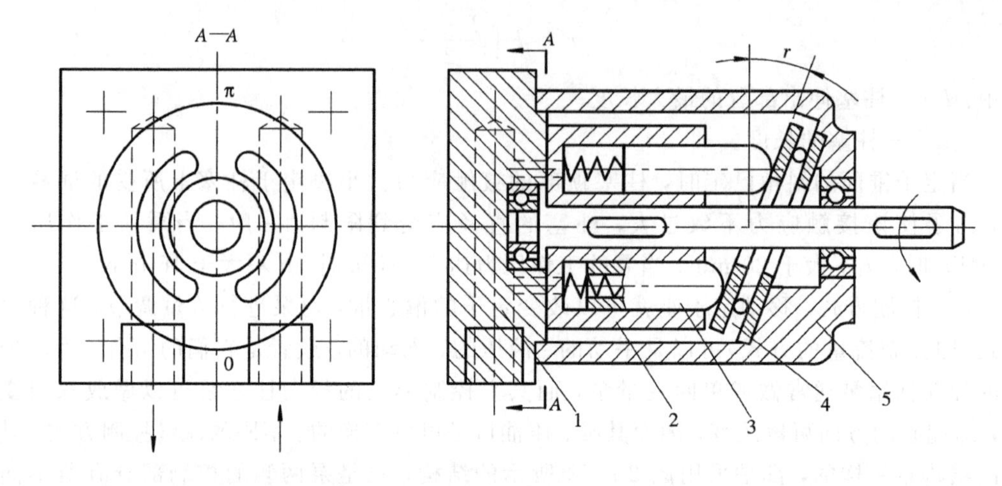


1—配油盘；2—缸体；3—柱塞；4—倾斜盘；5—泵体

图 2-75　轴向柱塞泵的工作原理图

2）倾斜缸式轴向柱塞泵

倾斜缸式轴向柱塞泵又称斜轴式轴向柱塞泵，其工作原理如图 2-76 所示。柱塞 3 安装于缸体 4 中，沿缸体圆周均匀分布，柱塞数也为奇数。柱塞与圆盘之间通过双球连杆 2 连接。当原动机经传动轴 1 带动泵旋转时，圆盘便通过双球连杆、柱塞带动缸体一起旋转，迫使柱塞在缸体内产生往复运动。从图中可以看出，当传动轴 1 按图示方向转动时，位于右半部的柱塞被连杆强制拉出，柱塞底部的密封容积逐渐增大，油液经配油盘 5 的吸油口 $a$ 进入柱塞底部，完成吸油过程；而位于左半部的柱塞则不断地向里缩回，柱塞底部的密封容积缩小，油液受压而经配油盘的压油窗口 $b$ 压出，完成压油过程。由于柱塞的运动由双球连杆强制带动，因此这种泵具有自吸性能，为自吸式泵。

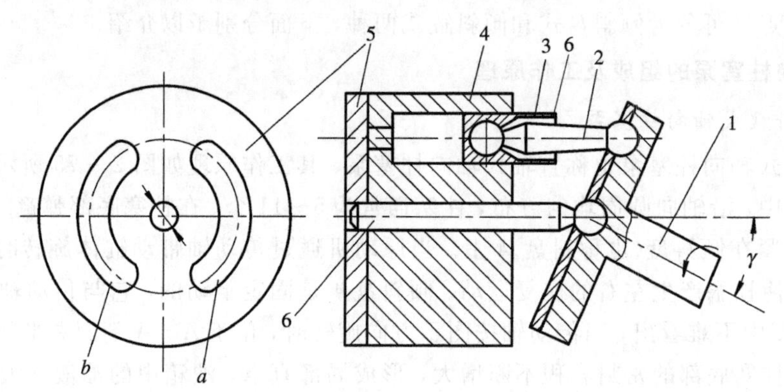


1—传动轴；2—连杆；3—柱塞；4—缸体；5—配油盘；6—中心轴

图 2-76　斜轴式轴向柱塞泵的工作原理

3）阀配油式轴向柱塞泵

图 2-77 所示为阀配油式轴向柱塞泵的工作原理图。当传动轴 1 带动倾斜盘 2 转动时，柱塞 3 就在缸体 5 中作往复运动，缸体 5 是固定不动的，弹簧 6 使柱塞始终紧贴在倾斜盘上。当柱塞 3 向右运动时，柱塞底部的密封容积增大，经吸油阀 8 吸油；当柱塞向左运

动时，柱塞底部的密封容积减小，经压油阀 7 压油。为了减小柱塞头部与斜盘之间的摩擦与磨损，柱塞头部安装有滑履 4。

这种泵实现变量困难，通常只做成定量泵。由于吸、压油阀有滞后现象，因此泵的转速一般不大于 1500 r/min。因为每一个柱塞均要设置吸油阀与压油阀，所以泵的体积较大，结构也比较复杂。但是，配油阀具有良好的密封性，因此工作压力可以超过 32 MPa。

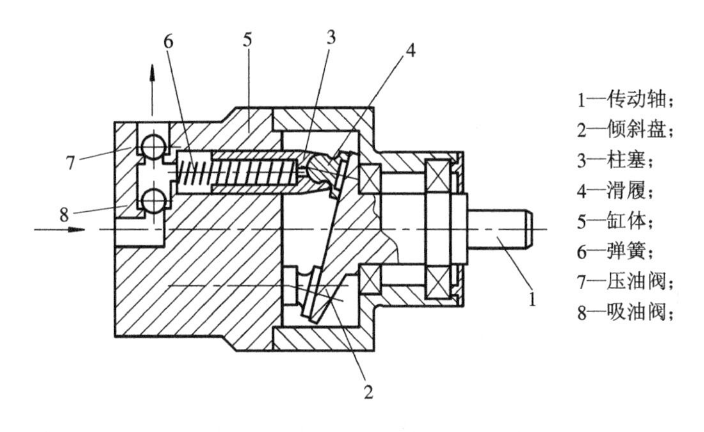


图 2－77　阀配油式轴向柱塞泵工作原理图

**2. 轴向柱塞泵的流量计算**

1）平均流量计算

轴向柱塞泵的流量计算和径向柱塞泵相似，其排量为

$$V=\frac{\pi d^2}{4}hz \quad (\mathrm{mL/r}) \tag{2-111}$$

式中：$d$——柱塞直径（cm）；

$z$——柱塞数；

$h$——柱塞的最大行程（cm）。

对于倾斜盘式轴向柱塞泵，其最大行程可由图 2－78 求出，它与柱塞分布圆的直径 $D$ 和倾斜盘的倾斜角 $\gamma$ 有关。由几何关系可知

$$h=D\tan\gamma \quad (\mathrm{cm}) \tag{2-112}$$

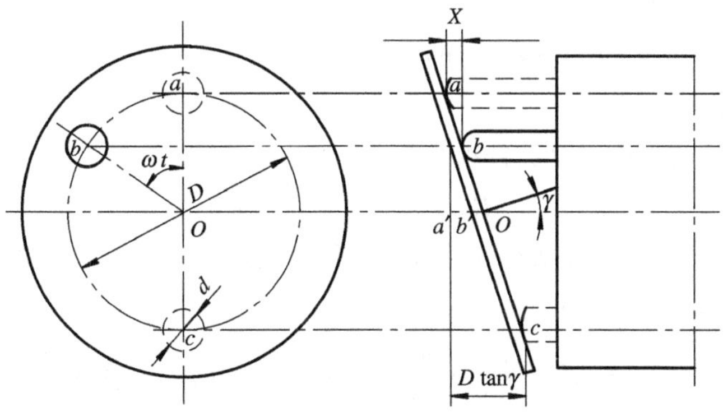

图 2－78　柱塞运动规律示意图

对于倾斜缸式轴向柱塞泵和阀配油式轴向柱塞泵，其最大行程亦可由式(2－112)求得。不过，对前者，$\gamma$ 为倾斜缸的倾角(见图 2－76)；对后者，$\gamma$ 为倾斜盘的倾角(见图 2－77)。于是，轴向柱塞泵的排量为

$$V=\frac{\pi d^2}{4}zD\tan\gamma \quad (\text{mL/r}) \tag{2-113}$$

泵每分钟的平均理论流量和实际流量为

$$q_t=Vn=\frac{\pi d^2}{4}znD\tan\gamma\times 10^{-3} \quad (\text{L/min}) \tag{2-114}$$

$$q=q_t\eta_v=\frac{\pi d^2}{4}zn\eta_v D\tan\gamma\times 10^{-3} \quad (\text{L/min}) \tag{2-115}$$

式中：$n$——泵的转速(r/min)；

$\eta_v$——泵的容积效率。

由以上公式不难看出，假如倾角 $\gamma$ 固定不变，则该泵为定量泵；假如倾角 $\gamma$ 做成可变的，则该泵为变量泵；当然，如果倾角 $\gamma$ 发生方向性变化，则该泵可成为双向变量泵。

*2) 瞬时流量计算

由于倾斜盘式和倾斜缸式轴向柱塞泵的瞬时流量分析方法相似，因此这里以倾斜盘式轴向柱塞泵为例进行分析。

(1) 柱塞运动分析。泵在一定的倾斜盘倾角 $\gamma$ 工作时，柱塞一方面与缸体一起作旋转运动，另一方面又相对缸体作直线往复运动。此外，与缸体旋转式径向柱塞泵一样，由于斜盘具有倾角 $\gamma$，使柱塞球头与倾斜盘的接触点不在球头的中心，因此柱塞就可能在摩擦力的作用下产生绕自身轴线的自转运动，这个运动对于减少柱塞和缸体间的摩擦和磨损是有利的。由于倾斜盘是倾斜的，因此柱塞球头中心的运动轨迹是一个椭圆。

研究柱塞的运动，主要是研究柱塞相对缸体的直线往复运动，即分析柱塞相对缸体运动的行程、速度和加速度，因为它们与液压泵的瞬时流量和受力分析等有着密切的关系。

① 柱塞的行程 $X$。由图 2－78 可见，柱塞的行程 $X$ 为

$$X=(R-R\cos\varphi)\tan\gamma \quad (\text{cm}) \tag{2-116}$$

式中：$R$——柱塞中心分布圆半径(cm)；

$\varphi$——柱塞相对垂直中心线转过的角度；

$\gamma$——倾斜盘的倾角。

当 $\gamma=180°$时，可以得到最大行程为

$$X_{max}=2R\tan\gamma=D\tan\gamma=h \quad (\text{cm}) \tag{2-117}$$

② 柱塞的速度 $v$。由于柱塞在压油过程中的轴线运动方向与 $X$ 轴的正向相同，因此柱塞相对缸孔轴向移动的速度为

$$v=\frac{dX}{dt}=\frac{dX}{d\varphi}\cdot\frac{d\varphi}{dt}=R\omega\tan\gamma\sin\varphi \quad (\text{cm/s}) \tag{2-118}$$

式中：$\omega$——缸体转动的角速度(rad/s)。

当 $\varphi=90°$和 270°时，$\sin\varphi=\pm1$，可以得到最大速度 $v_{max}$ 为

$$v_{max} = \omega R \tan\gamma \tag{2-119}$$

由上述分析可以看出，柱塞在运动到倾斜盘的水平位置时，速度达到最大值。其中，压油过程中，速度为正值；吸油过程中，速度为负值。

③ 柱塞的加速度 $a$。柱塞相对缸体移动的加速度为

$$a = \frac{dv}{dt} = \frac{dv}{d\varphi} \cdot \frac{d\varphi}{dt} = \omega^2 R \tan\gamma \cos\varphi \quad (m/s^2) \tag{2-120}$$

当 $\varphi=0°$和 $180°$时，$\cos\varphi=\pm1$，可以得到最大加速度 $a_{max}$为

$$a_{max} = \omega^2 R \tan\gamma \tag{2-121}$$

即柱塞运动到斜盘的最上和最下位置时，加速度达到最大值。其中，最上位置时为正值，最下位置时为负值。

综上所述，柱塞的行程、速度和加速度都是随缸体的转角而变化的，其变化规律如图 2-79 所示。由于 $R$、$\omega$、$\gamma$ 等参数都为常数，因此行程、速度和加速度与缸体转角的关系为正弦和余弦的关系。

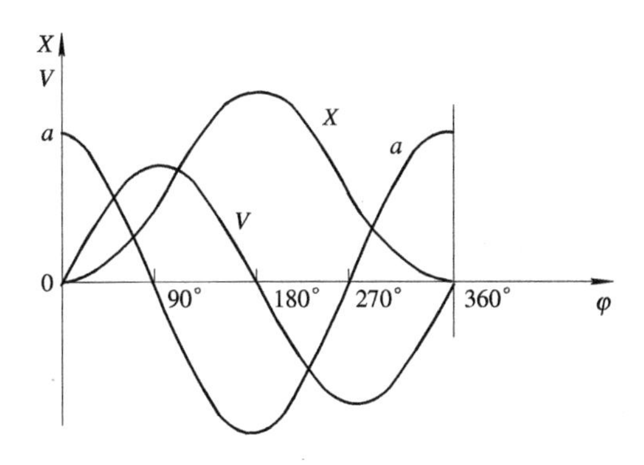


图 2-79　柱塞行程、速度和加速度曲线

(2) 瞬时流量和脉动性分析。知道了柱塞的运动速度以后，单个柱塞的瞬时流量就可以写成如下的形式：

$$q_{s_i} = \frac{\pi d^2}{4} v_i$$

式中：$d$——柱塞直径；

　　$v_i$——柱塞 $i$ 的轴向速度。

由式(2-118)可得：

$$v_i = \omega R \tan\gamma \sin\varphi_i$$

故

$$q_{s_i} = \frac{\pi d^2}{4} \omega R \tan\gamma \sin\varphi_i \tag{2-122}$$

由于泵有多个柱塞同时在压油区压油，因此泵的瞬时流量为同一瞬时所有处于压油腔的柱塞之瞬时流量之和，即

$$q_s = \sum_{i=1}^{z_0} q_{s_i}$$

式中：$z_0$——位于压油区的柱塞数。

将式(2－122)代入上式，得

$$q_s = \sum_{i=1}^{z_0} q_{s_i} = \sum_{i=1}^{z_0} \frac{\pi d^2}{4}\omega R\ \tan\gamma\ \sin\varphi_i$$

即

$$q_s = \frac{\pi d^2}{4}\omega R\ \tan\gamma \sum_{i=1}^{z_0} \sin\varphi_i \tag{2-123}$$

设柱塞数为 $z$，则一相邻柱塞的夹角 $\beta=\frac{2\pi}{z}$，设编号 $i=1$ 的 $\varphi_1<\frac{2\pi}{z}$，则顺次 $\varphi_2=\varphi_1+\beta$，$\varphi_3=\varphi_2+2\beta$，……，则

$$\sum_{i=1}^{z_0} \sin\varphi_i = \sum_{i=1}^{z_0} \sin[\varphi_i+(i-1)\beta]$$

通过理论计算，可以得到泵的瞬时流量为

$$q_s = \frac{\pi d^2}{4}\omega R\ \tan\gamma \frac{\sin\frac{z_0\pi}{z}\ \sin\left(\varphi_i+\frac{z_0-1}{z}\pi\right)}{\sin\frac{\pi}{z}} \tag{2-124}$$

由上式可以看出，泵总的瞬时流量也是随时间脉动变化的，脉动的情况与缸体转角 $\varphi$ 和柱塞数 $z$ 有关。

图 2－80 为轴向柱塞泵流量脉动的特性曲线：图(a)是柱塞数为奇数时的脉动情况，图(b)是柱塞数为偶数时的脉动情况。

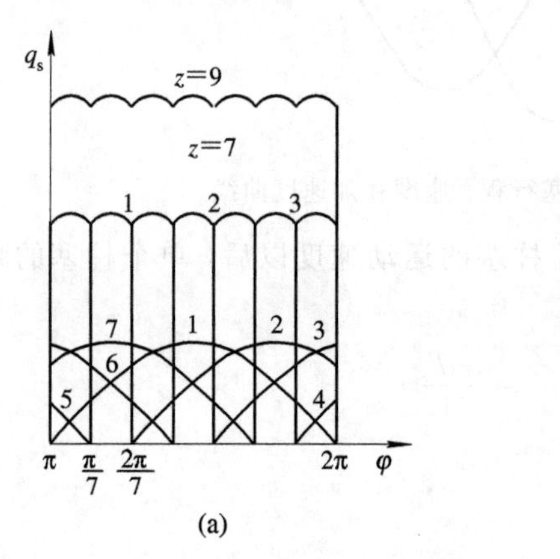


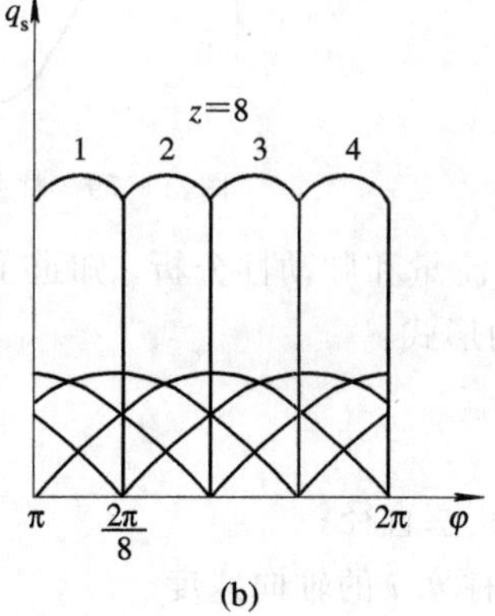


图 2－80 轴向柱塞泵的流量脉动曲线

图中下部曲线为单个柱塞的流量脉动情况，例如，第一个柱塞在 $\pi\sim2\pi$ 时的瞬时流量值正好是正弦函数的正半周。上部曲线为整个泵的流量脉动情况，即各单个柱塞流量的叠加。由此看出，整个泵的流量脉动幅度要比单个柱塞的流量脉动幅度小得多。这是因为同时有多个柱塞在压油，而每一个柱塞同一瞬时的流量又是不等的，经过流量的叠加，使得总的流量脉动幅度变小，从而远远小于单个柱塞的流量脉动幅度；其次，柱塞数目越多，则流量脉动幅度越小，尤其是柱塞数为奇数时的脉动幅度要比偶数时小得多。

下面对柱塞数为奇数和偶数的流量脉动情况分别进行理论分析。

① 柱塞数为奇数。当 $0\leqslant\varphi\leqslant\frac{\pi}{z}$ 时，取 $z_0=\frac{z+1}{2}$，则式(2－124)便成为

$$q_s = \frac{\pi d^2}{4}\omega R \tan\gamma \frac{\cos(\varphi_i - \frac{\pi}{2z})}{2\sin\frac{\pi}{2z}} \qquad (2-125)$$

当$\frac{\pi}{z} \leqslant \varphi \leqslant \frac{2\pi}{z}$时，取 $z_0 = \frac{z-1}{2}$，则式(2 - 124)便成为

$$q_s = \frac{\pi d^2}{4}\omega R \tan\gamma \frac{\cos\left(\varphi_i - \frac{3\pi}{2z}\right)}{2\sin\frac{\pi}{2z}} \qquad (2-126)$$

当 $\varphi = 0$，$\frac{\pi}{z}$，$\frac{2\pi}{z}$ ……时，得

$$q_{s\,\min} = \frac{\pi d^2}{4}\omega R \tan\gamma \frac{\cos\frac{\pi}{2z}}{2\sin\frac{\pi}{2z}}$$

当 $\varphi = \frac{\pi}{2z}$，$\frac{3\pi}{2z}$ ……时，得

$$q_{s\,\max} = \frac{\pi d^2}{4}\omega R \tan\gamma \frac{1}{2\sin\frac{\pi}{2z}}$$

② 柱塞数为偶数。当 $0 \leqslant \varphi \leqslant \frac{2\pi}{z}$时，取 $z_0 = \frac{z}{2}$，则式(2 - 124)便成为

$$q_s = \frac{\pi d^2}{4}\omega R \tan\gamma \frac{\cos\left(\varphi - \frac{\pi}{z}\right)}{\sin\frac{\pi}{z}} \qquad (2-127)$$

当 $\varphi = 0$ 或$\frac{2\pi}{z}$时，得

$$q_{s\,\min} = \frac{\pi d^2}{4}\omega R \tan\gamma \frac{\cos\frac{\pi}{z}}{\sin\frac{\pi}{z}}$$

当 $\varphi = \frac{\pi}{z}$时，得

$$q_{s\,\max} = \frac{\pi d^2}{4}\omega R \tan\gamma \frac{1}{\sin\frac{\pi}{z}}$$

流量不均匀系数 $\delta$ 计算如下：

对柱塞数为奇数的柱塞泵，有

$$\delta = \frac{q_{s\,\max} - q_{s\,\min}}{q_{s\,\max}} = 2\sin^2\frac{\pi}{4z} \qquad (2-128)$$

对柱塞数为偶数的柱塞泵，有

$$\delta = \frac{q_{s\,\max} - q_{s\,\min}}{q_{s\,\max}} = 2\sin^2\frac{\pi}{2z} \qquad (2-129)$$

利用以上两式可以计算出不同柱塞数的泵的流量不均匀系数，如表 2 - 2 所示。

**表 2-2　流量不均匀系数表**

| $z$ | 5 | 6 | 7 | 8 | 9 | 10 | 11 |
|---|---|---|---|---|---|---|---|
| $\delta$ (%) | 4.89 | 13.4 | 2.51 | 7.61 | 1.52 | 4.89 | 1.03 |

从表中的数字可以看出，柱塞数目越多，则瞬时流量的不均匀系数越小，而柱塞数为奇数时比为偶数时的瞬时流量的不均匀系数又显著地减小。因此，通常轴向柱塞泵的柱塞数多取为奇数。常用柱塞泵的柱塞数一般为 7 个或 9 个。

柱塞泵的流量脉动频率可以用下式表示：

对于柱塞数为奇数的泵，有

$$f = \frac{2zn}{60} = \frac{zn}{30} \quad (\text{Hz}) \tag{2-130}$$

对于柱塞数为偶数的泵，有

$$f = \frac{zn}{60} \quad (\text{Hz}) \tag{2-131}$$

***3. 轴向柱塞泵的结构**

1）结构特点

(1) 柱塞。柱塞泵是依靠柱塞的直接挤压作用而使油液压出的，所以柱塞是液压泵的主要零件之一。

按照柱塞头部的结构形式，可以将柱塞分成三种：点接触式柱塞、面接触式柱塞和带滑履的柱塞。

① 点接触式柱塞如图 2-81(a)所示。这种柱塞头部为一球面，与倾斜盘的接触为点接触，因此，接触应力大，柱塞头部易磨损、剥落和边缘掉块。实践证明，它的寿命较低，而且泵的工作压力也不能太高，一般用于中低压柱塞泵上。如后面所述的 Y15-1 型轴向柱塞泵的推杆，头部就采用了这种结构形式，其工作压力只有 5 MPa。为了增加柱塞头部与倾斜盘之间的接触面积，可以将倾斜盘与柱塞头部接触的平面做成弧形。这种结构形式除上述不足以外，还需要配置尺寸较大的斜盘轴承，使得泵的尺寸及重量随之增大。

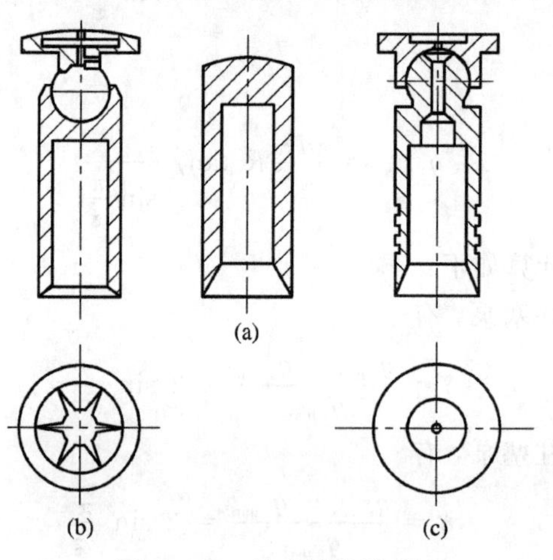


图 2-81　柱塞结构形式

② 面接触式柱塞如图 2－81(b)所示。这种柱塞的头部装有可相对柱塞体摆动的蘑菇形活动头，因此又称摆动头式柱塞。摆动头上的表面为球面或平面，以便与倾斜盘的弧形面或平面接触，降低接触应力，从而允许提高泵的工作压力，其工作压力可达 28～32 MPa。柱塞摆动头与倾斜盘相接触的表面上开有润滑油腔，泵壳体中的油液可以进入而起润滑作用。另外，摆动头的颈部开有径向小孔，轴向也钻有小孔，油液经径向小孔、轴向小孔进入球部，以润滑摆动头与柱塞间的球面。和这种结构相配合的倾斜盘也被装在斜盘轴承上。

③ 带滑履的柱塞如图 2－81(c)所示。目前，新型的高压柱塞泵普遍采用带滑履的柱塞，它对于降低磨损、提高泵的使用寿命是一个很大的突破。滑履也是一个蘑菇形的摆动头，可以绕柱塞球头摆动。它与斜盘的接触面积大，因此接触应力小。更重要的是，滑履结构可以将柱塞底部的高压油液通过滑履中间的节流孔和滑履与斜盘之间的封油带(圆环形缝隙)泄漏到液压泵的壳体腔中。油液在封油带的环形缝隙中流动，便在滑履和斜盘之间形成一层薄油膜，这就大大减轻了两个相对运动件之间的摩擦，从而使机械效率大大提高，寿命大大增加。同时，又可使倾斜盘不再使用笨重的推力轴承，这不仅简化了结构，也减轻了重量。

滑履实质上是一种静压止推轴承，其工作原理可以由图 2－82 看出。滑履上表面开有直径为 $D_1$ 的油池，中间是直径为 $d_0$ 的节流孔，它与柱塞的内腔相通。油池外边是环形封油带，其外径为 $D_2$。封油带的外面即是液压泵的壳体腔，其压力为 $p_2$。

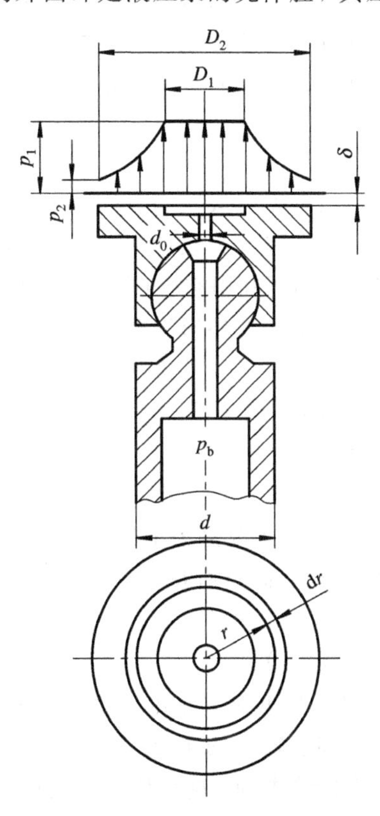


图 2－82　滑履结构及受力情况

液压泵工作时，柱塞底部高压油 $p_b$ 的作用力力图将滑履压向倾斜盘的表面，此力称为压紧力(即单个柱塞对倾斜盘的压紧力 $P$)，显然

$$P=\frac{\pi d^2}{4}p_b$$

式中：$d$——柱塞的直径。

高压油经过节流孔进入油池，压力降为 $p_1$，再经过封油带漏往泵体腔内，压力降为 $p_2$。油池及封油带上油膜的压力力图使滑履和倾斜盘推开，此力称为分离力。由计算可得分离力 $N$ 为

$$N=\frac{\pi(p_1-p_2)}{2\ln\dfrac{D_2}{D_1}}\left[\left(\frac{D_2}{2}\right)^2-\left(\frac{D_1}{2}\right)^2\right]+\frac{\pi D_2^2}{4}p_2 \tag{2-132}$$

式中各符号的意义见图 2－82。

如果压紧力等于分离力，则油膜厚度 $\delta$ 保持不变。当压紧力在一定范围内变化时，油膜厚度 $\delta$ 应自动改变，通过调整 $N$ 值来与新的 $P$ 力相平衡。

例如，当压紧力 $P$ 增大时(由于泵的工作压力升高)，滑履则被压向斜盘表面，使油膜厚度减小，因而从封油带流出的流量 $q$ 减小，也就是通过节流孔 $d_0$ 的流量减小，节流孔的压力也相应减小。这便引起油池的压力 $p_1$ 增大，分离力 $N$ 也随之增大，与增大的压紧力 $P$ 又相平衡，柱塞在新的油膜厚度 $\delta$ 下保持新的稳定位置。反之，如果 $P$ 减小，则 $\delta$ 相应增大，引起 $p_1$ 下降，$N$ 也相应减小，与减小了的 $P$ 相适应。由此可见，节流孔 $d_0$ 不仅起着沟通油路的作用，更重要的是保证了油膜厚度具有一定的稳定性。

顺便指出，当摆动头与柱塞的轴线倾斜一个 $\gamma$ 角时，则压紧力变为

$$P=\frac{\pi d^2}{4}\cdot\frac{p_b}{\cos\gamma} \tag{2-133}$$

按柱塞中心是否挖空，可以将柱塞分成实心柱塞与空心柱塞。实心柱塞加工方便，柱塞的强度高，但是柱塞的质量较大，因而其惯性力较大。空心柱塞和实心柱塞相反，具有重量轻、惯性力小的特点。有些结构还利用空心柱塞的空间来安置柱塞弹簧。

在高压柱塞泵中，往往在柱塞上开有环形沟槽(参见图 2－81(c))，这些环形沟槽沟通了柱塞的外圆表面，使得柱塞的圆周上所受的液压力比较均匀；此外，还可以起到储存油液以减小摩擦等作用。在某些柱塞泵的结构中，为了不致削弱柱塞的强度，也有将环形沟槽开在缸孔上的，其作用和开在柱塞上相同。

(2) 缸体。

① 缸体的支承形式。缸体的支承主要是为了保证缸体不因径向合力的作用而倾倒；另一方面是使得缸体的端面与配油盘之间具有良好的结合，以起到既保证有良好的密封性，又不会发生不应有的磨损的作用。

缸体的支承结构形式有内、外之分。

图 2－75 所示的倾斜盘式轴向柱塞泵属于内支承的一种结构形式。缸体支承在传动轴上，而传动轴又由两端的轴承支持。轴上的单键一方面传递扭矩，带动缸体作旋转运动；一方面又承受径向力，把径向力传给主轴。这是传递与支承合一的支承方式，又称通轴式。它的特点是泵的径向尺寸比较小，因此可以减小泵的体积，减轻泵的重量。当然，其主轴应有足够的刚度，弯曲变形应尽可能小。

图 2 - 90 所示的 CY14－1 型轴向柱塞泵属于外支承式的结构，该支承属于单点支承（图 2 - 83(a)）。由于将支承点设在径向合力作用的位置上，缸体的径向力全由轴承 12 来承受，主轴只起传递扭矩的作用，因此使主轴及其轴承的工作条件大为改善；同时，缸体的刚度大，支承刚度好。这种支承方式已得到了广泛的应用。但是，该类泵的径向尺寸大，而且因轴承的尺寸比较大，故限制了泵的转速。

双支点支承的形式如图 2 - 83(b)所示。这种结构的缸体与传动轴常做成一体，一个支点设在传动轴上，另一个支点设在缸体靠配油盘的一端。这种结构的径向尺寸比较小，支承刚度比较大。

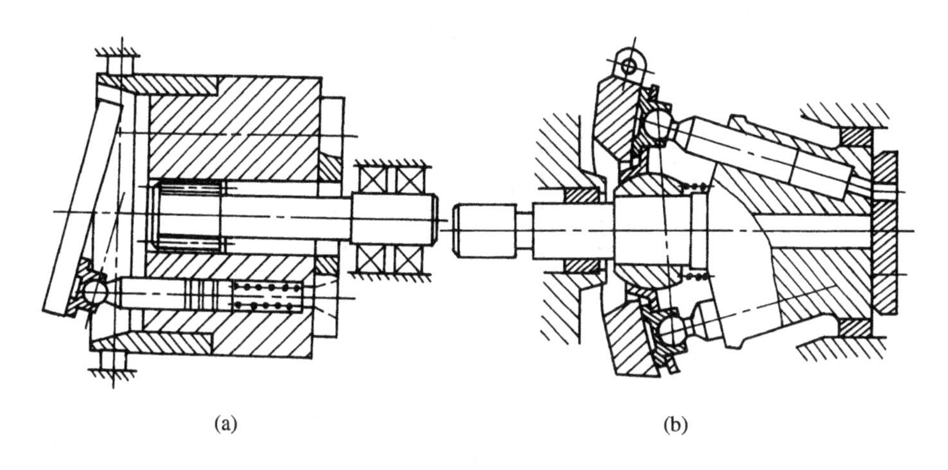


图 2 - 83　缸体的外支承结构

② 柱塞在缸体中的位置。如前所述，柱塞在缸体中是沿圆周方向均匀分布的，为了减小缸体的尺寸，以减小转动惯量和降低配油表面的滑动速度，柱塞中心分布圆的直径应当取得小一些。但同时必须考虑两个缸孔之间应有一定的厚度，以保证缸体的强度和刚度。这一厚度一般可取为 $0.2d$，如图 2 - 84 所示。从这一考虑出发，柱塞中心的分布圆直径 $D$ 及缸体的外径 $D_1$ 可以分别按下式计算：

$$D = (0.35 \sim 0.4)dz$$

$$D_1 = D + 1.6d$$

式中：$z$——柱塞数。

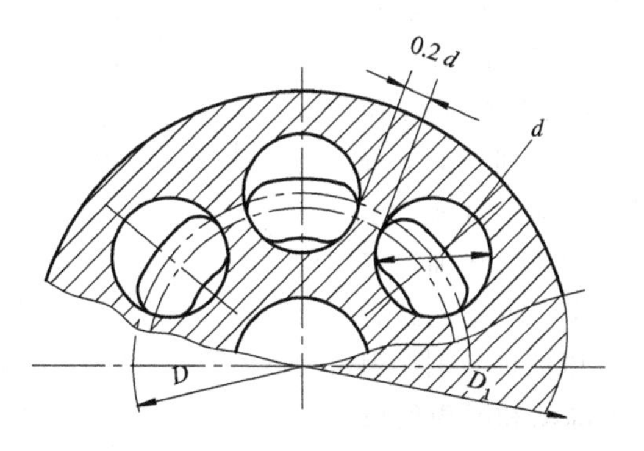


图 2 - 84　柱塞在缸体中的位置

柱塞沿缸体轴线方向的位置分平行于轴线及与缸体轴线保持一定夹角共两种形式，后者的结构示意图如 2-83(b)所示。柱塞之所以要和缸体轴线保持一个倾角，主要是为了使柱塞随缸体作旋转运动时产生一定的离心力，以利于柱塞从缸体中甩出，从而增强泵的自吸能力。

③ 缸体底部的通油孔。柱塞孔是圆柱形的，但缸体底部的通油孔有圆形通孔与弧形通孔之分。圆形通孔加工比较方便，但配油盘窗口的径向尺寸比较大。弧形通孔的形状如图 2-85 所示，它的高度等于配油盘上配油窗口的宽度 $a$，宽度约等于柱塞的直径 $d$。弧形通孔的加工比较麻烦，但配油窗口的径向尺寸比较小。所以，缸体直径比较小的柱塞泵一般用圆形通油孔，而缸体直径比较大的柱塞泵一般均用弧形通油孔。

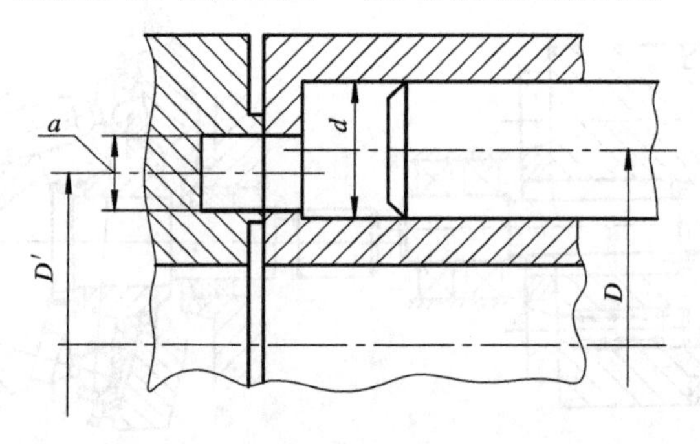


图 2-85 缸体底部的(弧形)通油孔

但是，不论是圆形通油孔还是弧形通油孔，其过流断面均小于柱塞孔的面积，这是为了使缸体产生一个压向配油盘的液压力所需要的。这一点由图 2-85 可以看得十分清楚。

(3) 配油盘。配油盘是柱塞泵中很重要的一个零件，它的结构与参数选择得是否正确，将直接影响泵的工作性能，如容积效率、噪声、泵的使用寿命等。

不同类型的轴向柱塞泵的配油盘虽然有所差别，但其基本构造和各部分的功能则是相同的。

① 配油盘的功用。图 2-86 所示为柱塞泵配油盘的一个实例。从图中可以看出，它具有隔离和分配吸、压油的作用，所以称为配油盘。图中有两个腰子形窗口，其中 1 为吸油窗口，2 为压油窗口，分别与泵的吸油口和压油口相通。在吸、压油窗口之间是过渡区 3，它将吸、压油窗口隔开。三角形眉毛槽 4 是为了防止充满着油液的柱塞由过渡区进入压油窗口时，因压力突然增加而造成压力脉动和噪声所设置的。在柱塞从压油窗口转移到吸油窗口时，也可能会发生因压力突然降低而造成

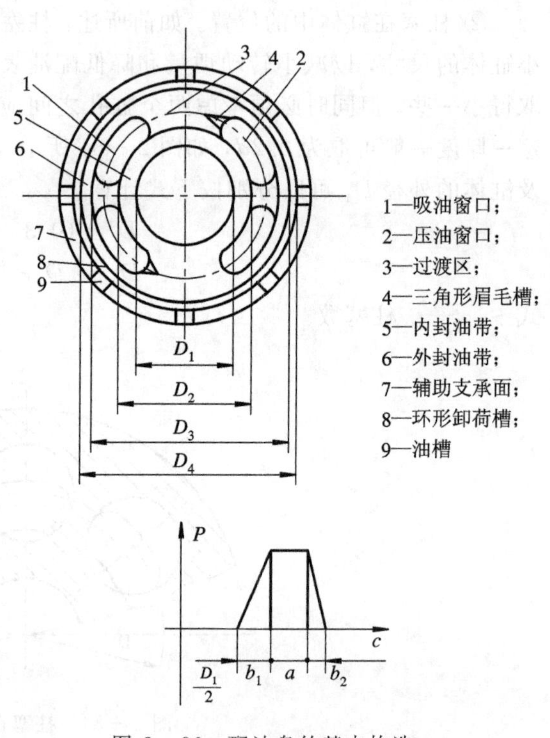


图 2-86 配油盘的基本构造

压力脉动和噪声，因此也设置了眉毛槽。

配油盘的第二个作用是和缸体一起发生的，它可承受高速旋转的缸体传来的轴向载荷，起支承缸体的作用。为此，配油盘的表面设有内、外封油带 5、6，封油带一方面用来防止配油窗口中油液的泄漏，同时利用封油带上的油压分离力平衡缸体传来的压紧力，起到支承缸体的作用。配油盘的辅助支承面 7 用来增大配油盘和缸体的接触面积，以减少接触应力，降低磨损。配油盘上的环形卸荷槽 8 通过油槽 9 与泵壳腔相通，以便把封油带外的液体压力降为泵腔内压力。

② 柱塞泵困油现象及其危害。如前所述，在配油盘的吸油窗口和压油窗口之间有一个封油区(过渡区)。由图 2-87 可以看出，为了保证密封，当缸体底部的通油孔经过封油区时，不得将吸油窗口和压油窗口沟通，因此，封油区夹角 $\alpha$ 至少应等于缸底弧形通油孔所占的夹角 $\beta$。由几何关系可知：

$$\beta = \arcsin \frac{d}{D'} \tag{2-134}$$

式中：$d$——弧形通油孔的长轴，近似为柱塞直径(参看图 2-84)；

$D'$——配油窗口中心线之间的距离(参看图 2-85)。

为了提高封油区的密封性，可以将封油区的宽度加大 1～3 mm，即 $\alpha$ 角大于 $\beta$ 角。但也不能加得太宽，以免引起困油现象。

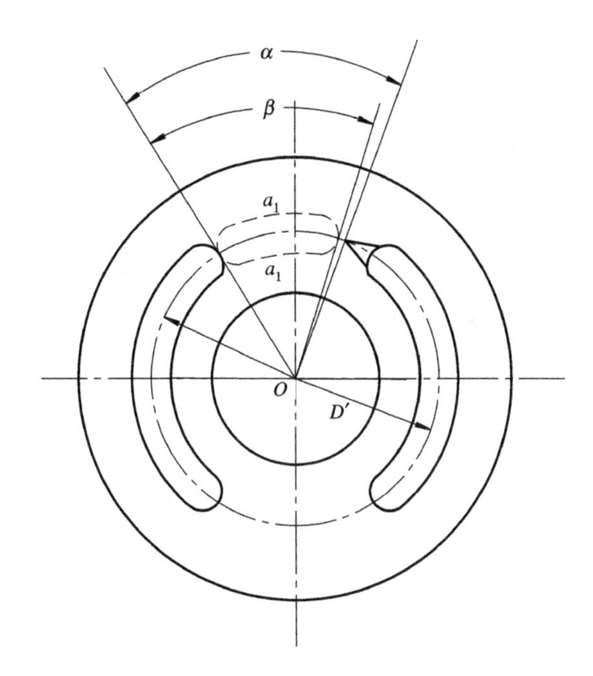


图 2-87　柱塞泵困油现象示意图

柱塞泵的困油现象是这样发生的：

当缸底弧形通油孔离开吸油窗口进入封油区时，柱塞腔被封死，但是在通油孔的对称轴 $a-a$ 尚未到达配油盘的上死点以前，柱塞继续移动而吸油，使柱塞腔还没有达到最大容积时就提前与吸油窗口断开，从而造成吸油不足，腔中压力下降，即产生空穴现象。而当通油孔的对称轴 $a-a$ 离开上死点，柱塞反方向移动而压油时，柱塞腔又不能及时和压油窗口相通，致使压力上升，即产生冲击现象。同样，在配油盘的下死点位置，当柱塞腔离开压油窗口时，柱塞不能继续压油，从而产生高压；而当柱塞腔离开下死点开始吸油时，又不能及时与吸油窗口沟通，致使压力下降。

困油现象对柱塞泵的危害极大。油液中的压力降低时，不仅会产生空穴现象，严重时可能使柱塞头部暂时与倾斜盘脱离，等到再次接触时，就会发生柱塞撞击倾斜盘的现象。在压力猛增时，又将消耗泵的功率和增加承载零件的冲击负荷。特别是，由于高、低压交替变化，使整个结构受到周期性的脉动负荷，产生振动，从而严重地影响柱塞、倾斜盘、轴承等零部件的寿命。

但是，只要严格控制 $\alpha$ 角与 $\beta$ 角之间的关系，就可以使得配油盘封油区处既保证必要的密封性，又使得困油现象降低到较小的程度。

③ 配油面间的作用力(参见图 2 - 86)。为了保证轴向柱塞泵具有良好的密封性能和使用寿命，必须要使缸体的端面能适当地压在配油盘上，但又不能压得太紧，以便在接触表面间形成适当厚度的油膜，从而避免金属直接接触，减少磨损。

缸体与配油盘之间作用着一对方向相反的力，即缸体柱塞腔中的压力油作用在柱塞孔底部使缸体压在配油盘上的压紧力 $P_y$ 和配油窗口中的压力油结合面间隙中的液压力推开缸体的作用力 $P_f$。此外，在某些柱塞泵中还有弹簧的作用力，也会使缸体压向配油盘，如图 2 - 75 所示(不过弹簧力一般较小，可以忽略不计)。通常情况下，$P_y$ 稍大于 $P_f$，以便产生适当的压紧力。一般可用相对压紧系数 $\psi'$ 来表示：

$$\psi' = \frac{P_y - P_f}{P_y} \tag{2 - 135}$$

一般取 $\psi'=0.1\sim0.14$。

为了简化计算，现作如下假设：

a) 忽略弹簧的作用力和吸油腔液压油的作用力。

b) 缸体底部和配油盘接触面之间的油液的压力呈直线规律分布。

c) 压油腔和吸油腔的柱塞各占 1/2。

d) 配油盘的压油腔和吸油腔各占 180°。

e) 在计算 $P_y$ 和 $P_f$ 时均不扣除缸体底部通油孔所占面积。

缸体压向配油盘的压紧力 $P_y$ 为

$$P_y = \frac{z}{2} \cdot \frac{\pi d^2}{4} p \quad (\mathrm{N}) \tag{2 - 136}$$

式中：$z$——柱塞总数；

$d$——柱塞直径(m)；

$p$——油液压力(Pa)。

缸体与配油盘之间的分开力 $P_f$ 为

$$P_f = \frac{\pi}{2\times4}(D_3^2 - D_2^2)p + \frac{\pi}{2\times2\times4}(D_4^2 - D_3^2)p + \frac{\pi}{2\times2\times4}(D_2^2 - D_1^2)p \quad (\mathrm{N})$$

式中：$D_1$、$D_2$、$D_3$、$D_4$——配油盘上的相应直径(m)，如图 2 - 86 所示。

上式简化后为

$$P_f = \frac{\pi}{16}(D_4^2 + D_3^2 - D_2^2 - D_1^2)p \quad (\mathrm{N}) \tag{2 - 137}$$

在计算时，一般是先定 $\psi'$ 的值，根据式(2-137)求出 $P_f$，再通过式(2-135)求出所需要的 $P_y$：

$$P_f = P_y(1-\psi') \quad (N) \tag{2-138}$$

然后根据式(2-137)并参考现有结构确定 $D_1$、$D_2$、$D_3$、$D_4$ 的数值。在确定这些数值时，可考虑选取配油窗口的宽度 $a=\frac{d}{2}$；密封带的宽度 $b_1=b_2=0.125d$。如果考虑外面的密封带直径较大，磨损较多，同时在离心力的作用下会增加泄漏，故可将 $b_2$ 取得大些，即取 $b_2/b_1=0.8$。

2）典型结构

(1) Y15—1 型轴向柱塞泵。Y15—1 型轴向柱塞泵的推杆 10 的头部与倾斜盘 2 之间是点接触式的，它属于倾斜盘式的一种轴向柱塞泵。该泵的工作压力为 5 MPa，排量规格为 8～70 mL/r。其结构如图 2-88 所示。缸体(转子)7 装在传动轴 1 上，传动轴 1 并不直接带动缸体旋转，而是经过单键带动鼓轮 4，然后通过传动销 6 带动缸体旋转的。倾斜盘 2 的倾斜角度是固定不变的，所以这种泵只能作定量泵。7 个柱塞 9 装在缸体上的轴向柱塞孔中，通过推杆 10 来推动，当柱塞在缸体中作往复运动时，经配油盘(后盖)8 上的配油窗口配油。

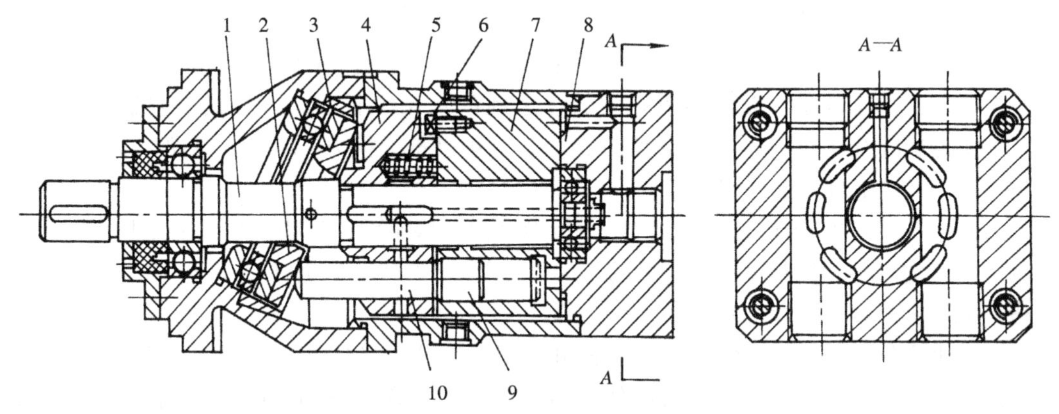


1—传动轴；2—倾斜盘；3—止推轴承；4—鼓轮；5—弹簧；
6—传动销；7—缸体(转子)；8—配油盘；9—柱塞；10—推杆

图 2-88 轴向柱塞式液压泵结构图

显然，这种泵属于非自吸式泵，因为柱塞左移时没有外力的推动。因此，这种泵的吸油路上必须设有低压泵。

由于缸体是回转的，配油盘是静止不动的，因此必须保证相对运动表面之间的密封性能。为了使配油表面间不承受翻转力矩，以减少磨损，故将缸体分成两段：左半段鼓轮 4 用键与传动轴 1 连接，作为传递动力之用；右半段缸体本身由传动销 6 带动与传动轴一起回转。柱塞通过推杆 10 作用在倾斜盘上，因此柱塞和缸体基本上只承受轴向力。缸体在缸底油液压力和弹簧 5 的作用下压向配油盘表面。弹簧 5 共有 3 只，均布在鼓轮的圆周上。另外，由于缸体和传动轴之间只有一小段接触，缸体还可以有一定的自位作用。由于采取了上述措施，保证了缸体右端面与配油盘表面之间的良好接触，因此使配油面之间的磨损减小，即就是有磨损，也是比较均匀的，而且磨损后还能自动补偿。因此，这种泵的容积效率较高，一般可达0.95～0.98。

缸体右端面和配油盘端面的形状如图2-89(a)和(b)所示。缸体的底孔$a$为弧形通孔，当缸体回转时，缸体孔经弧形通孔交替与配油盘上的吸油窗口或压油窗口相通，实现配油。从配油盘的端面上可以看出有两个配油窗口$b$和$c$，它们分别和泵的吸油口和压油口相通。为了安装上的方便，在后盖8上设有两对吸、压油孔，使用时可以任意挑选(不用的孔用螺塞堵死)。

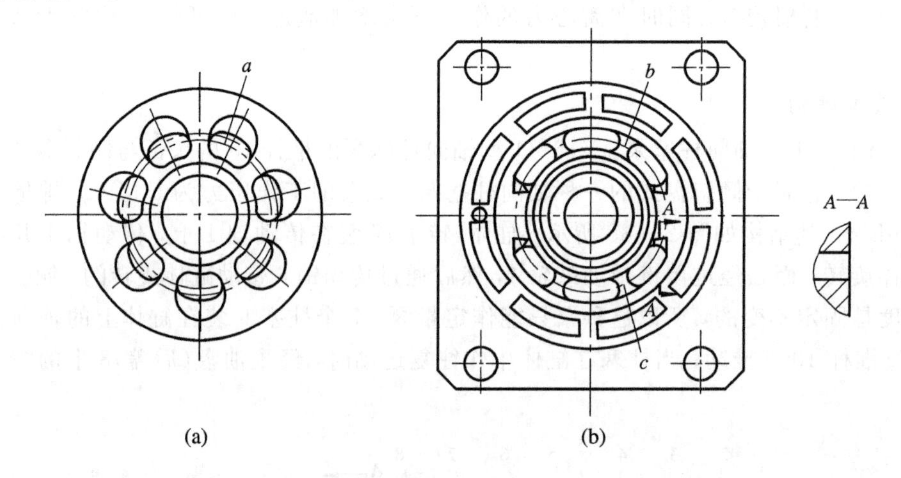


图2-89　Y15－1型轴向柱塞泵缸体和配油盘端面形状图

在液压力的推动下，推杆端面和倾斜盘之间的作用力较大。为了减少它们之间的磨损，在倾斜盘后面装有止推轴承3(见图2-88)，用以承受推力。倾斜盘在推杆端部摩擦力的作用下，可以绕自身轴线回转。

(2) CY14－1型轴向柱塞泵。CY14－1型轴向柱塞泵的柱塞头部安装有滑履21，是属于带滑履式的一种轴向柱塞泵。该泵的工作压力为32 MPa，排量共有10～250 mL/r五种规格。其结构图如图2-90所示。

该泵由主体部分(主视图中右半部分)和倾斜盘部分(主视图中左半部分)组成。

该泵的主体部分在壳体内装有缸体18和配油盘19等。缸体用花键联接装在传动轴20上，由传动轴带动旋转。在缸体的7个轴向柱塞孔中各装有一个柱塞17。柱塞的球状头部各装有一个滑履21，抵在倾斜盘4上，柱塞头部和滑履用球面配合，外面加以铆合，使滑履和柱塞不会脱离，但相配合的球面间又可以相对转动。滑履的端面和倾斜盘的平面接触。柱塞的中心和滑履的中心都加工有直径为1 mm的小孔，柱塞底部的压力油可以经过小孔通到柱塞和滑履以及滑履和倾斜盘的相对滑动面间，起到液体静压支承的作用，这样可以减少柱塞和滑履以及滑履和倾斜盘之间的滑动磨损。由于倾斜盘不需要跟着旋转，因此省去了支承倾斜盘的重推力轴承，使结构比较简单。

定心弹簧16装在内套14和外套13中。在弹簧力的作用下，一方面内套通过钢球11和压盘10将滑履压向倾斜盘，使柱塞处于吸油位置时，滑履也能保持和倾斜盘接触，从而使泵具有自吸能力；另一方面，弹簧力使外套压在缸体端面上，和柱塞底孔的压力油作用一起使缸体和配油盘接触良好，以减少泄漏。缸体由铝铁青铜制成，外面镶有钢套15，并装在滚柱轴承12上，这样倾斜盘给缸体的径向分力可以由滚柱轴承来承受，从而使传动轴和缸体不受弯矩的作用，保证缸体端面能较好地和配油盘接触。

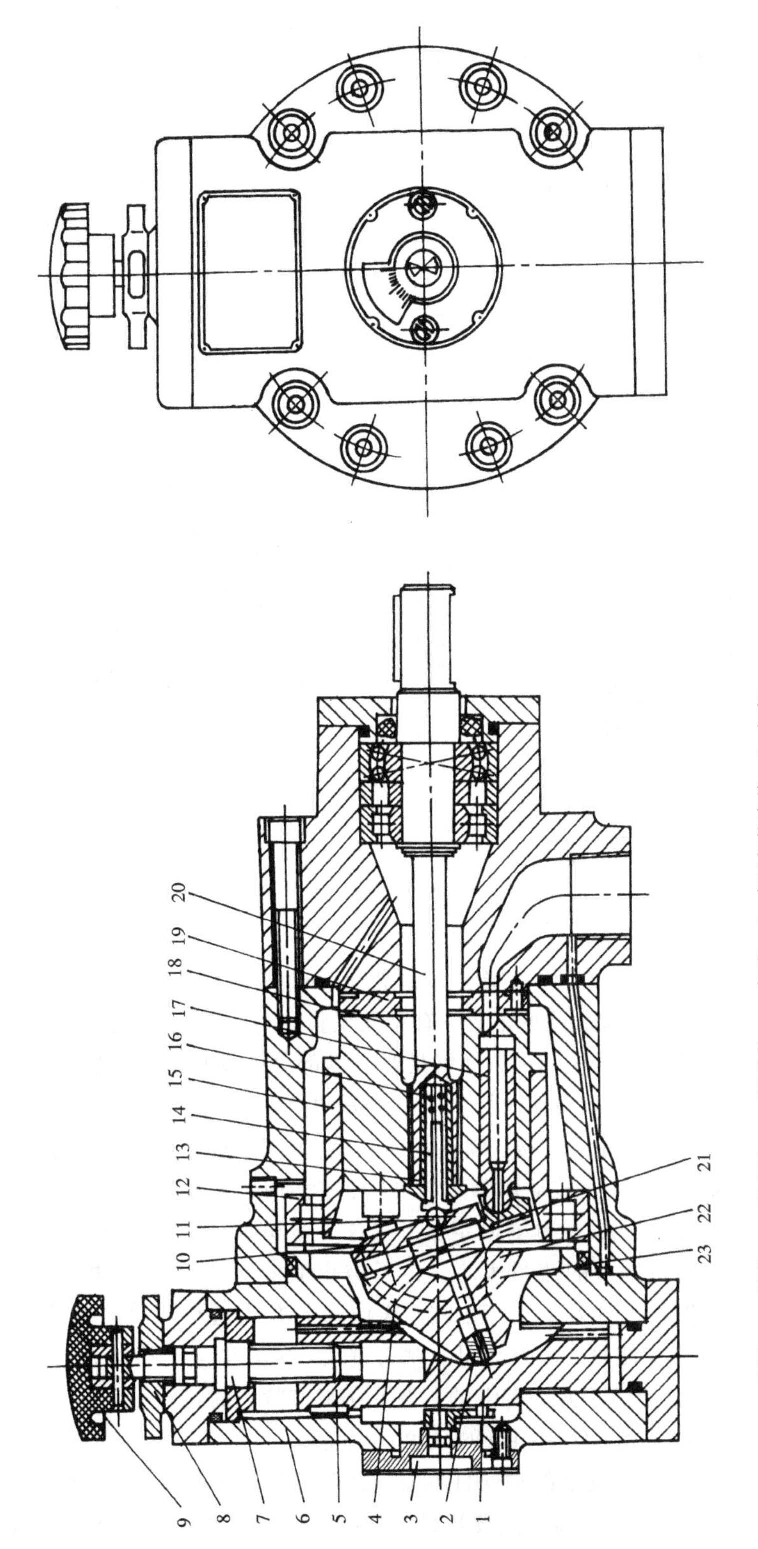

1—销子；2—轴销；3—分度盘；4—倾斜盘；5—柱塞；6—变量机构壳体；7—螺杆；
8—锁紧螺母；9—调节手轮；10—压盘；11—钢球；12—滚柱轴承；13—外套；14—内套；
15—钢套；16—弹簧；17—柱塞；18—缸体；19—配油盘；20—传动套；21—滑履；22—耳轴；23—铜瓦

图 2-90　CY14—1型轴向柱塞泵结构图

当传动轴带动缸体旋转时，柱塞就在柱塞孔内作往复运动。缸体右端面上的弧形通孔就经配油盘上的配油窗口配油，以完成吸油和压油作用。配油盘的结构如图 2 - 91 所示。配油盘上开有两个配油窗口 $a$ 和 $c$，分别与泵体中的吸、压油管路相通。外圈的环形槽 $d$ 为卸压槽，它与回油相通。两个通孔 $b$ 的作用和一般配油窗口上开的三角槽作用相似，就是当柱塞底孔从吸油区转到压油区时，先经小孔和压油区相通，因孔 $b$ 中间的直径为 1 mm，液流受到一定阻尼，不致产生液压冲击，从而可以减小系统中的压力波动和噪声。另外，配油盘上还有 4 个盲孔，当这些孔与柱塞底孔接通时，其中将流满油液，从而使得配油盘与缸体右端面之间的润滑情况获得一定的改善。配油盘的两面都可以用作配油面和缸体的右端面接触，但装配时必须注意，配油盘上所标示的箭头方向和缸体回转的方向一致。配油盘外圆上的缺口是安装时定位用的。

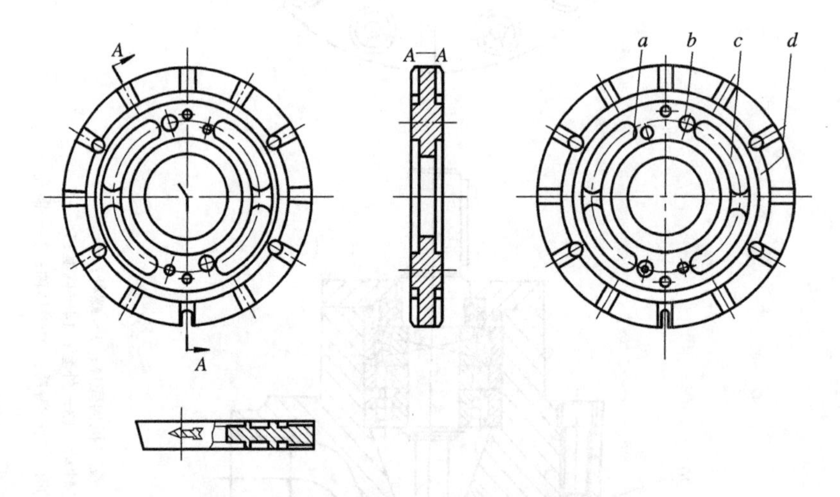


图 2 - 91　CY14－1 型轴向柱塞泵配油盘的结构

泵的倾斜盘部分(见图 2 - 90)用来安装倾斜盘和变量机构。假如倾斜盘是固定的，倾角不能调整，则该泵就是定量泵。除此之外，有手动变量、液动变量、伺服变量等多种变量泵。这些变量泵的主体部分都是相同的，仅仅是倾斜盘部分的变量机构不同。

① 手动变量。图 2 - 90 所示的轴向柱塞泵的变量机构为手动式。柱塞 5 用导向键装在变量壳体 6 内，并和螺杆 7 用螺纹联接。倾斜盘两侧有两个耳轴 22 支承在变量壳体上的两块铜瓦 23 上(图中用虚线表示)。转动调节手轮 9，柱塞移动时就通过销轴使倾斜盘绕钢球 11 的中心摆动，调节好后用锁紧螺母 8 固定。当柱塞 5 移动时，还通过销子 1 和拨叉带动分度盘 3 旋转，以便观察所调节的流量大小。为了防止油液对柱塞的移动发生阻滞作用，柱塞上开有轴向通道，沟通了柱塞的上、下腔。这种调节方式通常为单向变量式。这种机构多半用在停车状态下改变流量，否则会因控制力过大，用人工很难扭动。

② 手动伺服变量。手动控制力是有限的，为了在工作状态时进行变量，可以用液压泵本身的液压能来控制变量机构，使倾斜盘的倾角发生变化。

图 2 - 92 所示为手动伺服变量的轴向柱塞泵。其变量机构由拉杆 6，伺服滑阀 5，液压缸的活塞 2，液压缸体 1 的上、下盖等主要零件组成。倾斜盘的结构与变量泵相同，以两个耳轴 $A$ 支承在变量壳体上，变量时用以改变倾角 $\gamma$。活塞 2 上的销轴 3 穿在倾斜盘的尾槽中，活塞上、下移动时，拨动倾斜盘以改变泵的排量。

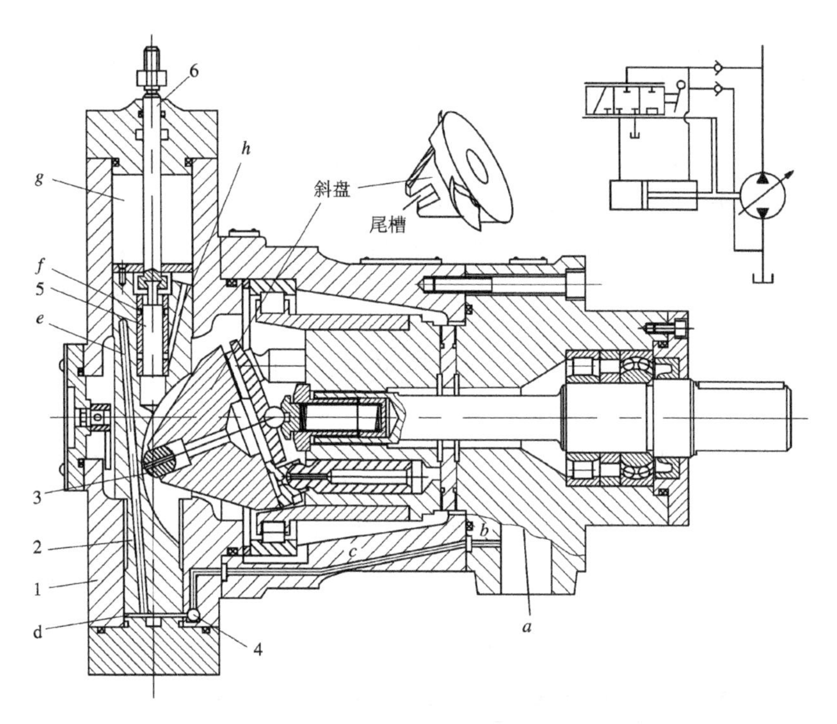


1—液压缸体；2—活塞；3—销轴；4—单向阀；5—伺服滑阀；6—拉杆；
$a$、$b$、$c$—高压油孔道；$d$、$g$—上、下油腔；$e$、$h$—通道；$f$—环槽

图 2-92　手动伺服变量机构

当泵出口的高压油通过孔道 $a$、$b$、$c$ 打开单向阀 4 进入差动液压缸的下腔 $d$ 后，高压油作用在活塞 2 上，并力图使它向上移动。但由于差动缸的上腔 $g$ 此时处于封闭状态，因此活塞 2 不能移动。当用手将拉杆向下推动时，就带动伺服滑阀的阀芯 5 一起向下移动，把环槽 $f$ 的油口打开，此时 $d$ 腔的压力油经过通道 $e$ 进入上腔 $g$。由于变量液压缸活塞上端的直径大于下腔的直径，即活塞 2 在 $g$ 腔的作用面积大于 $d$ 腔的作用面积，因此活塞 2 在压力油的作用下向下移动，通过销轴 3 带动倾斜盘绕钢球的中心转动，从而增大了倾斜盘的倾角 $\gamma$，使排量增大，直至活塞 2 向下移动到使伺服滑阀的阀芯 5 又将通道 $e$ 的油口封闭为止(即将环槽 $f$ 堵住)。当用手将拉杆向上拉时，带动伺服滑阀的阀芯 5 向上运动，通道 $h$ 的油口被打开，上腔 $g$ 的油通过 $h$ 流回油箱，所以，活塞 2 在 $d$ 腔压力油的作用下向上移动，从而减小了倾角 $\gamma$，使排量减小，直至活塞 2 向上移动到使伺服滑阀的阀芯 5 又将通道 $h$ 的油口堵死为止。

在这一变量机构中，由于人力只是用来推、拉伺服滑阀的阀芯 5 上、下运动，主要用来克服很小的摩擦力，因此操作力很小，并且控制很灵敏。而液压缸活塞 2 的运动是在高压油的作用下进行的，和操作力的大小基本上没有什么关系。

这种变量机构实质上是一种伺服机构。倾斜盘的倾角 $\gamma$(即活塞的上、下移动)完全跟随拉杆 6 的位置变化而变化，即是一种位置跟踪装置。其次，由于液压缸活塞的推力要比操纵拉杆 6 的推、拉力大得多，因此是一个力的放大装置。关于该装置的详细工作原理将在“液压控制系统”课程中进一步阐述。

这种变量机构还具有自锁性。当拉杆 6 不动时，通道 $e$ 和 $h$ 的油口都处于堵死状态，则活塞 5 就不能有上、下的微小移动，处于自锁状态。而当液压泵不供高压油时，单向阀 4

关闭，使 $d$ 腔及 $g$ 腔的油封闭起来，仍然使变量机构处于自锁状态。显然，变量机构的自锁性是十分重要的，否则变量泵就不能正常工作。

这种变量机构只能实现单向变量。这是因为当倾斜盘的倾斜角调到零位时，泵没有液体排出，所以活塞就不能运动了。当倾斜盘的倾斜角方向发生变化时，泵的进、出油口互换，液压缸与泵的吸油口相通，因而失去了动力源，当然亦不能变量了。这种由泵本身供给液压能源的变量机构称为内控式。为此，可以将外界的液压能源接到变量机构中用以推动活塞运动，使泵实现双向变量。这种由外界供给液压能源的变量机构称为外控式。

## 2.7 液压泵的选用

以上各节介绍了液压系统中常用的一些液压泵，在设计液压系统时，应根据液压设备的工作情况和系统所要求的压力、流量、工作稳定性等性能来确定泵的具体规格和形式。同时，还应考虑能量的合理使用和系统发热等问题。此外，液压泵的转速、效率、重量和体积、使用环境和温度，安装位置、维护保养、使用寿命等也必须有所考虑。再则，经济性问题也该引起足够的重视。

表 2－3 所示为各类液压泵的技术性能、特点及应用实例，供选用时参考。

**表 2－3 各类液压泵的技术性能、特性及应用实例表**

| 类别<br>性能 | 齿轮泵 | 转子泵 | 螺杆泵 | 叶片泵 | | 柱塞泵 | | | |
|---|---|---|---|---|---|---|---|---|---|
| | | | | | | 径向 | | 轴向 | |
| | | | | 双作用 | 单作用 | 轴配油 | 阀配油 | 斜盘式 | 斜缸式 |
| 压力 | $<20$ | 1.6～16 | 2.5～10 | 6.3～21 | $\leqslant 7$ | 10～20 | $\leqslant 40$ | 20～35 | 20～35 |
| 排量 | 0.3～650 | 2.5～150 | 1～9200 | 0.5～480 | 1～320 | 20～720 | 1～150 | 0.5～560 | 0.2～3600 |
| 转速 | 300～700 | 1000～4500 | 1000～18 000 | 500～4000 | 500～2000 | 700～1800 | 200～2200 | 600～6000 | |
| 容积效率 | 0.7～0.95 | | 0.75～0.95 | 0.8～0.95 | 0.8～0.9 | 0.85～0.95 | 0.85～0.95 | 0.9～0.98 | |
| 总效率 | 0.6～0.85 | 0.65～0.80 | 0.7～0.85 | 0.75～0.85 | 0.7～0.85 | 0.75～0.92 | | 0.85～0.95 | |
| 流量脉动率 | 大 | 小 | 很小 | 很小 | 中等 | 中等 | 中等 | 中等 | 中等 |
| 自吸性能 | 好 | 好 | 好 | 较差 | 较差 | 差 | 差 | 较差 | 较差 |
| 污染敏感性 | 不敏感 | 不敏感 | 不敏感 | 敏感 | 敏感 | 敏感 | 敏感 | 敏感 | 敏感 |
| 噪声 | 大 | 小 | 很小 | 小 | 较大 | 大 | 大 | 大 | 大 |
| 寿命 | 较短 | | 很长 | 较长 | 较短 | 长 | 长 | 长 | 长 |
| 价格 | 最低 | 低 | 较高 | 中等 | 较高 | 高 | 高 | 高 | 高 |
| 应用举例 | 机床、工程机械、农业机械、一般机械 | | 精密机床、精密机械 | 机床、注塑机、液压机、飞机、工程机械 | | 工程机械、锻压机械、起重运输机械、船舶、飞机、矿山机械、冶金机械 | | | |

**1. 液压泵压力的选择**

执行元件(如液压缸、液压马达)的参数尺寸确定之后，计算液压泵的压力是比较简单的。将执行元件所需的压力加上系统的压力损失，再考虑适当的压力余量就可以得到所需液压泵的压力。但是，往往在设计执行机构以前就需要考虑液压系统采用多大的压力合适，这就不是简单的计算所能解决的。

在设计液压系统时，是采用低压泵、中压泵还是高压泵? 这是常常遇到的问题。解决这个问题没有绝对的标准，一般可遵循以下原则：

(1) 一般，负载小、功率小的液压设备常用中、低压泵，如齿轮泵、叶片泵等，这类泵的价格也比较便宜。

(2) 对于一些精密机床或机械可采用传动平稳、噪声小的螺杆泵。

(3) 对于执行机构输出力大、速度要求高的大功率液压设备，可以选用高压泵，如各种柱塞泵以及其它高压泵。

这里需要特别指出的是，按执行机构确定的工作压力仅仅是系统的静态压力，而系统工作过程中还存在着动态压力，其最大值往往比静态压力要大得多，所以，选取液压泵的额定压力应比系统最高压力大25%～60%，从而使液压泵有一定的压力储备。若系统属于高压范围，则压力储备可取大值。若最高压力出现时间较短，则压力储备可取小一些，反之，应取大些。

**2. 液压泵流量形式的选择**

以上各节介绍的液压泵，按其流量形式分类有定量泵与变量泵两种。

定量泵主要用于中、低压和功率较小的系统，或作为高压系统的辅助泵。它适用于动力、速度变化较小或运转时间较短的液压装置。采用定量泵时常需要和溢流阀配合使用，所以功率损耗比较大，而损耗的能量又都转化成了热能，使系统温度升高。因此，它不适用于大功率的液压装置和精密的液压设备。

变量泵主要用于大功率和精密的液压设备中，特别是动力、速度变化较大及长时间工作的液压系统。变量泵可以提高系统效率，减少温升。双向变量泵主要用于闭式液压系统。

在负载较大并有快速和慢速工作行程的液压设备上，可选用限压式变量泵和双联叶片泵。另外，还可采用定量、变量泵的组合，以适应各种液压装置动力的需要。

**3. 液压泵电动机功率的计算**

液压泵电动机的功率应与液压泵匹配，不能过大或过小。电动机的功率过大，无疑是一种浪费；功率过小，则会使电机发热，甚至烧坏。

驱动液压泵的电机功率可按下式计算：

$$P = \frac{pq}{\eta} \quad (\mathrm{W}) \tag{2-139}$$

式中：$p$——液压泵的输出压力(Pa)；

$q$——液压泵的输出流量($\mathrm{m^3/s}$)；

$\eta$——液压泵的总效率。

在定量泵电机功率的计算中，一般取额定压力和额定流量。

变量泵应根据其流量—压力特性曲线计算其驱动电机的功率。因为很多变量泵的特性是随着工作压力的升高而流量变小的，所以不能按最大工作压力和最大流量计算。如限压式变量叶片泵的驱动功率，可按流量特性曲线转折点处的流量、压力值计算。

双联泵的电机功率，应根据实际情况选取计算压力和流量。例如，执行机构快速运动时，一般情况下是双泵同时工作，但此时压力较低，流量最大；在工作进给时，流量较小而压力较高。这就需要进行比较，取其消耗电机功率最大时的压力和流量作为计算的依据。

## 2.8 液压泵常见故障及其排除方法

液压泵常见故障及其排除方法如表 2-4 所示。

**表 2-4 液压泵常见故障及其排除方法**

| 故障现象 | 产生原因 | 排除方法 |
| --- | --- | --- |
| 不排油或无压力 | ① 原动机和液压泵转向不一致；<br>② 油箱油位过低；<br>③ 吸油管或滤油器堵塞；<br>④ 启动时转速过低；<br>⑤ 油液粘度过大或叶片移动不灵活；<br>⑥ 叶片泵配油盘与泵体接触不良或叶片在滑槽内卡死；<br>⑦ 进油口漏气；<br>⑧ 组装螺钉过松 | ① 纠正转向；<br>② 补油至油标线；<br>③ 清洗吸油管路或滤油器，使其畅通；<br>④ 使转速达到液压泵的最低转速以上；<br>⑤ 检查油质，更换粘度适合的液压油或提高油温；<br>⑥ 修理接触面，重新调试，清洗滑槽和叶片，重新安装；<br>⑦ 更换密封件或接头；<br>⑧ 拧紧螺钉 |
| 流量不足或压力不能升高 | ① 吸油管或滤油器部分堵塞；<br>② 吸油端连接处密封不严，有空气进入，吸油位置太高；<br>③ 叶片泵个别叶片装反，运动不灵活；<br>④ 泵盖螺钉松动；<br>⑤ 系统泄漏；<br>⑥ 齿轮泵轴向和径向间隙过大；<br>⑦ 叶片泵定子内表面磨损；<br>⑧ 柱塞泵的柱塞与缸体或配油盘与缸体间磨损，柱塞回程不够或不能回程，引起缸体与配油盘间失去密封；<br>⑨ 柱塞泵变量机构失灵；<br>⑩ 侧板端磨损严重，漏损增加；<br>⑪ 溢流阀失灵 | ① 除去脏物，使吸油管畅通；<br>② 在吸油端连接处涂油，若有好转，则紧固连接件，或更换密封，降低吸油高度；<br>③ 逐个检查，不灵活叶片应重新研配；<br>④ 适当拧紧；<br>⑤ 对系统进行顺序检查；<br>⑥ 找出间隙过大部位，采取措施；<br>⑦ 更换零件；<br>⑧ 更换柱塞，修磨配流盘与缸体的接触面，保证接触良好，检查或更换中心弹簧；<br>⑨ 检查变量机构，纠正其调整误差；<br>⑩ 更换零件；<br>⑪ 检修溢流阀 |

续表

| 故障现象 | 产生原因 | 排除方法 |
| --- | --- | --- |
| 噪声严重 | ① 吸油管或滤油器部分堵塞；<br>② 吸油端连接处密封不严，有空气进入，吸油位置太高；<br>③ 从泵轴油封处有空气进入；<br>④ 泵盖螺钉松动；<br>⑤ 泵与联轴器不同心或松动；<br>⑥ 油液粘度过高，油中有气泡；<br>⑦ 吸入口滤油器通过能力太小；<br>⑧ 转速太高；<br>⑨ 泵体腔道阻塞；<br>⑩ 齿轮泵齿形精度不高或接触不良，泵内零件损坏；<br>⑪ 齿轮泵轴向间隙过小，齿轮内孔与端面垂直度或泵盖上两孔平行度超差；<br>⑫ 溢流阀阻尼孔堵塞；<br>⑬ 管路振动 | ① 除去脏物，使吸油管畅通；<br>② 在吸油端连接处涂油，若有好转，则紧固连接件，或更换密封，降低吸油高度；<br>③ 更换油封；<br>④ 适当拧紧；<br>⑤ 重新安装，使其同心，紧固连接件；<br>⑥ 换粘度适当的液压油，提高油液质量；<br>⑦ 改用通过能力较大的滤油器；<br>⑧ 使转速降至允许最高转速以下；<br>⑨ 清理或更换泵体；<br>⑩ 更换齿轮或研磨修整，更换损坏零件；<br>⑪ 检查并修复有关零件；<br>⑫ 拆卸溢流阀清洗；<br>⑬ 采取隔离消振措施 |
| 泄漏 | ① 柱塞泵中心弹簧损坏，使缸体与配流盘间失去密封性；<br>② 油封或密封圈损伤；<br>③ 密封表面不良；<br>④ 泵内零件间磨损、间隙过大 | ① 更换弹簧；<br>② 更换油封或密封圈；<br>③ 检查修理；<br>④ 更换或重新配研零件 |
| 过热 | ① 油液粘度过高或过低；<br>② 侧板和轴套与齿轮端面严重摩擦；<br>③ 油液变质，吸油阻力增大；<br>④ 油箱容积太小，散热不良 | ① 更换成粘度适合的液压油；<br>② 修理或更换侧板和轴套；<br>③ 换油；<br>④ 加大油箱，扩大散热面积 |
| 柱塞泵变量机构失灵 | ① 在控制油路上可能出现阻塞；<br>② 变量头与变量体磨损；<br>③ 伺服活塞、变量活塞以及弹簧心轴卡死 | ① 净化油，必要时冲洗油路；<br>② 刮修，使圆弧面配合良好；<br>③ 如机械卡死，可研磨修复，如油液污染，则清洗零件并更换油液 |
| 柱塞泵不转 | ① 柱塞与缸体卡死；<br>② 柱塞球头折断，滑履脱落 | ① 研磨，修复<br>② 更换零件 |

## 习题与思考题

1. 容积式液压泵具备哪些条件时才能正常工作？
2. 容积式泵的工作压力取决于什么？和铭牌上的压力有什么关系？

3. 泵的额定压力 $p$、额定流量 $q$ 已确定，若管路损失忽略不计，求图示各工况下，泵的工作压力(压力表读数)为多大？

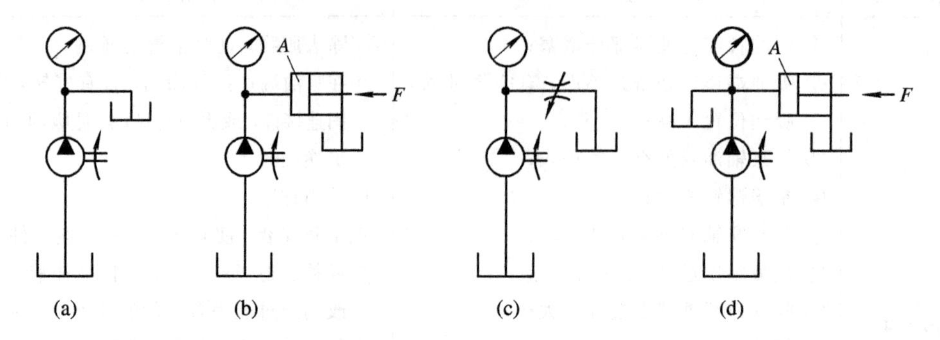


题 3 图

4. 某液压泵的额定压力 $p=20$ MPa，额定流量 $q=60$ L/min，容积效率 $\eta_v=0.9$，机械效率 $\eta_m=0.9$。试求该泵输出的液压功率及驱动泵的电机功率。

5. 如图(a)、(b)所示的两种油路中，外负载 $F$ 和阻尼孔尺寸不变，当泵的转速增高之后，泵的出口压力会不会变？为什么？(略去管道损失)

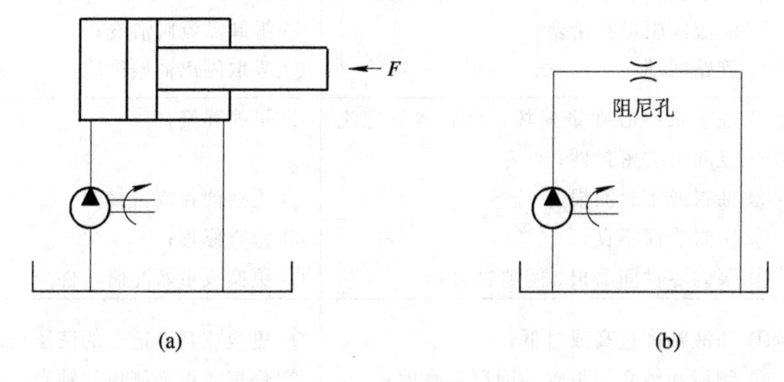


题 5 图

6. 齿轮泵中有哪几种间隙？各种间隙对容积效率 $\eta_v$ 会产生多大的影响？

7. 齿轮泵为什么会发生困油现象？困油现象有什么危害？如何消除？

8. CB－B 型齿轮泵反转后会发生什么问题？

9. 高压齿轮泵所要解决的关键问题是什么？有哪些结构特点？

10. 一齿轮泵的齿轮模数 $m=3$ mm，齿数 $Z=15$，齿宽 $B=25$ mm，转速 $n=1450$ r/min，在额定压力下输出流量 $q=25$ L/min。试求该泵的容积效率。

11. 转子泵是如何发生泄漏、径向不平衡力和困油现象的？

12. 螺杆泵是否会发生困油现象？为什么？

13. 双作用叶片泵由哪些主要零件组成？并说明其工作原理和特点。

14. 双作用叶片泵定子曲线的易磨损区在吸油区还是压油区？为什么？

15. 已知双作用叶片泵的结构尺寸为：定子长半径 $R=32.5$ mm，短半径 $r=28.5$ mm，叶片厚度 $b=2.25$ mm，叶片宽度 $B=24$ mm，叶片数 $Z=12$，叶片倾角 $\theta=13°$。求转速 $n=960$ r/min 时的理论流量。

16. 限压式变量叶片泵的限定压力和最大流量如何调节？调节时，其流量压力特性曲线将如何变化？

17. 某变量叶片泵的转子外径 $d=83$ mm，定子内径 $D=89$ mm，叶片宽度 $B=30$ mm。若定子与转子之间的最小间隙选为 0.5 mm，求：

① 每转排量 $V=16$ mL/r 时的偏心量；

② 此泵的最大可能排量。

18. 某限压式变量叶片泵的最大工作压力 $p_{max}=6$ MPa，限定压力 $p_x=2$ MPa，此刻泵的流量 $q=40$ L/min。若不计泄漏，求：

① 工作压力 $p=4$ MPa 时的输出流量；

② 若要求工作压力 $p=4$ MPa 时，输出流量 $q=25$ L/min，因此要重新调整，求调整之后的限定压力。

19. 为什么柱塞泵多适用于高压？

20. 轴向柱塞泵是如何实现吸油和压油的？若安装时将 CY14－1 型轴向柱塞泵的配油盘从正确位置上转过 90°，则会产生什么结果？

21. 柱塞泵中的泄漏、液压不平衡力、困油等问题是怎样产生的？

22. 一变量轴向柱塞泵，有 9 个柱塞，其分布圆直径 $D=125$ mm，柱塞直径 $d=16$ mm，若泵以 $n=3000$ r/min 的速度运转，其输出流量 $q=50$ L/min。问倾斜盘的倾角是多少？

23. 设某轴向柱塞泵的柱塞直径 $d=22$ mm，分布圆直径 $D=68$ mm，柱塞数 $Z=7$，当倾斜盘的倾角 $\gamma=22°33'$，转速 $n=960$ r/min，输出压力 $p=10$ MPa，$\eta_v=0.95$，$\eta_m=0.9$ 时，试计算：

① 理论流量；

② 实际流量；

③ 所需电机功率。

24. 选择液压泵时应考虑哪些问题？

25. 液压泵的配油方式有哪些？各用于什么泵？哪些泵能实现单向或双向变量？画出各种泵的图形符号？

# 第3章 液压马达

## 3.1 液压马达概述

液压马达是将液体的压力能转换为机械能的能量转换装置，它通过不断地输出转矩和转速来驱动工作机构实现旋转运动。

**1. 液压马达的工作原理和分类**

液压马达和液压泵在结构上基本相同，在工作原理上是互逆的，也即向液压马达通入压力油以后，由于作用于转子上的液压力不平衡而产生转矩，从而使转子旋转，成为液压马达。但由于二者的任务和要求有所不同，往往分别采取了特殊的结构措施，这使得它们在一般情况下不能通用。首先，液压马达需要正反转，所以内部结构具有对称性，其进、出油口大小相等；而液压泵一般是单方向旋转的，为了改善吸油性能，其吸油口往往大于压油口。其次，液压马达与液压泵的技术要求侧重点不同，一般液压马达希望有较高的机械效率，以便得到较大的转矩；而液压泵则要求有较高的容积效率，以便得到较大的流量。再则，液压马达往往需要在较大的转速范围内工作，要求转速可变；而液压泵的工作转速都比较高，工作中通常是基本不变的。另外，从启动性能来看，液压马达由液压油来推动，启动前应考虑高、低压腔隔开的问题；而液压泵则由外界的原动机带动，启动性能较好。

液压马达可分为高速和低速两大类。一般认为，额定转速高于 500 r/min 的属于高速液压马达，额定转速低于 500 r/min 的属于低速液压马达。

高速液压马达的基本形式有齿轮式、叶片式和轴向柱塞式，此外还有转子式、螺杆式等。它们的主要特点是工作转速较高，转动惯量小，便于启动和制动，调速及换向的灵敏度高。通常，高速液压马达的输出转矩不大，仅几十 N·M，所以又称高速小转矩液压马达。

低速液压马达的基本形式为径向柱塞式，例如单作用连杆式、无连杆式和多作用内曲线式等。此外，在轴向柱塞式、叶片式和齿轮式中也有低速的结构形式。低速液压马达的主要特点是排量大，体积大，转速低(有的可低到每分钟几转甚至零点几转，因此可以直接与工作机构连接而不需要减速装置，使得传动机构大大简化)。通常，低速液压马达的输出转矩较大，可以达几 kN·m，所以又称为低速大转矩液压马达。

**2. 液压马达的主要性能参数**

1) 输入参数

液压马达的输入参数有：流量 $q$($m^3/s$)，进、出口压力差 $\Delta p$(Pa)，输入功率 $P$(W)。

2）理论转速和实际转速

理论转速 $n_t$ 的计算表达式为

$$n_t = \frac{q}{V} \quad (r/s) \tag{3-1}$$

式中：$V$——液压马达的排量，即在没有泄漏的情况下，液压马达输出轴旋转一周所需的工作液体的体积($m^3/r$)。

由于泄漏不可避免，因此为了保证马达的转速符合要求，输入马达的实际流量为

$$q = q_t + \Delta q \tag{3-2}$$

式中：$q_t$——在没有泄漏的情况下，使液压马达达到设计转速所需的理论输入流量($m^3/r$)。

液压马达的理论输入流量 $q_t$ 与实际输入流量 $q$ 之比，称为容积效率，其表达式为

$$\eta_v = \frac{q_t}{q} = \frac{q - \Delta q}{q} = 1 - \frac{\Delta q}{q} \tag{3-3}$$

液压马达的实际转速为

$$n = \frac{q_t}{V} = \frac{q}{V}\eta_v \tag{3-4}$$

3）理论转矩和实际转矩

根据能量守恒定律，液压马达可满足以下关系：

$$T_t 2\pi n = \Delta p q_t = \Delta p V n$$

所以

$$T_t = \frac{\Delta p V}{2\pi} \tag{3-5}$$

式中：$T_t$——理论转矩。

实际上，液压马达各零件间相对运动及流体与零件间相对运动的摩擦必然产生各种能量损失。例如，轴和轴承的摩擦损失，轴和密封装置之间的摩擦损失，各零件间因相对运动而产生的摩擦损失，流体压力损失等，它们总称为机械损失。

液压马达的机械损失表现在实际输出转矩 $T$ 的降低，即

$$T = T_t - \Delta T \tag{3-6}$$

式中：$\Delta T$——由于摩擦而产生的转矩损失。

液压马达的实际输出转矩 $T$ 与理论转矩 $T_t$ 的比值，称为机械效率，其表达式为

$$\eta_m = \frac{T}{T_t} = \frac{T_t - \Delta T}{T_t} = 1 - \frac{\Delta T}{T_t} \tag{3-7}$$

由上式可得液压马达的实际转矩为

$$T = T_t \eta_m = \frac{\Delta p V}{2\pi}\eta_m$$

由于液压马达结构几何参数的影响，其瞬时转矩是不均匀的，也即存在着转矩的脉动性。由前述公式

$$T_t 2\pi n = \Delta p q_t \tag{3-8}$$

可得液压马达的瞬时转矩表达式为

$$T_s = \frac{\Delta p}{2\pi n} q_s \tag{3-9}$$

如果马达工作时的压差 $\Delta p$ 和转速 $n$ 不变，则瞬时转矩 $T_s$ 具有与瞬时流量 $q_s$ 相同的脉动规律。由于类型相同的泵和马达的瞬时流量规律相同，因此可以利用已知的液压泵的瞬时流量规律直接得到液压马达的瞬时转矩规律，即在马达的进、出口压差和转速不变时，马达的转矩不均匀系数等于同类型泵的流量不均匀系数，即

$$\delta = \frac{q_{s\max} - q_{s\min}}{q_{s\max}} \tag{3-10}$$

4）理论输出功率与实际输出功率

液压马达的理论输出功率等于其输入功率，即

$$P_t = P_i = \Delta p q \quad (\mathrm{W}) \tag{3-11}$$

液压马达的实际输出功率等于液压马达的实际转矩与输出轴角速度的乘积，即

$$P = T\omega = 2\pi n T \tag{3-12}$$

显然，液压马达的总效率 $\eta$ 等于输出功率 $P$ 与输入功率 $P_i$ 之比，即

$$\eta = \frac{P}{P_i} \tag{3-13}$$

又因为 $P=2\pi nT$，$P_i=\Delta pq$，所以

$$\eta = \frac{2\pi nT}{\Delta pq} = \frac{T}{T_t}\,\frac{2\pi nT_t}{\Delta pq} = \frac{T}{T_t}\,\frac{\dfrac{\Delta pV}{2\pi}2\pi\,\dfrac{q_t}{V}}{\Delta pq} = \frac{T}{T_t}\,\frac{q_t}{q}$$

即

$$\eta = \eta_v \eta_m \tag{3-14}$$

可见，液压马达的总效率也等于机械效率与容积效率的乘积。

## 3.2 高速小转矩液压马达

### 3.2.1 齿轮马达

齿轮马达有外啮合渐开线齿轮马达和内啮合摆线齿轮马达等结构形式。下面主要介绍外啮合渐开线齿轮马达。

**1. 外啮合渐开线齿轮马达的工作原理**

外啮合渐开线齿轮马达的工作原理如图 3-1 所示。图中，Ⅰ为转矩输出齿轮，Ⅱ为空转齿轮，两轮的齿数与模数一般相同。啮合点 $C$ 至两齿轮中心的距离分别为 $R_{C1}$ 和 $R_{C2}$，当压力为 $p_g$ 的高压油输入马达高压腔时，处于高压腔内的所有轮齿都受到压力油的作用。由于 $R_{C1}<R_{e1}$，$R_{C2}<R_{e2}$，因此，互相啮合的两个齿面只有一部分处于高压腔。这样就使两个轮齿上处于高压腔的两个齿面所受到的切向液压力对各齿轮轴的转矩是不平衡的，两个齿轮各自受到的不平衡的切向液压力分别形成了转矩 $T_1'$、$T_2'$；同理，处于低压腔的各齿面所受到的低压液压力也是不平衡的，对两齿轮轴分别形成了反方向的转矩 $T_1''$、$T_2''$。此时齿轮Ⅰ上的不平衡转矩为 $T_1=T_1'-T_2'$，齿轮Ⅱ上的不平衡转矩为 $T_2=T_1''-T_2''$。所以，在马达输出轴上产生了总转矩 $T=T_1+T_2$，从而使齿轮克服负载转矩按图中箭头所示方向旋转。随着齿轮的旋转，油液被带到低压腔排出。

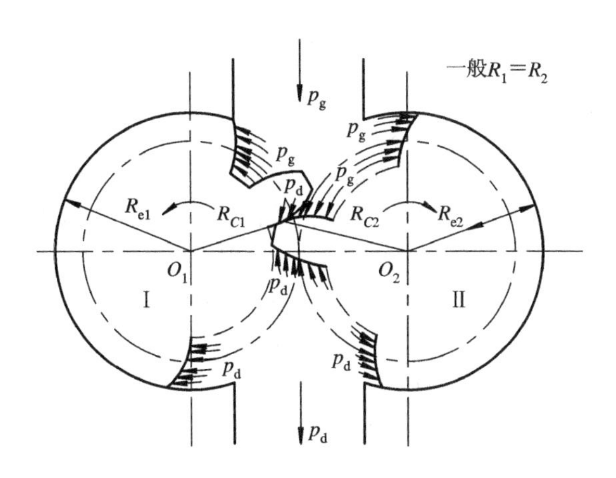


图 3-1 外啮合齿轮马达工作原理图

**2. 外啮合渐开线齿轮马达的结构特点**

图 3-2 所示为端面间隙可自动补偿的外啮合渐开线齿轮马达结构图。在轴套 9、10 的外端对称地布置着 4 个密封圈 1、2、3、4，中心密封圈 1 紧紧地包围着两个轴套孔，形成一个中间收缩的“8”字形区域 $A_1$，因区域 $A_1$ 通过两个轴承与泄漏油孔 14 相通，所以区域 $A_1$ 内的压力与泄漏油腔的压力相等。侧边密封圈 2 和 3 对称地布置在密封圈 1 的两侧，且各有一段长度直接与密封圈 1 接触，分别形成菱形区域 $A_2$ 和 $A_3$，$A_2$ 经通道 5 与进油腔 6 相通，$A_3$ 经通道与回油腔 7 相通。外围密封圈 4 也布置成菱形，包着密封圈 1、2 和 3，且有两段长度分别与密封圈 2 和 3 直接接触。由于密封圈 2 和 3 的两侧都分别与密封圈 1 和 4 直接接触，因此在密封圈 4 的包围圈内，又形成两个区域 $A_4$ 和 $A_5$，由于渗漏和串油的原因，$A_4$ 和 $A_5$ 内的压力接近于高压腔压力。

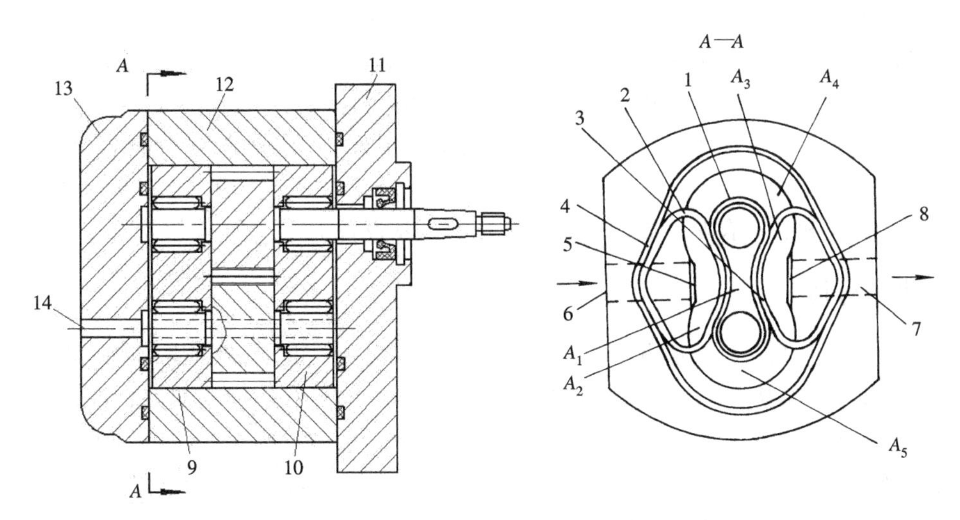


1—中心密封圈；2、3—侧边密封圈；4—外围密封圈；5、8—通道；6—进油腔；7—回油腔；9、10—轴套；11—前盖；12—壳体；13—后盖；14—泄漏油孔；$A_1$、$A_2$、$A_3$、$A_4$、$A_5$—被隔开的密封区域

图 3-2 端面间隙可自动补偿的外啮合渐开线齿轮马达

为了简化加工和装配工艺，密封圈 4 夹在壳体 12 与前盖 11 和后盖 13 之间，密封圈 1 夹在轴套和前、后盖之间，而密封圈 2、3 与密封圈 4 相接近的部分则保持在壳体和前、后盖之间。所有的密封圈都嵌在前、后盖的凹槽中。各密封圈之间互相接近的部分采用直接接触的办法，这样可简化工艺，降低成本。

当马达正转时，$A_1$ 内的压力等于泄漏腔压力；$A_2$ 内的压力等于高压腔压力；$A_3$ 内的压力等于低压腔压力；$A_4$ 和 $A_5$ 内的压力是相等的，它们稍低于(很接近于)高压腔压力。

当马达反转时，由于高、低压腔交换位置，此时 $A_2$ 内的压力等于低压腔压力；$A_3$ 内的压力等于高压腔压力；而 $A_3$、$A_4$ 和 $A_5$ 内的压力则和马达正转时相同。所以，轴套对齿轮总的压紧力与马达正转时相等，从而使端面间隙得以自动补偿。

这种齿轮马达与齿轮泵相比，具有以下特点：

(1) 结构上具有对称性。为了使马达正、反转时性能不受影响，马达的进、出油口直径相等，高、低压腔卸荷槽对称，轴套端由各密封圈围成的密封区域对称；而齿轮泵一般是单方向旋转，没有这一要求。

(2) 具有单独的泄漏油孔。图 3 - 2 中的泄漏油孔 14 是将润滑轴承后的泄漏油引到壳体外边去，而不像齿轮泵那样将泄漏油引到低压腔。这是因为马达在反转时，原来的低压腔变成了高压腔。

(3) 增加了齿轮齿数。齿轮马达的齿数一般比齿轮泵的齿数多，从而减小了转矩的脉动性。此外，增加齿数对减小振动与噪声也有好处。一般齿轮马达的齿数 $Z \geqslant 14$。

(4) 提高了马达的效率。为了改善马达的启动性能，通常齿轮马达的径向间隙取得比泵大，端面间隙补偿装置的压紧系数取得比泵小，以减小启动时摩擦力的影响。在启动的瞬间，图 3 - 2 中的 $A_4$ 和 $A_5$ 还未来得及建立起压力，所以，此时轴套对齿轮的压紧力很微弱，摩擦力矩很小，从而获得了较大的启动转矩。而当启动后转入正常运行时，$A_4$ 和 $A_5$ 的油压已经建立起来，使轴套对齿轮的压紧力增大，从而保证正常工作时有较高的效率。

(5) 必须采用滚动轴承(或静压轴承)。由于齿轮马达的速度范围很大，若采用滑动轴承，则在低速时就不能可靠地形成润滑油膜。因此，齿轮马达必须采用滚动轴承或静压轴承。而齿轮泵转速高且转速变化很小，就没有这一限制。

齿轮马达结构简单，体积小，重量轻，惯性小，使用可靠，维修方便，价格低廉，对油液的过滤精度要求不高。但是，齿轮马达输出转矩小，脉动大，低速稳定性较差。所以，齿轮马达多用于工程机械、农业机械以及要求不高的机械设备上。

### 3.2.2 叶片马达

叶片马达与叶片泵一样，也有单作用式和双作用式之分。由于单作用式叶片马达偏心量小，容积效率低，结构复杂，因此一般所用的叶片马达都是双作用式的。下面主要介绍双作用式叶片马达。

#### 1. 工作原理

双作用式叶片马达的工作原理如图 3 - 3 所示。当压力为 $p$ 的油液从进油口进入叶片之间时，位于进油腔的叶片有 3、4、5 和 7、8、1 两组。分析叶片的受力情况可以看出，叶片 4、8 两侧均受高压油的作用，作用力互相抵消，因而不产生转矩；位于封油区的叶片一面受高压油的作用，另一面受排回油箱的低压油的作用，所以能产生转矩。同时，叶片 1、

5 和叶片 3、7 的受力方向相反，叶片 1、5 产生的转矩使转子顺时针回转，叶片 3、7 产生的转矩使转子逆时针回转。但因叶片 1、5 伸出较长，液压力的作用面积大，力臂也长，所产生的转矩大于叶片 3、7 产生的转矩，叶片 1、5 和叶片 3、7 产生的转矩差就是叶片马达输出的转矩。当定子的长短半径差值越大、转子的直径越大以及输入液体的压力越高时，液压马达的输出转矩也就越大。

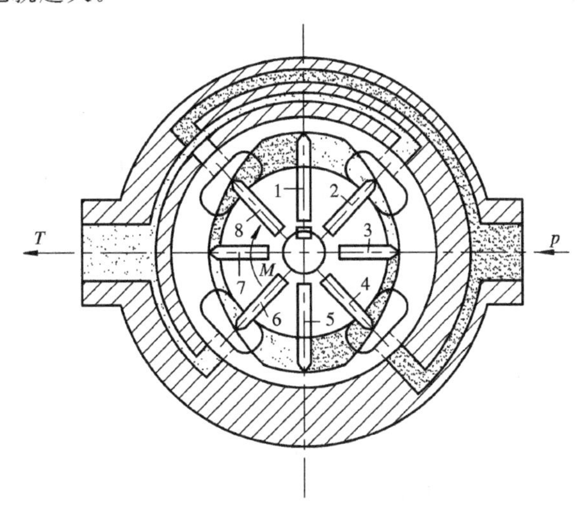


图 3 - 3　双作用式叶片马达的工作原理图

如果改变输油方向，则马达的旋转方向也改变。

**2. 结构特点**

图 3 - 4 所示为双作用式叶片马达的一种结构图，它与双作用叶片泵相比，具有以下特点：

(1) 叶片底部设置了燕式弹簧。马达的叶片由燕式弹簧将其推出，可保证启动时叶片顶部与定子内表面的紧密接触，以防启动时高、低压腔串通而形不成液压力，也就不能输出转矩。图 3 - 4 所示的双作用式叶片马达即采用了燕式弹簧的结构。燕式弹簧安装在转子两侧面的环形槽中，并套在小轴上。燕式弹簧的两臂预加扭力后各压在一个叶片的底

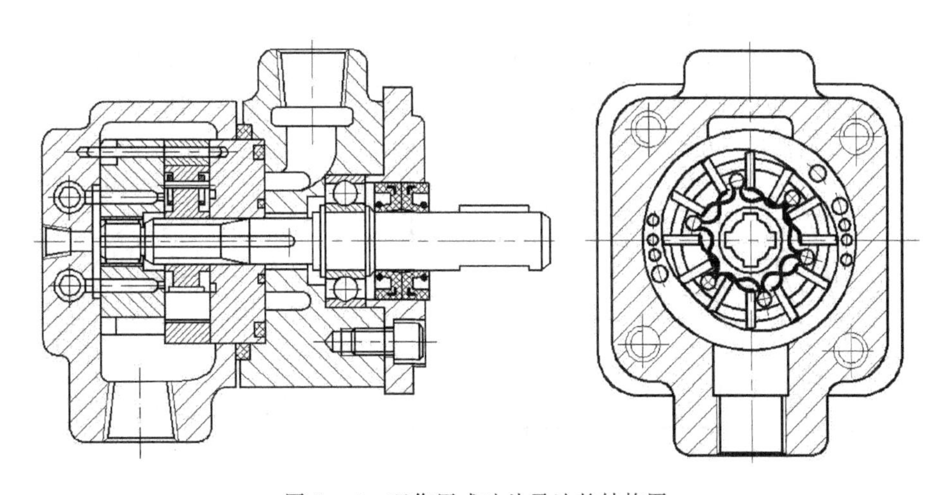

图 3 - 4　双作用式叶片马达的结构图

部。采用这种弹簧的优点是，两臂所压紧的两个叶片互成90°，当一个叶片向中心移动若干距离时，另一个叶片则向外移动相同距离。因此，弹簧在工作时只是围绕小轴作小量的摆动，除了预加的恒定扭力外，基本上不再承受交变载荷。叶片泵则是靠叶片与转子一起高速旋转而产生的离心力来使叶片贴紧定子起密封作用的，故不需要弹簧。

(2) 叶片沿叶片槽径向放置。为了适应马达正、反转的要求，叶片沿叶片槽径向放置，即叶片倾角 $\theta=0°$，叶片顶端对称倒角。

(3) 叶片底部始终通压力油。为了保证在进、出油口变换时叶片底部始终通高压油，将叶片压向定子以保证可靠接触，叶片马达在通往叶片底部的油路中设置了一组特殊结构的单向阀——梭阀，其工作原理如图3-5所示。由于采用了两个并联的梭阀，因此当进入叶片马达的油液方向改变时，便可使叶片底部始终通高压油，叶片便可靠地压紧在定子内表面。

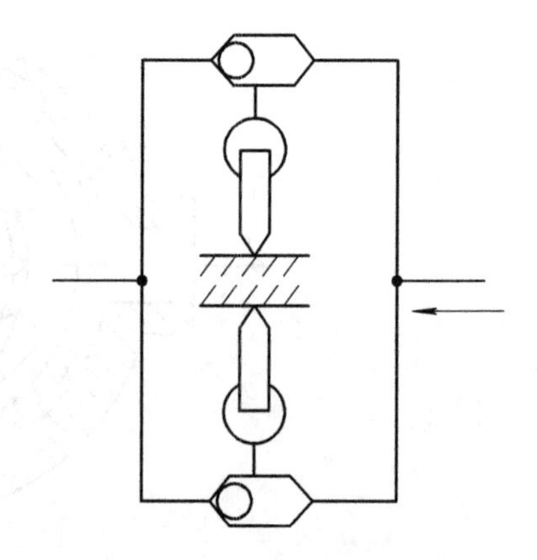
图3-5 梭阀工作原理示意图

(4) 双向进油以减小压力损失。叶片马达在定子上开有若干圆孔，在另一只配油盘上开有不通的配油窗口，以实现双向进油，减小压力损失。

叶片马达结构紧凑，体积小，转动惯量小，因此动作灵敏，输出转矩比较均匀，低速性能优于齿轮马达。所以，叶片马达一般适用于高速小转矩及要求动作灵敏的工作场合。

### 3.2.3 轴向柱塞马达

轴向柱塞马达的结构形式基本上与轴向柱塞泵一样，故其种类也有倾斜盘式与倾斜缸式之分。下面对常用的倾斜盘式轴向柱塞马达作简单分析。

**1. 工作原理**

图3-6所示为倾斜盘式轴向柱塞马达的工作原理图。当柱塞处于进油腔的位置时，柱塞在液压力的作用下抵住倾斜盘，于是倾斜盘就给柱塞以反作用力 $F$。反作用力 $F$ 可以分解为轴向分力 $F_x$ 和径向分力 $F_y$，其轴向分力 $F_x$ 和作用在柱塞上的液压力相平衡，径向分力 $F_y$ 则由于与转子中心有一定的距离，从而产生一定的转矩驱动转子旋转，使马达工作。

显然，进、出油口互换时，马达旋转方向也将改变。

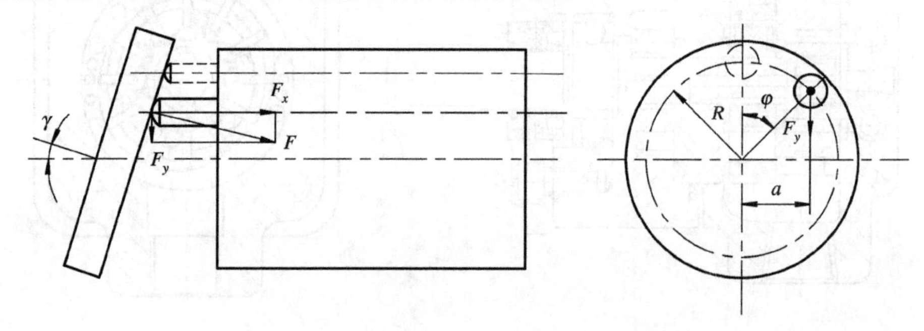

图3-6 轴向柱塞马达的工作原理图

**2. 轴向柱塞马达的结构**

轴向柱塞马达和轴向柱塞泵可以互相通用。前述章节中图 2 - 88 和图 2 - 90 所示的轴向柱塞泵均可作为轴向柱塞马达来使用。

轴向柱塞马达结构紧凑，径向尺寸小，又由于柱塞和柱塞孔形成的工作容积密封性好，因此能在高转速和较高压力的条件下工作，转速范围大，变速和换向动作灵活。

# 3.3 低速大转矩液压马达

低速大转矩液压马达的主要特点是排量大，体积大，输出转矩大，低速稳定性好，一般可在 10 r/min 以下平稳运转，有的可低到 0.5 r/min 以下。因此，该马达可以直接与工作机构连接，不需要减速装置，从而使传动机构大大简化，提高了工作效率。低速大转矩液压马达广泛应用于各种低速重载机械，如矿山机械、工程机械、起重运输机械、船舶等。

低速大转矩液压马达多采用柱塞式结构。按其结构形式分类，有轴向柱塞式与径向柱塞式，而其基本形式是径向柱塞式。按其柱塞每转的作用次数分类，有单作用式和多作用式。若传动轴转一周而柱塞仅往复运动一次，则称为单作用式；若传动轴转一周而柱塞往复运动多次，则称为多作用式。下面分别予以介绍。

## 3.3.1 轴向柱塞式低速大转矩马达

图 3 - 7 所示为双斜盘滑履式轴向柱塞马达的结构图。它的组成和工作原理与高速轴向柱塞液压马达基本相同，其主要区别在于采用了两个斜盘 2 和两套柱塞 1，用以增大输出转矩。如图所示，在壳体的两端各有一个斜盘 2，在缸体 3 的柱塞孔中，左、右各装有带滑履的柱塞 1，两柱塞的中间用弹簧隔开，*A*、*B*、*C*、*D* 为进出油口，油液经配油盘 4 及缸体上的斜孔进入两柱塞的油腔，当压力油通入后，左、右柱塞同时受液压力的作用而抵住斜盘，产生使转子旋转的径向力，从而使马达旋转。

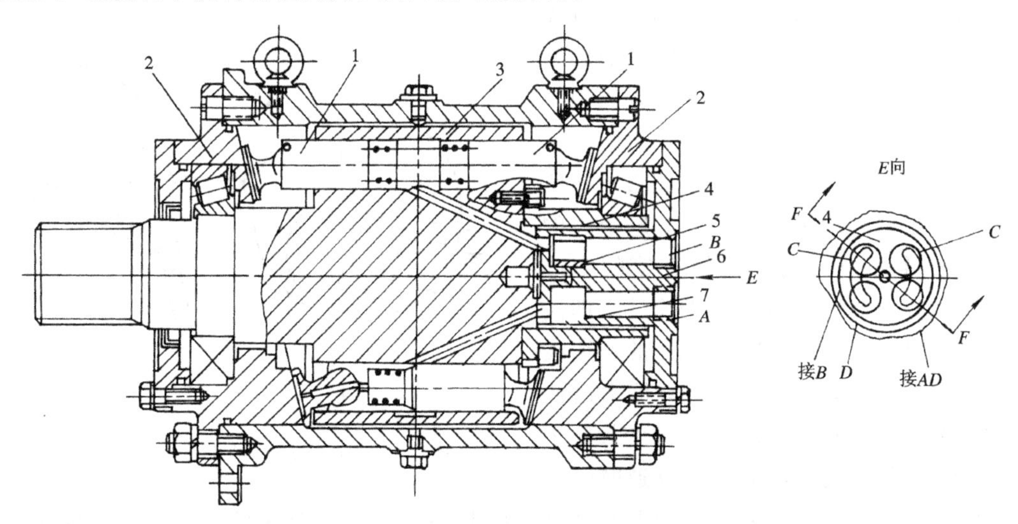


1—柱塞；2—斜盘；3—缸体(轴)；4—浮动配油盘；5—芯管；6—压盖；7—密封圈；*A*、*B*、*C*、*D*—油孔

图 3 - 7 双斜盘轴向柱塞马达

## 3.3.2 径向柱塞式低速大转矩马达

径向柱塞式低速大转矩马达常见的结构形式有单作用连杆式、单作用无连杆式和多作用内曲线式等多种，现分别简述如下。

### 1. 单作用连杆式径向柱塞马达

1）工作原理

图 3－8 所示为连杆式径向柱塞马达的结构原理图。在壳体 1 的圆周呈放射状均匀布置了五个缸孔(或七个)，缸孔中的柱塞 2 通过球铰与连杆 3 相连接。连杆端部的圆柱面与曲轴 4 的偏心轮相接触，曲轴的圆心为 $O$，偏心轮的圆心为 $O_1$，两者之间的距离为偏心距 $e$。曲轴的一端通过接头与配油轴 5 相连，配油轴上的"隔墙"两侧分别为进油腔和回油腔。

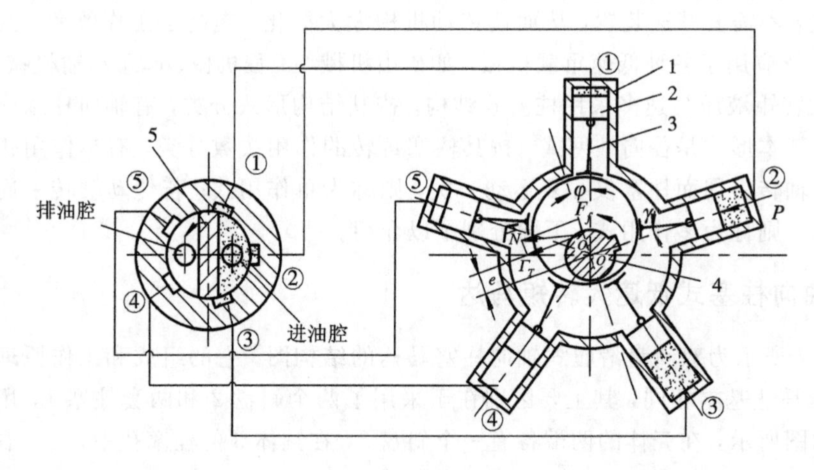


1—壳体；2—柱塞；3—连杆；4—曲轴；5—配油轴

图 3－8　连杆式径向柱塞马达的结构原理图

高压油进入马达的进油腔后，经过壳体上的槽①、②、③引到相应的柱塞缸①、②、③中去。高压油产生的液压力作用于柱塞的顶部，并通过连杆传递到曲轴的偏心轮上。以柱塞缸②为例，如图 3－9 所示，作用在偏心轮上的力为 $F$，这个力的方向沿着连杆中心线指向偏心轮的中心 $O_1$。作用力 $F$ 又可以分解为两个力，即法向力 $F_f$ 和切向力 $F_t$。法向力 $F_f$ 的作用线通过曲轴中心 $O$，不产生转矩，该力由曲轴的轴承平衡。切向力 $F_t$ 对曲轴的旋转中心 $O$ 产生转矩，使曲轴绕中心 $O$ 逆时针方向旋转。柱塞缸①和③的受力情况与柱塞缸②相似，只是由于它们相对于曲轴的位置不同，因此产生转矩的大小与柱塞缸②不同。显然，使曲轴旋转的总转矩应等于与高压腔相通的柱塞缸(在图示情况下为①、②和③缸)所产生的转矩之和。曲轴旋转时，缸①、②、③

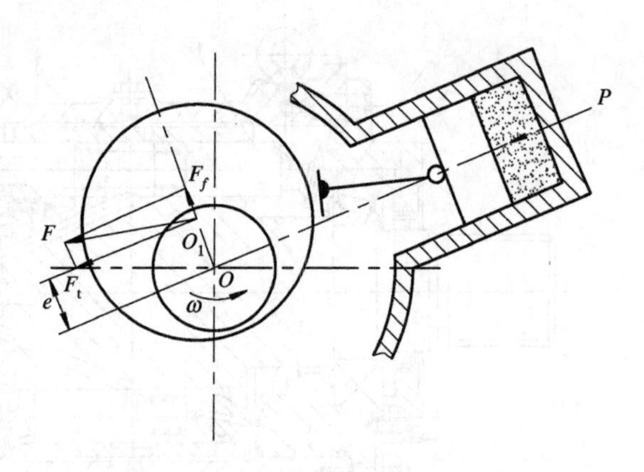


图 3－9　连杆式径向柱塞马达受力图

的容积增大，油液通过壳体油道①、②、③经配油轴的进油腔进入，则缸④、⑤的容积变小，油液通过壳体油道④、⑤经配油轴的回油腔排出。

当配油轴随马达的旋转转过一个角度后，配油轴"隔墙"封闭了通道③，此时缸③与高、低压腔均不相通，缸①、②通高压油，使马达产生转矩，缸④、⑤排油。当曲轴连同配油轴再转过一个角度后，缸①、②、⑤通高压油，使马达产生转矩，缸③、④排油。由于配油轴随曲轴一起旋转，因此进油腔和回油腔分别依次与各柱塞缸接通，从而保证曲轴连续旋转。

若将马达的进、出油口互换，则可实现马达的反转。

2）典型结构

图 3－10 所示为连杆式径向柱塞马达的一种典型结构。五只缸体沿径向均匀分布在圆周上，孔端由缸盖 8 封闭形成一星形壳体。各缸体中装有柱塞 1，在柱塞的中心球窝内装有连杆 2 小端的球头，连杆 2 大端的凹形圆柱面紧贴在与曲轴 4 做成一体的偏心轮的外缘上，用一对挡圈 3 压住连杆，使其不与偏心轮脱离。曲轴安装在两个径向止推滚柱轴承上，并且通过十字联轴器 5 带动配油轴 6 旋转，两者之间用十字接头构成浮动连接，以避免因加工与装配误差带来的不同心而卡死的现象。配油轴（即配油转阀）安装在集流器 7 内，并由两个滚针轴承支承。在配油轴的轴心开一小孔，用于沟通配油轴两端，以保证配油轴两端轴向力的平衡。

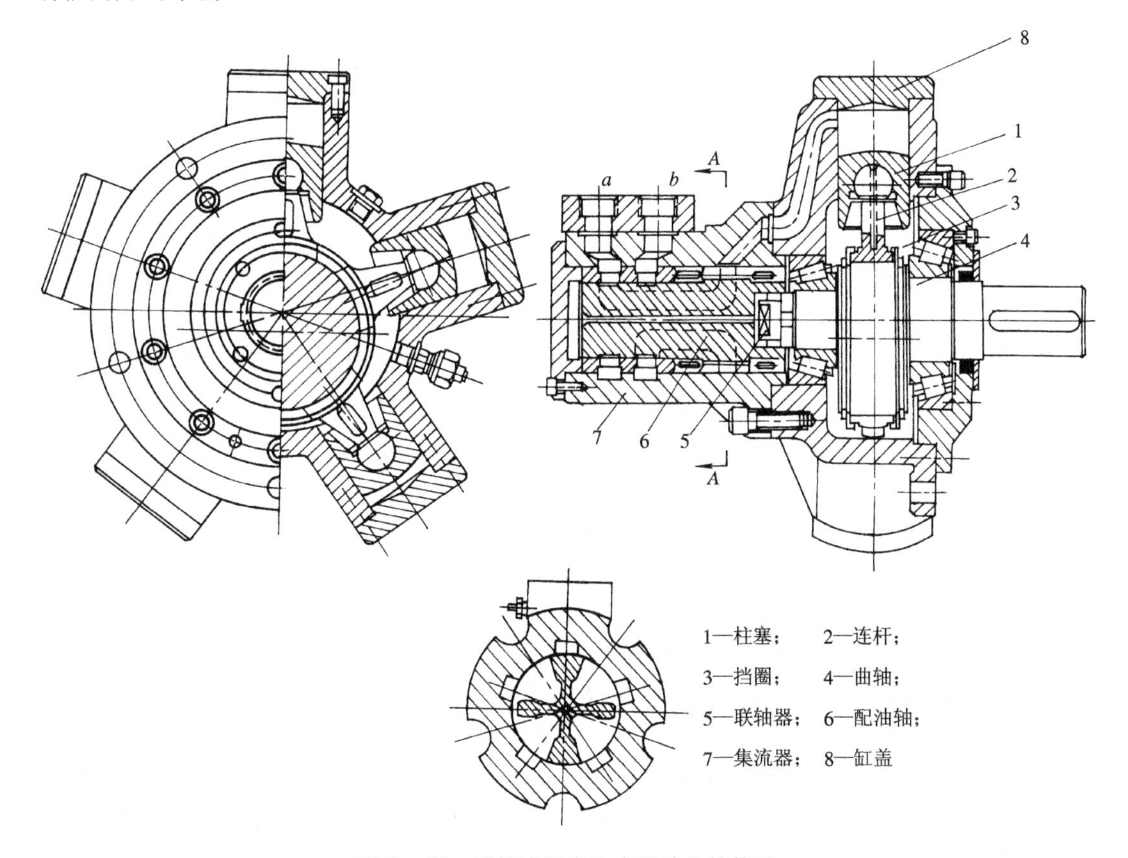


图 3－10　连杆式径向柱塞马达的结构图

配油轴(配油转阀)的形状如图 3－11 所示。马达的进油口或回油口经阀套的径向孔通到转阀上的环槽 $a$ 或 $b$，环槽 $a$ 与转阀上的轴向孔 $c$ 和 $d$ 相通，环槽 $b$ 与转阀中的轴向孔 $e$ 和 $f$ 相通。这四个轴向孔一直通到配油窗口处(见图 3－11 中剖面 $C-C$)，在剖面 $C-C$ 处一边为进油腔，一边为回油腔，在进油腔和回油腔之间有封油区。

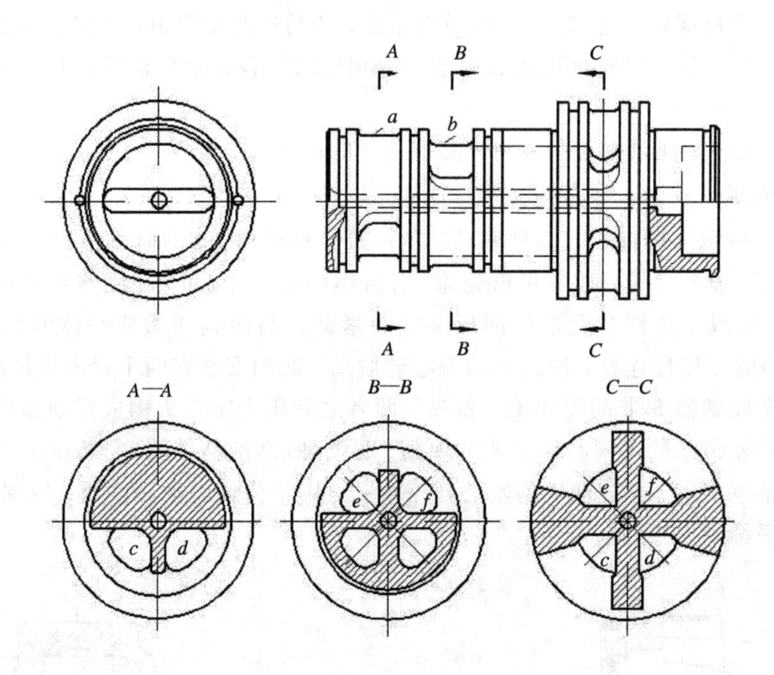


图 3－11　连杆式径向柱塞马达的配油阀

由马达的工作原理可知，配油轴的一侧为高压腔，另一侧为低压腔，所以配油轴在工作过程中受有很大的径向力。此径向力将配油轴推向一侧，而使另一侧间隙增大，造成滑动表面的磨损和泄漏的增加，致使效率下降。为了解决这个问题，可采取以下措施来平衡径向力：

用开设平衡油槽的方法，使对应各槽及其所形成的沿轴向的压力场产生的液压力平衡，即实现配油轴的静压平衡。这种静压平衡的配油轴由于径向力得到了平衡，因此摩擦力很小，从而提高了机械效率和启动机械效率；同时，缩小了配油轴与配油套的径向间隙，减小了泄漏，提高了容积效率，在正常工作范围内，总效率在 85％～96％之间。

图 3－12 所示为密封环密封的静压平衡配油轴的原理图。正中的 $C-C$ 窗孔是配油窗孔，$B-B$ 和 $D-D$ 上的环形槽分别是进油窗孔和回油窗孔，$A-A$ 和 $E-E$ 是静压平衡半圆环形槽。

假定各密封环分别放置在密封带的正中。若进、出油方向如图中箭头所示，各孔处标有符号“$p$” 的都是高压腔，标有符号“$o$”的都是低压腔。可见，$B-B$ 和 $D-D$ 的圆周方向的压力相同，没有径向力产生；$C-C$ 窗孔剖面的上腔与进油口相通，是高压侧，下腔与回油口相通，是低压侧，因此使配油轴受到很大的径向力。为了平衡这个径向力，在配油轴两端设置半圆平衡油槽 $A-A$ 和 $E-E$，使其上腔通低压油，下腔通高压油；为了减小泄漏，各腔之间应设置密封环。为了保证上、下两侧静压平衡，必须满足下述关系：

$$a + e = 2(b + c) \tag{3-15}$$

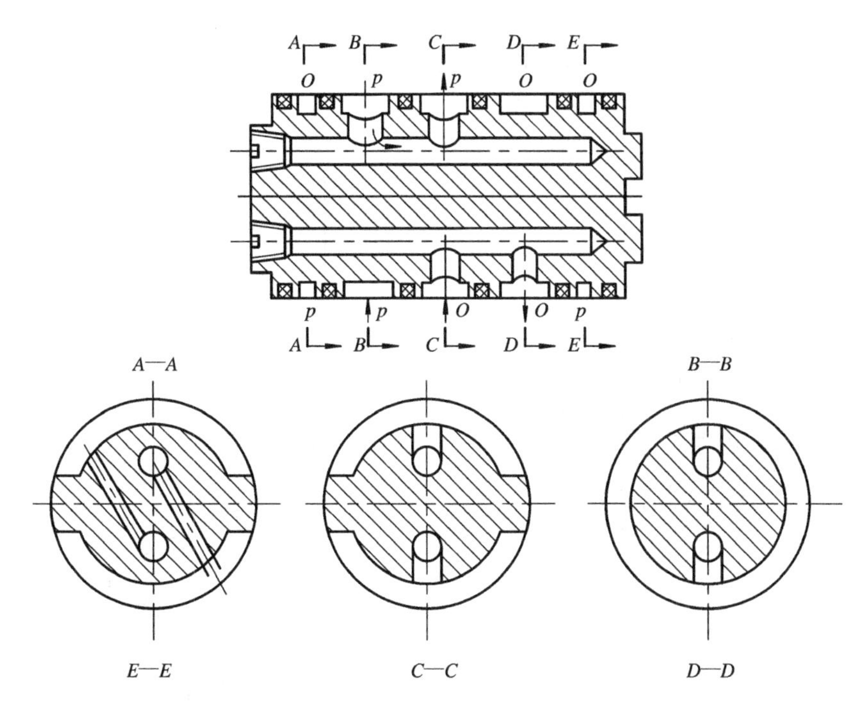


A—A、E—E—平衡油槽处的剖面；C—C—配流窗孔处的剖面；
B—B—进油窗孔处的剖面；D—D—回油窗孔处的剖面

图 3 - 12　密封环密封的静压平衡配油轴

式中：$a$——配油窗孔宽度；

$e$——配油窗孔的密封带宽度；

$c$——平衡油槽宽度；

$b$——平衡油槽的密封带宽度。

在图 3 - 10 中，连杆 2 的球头部分以及连杆与曲轴接触的支承面，也可做成液体静压轴承的形式，压力油由柱塞缸经小孔进入静压轴承。这种结构可以减小摩擦损失。

当高压油经马达进油口 $a$ 或 $b$（见图 3 - 10）和配油轴进入缸内而作用在柱塞上时，柱塞通过连杆将力作用于曲轴并使其旋转，从而驱动马达连接的工作机构。这种马达有单排和双排两种，每排有五个或七个柱塞。

连杆式径向柱塞马达结构简单，制造容易，具有低速大转矩的特点。但理论分析和实践表明，它的转速和转矩的均匀性比较差，效率也比较低，可通过增加柱塞数的办法来改善马达的性能。

**2. 单作用无连杆式径向柱塞马达**

单作用无连杆式径向柱塞马达的结构型式有许多种，这里主要介绍静压平衡型马达。

1）工作原理

图 3 - 13(a)所示为静压平衡马达的结构原理图，图 3 - 13(b)为其受力分析图。壳体 1 上有五个沿径向均布的柱塞缸，五个柱塞 2 分别安装在壳体的柱塞缸内。套装在曲轴偏心轮 5 上的五星轮 4 起着连杆的作用，五星轮的五个径向孔口各嵌有一个压力环 3，压力环

的上端面与柱塞底平面接触。五星轮平面、压力环和柱塞都开有对应的中间通孔。曲轴的旋转中心为 $O$，偏心轮的旋转中心为 $O_1$，两者之间的偏心距为 $e$ 。曲轴的一端外伸，即为输出轴；另一端为配油机构。图中设 $A$ 为进油腔，$B$ 为回油腔。

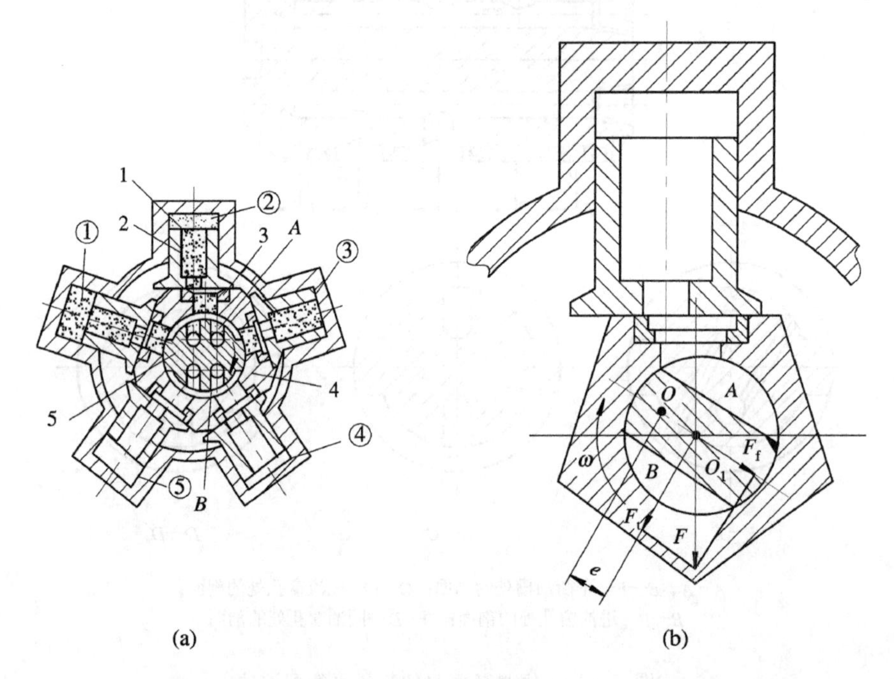


1—壳体；2—柱塞；3—压力环；4—五星轮；5—曲轴偏心轮

图 3 - 13　静压平衡马达结构原理图

当高压油进入 $A$ 腔后，通过五星轮、压力环和柱塞的中间贯通孔，到达①、②、③号缸，形成高压液柱，直接作用在曲轴偏心轮 5 上。以柱塞缸②为例(见图 3 - 13(b))，作用在偏心轮上的力 $F$，可以分解为法向力 $F_f$ 和切向力 $F_t$。法向力 $F_f$ 通过曲轴中心连线，因而不产生转矩；切向力 $F_t$ 对曲轴的旋转中心 $O$ 产生转矩，使曲轴绕中心 $O$ 顺时针方向旋转。

柱塞缸①和③的受力情况与柱塞缸②相似，合转矩使曲轴产生顺时针的转动，与此同时，缸④、⑤回油。转过一定角度后，缸①封闭，缸②、③起作用；再转过一定角度后，缸②、③、④起作用，缸⑤、①回油。如此，进油腔和回油腔分别依次与柱塞缸接通，从而保证曲轴连续旋转。马达在工作过程中，五星轮相对于柱塞作平面平行运动，柱塞则做上下往复运动。

将马达进、回油口互换后，马达的旋转方向改变。

2) 典型结构

图 3 - 14 所示为静压平衡马达的结构图。为了增大转矩，该马达采用双排柱塞结构。配油机构在传动轴(即曲轴)4 的左端，使传动轴、偏心轮和配油机构组成一体，这大大缩短了马达的轴向尺寸。传动轴支承在两个径向止推轴承上。柱塞中的弹簧能使柱塞始终压紧在五星轮上，以改善马达的启动性能。两个偏心轮的偏心方向相差 180°，以使传动轴所受径向液压力基本平衡。

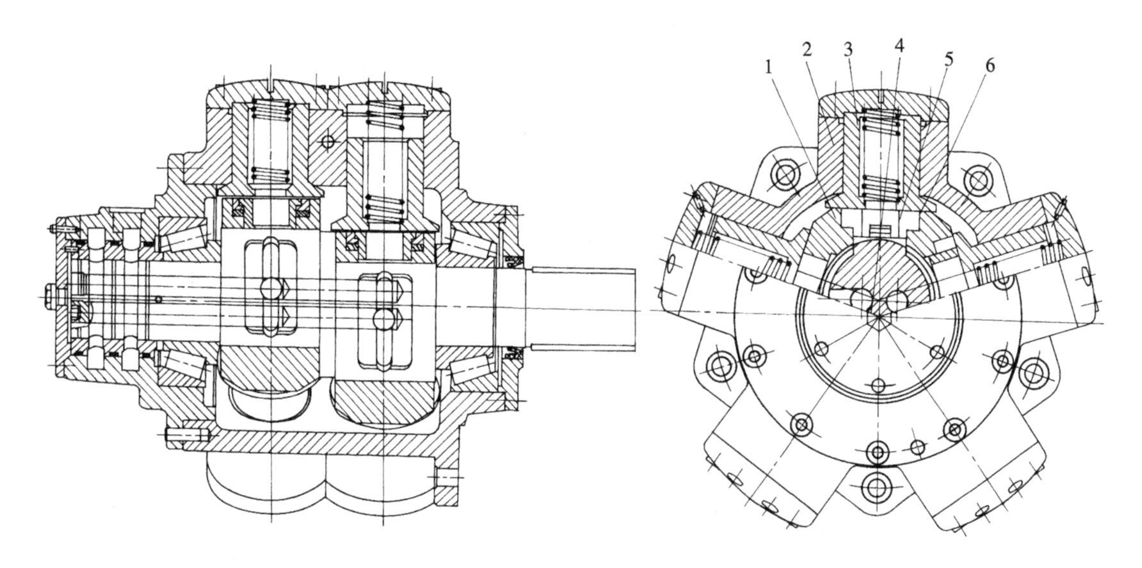


1—五星轮；2—壳体；3—柱塞；4—传动轴；5—弹簧；6—压力环

图 3－14　静压平衡马达的结构图

静压平衡马达与连杆式马达相比，具有以下特点：

（1）偏心轮既具有传递动力的功能，又起配油作用，从而缩短了马达的轴向尺寸。

（2）用五星轮取代连杆，既可简化结构工艺，又减小了径向尺寸。但取消连杆带来的缺点是柱塞与缸孔间的侧向力增大了，致使五星轮作平移时与柱塞底面间及五星轮与偏心轮滑动表面间的相对运动摩擦损失较大，因此影响了马达的机械效率。

（3）压力油直接作用于曲轴的偏心轮上形成转矩而使曲轴旋转。马达的柱塞 3、压力环 6 和五星轮 1 上的液压力接近于静压平衡，因此在工作中，柱塞、压力环和五星轮只起不使压力油泄漏的密封作用，所以称之为静压平衡马达。

静压平衡马达磨损小，寿命长，工作可靠，结构比连杆式径向柱塞马达简单，但重量和体积比较大。

### 3. 多作用内曲线径向柱塞马达

用具有特殊内曲线的凸轮环，使每个柱塞在轴转一转中往复运动多次的径向柱塞马达，称为多作用内曲线径向柱塞式液压马达，简称内曲线马达。

1）工作原理

图 3－15(a)所示为内曲线径向柱塞马达的结构原理图，图 3－15(b)为其受力分析图。凸轮环 1(即壳体)的内表面由 $x$ 个形状完全相同的曲线均布而成，每个曲线凹部的顶点将曲线分成两段，允许柱塞组向外伸的一边为工作段(进油段)，与它对称的另一边称为空载段(回油段)。由于凸轮环 1 固定不动，因此称为定子。缸体 2 中，沿圆周径向均匀分布着 $Z$ 个柱塞缸孔，缸孔中装有柱塞，缸孔底部有一配油窗口，并与配油轴 6 的配油孔道相通。由于缸体可以旋转，因此称为转子。转子经传动轴与外界的工作机构相连。柱塞的顶部顶压在横梁上，其底部与配油轴的进、回油口相通。横梁 3 的两端设有两个滚轮 5，滚轮 5 又顶紧在定子的内表面曲线上。配油轴 6 固定不动，其上沿圆周方向均匀地开设了 $2x$ 个配

油窗口，这些配油窗口交替地分成两组，通过配油轴上的两个轴向孔(图中未表示出)分别和进、回油口相通。每一组的 $x$ 个配油窗口应分别对准六个同向的曲线(其实为曲面)$ab$ 或 $bc$。假定内曲线 $ab$ 段对应进油区，$bc$ 段对应回油区。在图示位置时，柱塞Ⅳ、Ⅷ处于回油状态，柱塞Ⅰ、Ⅲ、Ⅴ、Ⅶ处于过渡状态，既不和进油相通，也不和回油相通。柱塞Ⅱ、Ⅵ在压力油的作用下，将横梁和滚轮压向定子内曲线，于是在接触处定子对滚轮产生一反作用力 $F$(见图 3 - 15(b))，反力 $F$ 可以分解为两个力，即径向力 $F_f$ 和切向力 $F_t$。径向力 $F_f$ 与柱塞的轴向液压力平衡；切向力 $F_t$ 对转子的中心形成转矩，并通过横梁的侧面传递给转子，使转子旋转。

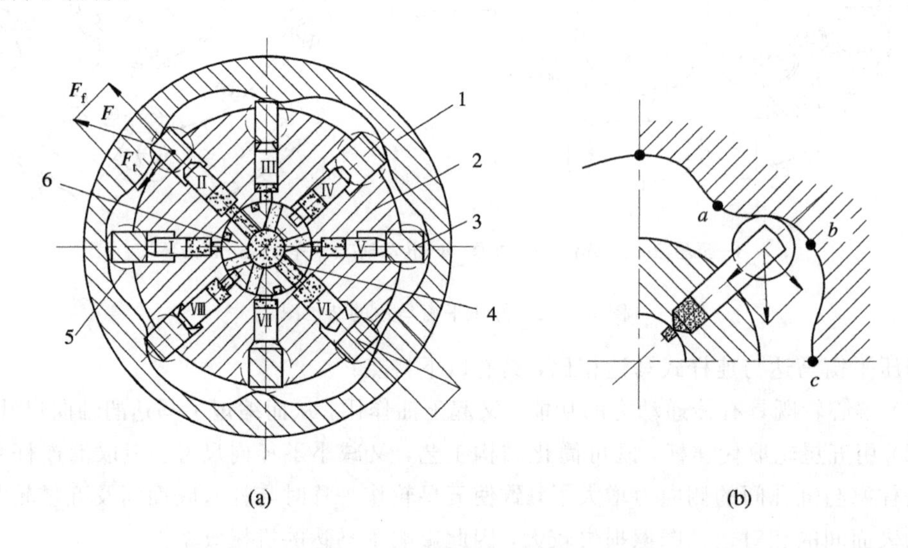


1—凸轮环；2—缸体；3—横梁；4—柱塞；5—滚轮；6—配油轴

图 3 - 15　内曲线马达工作原理

柱塞滚轮组进入 $ab$ 段，则会产生转矩推动转子旋转。随着转子的旋转，柱塞外伸，直到 $b$ 点为止。进入 $bc$ 段后，柱塞底部与回油口相通，柱塞内缩回油。在 $a$、$b$、$c$ 三点，柱塞底部被配油轴封闭，此时柱塞也正好没有径向位移。由于曲线数(图中 $x$ 为 6)与柱塞数(图中 $Z$ 为 8)不相等，因此总有一部分柱塞处于定子曲面 $ab$ 段，也总有一部分柱塞处于定子曲面 $bc$ 段，从而使转子 2 带动输出轴均匀连续旋转。因此，不能出现作用次数 $x$ 和柱塞数 $Z$ 相等的结构。

由于该马达的转子每转一周，柱塞作多次往复运动，因此称多作用式径向柱塞马达。

当马达的进、回油口互换时，马达的旋转方向将改变。

2) 典型结构

内曲线马达的结构形式很多，图 3 - 16 所示为一种柱塞传递切向力的六作用八柱塞内曲线径向马达。其滚轮的横梁直接装在柱塞上，所以，定子 1 的曲面对滚轮的作用力 $F$ 的切向分力 $F_t$ 通过横梁和柱塞直接传递到缸体 9 上。因此，它属于柱塞直接传递切向力的马达。由于柱塞与侧壁间要承受侧向力的作用，容易发生磨损，因此只能用于转矩较小的场合。在转子内装有配油套 7，配油套上径向孔的直径与配油轴 12 上的高、低压腔“隔墙”尺寸相应，以免发生困油现象。

内曲线马达结构紧凑，尺寸较小，径向受力平衡，转矩脉动小，启动效率高，低速稳定性好。但其结构复杂，制造困难，一般用于运动平稳性要求较高或外形尺寸受限制的场合。

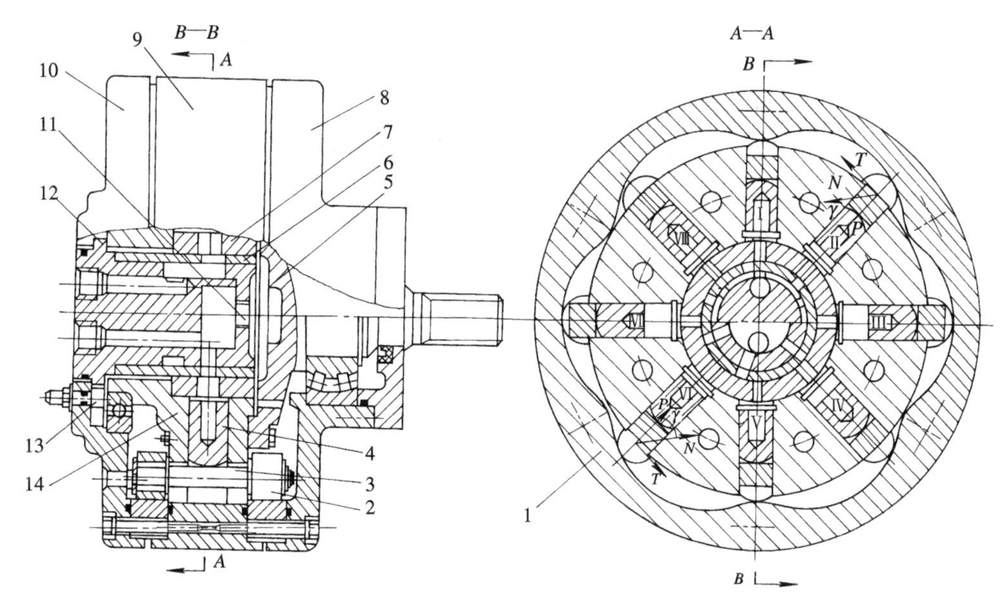


1—定子；2—滚轮；3—横梁；4—柱塞；5—输出轴；6—配油器镶套；7—缸体镶套；8—前盖；9—壳体；10—后盖；11—螺堵；12—配油器；13—微调凸轮；14—缸体

图 3-16　八柱塞结构的内曲线马达

## 3.4　液压马达常见故障及其排除方法

液压马达常见故障及其排除方法见表 3-1。

**表 3-1　液压马达常见故障及其排除方法**

| 故障现象 | 产生原因 | 排除方法 |
|---|---|---|
| 转速低，输出转矩小 | ① 由于过滤器阻塞，油液粘度过大，泵间隙过大，泵效率低，因此使供油不足；<br>② 电机转速低，功率不匹配；<br>③ 密封不严，有空气进入；<br>④ 油液污染，堵塞马达内部通道；<br>⑤ 油液粘度小，内泄漏增大；<br>⑥ 油箱中油液不足或管径过小或过长；<br>⑦ 齿轮马达侧板和齿轮两侧面、叶片马达配油盘和叶片等零件磨损而造成内泄漏和外泄漏；<br>⑧ 单向阀密封不良，溢流阀失灵 | ① 清洗过滤器，更换粘度适合的油液，保证供油量；<br>② 更换电机；<br>③ 紧固密封；<br>④ 拆卸、清洗马达，更换油液；<br>⑤ 更换粘度适合的油液；<br>⑥ 加油、加大吸油管径；<br>⑦ 对零件进行修复；<br>⑧ 修理阀芯和阀座 |

续表

| 故障现象 | 产生原因 | 排除方法 |
| --- | --- | --- |
| 噪声过大 | ① 进油口过滤器堵塞，进油管漏气；<br>② 联轴器与马达轴不同心或松动；<br>③ 齿轮马达齿形精度低，接触不良，轴向间隙小，内部个别零件损坏，齿轮内孔与端面不垂直，端盖上两孔不平行，滚针轴承断裂，轴承架损坏；<br>④ 叶片和主配油盘接触的两侧面、叶片顶端或定子内表面磨损或刮伤，扭力弹簧变形或损坏；<br>⑤ 径向柱塞马达的径向尺寸严重磨损 | ① 清洗、紧固接头；<br>② 重新安装调整或紧固；<br>③ 更换齿轮或研磨修整齿形，研磨有关零件重配轴向间隙，对损坏零件进行更换；<br>④ 根据磨损程度修复或更换；<br>⑤ 修磨缸孔，重配柱塞 |

## 习题与思考题

1. 液压马达与液压泵相比有哪些特点？

2. 图示为齿轮马达的工作原理图，试分析：

① 齿轮 $A$ 的旋转方向。

② 进、出油口做成同样大小的原因。

③ 在马达出油口处，是否会产生局部真空？

④ 阐述使马达轴产生转动的理由。

⑤ 该马达与泵能否互用？

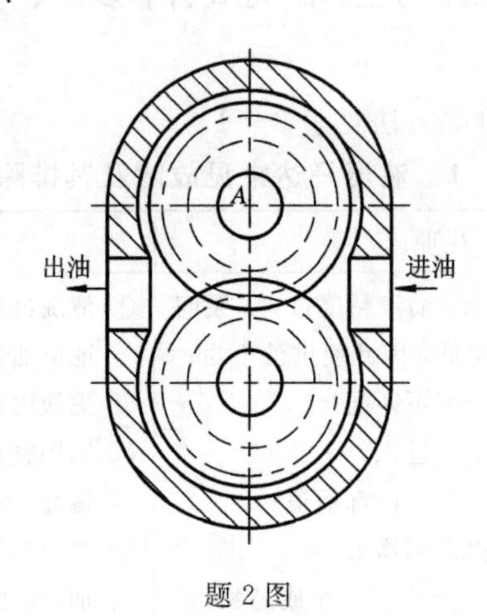


题 2 图

3. 叶片马达工作时，突然出现一叶片卡在叶片槽内而不能外伸的故障，假设马达回油口与油箱相连，压力损失忽略不计。试分析马达的转速、输入压力和输入流量会发生什么变化？

4. 图示为轴向柱塞马达的工作原理图。试分析当转子按图示方向回转时，配油盘的安装位置是图上的哪个截面？并说明马达的转矩是如何形成的。

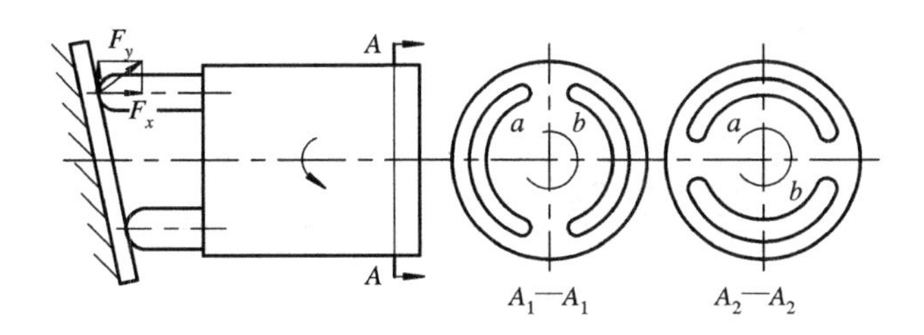


题 4 图

5. 已知某马达的排量 $V$=250 mL/r，进口压力为 10 MPa，出口压力为 0.5 MPa，其总效率为 0.9，容积效率 $\eta_v$=0.92。当输入流量为 22 L/min 时，试求：

① 马达的实际转速；

② 马达的输出转矩。

6. 已知某液压马达的输出转矩 $T$= 52.5 N·m，转速 $n$=30 r/min，排量 $V$=105 mL/r，机械效率 $\eta_m$=0.9，容积效率 $\eta_v$=0.9，出口压力为 $p_o$。试求马达需要输入的压力和流量。

7. 图示为一泵和马达组成的系统。若已知泵的额定流量为 25 L/min，额定压力为 6.3 MPa，容积效率 $\eta_{pv}$=0.95，总效率 $\eta_p$=0.83。马达排量 $V_m$=25 mL/r，额定压力为 6.3 MPa，容积效率 $\eta_{mv}$=0.9，机械效率 $\eta_{mm}$=0.94，管路损失不计。当马达输出转矩为 $T$=15 N·m 时，试求：

① 马达的输出转速；

② 泵输出的液压功率；

③ 泵用电机的消耗功率。

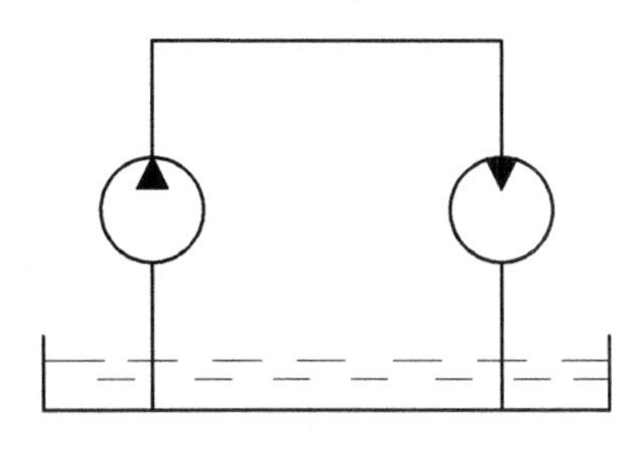

题 7 图

8. 低速大转矩液压马达有哪些结构形式？它们的性能特点和适用场合各是什么？

# 第 4 章 液 压 缸

液压缸和液压马达一样，是液压系统中的另一种执行元件。它以直线往复运动或回转摆动的形式，将液压能转变为机械能而驱动工作机构运动。

## 4.1 液压缸的分类及特点

液压缸按其结构特点可分为活塞式、柱塞式和摆动式三大类。活塞式和柱塞式实现往复直线运动，输出推力和速度；摆动式实现往复摆动运动，输出转矩和转速。

液压缸按其作用方式可分为单作用液压缸和双作用液压缸两大类。单作用液压缸利用液压力控制液压缸一个方向的运动，而反方向运动则靠重力或弹簧力等来实现；双作用液压缸则是利用液压力来实现液压缸正、反两个方向的运动。

液压缸按其使用压力不同可分为中低压、中高压、高压液压缸三大类。机床上一般采用中低压液压缸；建筑机械和飞机上一般采用中高压液压缸；压力机上一般采用高压液压缸。

液压缸按其使用数目不同可分为单个使用液压缸、组合使用液压缸和与其它机构组合使用液压缸等，以完成特殊的功用。

液压缸结构简单，工作可靠，制造容易，维修方便，因此在机床液压系统及其它工业部门中应用相当广泛。

表 4-1 列出了各类液压缸的名称、图形符号，并对它们进行了简要的说明。

**表 4-1 液压缸的分类及特点**

| 分类 | 名 称 | 符 号 | 说 明 |
|---|---|---|---|
| 单作用液压缸 | 柱塞式液压缸 | | 柱塞仅单向运动，返回行程是利用自重或负荷将柱塞推回 |
| | 单活塞杆液压缸 | | 活塞仅单向运动，返回行程是利用自重或负荷将活塞推回 |
| | 双活塞杆液压缸 | | 活塞的两侧都装有活塞杆，只能向活塞一侧供给压力油，返回行程通常利用弹簧力、重力或外力 |
| | 伸缩液压缸 | | 它以短缸获得长行程，用液压油由大到小逐节推出，靠外力由小到大逐节缩回 |

续表

| 分类 | 名　　称 | 符　号 | 说　　明 |
|---|---|---|---|
| 双作用液压缸 | 单活塞杆液压缸 | | 单边有杆，双向液压驱动，两向推力和速度不等 |
| | 双活塞杆液压缸 | | 双向有杆，双向液压驱动，可实现等速往复运动 |
| | 伸缩液压缸 | | 双向液压驱动，伸出由大到小逐节推出，由小到大逐节缩回 |
| 组　合液压缸 | 弹簧复位液压缸 | | 单向液压驱动，由弹簧力复位 |
| | 串联液压缸 | | 用于缸的直径受限制而长度不受限制处，可获得大的推力 |
| | 增压缸(增压器) | A　B | 由低压力室 A 缸驱动，使 B 室获得高压油源 |
| | 齿轮齿条液压缸 | | 活塞的往复运动经装在一起的齿条驱动齿轮获得往复回转运动 |
| 摆　动液压缸 | | | 输出轴直接输出扭矩，其往复回转的角度小于 360° |

下面分别介绍几种常用的液压缸。

### 1. 活塞式液压缸

在缸体内作相对往复运动的组件为活塞的液压缸称为活塞式液压缸。按照活塞与杆连接的数目可分为双活塞杆、单活塞杆及无活塞杆三大类；按照作用方式可分为双作用式及单作用式两类。下面主要介绍应用最多的双作用式。

1）双作用双活塞杆液压缸

双作用双活塞杆液压缸的特点是：液压缸两腔的活塞杆直径和活塞有效作用面积相等。因此，当液压缸两腔的流量相同时，活塞(或缸体)往复运动的速度相等。在供油压力相等的条件下，活塞在两个方向上所产生的推力也相等。

双作用双活塞杆液压缸根据其活塞杆固定还是缸体固定又可分为实心双活塞杆液压缸和空心双活塞杆液压缸两种(如图 4－1 和图 4－3 所示)。

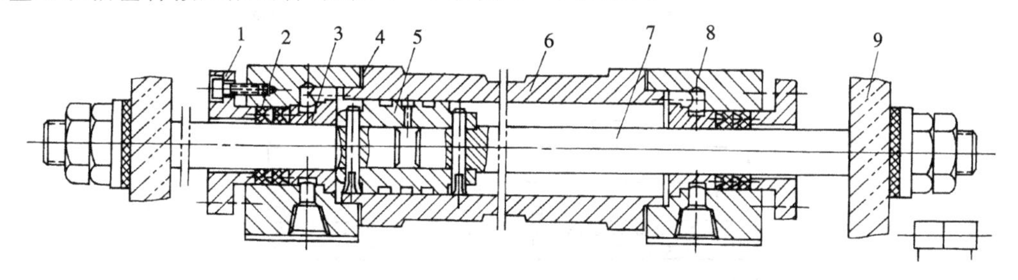


1—压盖；2—密封圈；3—导向套；4—密封垫；5—活塞；6—缸体；7—活塞杆；8—缸盖；9—支架

图 4－1　实心双活塞杆液压缸

图 4－1 所示为 M7120A 平面磨床的实心双活塞杆液压缸结构图。它由压盖 1、密封圈 2、导向套 3、密封垫 4、活塞 5、缸体 6、活塞杆 7、缸盖 8 等组成。缸体固定在床身上，活

塞杆和工作台通过支架 9 相连接，动力由活塞杆传出。压力油经孔 $a$ 或 $b$ 进入液压缸左腔或右腔，推动活塞带动工作台往复运动。工作台的移动范围约等于活塞有效行程 $l$ 的三倍(见图 4 - 2)，所以，该液压缸占地面积大，一般适用于小型机床。

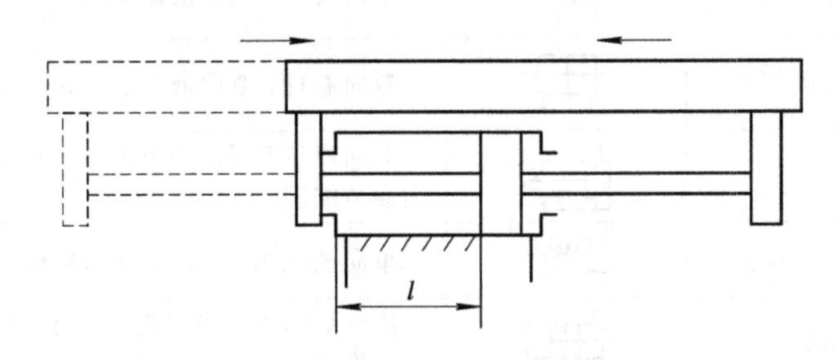


图 4 - 2　实心双活塞杆液压缸的运动范围

图 4 - 3 所示为空心双活塞杆液压缸结构图。它由压盖 1、空心活塞杆 2、端盖 4 和 15、密封圈 5 和 9、导向套 7、销 8、活塞 10、缸体 11 及密封垫 14 等组成。活塞杆固定在床身上，缸体由支架 3 和右盖 15 与工作台连接，动力由缸体传出。端盖 4 和 15 用螺钉(图中未示出)连接在套筒 12 上，通过半圆环 13 固定在缸体 11 上。压力油经活塞杆 2 的中心孔和径向孔进入液压缸的右腔或左腔，推动缸体带动工作台往复运动。进、出油口也可以安装在缸体两端，但要使用软管连接。这种液压缸使工作台的运动范围约等于活塞有效行程的两倍(见图 4 - 4)，所以其占地面积小，常用于中、大型机床上。

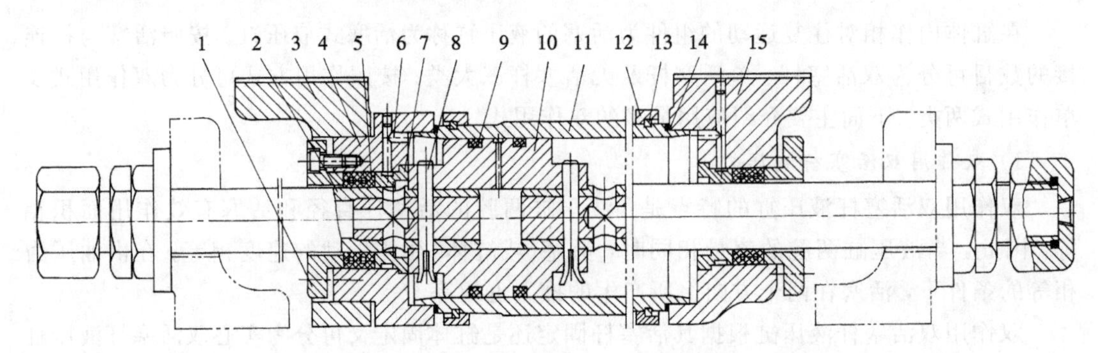


1—压盖；2—空心活塞杆；3—支架；4、15—端盖；5、9—密封圈；6—排气孔；7—导向套；
8—销；10—活塞；11—缸体；12—套筒；13—半圆环；14—密封垫

图 4 - 3　空心双活塞杆液压缸

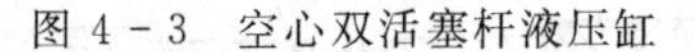

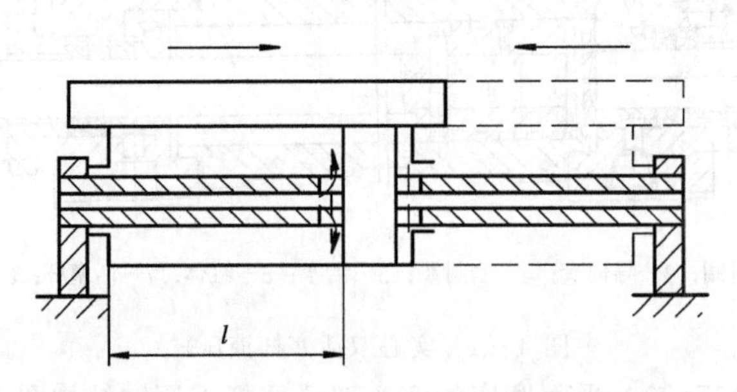


图 4 - 4　空心双活塞杆液压缸的运动范围

双活塞杆液压缸的推力和速度计算如下：

$$F = A(p_i - p_o) = \frac{\pi(D^2 - d^2)}{4}(p_i - p_o) \quad (N) \tag{4-1}$$

式中：$F$——双向推力(N)；

$A$——活塞的有效作用面积($m^2$)；

$p_i$、$p_o$——液压缸进、回油压力(Pa)；

$D$、$d$——活塞和活塞杆的直径(m)。

$$v = \frac{q}{A} = \frac{4q}{\pi(D^2 - d^2)} \quad (m/s) \tag{4-2}$$

式中：$v$——液压缸的双向速度(m/s)；

$q$——输入液压缸的流量($m^3/s$)。

2）双作用单活塞杆液压缸

双作用单活塞杆液压缸的特点是：仅在液压缸的一腔中有活塞杆，因此缸两腔的有效面积不等，活塞杆直径越大，有效面积相差越大。所以，当输入液压缸两腔的流量和压力相同时，液压缸两个方向的运动速度和推力都不相等。

单活塞杆液压缸也有实心杆和空心杆两种。图 4－5 所示为定位或夹紧用的实心单杆液压缸。这种液压缸的行程一般都比较短，对活塞密封性的要求不高，结构较简单。为了充分利用液压缸两腔的有效作用面积，一般活塞杆较细。

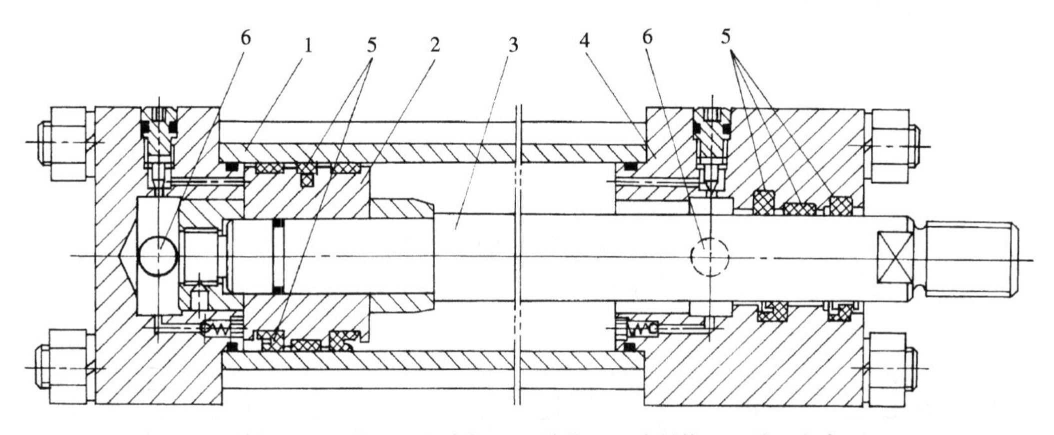


1—缸筒；2—活塞；3—活塞杆；4—端盖；5—密封件；6—进、出油口

图 4－5　实心单杆液压缸

图 4－6 所示为液压滑台用空心单杆液压缸的结构图。它由缸体 3、活塞 1、空心活塞杆 4、支架 2 和 6 以及油管 5 等组成。空心活塞杆固定在床身上，缸体 3 通过支架 2 和 6 与滑台连接。油管 5 装在空心活塞杆 4 的中心，油液分别通过油管 5 和活塞杆 4 的内孔进入液压缸的左腔和右腔，推动缸筒带动滑台往复运动。

双作用单活塞杆液压缸也有缸体固定和活塞杆固定两种形式，它们的工作台运动范围是相同的，都约等于活塞杆有效行程的两倍，如图 4－7 所示。

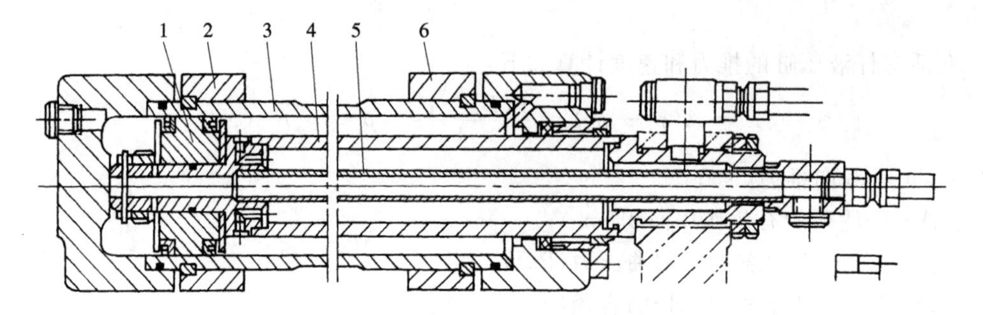


1—活塞；2、6—支架；3—缸体；4—活塞杆；5—油管

图 4－6　空心单杆液压缸

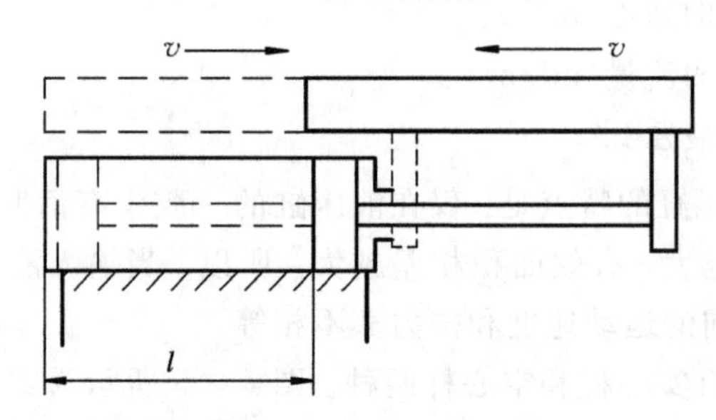


图 4－7　双作用单活塞杆液压缸运动范围

双作用单活塞杆液压缸的推力和速度分别计算如下。

无杆腔进油(如图 4－8(a)所示)时，

$$F_1 = A_1 p_i - A_2 p_o = \frac{\pi}{4}[D^2(p_i - p_o) + d^2 p_o] \quad (N) \tag{4-3}$$

$$v_1 = \frac{q}{A_1} = \frac{4q}{\pi D^2} \quad (m/s) \tag{4-4}$$

式中：$F_1$——无杆腔产生的推力(N)；

$A_1$、$A_2$——无杆腔、有杆腔的有效工作面积($m^2$)；

$v_1$——无杆腔进油时的运动速度(m/s)。

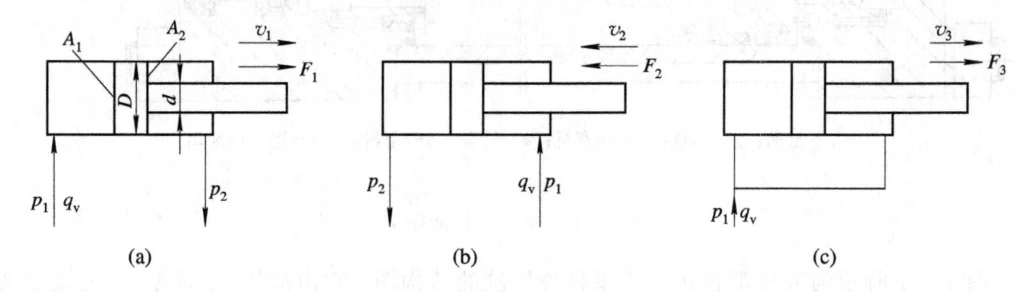


图 4－8　双作用单活塞杆液压缸计算简图

有杆腔进油(如图 4－8(b)所示)时，

$$F_2 = A_2 p_i - A_1 p_o = \frac{\pi}{4}[D^2(p_i - p_o) - d^2 p_i] \quad (N) \tag{4-5}$$

$$v_2 = \frac{q}{A_2} = \frac{4q}{\pi(D^2 - d^2)} \quad (m/s) \tag{4-6}$$

式中：$F_2$——有杆腔产生的推力(N)；

$v_2$——有杆腔进油时的运动速度(m/s)。

当输入液压缸两腔的流量相等时，液压缸的运动速度 $v_2$ 与 $v_1$ 之比称为速比，以 $\psi$ 表示：

$$\psi = \frac{v_2}{v_1} = \frac{\dfrac{4q}{\pi(D^2 - d^2)}}{\dfrac{4q}{\pi D^2}} = \frac{D^2}{D^2 - d^2} \tag{4-7}$$

上式说明：活塞杆越细，则速比 $\psi$ 越接近于1，即当缸的两腔输入相同的流量时，两个方向的运动速度相差不大；活塞杆越粗，则速比越大，即两个方向的速度相差越大，承载能力也不同。

当单活塞杆液压缸两腔相互接通并同时通入压力油时，称差动连接，如图4-8(c)所示。这种两端同时通压力油，利用活塞两端面积差进行工作的液压缸叫做差动液压缸。

差动液压缸两腔的压力是相等的，但由于无杆腔的有效工作面积大于有杆腔的有效工作面积，因此使活塞向右移动，从液压缸有杆腔排出的油液也进入无杆腔。这时液压缸的推力为

$$F_3 = p_i(A_1 - A_2) = p_i\frac{\pi}{4}[D^2 - (D^2 - d^2)] = p_i\frac{\pi}{4}d^2 = p_i A_3 \tag{4-8}$$

由上式可知，差动连接时液压缸的推力比非差动连接时小。

设差动连接时活塞向右运动的速度为 $v_3$，则从有杆腔中排出的流量 $q'$ 为

$$q' = A_2 v_3$$

由于这部分油液流入无杆腔，因此无杆腔的总流量为

$$q + q' = q + A_2 v_3 = A_1 v_3$$

上式整理后为

$$v_3 = \frac{q}{A_1 - A_2} = \frac{q}{A_3} = \frac{4q}{\pi d^2} \quad (\text{m/s}) \tag{4-9}$$

由此可见，差动连接时液压缸的运动速度比非差动连接时大。

如果要求差动缸差动连接的速度与向左运动的速度相等，也即使 $\frac{v_3}{v_2}=1$，则有

$$\frac{4q}{\pi(D^2 - d^2)} = \frac{4q}{\pi d^2}$$

这时活塞直径 $D$ 和活塞杆直径 $d$ 有如下关系：

$$D = \sqrt{2}d \quad 或 \quad d \approx 0.71D \tag{4-10}$$

双作用单活塞杆液压缸广泛应用于要求有慢速工作行程和快速进、退的传动系统中。在需要快速进、退的机床进给系统中，常采用差动液压缸以实现快进—工进—快退的工作循环。

3) 双作用无活塞杆液压缸

图4-9所示为双作用无活塞杆液压缸，也称齿轮齿条式液压缸。两个活塞4用螺钉固定在齿条5的两端，两端盖2和8通过螺钉、压板和半环连接在缸体7上。当压力油从油口 $a$ 进入缸的左腔时，推动齿条活塞向右运动，通过齿轮6的回转带动工作机构运动。液

压缸右腔的回油经油口 $c$ 排出。当压力油从油口 $c$ 进入右腔时，齿条活塞向左移动，齿轮 6 反向回转，左腔的回油经油口 $a$ 排出。活塞的行程可由两端盖上的螺钉 1 调节。

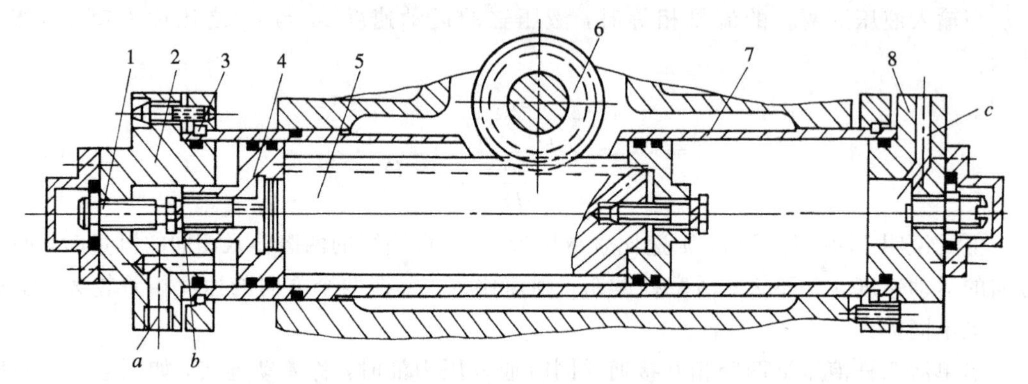


1—螺钉；2、8—端盖；3—外半环；4—活塞；5—齿条；6—齿轮；7—缸体

图 4－9　无杆液压缸

无活塞杆液压缸将齿条活塞的直线往复运动经齿条、齿轮机构变为回转运动，常用于机械手、自动线、组合机床回转工作台的转位机构和回转夹具等。

**2. 柱塞式液压缸**

在缸体内作相对往复运动的组件为柱塞的液压缸称为柱塞式液压缸。

图 4－10 所示为一般外圆磨床中用作消除丝杠、螺母副间隙的柱塞式液压缸，也称闸缸。它由缸体 1、柱塞 2、钢套 3、钢丝卡圈 4 等组成。压力油从左端进入缸内，推动柱塞向右移动。

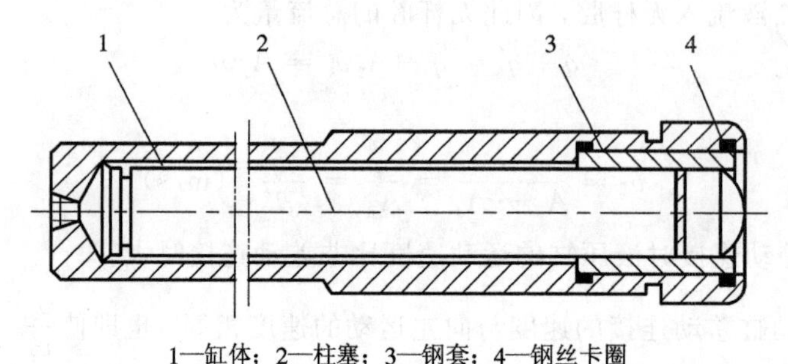


1—缸体；2—柱塞；3—钢套；4—钢丝卡圈

图 4－10　柱塞式液压缸结构简图

柱塞式液压缸只能在压力油的作用下产生单向运动，如图 4－11 所示，柱塞与工作台相连，缸体固定在床身上。当压力油进入缸体时，柱塞带动工作台做一个方向的运动，反方向运动则要靠自重或其它外力来实现。由于只需向柱塞一侧供压力油，因此它是一种单作用式液压缸。当机床工作台要求做往复运动时，必须由两只液压缸来完成双方向的驱动，如图 4－12 所示。因此，双向运动柱塞式液压缸的体积和重量都比较大。

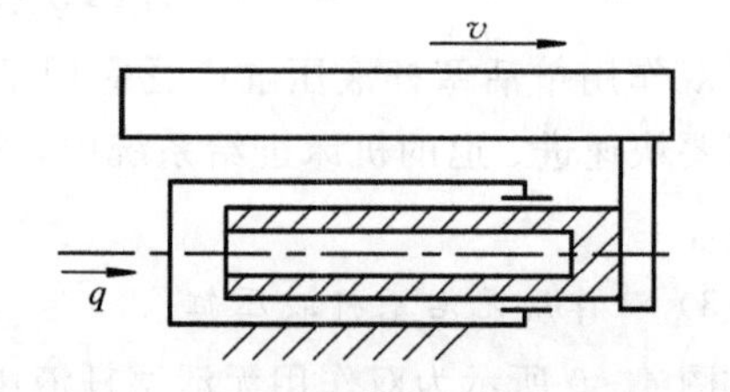


图 4－11　单向运动柱塞式液压缸

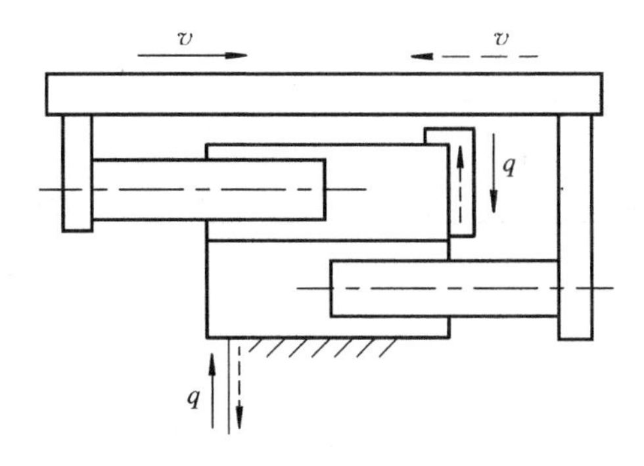


图 4-12 双向运动柱塞式液压缸

柱塞式液压缸也有缸体固定和柱塞固定两种形式，其运动范围和单活塞杆液压缸完全相同。柱塞既可以做成空心，也可以做成实心。

柱塞式液压缸以柱塞为主要部件，其柱塞外圆表面与缸体内壁不接触。因此，缸体内孔只作粗加工或不加工，而只需对柱塞和与柱塞接触的导向部分进行精加工，这大大简化了缸体的加工工艺，故特别适用于行程较长的场合，如导轨磨床和龙门刨床。行程特别长的柱塞缸还可以在其缸体内为柱塞设置辅助支承。

柱塞式液压缸的推力为

$$F = pA = \frac{\pi d^2}{4}p \quad (\text{N}) \tag{4-11}$$

式中：$d$——柱塞的直径(m)。

柱塞的运动速度为

$$v = \frac{q}{A} = \frac{4q}{\pi d^2} \quad (\text{m/s}) \tag{4-12}$$

**3. 增压液压缸**

增压液压缸又称增压器。在某些短时或局部需要高压液体的液压系统中，常用增压液压缸与低压大流量泵配合使用，来获得比液压泵工作压力高得多的压力，以减少功率消耗，节省设备费用。

图 4-13 所示为增压液压缸的工作原理图，其中(a)图代表单作用增压缸，(b)图代表双作用增压缸。单作用增压缸由一个活塞缸和一个柱塞缸组合而成；双作用增压缸由一个活塞缸和两个柱塞缸组合而成。当低压油 $p_1$ 推动增压缸的大活塞 $D$ 时，大活塞推动与其连成一体的小柱塞 $d$，则输出压力为 $p_2$ 的高压液体。它们之间的关系为

$$\frac{p_2}{p_1} = \frac{D^2}{d^2} = K \tag{4-13}$$

$$\frac{q_2}{q_1} = \frac{d^2}{D^2} = \frac{1}{K} \tag{4-14}$$

式中：$p_1$、$p_2$——增压缸的输入压力和输出压力(Pa)；

$q_1$、$q_2$——增压缸的输入流量和输出流量($\text{m}^3/\text{s}$)；

$K$——增压缸的增压比，$K=D^2/d^2$，代表增压能力。

显然，增压缸的增压能力是在降低有效流量的基础上得到的，也就是说，增压缸仅仅是增大输出压力，并不能增大输出能量。

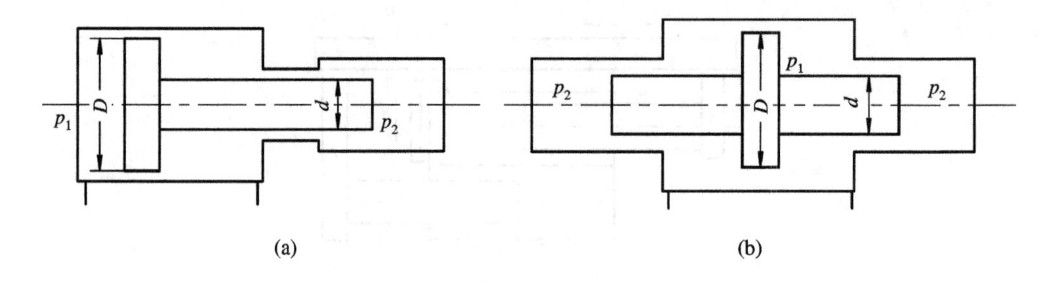


图 4－13　增压液压缸工作原理图

单作用增压缸在柱塞运动到终点时，不能再输出高压液体，需将其退回左端位置，再向右行时才又输出高压液体，即只能断续增压。为了克服这一缺点，可采用双作用增压缸，和其它元件组合，由两个高压端连续向系统供油，从而得到连续高压。

**4. 串联液压缸**

在某些液压传动系统中，当单个液压缸推力不足、缸径受空间位置限制而不能增大，但轴向长度允许增加时，可采用串联液压缸(即增力液压缸)来增加输出力。图4－14所示为一种由两个活塞缸串联在一起的增力缸原理图。当压力油进入两缸左腔时，串联活塞向右移动，两缸右腔油液同时排出；反之，活塞左移。

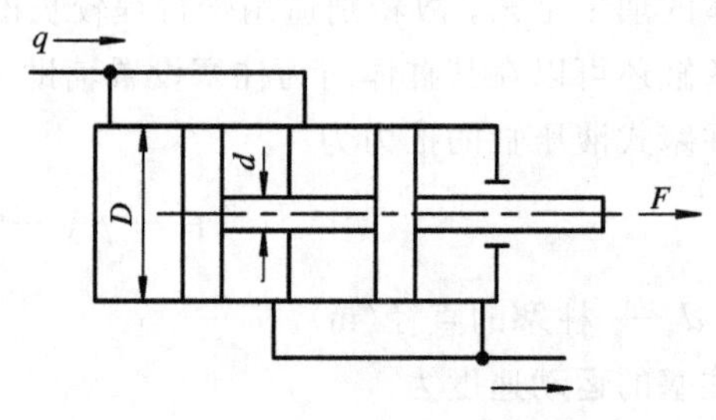


图 4－14　串联液压缸原理图

串联液压缸的推力(略去回油腔压力)为

$$F = p_i[\frac{\pi}{4}D^2 + \frac{\pi}{4}(D^2 - d^2)] = p_i \frac{\pi}{4}(2D^2 - d^2) \quad (N) \qquad (4-15)$$

可见，其推力为两缸推力之和。

串联液压缸的右行速度为

$$v = \frac{4q}{\pi(D^2 + D^2 - d^2)} = \frac{4q}{\pi(2D^2 - d^2)} \quad (m/s) \qquad (4-16)$$

可见，其速度相应减小。

上两式中：

$p_i$——油液的工作压力(Pa)；

$D$、$d$——活塞、活塞杆的直径(m)；

$q$ ——进入增力缸的流量($m^3/s$)。

**5. 多位液压缸**

在某些液压操纵系统中，为了使工作机构获得多个不同位置，常用多位液压缸来实现。

图4－15所示为一种三位液压缸的原理图。它也是由两个单活塞杆液压缸组成的，1是主活塞，2是限位活塞，液压缸分别有$A$、$B$、$C$和$D$四个油口，定位套3将缸分为两部分。

图 4－15(a)是主活塞 1 处于最右端的情况。此时 $A$ 油口通压力油，而 $B$、$C$ 和 $D$ 油口均接油箱，在压力油的作用下，活塞被推向最右位置。

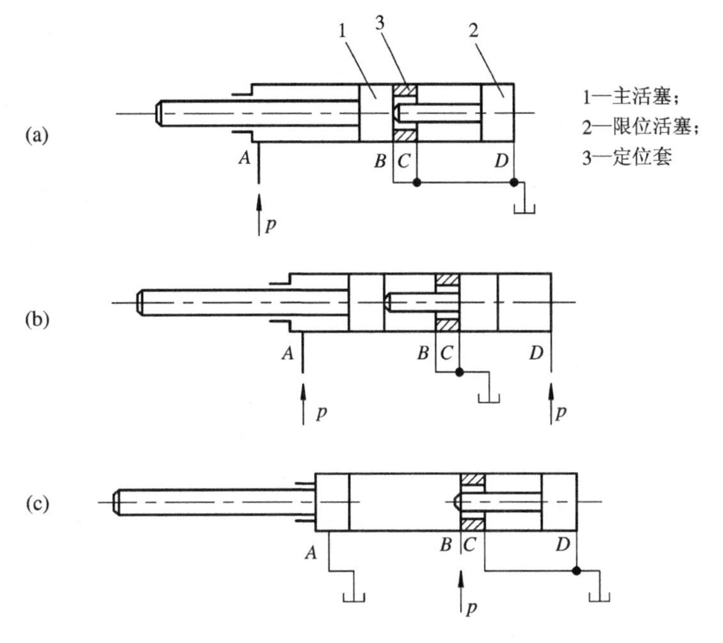


图 4－15　三位液压缸原理图

图 4－15(b)是主活塞 1 处于中间位置的情况。此时 $A$、$D$ 两油口通压力油，而 $B$、$C$ 两油口通油箱，因活塞 2 受压力油作用的面积大于活塞 1 受压力油作用的面积，所以活塞向左运动，直到抵住定位套 3。此时，活塞 1 在压力油的作用下紧靠在活塞 2 的活塞杆上，故活塞 1 处于中间位置。

图 4－15(c)是活塞处于最左端位置的情况。此时 $B$ 油口通压力油，而 $A$、$C$ 和 $D$ 油口均通油箱，压力油将活塞 1 推向左端，与此同时也将活塞 2 推向右端。

三位液压缸只要改变四个油口的通油情况，即可得到三个不同的位置以满足工作机构的要求。这使得其在数控机床中得以广泛应用。

三位液压缸的推力与运动速度可由前边所讲公式类似推出，此处不再赘述。

**6. 伸缩式液压缸**

伸缩式液压缸又称多级液压缸，它实质上是由多个活塞(或柱塞)式液压缸套装而成的。其前一级的内腔往往是后一级的缸体，常用于安装空间受到限制而行程很长的场合，缩入后轴向尺寸很短。

伸缩式液压缸可以是活塞式，也可以是柱塞式；可以是单作用式，也可以是双作用式。

图 4－16 所示为活塞式双作用伸缩液压缸的结构原理图。当压力油通过油口 $A$ 进入 $B$ 腔后，压力油同时作用于第Ⅰ级和第Ⅱ级活塞上。由于油腔 $E$ 经油口 $F$ 与油箱连通，而负载与第Ⅰ级活塞杆相连，因此第Ⅱ级活塞连同第Ⅰ级活塞一起在较低的压力推动下克服外负载向外伸出(图 4－16(a))。当第Ⅰ级活塞运动到终点后(图 4－16(b))，第Ⅱ级活塞则在较高压力作用下继续外伸，直到行程终点(图 4－16(c))。在第Ⅱ级活塞外伸时，回油腔 $C$ 的油液经第Ⅰ级活塞的环形槽 $D$，由油口 $F$ 回到油箱。

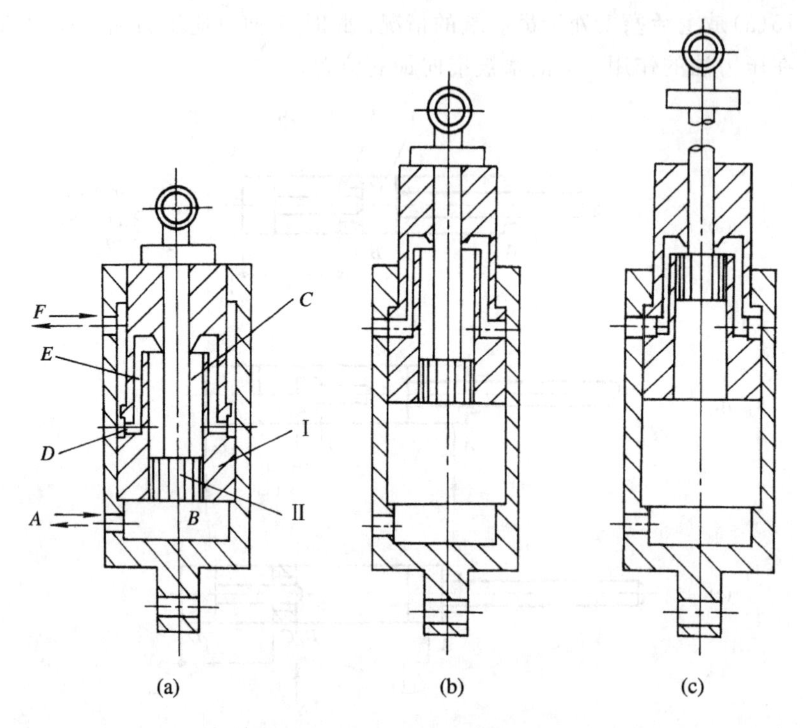


图 4-16　活塞式双作用伸缩缸

如果改变通油方向，由 $F$ 口进入压力油，则第Ⅱ级活塞先缩回，当与第Ⅰ级活塞杆接触后，两级活塞一道缩回，$B$ 腔油液经 $A$ 口回到油箱。在图 4-16 所示结构中，第Ⅰ级活塞为套筒式，它既是第Ⅰ级活塞，又是第Ⅱ级活塞的缸体。

图 4-17 所示为柱塞式单作用伸缩液压缸的结构原理图。若液压缸负载恒定，当压力油通入缸体的左腔时，由于第一级柱塞面积最大，因此油压上升至 $p_1$ 后首先伸出，一直伸到顶点；接着，油压升至 $p_2$，第二级柱塞伸出……因此，柱塞由大至小逐次伸出，油压也逐渐上升。由于在柱塞伸出时有效面积逐次减小，因此当输入流量一定时，伸出速度逐次加快。当油口接回油箱时，柱塞在外负载或自重作用下由小至大逐个缩回。在此结构中，负载与最小面积的柱塞直接相连。

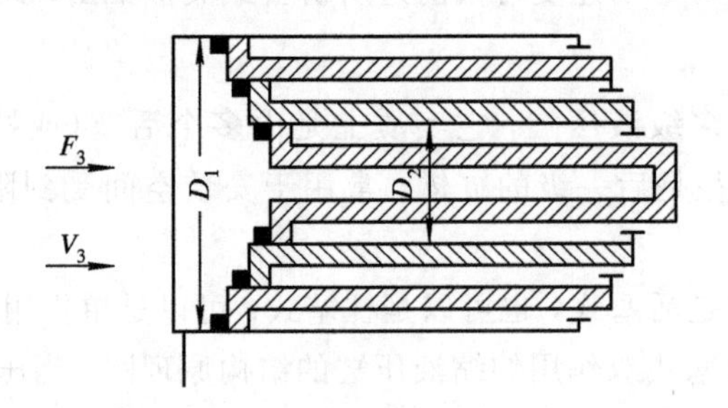


图 4-17　柱塞式单作用伸缩液压缸的结构原理图

伸缩式液压缸的压力及速度公式分别为

$$p_i = \frac{F}{A_i} = \frac{4F}{\pi D_i^2} \quad (\text{Pa}) \tag{4-17}$$

$$v_i = \frac{q}{A_i} = \frac{4q}{\pi D_i^2} \quad (\mathrm{m/s}) \tag{4-18}$$

式中：$F$——液压缸的外负载(N)；

$p_i$——第 $i$ 级柱塞(或活塞)伸出时液压缸内的压力(Pa)；

$D_i$——第 $i$ 级柱塞的直径(m)；

$v_i$——第 $i$ 级柱塞伸出时液压缸的速度(m/s)；

$q$——进入液压缸的供油流量($\mathrm{m^3/s}$)。

综上所述，伸缩式液压缸具有如下特点：

(1) 伸缩式液压缸的工作行程可以相当大，不工作时整个缸的长度可以缩得较短。

(2) 伸缩式液压缸逐个伸出时，有效工作面积逐次减小。因此，当输入流量相同时，外伸速度逐次增大；当负载恒定时，液压缸的工作压力逐次增高。

(3) 单作用伸缩液压缸的外伸靠油压，内缩依靠自重或负载作用。因此，多用于缸倾斜或垂直放置的场合。

**7. 摆动液压缸**

摆动液压缸也称摆动液压马达，它可直接输出转矩而不需要转换机构，其摆动角度小于 360°。

摆动式液压缸可以分为单叶片式和双叶片式两种。图 4 - 18 所示为单叶片摆动液压缸的结构图。它由缸体 5、左右支承盘 7、左右端盖 8、定子 3、回转叶片 6、花键轴套 4 等主要零件组成。定子 3 由螺钉和圆柱销固定在缸体上，回转叶片 6 通过螺钉与花键轴套 4 连成一体。为防止泄漏，定子内侧与叶片外侧各嵌有一个密封片 2，并且由弹簧片 1 将密封片压紧，以保证密封片与花键轴套或缸体内侧的密封。支承盘 7、端盖 8 和缸体间用螺钉固定在一起。端盖 8 内装有密封圈，以防止油液外漏。

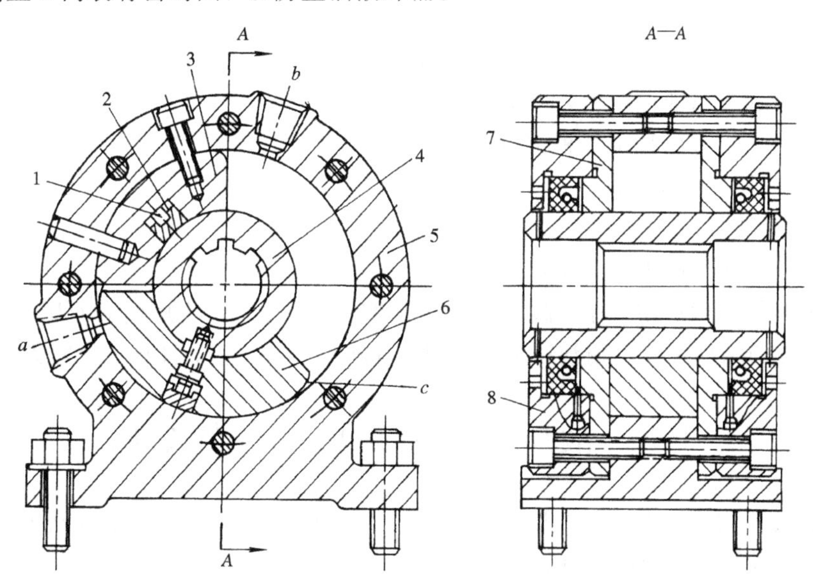


1—弹簧片；2—密封片；3—定子；4—花键轴套；5—缸体；
6—回转叶片；7—左、右支承盘；8—左、右端盖

图 4 - 18 单叶片摆动液压缸的结构图

当压力油进入孔 $a$ 时，推动叶片连同花键轴套作逆时针方向旋转而输出转矩，叶片另一边的回油从孔 $b$ 排出。叶片外圆两端的三角形小槽 $c$ 起缓冲作用，因为当叶片接近定子时，回油必须经槽中挤出。叶片两侧的径向槽主要是为了便于启动。

图 4－19(a)所示为单叶片摆动液压缸的原理图。当压力油从左上方油口进入缸体时，叶片在压力油的作用下带动叶片安装轴顺时针方向转动，回油由缸体的左下方油口流出。

图 4－19(b)所示为双叶片摆动液压缸的原理图。当压力油从右上方及左下方进入缸体时，两个叶片在压力油的作用下沿顺时针方向转动，其摆动角度小于 180°，回油则从缸体左上方和右下方流出。

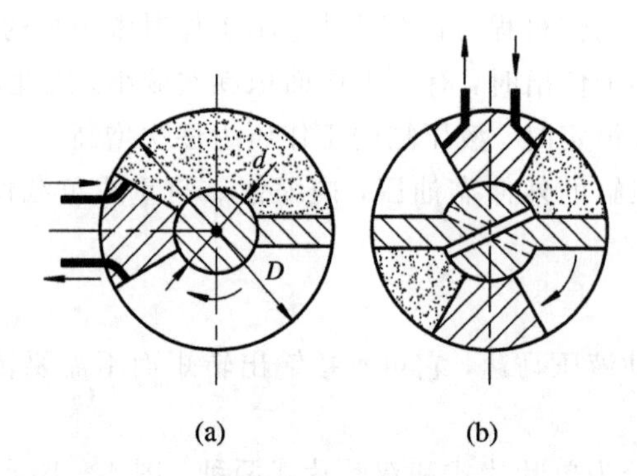


图 4－19　摆动液压缸的原理图

摆动液压缸的理论输出转矩和回转角速度为

$$T=\Delta pb\frac{D-d}{2}\cdot\frac{D+d}{4}z=\frac{\Delta pb(D^2-d^2)}{8}z\quad(\mathrm{N\cdot m})\tag{4-19}$$

$$q=\frac{\pi(D^2-d^2)}{4}b\cdot\frac{\omega}{2\pi}\cdot z$$

$$\omega=\frac{8q}{(D^2-d^2)bz}\quad(\mathrm{rad/s})\tag{4-20}$$

式中：$\Delta p$——进、出油口压力差(Pa)；

$D$、$d$——叶片的顶部及根部直径(m)；

$b$——叶片的宽度(m)；

$z$——叶片数；

$q$——进入摆动缸的流量($\mathrm{m^3/s}$)。

摆动液压缸一般适用于中、低压场合。与单叶片相比，双叶片摆动液压缸的摆动角度小，但在同样的结构尺寸及输油压力相等时，其转矩增大一倍，且具有径向力平衡的特点。

## 4.2　液压缸主要组成部分的结构

从前面的介绍可以看出，液压缸的形式多种多样。本节以最常用的活塞式液压缸为例，介绍其组成及各部分的特点。

**1. 缸体组件**

缸体与端盖的连接称为缸体组件。依据液压缸工作压力、缸体材料和工作条件的不同，缸体组件的结构形式有好多种。表 4－2 所示为几种目前常用的缸体与端盖的连接形式。在机床中，当工作压力不高时，常采用铸铁缸体，它与端盖多用法兰连接，如表 4 - 2(a)、(b)所示。这种结构易于加工和装拆，但外形尺寸较大。当工作压力较高、缸体材料用无缝钢管时，如仍采用法兰连接，则钢管端部要焊上法兰盘(表 4 - 2(c))，这将使工艺过程复杂。因此，常采用半环连接，如表 4 - 2 中的(g)、(h)、(i)所示，半环嵌于缸体环槽内，经螺钉或卡圈将端盖压紧在缸体上。这种连接形式结构简单，装拆方便，但缸体在开环槽后强度削弱。在外径尺寸受限制时，可采用内半环连接(表 4 - 2(h)、(i))，这种连接方式结构紧凑，重量轻，但安装密封圈时有可能被环槽边缘擦伤。表 4 - 2(d)、(e)、(f)所示为采用螺纹连接的形式，其端盖具有重量轻、外径小的优点。但端部结构复杂，工艺要求较高，装拆时要使用专用工具，拧端盖时有可能把密封圈拧坏，因此机床上应用不多。拉杆连接(表 4 - 2(j))的端盖具有加工和装配方便的优点，但外径尺寸和重量最大，通常只用于较短的液压缸。焊接连接(表 4 - 2(k))结构简单，尺寸小，但缸体有可能变形，焊接后缸体不易加工。

**表 4 - 2　缸体与端盖的连接形式**

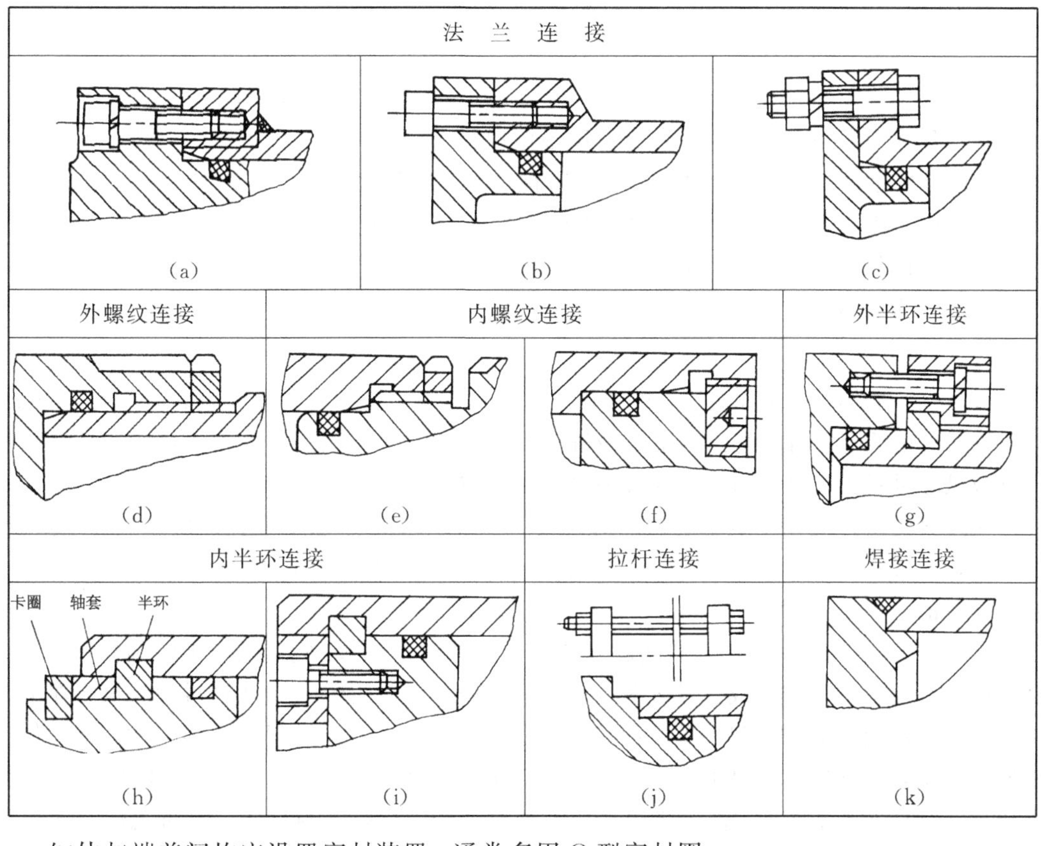


缸体与端盖间均应设置密封装置，通常多用 O 型密封圈。

当缸盖起支承活塞杆作用时，它可以和活塞杆直接接触，这种支承结构简单，常用于不太重要的场合。设置导向套的缸盖的具体形式可参阅图 4 - 1 和图 4 - 3。

**2. 活塞组件**

活塞和活塞杆的联接件称为活塞组件。活塞和活塞杆的连接方式很多，机床上常见的有锥销连接，如图 4 - 1 所示。锥销连接一般用于双活塞杆液压缸的活塞和活塞杆的连接，对于轻载的磨床更为适用。单活塞杆液压缸常采用螺纹连接，如表 4－3(a)、(b)所示，但螺母必须锁紧，以免工作时发生松动。螺纹连接不仅在机床上常见，在工程机械上应用也较多。

**表 4－3　螺纹连接和半环连接**

| | | |
|---|---|---|
| 螺纹连接 | 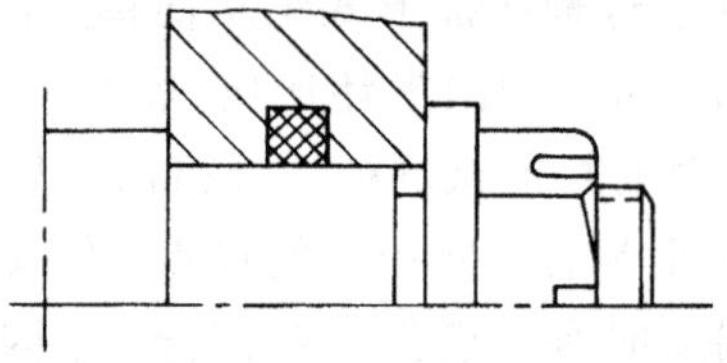 (a) | 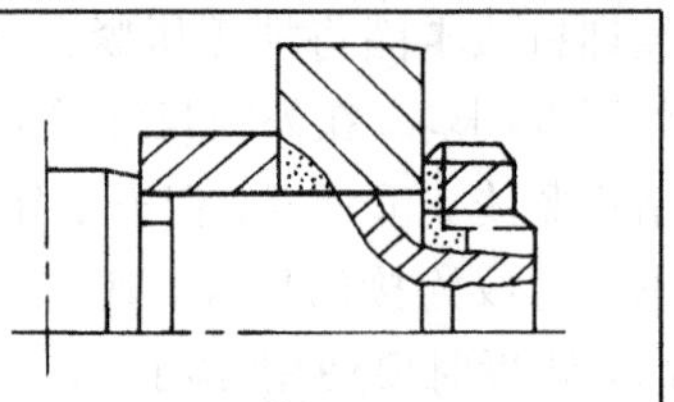 (b) |
| 半环连接 | 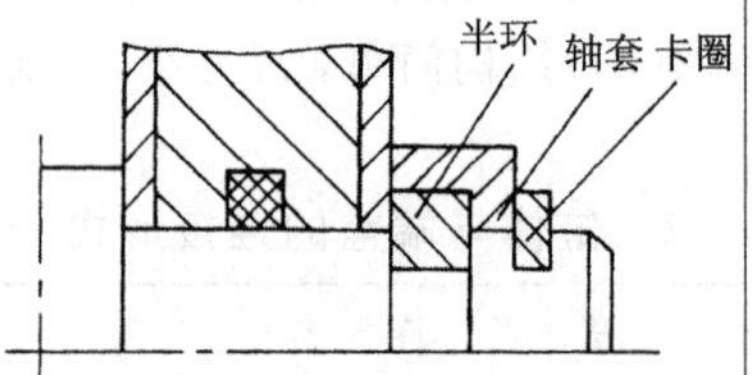 半环 轴套 卡圈<br>(c) | 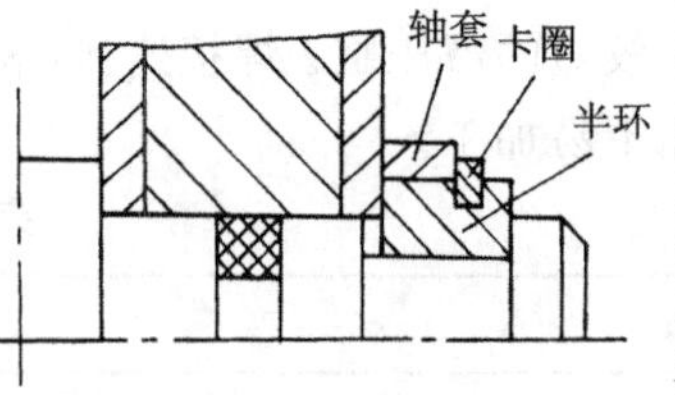 轴套 卡圈 半环<br>(d) |

在高压大负载场合，特别是在工作设备振动较大的情况下，活塞杆会因被车削螺纹而削弱，锁紧也会发生松动，这时螺纹连接常被半环连接形式所替代，如表 4－3(c)、(d)所示。活塞杆上切了一个环形槽，槽内放置两个半环，用以夹紧活塞，半环用轴套套住，轴套又用弹簧卡圈挡住。这种连接常用于液压机或工程机械中。

对于小直径液压缸，也可将活塞和活塞杆做成整体机构。

**3. 缓冲装置**

液压缸一般都设有缓冲装置，特别是工作机构质量较大、运动速度较高($v$>12 m/min)时，为了防止活塞在行程终点与缸盖或缸底发生机械碰撞，引起冲击、噪声，甚至造成液压缸或被驱动件的破坏，因此可在缸内设置缓冲装置。

液压缸的缓冲装置一般都是利用对油液的节流作用来实现的。当活塞(或缸体)运动到终点时，活塞上的凸肩将回油通道逐渐遮盖，形成节流间隙，建立背压，以平衡惯性力，达到缓冲目的。

图 4－20(a)所示为一种环状间隙缓冲装置的结构原理图。它由活塞上的圆柱形凸台 $A$ 和液压缸端盖上的凹腔组成。当活塞将要到达行程终点使凸台 $A$ 进入凹腔时，封闭在活塞与端盖间的油液只能从环状间隙 $\delta$ 中挤压出去。这样，活塞就受到一个很大的阻力，使运动速度减慢，从而起到缓冲作用。这种缓冲装置结构简单，开始作用时背压腔中引起的压力较高，缓冲效果显著，随着活塞运动速度减小，缓冲效果逐渐减弱，因而实现减速所需的行程较长。因此，这种形式只适用于运动件惯性不大、运动速度不高的场合。图 4－20(b)所示为凸台 $A$ 是圆锥形的缓冲装置，当凸台 $A$ 进入凹腔中时，间隙由大变小，使得活塞在整个缓冲过程中，作用比较均匀。

图 4－20(c)所示为一种节流口可变的缓冲装置的结构原理图。它是在凸台 $A$ 上开有一条或几条轴向三角形节流槽，将液压缸的油口开在适当位置上，当活塞向左启动时，压力油进入液压缸，推动活塞运动。当活塞右行至接近液压缸的端盖时，活塞与端盖间的油

液只能经轴向三角槽流出，因而使活塞受到制动作用。这种缓冲装置也能实现缓冲过程中节流口由大变小的要求，从而使缓冲作用均匀，冲击力减小，但制动的快慢无法调节。

图 4－20(d)所示为一种节流口可调式缓冲装置的结构原理图。它既有凸台 $A$ 和凹腔，还有单向阀 $D$，而且在液压缸端盖上还装有锥形节流阀 $C$。当活塞右行至接近端盖使凸台 $A$ 进入凹腔后，则活塞与端盖间的油液须经锥形节流阀 $C$ 流出，回油阻力增大，形成缓冲液压阻力，因而使活塞运动速度减慢，实现制动缓冲。这种缓冲装置可以根据负载情况来调节节流阀开口的大小，以改变回油阻力的大小，从而改变缓冲效果，因此应用范围较广。当活塞反向启动时，油液由单向阀 $D$ 进入 $B$ 腔，使活塞迅速启动。

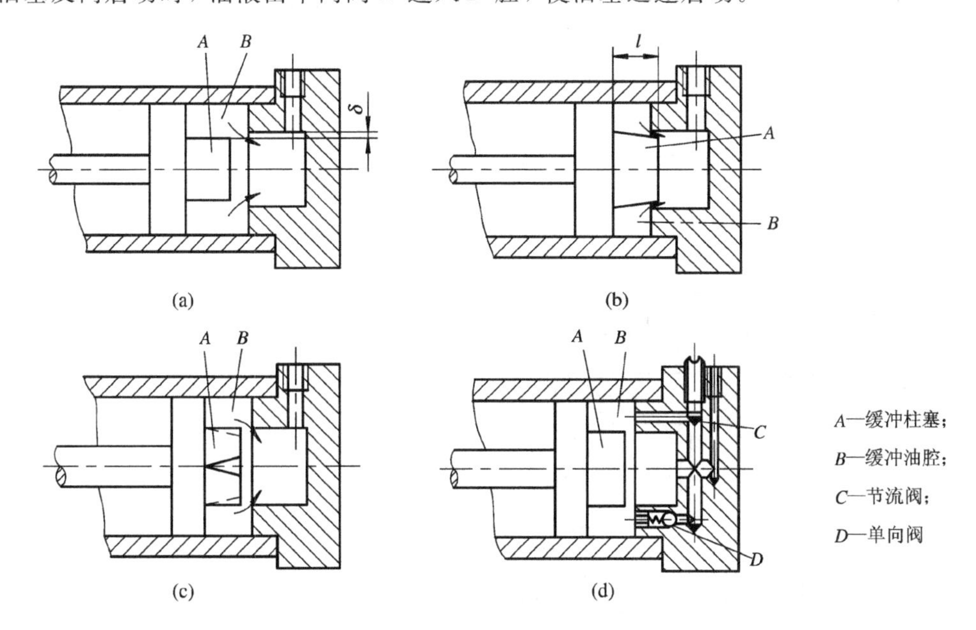


图 4－20　液压缸的缓冲装置

(a) 圆柱形环隙式；(b) 圆锥形环隙式；(c) 可变节流槽式；(d) 可调节流孔式

必须指出，上述缓冲装置只能在液压缸行程终点起缓冲作用，而当液压缸在行程中任意位置停止运动时，上述缓冲装置不起作用。其解决办法详见“液压传动系统”课所述。

**4. 排气装置**

液压缸在安装过程中或长期停止使用后会渗入空气，油液中也会混入空气。由于气体的可压缩性较大，因此必将直接影响运动的平稳性，引起液压缸在低速运动时产生爬行和噪声，当压力增大时还会产生绝热压缩而造成温度局部升高等一系列不正常现象。因此，在设计液压缸时必须考虑空气的排除。

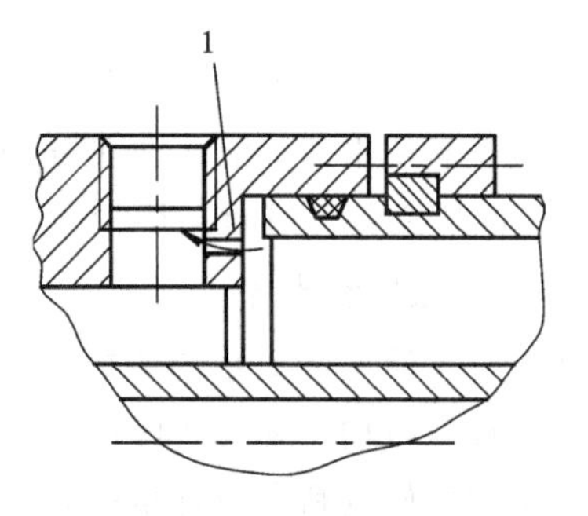


图 4－21　液压缸的放气孔

对于要求不高的液压缸往往不设专门的排气装置，而是利用空气比较轻的特点将进、出油口布置在缸体的最高处将气带走(图 4－1)。如不能在最高处设计油口时，可在最高处设置如图 4－21 所示的放气孔 1。

对速度稳定性要求较高的机床液压缸和大型液压缸，则需要设置排气装置。排气装置通常有两种形式。一种是在液压缸两端的最高处各装一只排气塞，其结构如图 4 - 22 所示。开车时，打开排气塞，使液压缸空载全行程往复运动数次，则液压缸内的空气便和油液一起通过排气塞锥部缝隙和小孔排出；待空气排净后，关死排气塞。另一种是用排气阀排气。排气阀的工作原理如图 4 - 23 所示。排气阀上装有三根导管，其中两根分别与液压缸两腔相通，另一根与油箱接通。在系统开始工作前，首先打开排气阀，让液压缸空载全行程往复数次，直至空气排净后关闭排气阀。

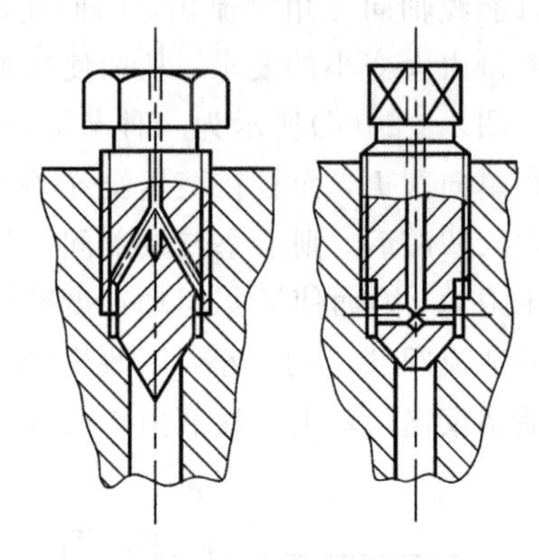

图 4 - 22　排气塞

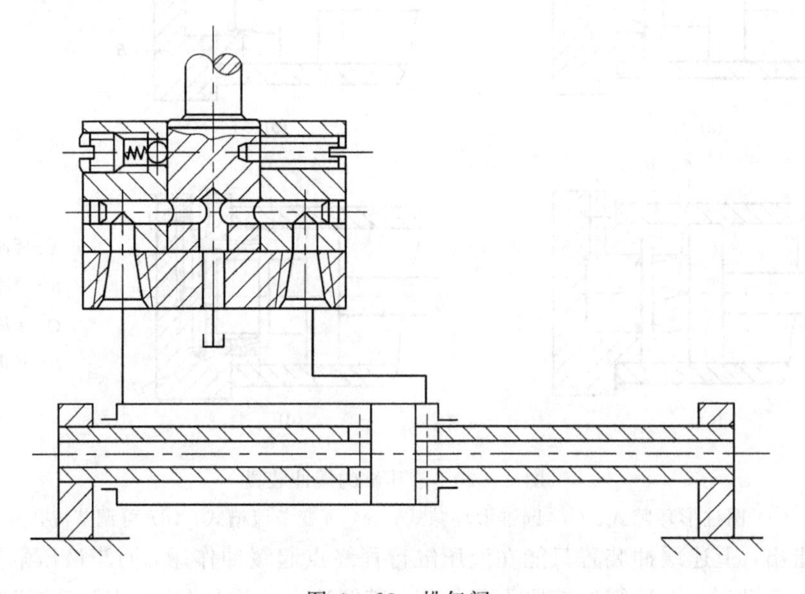

图 4 - 23　排气阀

## 4.3　液压缸的设计计算

设计液压缸的基本原始资料是液压缸负载值、运动速度和行程大小，以及液压缸的结构形式及安装要求等。液压缸的设计计算主要是确定液压缸的结构尺寸、使用压力及流量，并对液压缸零件进行强度校核。

**1. 设计依据和步骤**

液压缸是液压传动系统的执行元件，它与主机和主机上的机构有着直接的联系，对于不同的机种与机构，液压缸具有不同的用途和工作要求。因此，在设计前要做好调查研究，备齐必要的原始资料和设计依据，其中包括：

(1) 主机的用途和工作条件；

(2) 工作机构的结构特点、负载情况、行程大小和动作要求；

(3) 液压系统所选定的工作压力和流量；

(4) 有关国际标准和技术规范等。

液压缸的额定压力、往复运动速比以及缸体内径、外径、活塞杆直径和进出油口连接尺寸等基本参数，在液压缸标准中都有相应的规定。

液压缸的设计内容和步骤大致如下：

(1) 液压缸类型和各部分结构形式的选择。

(2) 基本参数的确定。基本参数包括液压缸的工作负载、工作速度和速比、工作行程和导向长度、缸体内径、缸的长度及活塞杆直径等。

(3) 结构强度计算和验算。其中包括缸体壁厚、外径和缸底厚度的强度计算，活塞杆强度和稳定性验算以及各部分连接结构的强度计算。

(4) 导向、密封、防尘、排气和缓冲等装置的设计。

(5) 整理设计计算书，绘制装配图和零件图。

应当指出，对于不同类型和结构的液压缸其设计内容必然有所不同，而且各参数间往往具有各种内在联系，需要综合考虑、反复验算才能获得比较满意的结果。所以，设计步骤也不是固定不变的。

**2. 基本参数的确定**

1) 工作负载与液压缸的推力

液压缸的工作负载 $F_R$ 是指工作机构在满负荷情况下，以一定速度启动时对液压缸产生的总阻力。即

$$F_R = F_l + F_f + F_g \quad (N) \tag{4-21}$$

式中：$F_l$——工作机构的荷重及自重等对液压缸产生的作用力(N)；

$F_f$——工作机构在满负荷下启动时的静摩擦力(N)；

$F_g$——工作机构满负荷启动时的惯性力(N)。

液压缸的推力 $F$ 应等于或略大于它工作时的总阻力。

2) 运动速度和速比

液压缸的运动速度与其输入流量和活塞、活塞杆的面积有关。如果工作机构对液压缸运动速度有一定要求时，则应根据所需的运动速度和已选定的泵的流量来确定缸径。如果对运动速度没有要求，则根据已选定的泵和缸径来确定工作速度。如果液压缸对推力和速度都有要求时，则根据由推力求出的缸径和运动速度来选择泵。

下面，以单活塞杆液压缸为例来确定其工作速度。

当无杆腔进油时，活塞或缸体的运动速度为前述式(4-4)：

$$v_1 = \frac{q}{A_1} = \frac{4q}{\pi D^2} \quad (m/s)$$

当有杆腔进油时，活塞或缸体的运动速度为前述式(4-6)：

$$v_2 = \frac{q}{A_2} = \frac{4q}{\pi(D^2 - d^2)} \quad (m/s)$$

其往复运动速比为前述式(4-7)：

$$\psi = \frac{v_2}{v_1} = \frac{D_2}{D^2 - d^2}$$

除有特殊要求的场合外，速比不宜过大或过小。过大，无杆腔回油流速过高，将产生很大背压；过小，活塞杆直径相对于缸径太细，稳定性不好。$\psi$ 值可按有关液压缸的标准选用，工作压力高时选大值，使活塞杆较粗；工作压力低时选小值。

3）缸体内径

缸体内径即活塞外径，为液压缸的主要参数，可根据以下原则确定。

(1) 按推力 $F$ 计算缸体内径 $D$。在液压系统给定工作压力后，应保证液压缸具有足够的推力来驱动工作负载。这里以单活塞杆液压缸为例，来说明应满足的关系式。

当液压缸以推力驱动工作负载时，则压力油输入无杆腔，根据式(4－3)，由 $F_R=F_1$ 可知：

$$F_R = F_1 = \frac{\pi}{4}[D^2(p_i - p_o) + d^2 p_o]$$

由此得缸体内径为

$$D = \sqrt{\frac{4F_R}{\pi(p_i - p_o)} - \frac{d^2 p_o}{p_i - p_o}} \quad (\mathrm{m}) \tag{4-22}$$

式中：$F_R$——液压缸的工作负载(N)；

$p_i$、$p_o$——液压缸的进油压力和回油压力(Pa)；

$d$——活塞杆的直径(m)。

当液压缸以拉力驱动工作负载时，则压力油输入有杆腔，根据式(4－6)，由 $F_R=F_2$ 知：

$$F_R = F_2 = \frac{\pi}{4}[D^2(p_i - p_o) - d^2 p_i]$$

这时缸体的内径为

$$D = \sqrt{\frac{4F_R}{\pi(p_i - p_o)} + \frac{d^2 p_i}{p_i - p_o}} \quad (\mathrm{m}) \tag{4-23}$$

计算缸径时，活塞杆直径 $d$ 可选取有关标准推荐值，然后代入上两式计算。缸体的内径 $D$ 应取式(4－22)和(4－23)计算值中较大的一个，然后按有关标准中所列的液压缸的内径系列圆整为标准值。圆整后，液压缸的工作压力应作相应的调整。

(2) 按运动速度计算缸体内径 $D$。当液压缸的运动速度有要求时，可根据液压缸的流量 $q$ 计算缸体内径 $D$。

对无活塞杆腔，当运动速度为 $v_1$，进入液压缸的流量为 $q_1$ 时，

$$D = \sqrt{\frac{4q_1}{\pi v_1}} \quad (\mathrm{m}) \tag{4-24}$$

对有活塞杆腔，当运动速度为 $v_2$，进入液压缸的流量为 $q_2$ 时，

$$D = \sqrt{\frac{4q_2}{\pi v_2} - d^2} \quad (\mathrm{m}) \tag{4-25}$$

同理，缸体内径 $D$ 应按较小的一个圆整为标准值。

(3) 推力 $F$ 与运动速度 $v$ 同时给定时，缸体内径 $D$ 的计算。如果液压系统中液压泵的类型和规格已定，则液压缸的工作压力和流量便为已知，此时可先根据推力计算内径，然后校核其工作速度。当计算速度与要求相差较大时，建议重新选择不同规格的液压泵。由

前几章介绍已知，可供选择的液压泵种类很多，不同液压泵有不同的额定值，其液压缸的工作压力 $p$ 应不超过液压泵的额定压力与系统总压力损失之差。

4）活塞杆直径

确定活塞杆直径时，通常先从满足速度或速比的要求来选择，然后再校核其结构强度，必要时还需进行稳定性验算。

由式(4－7)可知，单活塞杆液压缸的往复速比为：

$$\psi=\frac{v_2}{v_1}=\frac{D^2}{D^2-d^2}$$

所以

$$d=D\sqrt{\frac{\psi-1}{\psi}} \tag{4-26}$$

式中，$\psi$ 值可根据系统工作需要或按有关标准所推荐的速比系列，根据不同的压力等级来选择。

5）液压缸长度

液压缸的长度 $L$ 根据所需最大工作行程长度而定，一般该长度不大于缸体内径的20～30倍。

6）最小导向长度的确定

当活塞杆全部外伸时，从活塞支承面中点到导向套滑动面中点的距离称为最小导向长度 $H$(见图 4－24)。如果导向长度过小，将使液压缸的初始挠度(间隙引起的挠度)增大，影响液压缸的稳定性。因此，设计时必须保证有一定的最小导向长度。

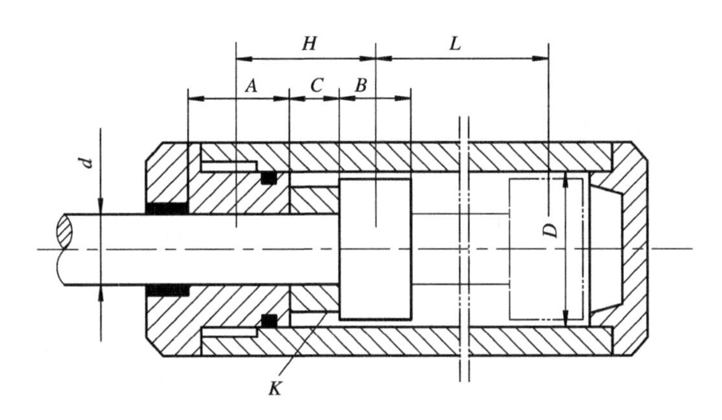


图 4－24　液压缸结构尺寸图

对一般的液压缸，其最小导向长度应满足以下要求：

$$H>\frac{L}{20}+\frac{D}{2} \tag{4-27}$$

式中：$L$——液压缸的最大工作行程(m)；

$D$——缸体内径(m)。

活塞的宽度一般取 $B=(0.6\sim1.0)D$。

导向套滑动面的长度 $A$，在 $D<80$ mm 时取 $(0.6\sim1.0)D$；在 $D>80$ mm 时取 $(0.6\sim1.0)d$。

为保证最小导向长度，过分增大 $A$ 和 $B$ 都是不适宜的，必要时可在导向套与活塞之间装一隔套(图中零件 $K$)。隔套的长度 $C$ 由需要的最小导向长度 $H$ 决定，即

$$C = H - \frac{1}{2}(A + B) \tag{4-28}$$

采用隔套不仅能保证最小导向长度，而且可以改善导向套及活塞的通用性。

**3. 结构强度计算与稳定性校核**

1) 缸体壁厚

在中、低压机床液压传动系统中，缸体壁厚的强度问题是次要的，缸体壁厚一般由结构、工艺上的需要而定。只有在压力较高和直径较大时，才有必要校核缸壁最薄处的壁厚强度。

当缸体壁厚 $\delta$ 与内径 $D$ 之比值小于 0.1 时，称为薄壁缸体。薄壁缸体的壁厚按材料力学中薄壁圆筒计算公式进行校核：

$$\delta \geqslant \frac{pD}{2[\sigma]} \quad (\mathrm{m}) \tag{4-29}$$

式中：$\delta$——缸体壁厚(m)；

$p$——液压缸的最大工作压力(Pa)；

$D$——缸体内径(m)；

$[\sigma]$——缸体材料的许用应力(Pa)。

部分缸体材料的许用应力$[\sigma]$列举如下：

铸钢：$[\sigma]=(1000\sim1100)\times10^5$ (Pa)

锻钢：$[\sigma]=(1000\sim1200)\times10^5$ (Pa)

无缝钢管：$[\sigma]=(1000\sim1100)\times10^5$ (Pa)

铸铁：$[\sigma]=(600\sim700)\times10^5$ (Pa)

当缸体壁厚 $\delta$ 与内径 $D$ 之比值大于 0.1 时，称为厚壁缸体。通常按材料力学中第二强度理论计算厚壁缸体的壁厚：

$$\delta \geqslant \frac{D}{2}\left[\sqrt{\frac{[\sigma]+0.4p}{[\sigma]-1.3p}}-1\right] \quad (\mathrm{m}) \tag{4-30}$$

2) 缸体外径

液压缸的内径确定之后，再按式(4-29)或式(4-30)得出缸体壁厚，然后便可由下式求出缸体的外径：

$$D_1 = D + 2\delta \quad (\mathrm{m}) \tag{4-31}$$

再将其圆整为标准值。

若缸体材料为无缝钢管，则外径不需加工，只要将计算值圆整为无缝钢管外径即可。

3) 缸底壁厚

缸底为平底时，可由材料力学中的圆盘计算公式导出缸底壁厚的计算公式。如图 4-25 所示，(a)图为平底，(b)图为平底有孔。

当缸底为平底时，其缸底壁厚为

$$\delta_1 \geqslant 0.433 D_2 \sqrt{\frac{p}{[\sigma]}} \quad (\mathrm{m}) \tag{4-32}$$

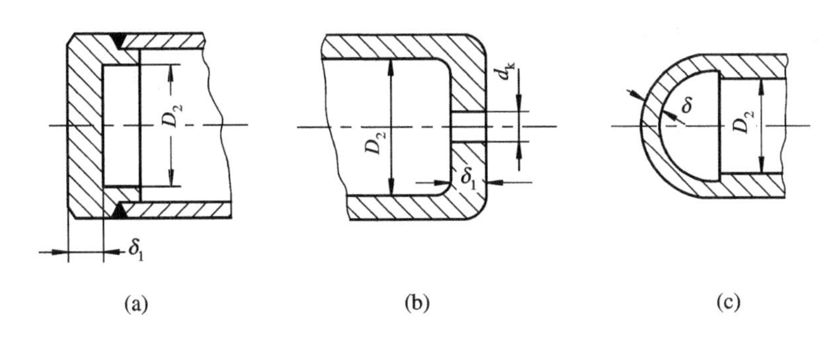


图 4-25　缸底的不同结构

当缸底为平底且有孔时，其缸底壁厚为

$$\delta_1 \geqslant 0.433 D_2 \sqrt{\frac{p}{\psi_a[\sigma]}} \quad (\mathrm{m}) \tag{4-33}$$

$$\psi_a = \frac{D_2 - d_k}{D_2}$$

式中：$D_2$——缸底内径(m)；

$[\sigma]$——缸底材料的许用应力(Pa)；

$p$——液压缸的最大工作压力(Pa)；

$d_k$——缸底小孔直径(m)。

当缸底为如图 4-27(c)所示的球形时，其缸底壁厚为

$$\delta_1 \geqslant \frac{pD_2}{4[\sigma]} \quad (\mathrm{m}) \tag{4-34}$$

4）液压缸的稳定性和活塞杆强度验算

按速比要求初步确定活塞杆直径后，还必须满足液压缸的稳定性及其本身的强度要求。

一般，短行程液压缸在轴向力作用下仍能保持原有的直线状态下的平衡，故可视为单纯受压或受拉直杆。但实际上液压缸并非单一的直杆，而是缸体、活塞和活塞杆的组合体。由于活塞与缸体之间以及活塞杆与导向套之间均有配合间隙，加之缸的自重及负荷偏心等原因，都将使液压缸在轴向压缩的工作情况下产生纵向弯曲(如图 4-26 所示)，因此，对于长径比(液压缸最大安装长度与活塞杆直径之比)$l/d>10$ 的液压缸，其受力情况已不再属于单纯受压杆，而必须同时考虑纵向弯曲。为此，应将其整体看作一根细长的柔性杆，先按稳定性条件进行验算，即在活塞杆全伸的状态下，验算液压缸承受最大轴向压缩负载时的稳定性；然后按强度条件计算活塞杆直径。

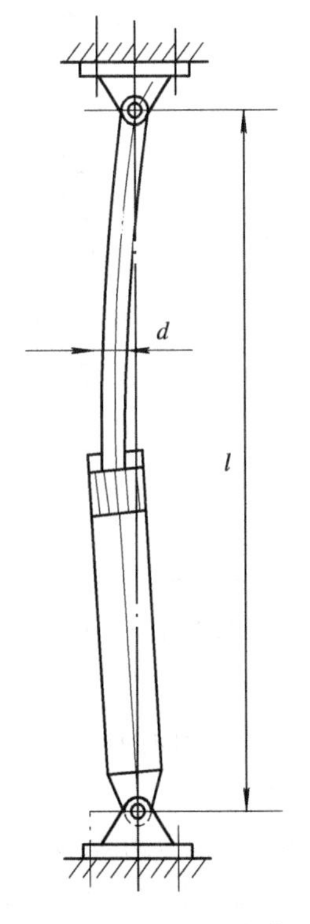


图 4-26　液压缸纵向弯曲示意图

*(1) 液压缸稳定性验算。根据材料力学关于压杆稳定性的理论，一根受压直杆，在其轴向负载 $F_R$ 超过稳定临界力(或称极限力)$F_K$ 时，即失去原有直线状态下的平衡而丧失稳定，所以液压缸的稳定条件为

$$F \leqslant \frac{F_K}{n_K} \tag{4-35}$$

式中：$F$——液压缸的最大推力，$F=F_R$(N)；

$F_K$——液压缸稳定临界力(N)；

$n_K$——稳定性安全系数，一般取 $n_K=2\sim4$。

液压缸稳定临界力 $F_K$ 的值与活塞杆和缸体的材料、长度、刚度及其两端支承状况等因素有关。液压缸稳定性演算的方法可分情况进行讨论：

当 $\lambda=\frac{\mu l}{r}>\lambda_1$ 时，可由欧拉公式计算：

$$F_K = \frac{\pi^2 EI}{(\mu l)^2} \tag{4-36}$$

式中：$\lambda$——活塞杆的柔性系数；

$\mu$——长度折算系数，取决于液压缸的支承状况，见表 4-4；

$l$——活塞杆计算长度，即液压缸安装长度(m)，见表 4-4；

**表 4-4 液压缸的安装形式与活塞杆计算长度**

| 序　号 | A | B | C | D |
| --- | --- | --- | --- | --- |
| 液压缸的安装形式与活塞杆计算长度 $l$(m) | 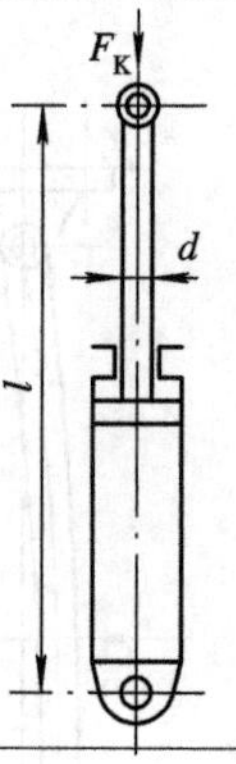 $F_K$, $d$, $l$ | 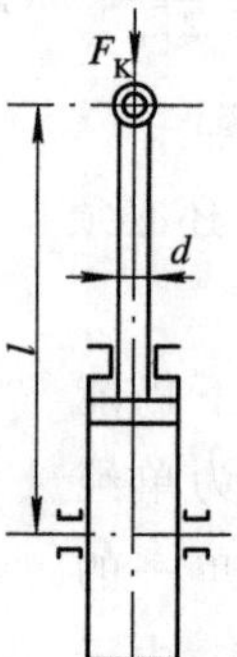 $F_K$, $d$, $l$ | 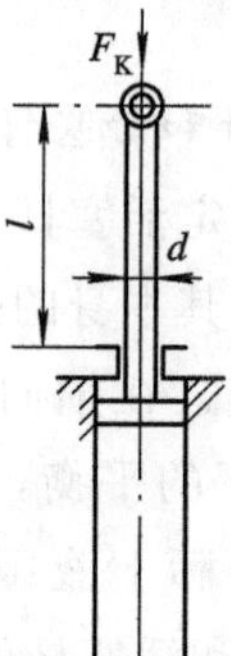 $F_K$, $d$, $l$ | 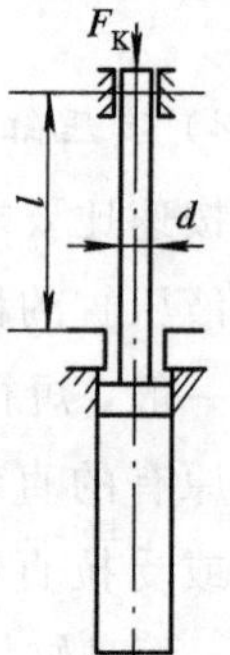 $F_K$, $d$, $l$ |
| 固定情况 | 两端铰接 | | 一端固定<br>一端铰接 | 两端固定 |
| 长度折算系数 $\mu$ | 1 | 1 | 0.7 | 0.5 |

$E$——活塞杆材料的纵向弹性模数(Pa)，对硬钢，取 $E=20.59\times10^{10}$(Pa)；

$I$——活塞杆断面的最小惯性矩；

$r$——活塞杆断面的回转半径，$r=\sqrt{I/A}$(m)，其中 $A$ 为断面面积($m^2$)。对于圆断面实心杆，$r=d/4$；

$\lambda_1$——柔性系数，由表 4-5 选取。

当 $\lambda_1>\lambda>\lambda_2$ 时，属中柔度杆，可按雅辛斯基公式计算：

$$F_K = A(a-b\lambda) \quad (\text{N}) \tag{4-37}$$

式中：$\lambda_2$——柔性系数，按表 4－5 选取；

$A$——活塞杆断面面积，$A=\pi d^2/4$ （$m^2$）；

$a$、$b$——与活塞杆材料有关的系数，见表 4－5。

当 $\lambda<\lambda_2$ 时，活塞杆只会因抗压强度不足(塑性材料超过屈服极限 $\sigma_s$，脆性材料超过强度极限 $\sigma_b$)而破坏，并不会失稳，故只需进行强度计算。

**表 4－5 柔性系数表**

| 材 料 | $a$ | $b$ | $\lambda_1$ | $\lambda_2$ |
|---|---|---|---|---|
| 钢($A_3$) | 3100 | 11.40 | 105 | 61 |
| 钢($A_5$) | 4600 | 36.17 | 100 | 60 |
| 硅钢 | 5890 | 38.17 | 100 | 60 |
| 铸铁 | 7700 | 120 | 80 | — |

(2) 活塞杆强度计算。这里介绍当 $l/d<10$ 时，活塞杆的强度计算。

若活塞杆(空心杆)受纯压缩或纯拉伸时，其强度计算公式为

$$\sigma=\frac{4F}{\pi(d^2-d_1^2)}\leqslant[\sigma] \quad (\mathrm{Pa}) \tag{4-38}$$

式中：$d$——活塞杆外径(m)；

$d_1$——空心活塞杆内径，对实心杆，$d_1=0$(m)；

$F$——活塞杆最大推力(N)；

$[\sigma]$——活塞杆材料的许用应力(Pa)。$[\sigma]=\dfrac{\sigma_s}{n}$，$\sigma_s$ 为材料的屈服极限，安全系数 $n=1.4\sim2$。

当弯、压结合时，可用最大复合应力验算。

## 4.4 液压缸常见故障及其排除方法

液压缸常见故障及其排除方法如表 4－6 所示。

**表 4－6 液压缸常见故障及其排除方法**

| 故障现象 | 产生原因 | 排除方法 |
|---|---|---|
| 爬行 | ① 外界空气进入缸内；<br>② 密封压得太紧；<br>③ 活塞与活塞杆不同轴，活塞杆不直；<br>④ 缸内壁拉毛，局部磨损严重或腐蚀；<br>⑤ 安装位置有偏差；<br>⑥ 双活塞杆两端螺母拧得太紧 | ① 设置排气装置或开动系统强迫排气；<br>② 调整密封，但不得泄漏；<br>③ 校正或更换，使同轴度小于 0.04 mm；<br>④ 适当修理，严重者重新磨缸内孔，按要求重配活塞；<br>⑤ 校正；<br>⑥ 调整 |

**续表**

| 故障现象 | 产生原因 | 排除方法 |
| --- | --- | --- |
| 冲击 | ① 用间隙密封的活塞，与缸筒间隙过大，节流阀失去作用；<br>② 端头缓冲的单向阀失灵，不起作用 | ① 更换活塞，使间隙达到规定要求，检查节流阀；<br>② 修正、研配单向阀与阀座或更换 |
| 推力不足，速度不够或逐渐下降 | ① 由于缸与活塞配合间隙过大或O形密封圈损坏，使高、低压侧互通；<br>② 工作段不均匀，造成局部几何形状有误差，使高低压腔密封不严，产生泄漏；<br>③ 缸端活塞杆密封压得太紧或活塞杆弯曲，使摩擦力或阻力增加；<br>④ 油温太高，粘度降低，泄漏增加，使缸速度减慢；<br>⑤ 液压泵流量不足 | ① 更换活塞或密封圈，调整到合适的间隙；<br>② 镗磨修复缸孔径，重配活塞；<br>③ 放松密封，校直活塞杆；<br>④ 检查温升原因，采取散热措施，如间隙过大，可单配活塞或增装密封环；<br>⑤ 检查泵或调节控制阀 |
| 外泄漏 | ① 活塞杆表面损伤或密封圈损坏造成活塞杆处密封不严；<br>② 管接头密封不严；<br>③ 缸盖处密封不良 | ① 检查并修复活塞杆和密封圈；<br>② 检修密封圈及接触面；<br>③ 检查并修整 |

## 习题与思考题

1. 活塞式、柱塞式和摆动式液压缸各有什么特点？分别用于什么场合比较合理？

2. 绘图分析双作用单活塞杆液压缸在缸体固定式和活塞杆固定式两种情况下，进、出油口和运动方向之间有什么关系。

3. 已知一单活塞杆液压缸的外负载 $F_R=2\times10^4$ N，活塞和活塞杆处的摩擦阻力 $F_f=12\times10^2$ N，进入液压缸的油液压力为 5 MPa，试计算缸体内径。若活塞最大速度 $v_{max}=4$ cm/s，系统的泄漏损失为 10%，则应选用多大流量的泵？若泵的总效率 $\eta=0.85$，则电机的驱动功率应多大？

4. 一双活塞杆液压缸的结构如图示。若已知 $v=5$ cm/s，当活塞直径 $D=10$ cm，活塞杆直径 $d=0.7D$ 时，求所需流量。

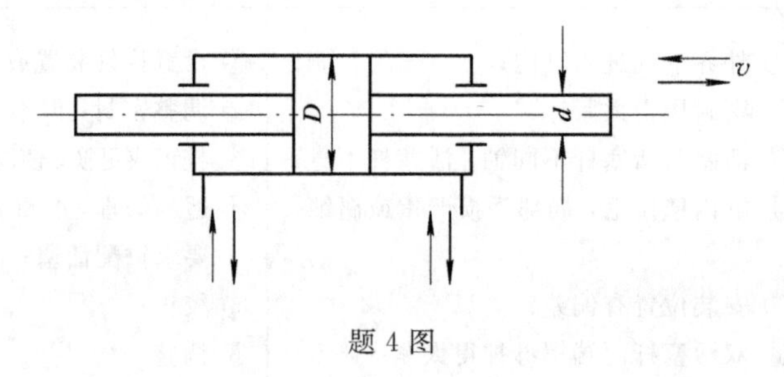


题4图

5. 设计一差动液压缸。已知泵的额定流量 $q=25$ L/min，额定压力 $p=6.3$ MPa，工作台快进快退速度为 $v_{快}=5$ m/min，试计算液压缸内径 $D$ 和活塞杆直径 $d$。当外负载 $F_R=25\times10^3$ N时，溢流阀的调定压力为多少？

6. 已知某单活塞杆液压缸，内径 $D=125$ mm，活塞杆直径 $d=90$ mm，进入液压缸的流量 $q=12$ L/min，进油腔压力 $p_i=4$ MPa，回油腔压力 $p_o=0.3$ MPa。试计算图(a)、(b)、(c)三种情况下，液压缸运动速度和所能克服的负载是多少？并说明液压缸工作时，活塞杆受拉力还是受压力。

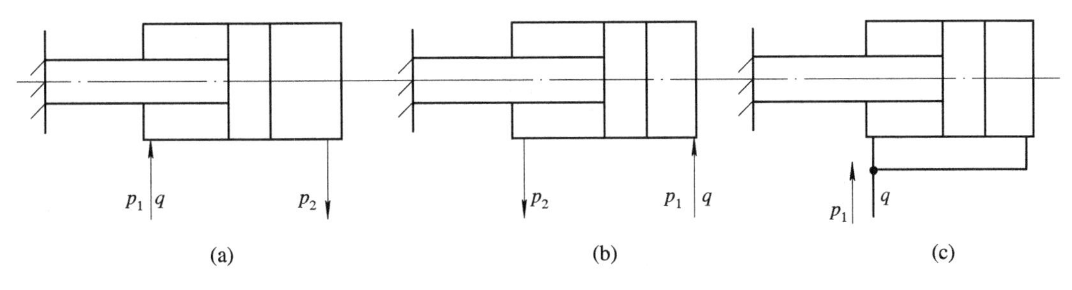


题 6 图

7. 已知某柱塞式液压缸，若柱塞的直径 $d=12$ cm，缸体内径 $D=14$ cm，输入流量 $q=10$ L/min 时，求柱塞固定时缸体的运动速度。

8. 两相同的液压缸串联，$A_1=100$ cm$^2$，$A_2=80$ cm$^2$，两缸的负载均为 $F_R$，进油流量 $q=12$ L/min，压力 $p=0.9$ MPa，试求：

（1）两缸可承担的负载 $F_R$。

（2）两活塞的运动速度。

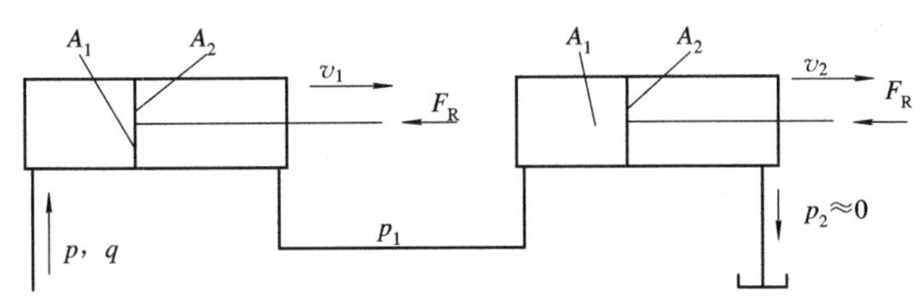


题 8 图

9. 某差动液压缸，要求 $v_{快进}=2v_{快退}$。试求：$A_{缸}=xA_{杆}$ 时，式中的 $x=$？

10. 液压缸为什么要缓冲、排气？如何缓冲和排气？

11. 液压缸的设计依据和步骤大致有哪些？

12. 怎样提高单活塞杆液压缸的稳定性？

# 第5章 液压控制阀

## 5.1 液压控制阀的功用与分类

液压控制阀是液压系统中控制油液方向、压力和流量的元件。将这些元件经过适当组合，便能对执行元件的启动、停止、方向、速度、动作顺序和克服负载的能力等进行控制与调节，从而使各类液压机械都能按要求协调地进行工作。

液压控制阀(简称液压阀或阀)品种繁多，除了不同品种、规格的通用阀外，还有许多专用阀和复合阀。就液压阀的基本类型来说，可按以下几种方式进行分类。

**1. 按功用分**

液压阀按功用可分为如下三类：

(1) 方向控制阀：控制和改变液压系统中液流方向的阀，如单向阀和换向阀等。

(2) 压力控制阀：控制和调节液压系统中液体压力的阀，如溢流阀、减压阀、顺序阀和压力继电器等。

(3) 流量控制阀：控制和调节液压系统中液体流量的阀，如节流阀、调速阀、溢流节流阀和分流集流阀等。

这三种阀还可根据需要互相组合而构成组合阀，如单向顺序阀、单向节流阀等，使得结构紧凑，连接简单，并提高了效率。

**2. 按控制方式分**

液压阀按控制方式可分为如下三类：

(1) 开关式或定值控制阀：是最常见的液压阀，又称普通液压阀。该阀借助于手柄、凸轮、通断型电磁铁等方式，将阀芯位置或阀芯上的弹簧设定在某一工作状态，从而使液流的压力、流量或流向保持某一定值。

(2) 电液比例式控制阀(简称比例控制阀)：可以根据输入信号的大小，成比例、连续地远距离控制液压系统中液体的压力和流量的大小。该阀常采用比例电磁铁将输入的电信号转换为力或阀的机械位移量来进行控制，也可以采用其它形式的电气输入。比例控制阀是近年发展起来的一种新型的控制方式。

(3) 电液伺服控制阀(简称伺服控制阀)：是一种根据输入信号及反馈量成比例地连续控制液压系统中压力和流量大小的阀，又称随动阀。伺服控制阀常用于液压伺服控制系统。有关内容在《液压控制系统》一书中专门介绍。

**3. 按结构形式分**

液压阀一般是由阀体、阀芯、控制操纵部分等主要部件组成的，如图5-1所示。根据阀芯的结构形式，液压阀又可分为如下三类：

(1) 滑阀：如图 5－1(a)所示，阀芯为圆柱形。该阀通过阀芯在阀体内孔中的滑动来改变液流通路开口的大小，以实现液流方向、压力和流量的控制。

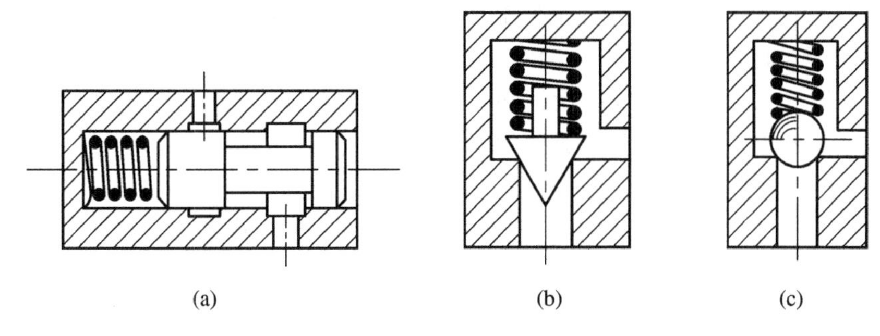


图 5－1　阀的结构形式

(a) 滑阀；(b) 锥阀；(c) 球阀

(2) 锥阀：如图 5－1(b)所示，阀芯为圆锥形。该阀利用锥形阀芯的位移来改变液流通路开口的大小，以实现液流方向、压力及流量的控制。

(3) 球阀：如图 5－1(c)所示，阀芯为球形。其工作过程与锥阀相似。

**4. 按连接方式分**

液压阀按连接方式可分为如下三类：

(1) 管式连接：又称螺纹连接，是将阀体上的螺纹孔直接与管接头、管路相连(大型阀则用法兰连接)。这种连接方式比较简单，重量轻，在移动式设备和流量较小的液压系统中应用较广，但元件安装比较分散，更换元件也比较麻烦。

(2) 板式连接：在这种连接方式中，阀的各油口均布置在同一安装面上，并用螺钉将阀固定在与阀有对应油口的连接板上，再用管接头和管路将连接板与其它元件连接，孔间用 O 形密封圈密封。由于管路与连接板相联，阀仅用螺钉固定在连接板上，因此便于安装与维修，操纵和调整也都比较方便，所以应用比较广泛。

(3) 集成式连接：液压阀是液压系统中使用数量最多的元件，为了力求使结构布置紧凑，管路布置简化，因此采用了各种不同的集成连接形式将阀集中布置。

① 集成块连接。集成块为六面体，块内钻有连通阀间的油路，标准的板式元件安装在集成块的侧面，集成块的上、下两面为叠积面，中间用 O 形密封圈密封。将集成块有机组合即成为完整的液压系统。集成块连接便于实现标准化、通用化和系列化，有利于生产与设计，是机床行业一种良好的连接方式。

② 叠加阀式连接。阀的上、下面为连接结合面，各油口分布在这两个面上，通常为相同通径而功用各异的各种板式阀串联叠加。每个阀除其自身的功用外，还起油路通道的作用，无需管路连接。因此，叠加阀式连接结构紧凑，损失很小，工程机械中应用较多。

③ 插装阀式连接。将阀套、阀芯按标准参数做成圆筒形专用件，然后将这些专用件插入不同的插装块预制孔中，用螺纹连接或盖板固定，并通过块内通道把各插装阀连通，插装块体起阀体和管路的作用。插装阀式连接结构紧凑，且具有一定的互换性，是适应液压系统集成化而发展起来的一种新型连接形式。

除上述分类方法外，还可以按使用压力的不同将液压控制阀分为中低压和高压两大类，前者主要用于机床，后者则广泛应用于不同行业。但从新的发展趋势来看，中低压阀将逐渐被淘汰，而从低压到高压都适用的阀类元件则大有发展前途。

由于液压控制阀在液压元件中无论是在品种上还是在数量上都占有相当大的比重，因此阀类元件性能的好坏在很大程度上影响液压设备的工作可靠性和优越性，所以在使用与维修中必须给予高度的重视。

目前，我国中低压阀类元件的设计和生产已经实现了系列化、标准化和通用化，阀类元件正在向着高压化、小型化和集成化的新趋势发展。

## 5.2 液压控制阀的特性分析

为了正确地理解各种液压控制阀的工作原理，从而更好地对其进行使用与维修，因此，必须对液压控制阀的特性做一些基本的分析与研究。由于液压控制阀都是利用阀芯的移动来改变阀口的大小的，从而控制液压系统中液体的流量大小、改变液流的方向，因此作为共性问题，本节主要从流体力学的观点出发分析它们的特性。

### 5.2.1 圆柱滑阀的特性分析

圆柱滑阀是目前应用最为广泛的一种结构形式，在各种阀中都有应用。它是通过圆柱形阀芯在阀体内孔中的滑动来改变液流通路(即滑阀开口的大小)，从而控制液压系统中液流方向、压力和流量的大小的。

**1. 流量压力特性**

滑阀的流量压力特性是指流经滑阀的流量与前、后压差以及滑阀开口三者之间的关系。

如图 5-2 所示，设滑阀开口长度为 $x$，阀芯与阀体内孔之间的径向间隙为 $\Delta$，阀芯直径为 $d$，阀孔前、后压力差 $\Delta p = p_i - p_o$，则根据流体力学中流经薄壁小孔的流量公式，得到流经滑阀的流量 $q$ 的表达式为

$$q = C_q A \sqrt{\frac{2}{\rho}\Delta p} \qquad (5-1)$$

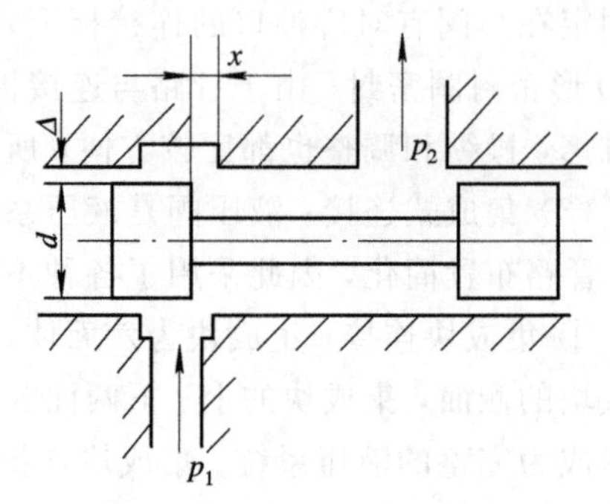

图 5-2 圆柱滑阀示意图

式中：$A$——滑阀阀口的通流面积，$A = W\sqrt{x^2+\Delta^2}$；

$W$——滑阀开口宽度，又称通流面积梯度。它表示滑阀阀口通流面积和随滑阀位移的变化率，是滑阀最重要的参数。对于圆柱滑阀，$W=\pi d$；

$\Delta$——阀芯与阀体的径向间隙；

$C_q$——流量系数，与雷诺数 $R_e$ 有关。当 $R_e>260$ 时，滑阀的流量系数为常数；如阀口是锐边时，$C_q=0.6\sim0.65$；如阀口是圆边或有很小倒角时，$C_q=0.8\sim0.9$。

如果滑阀为理想滑阀(即 $\Delta=0$)，则其通流面积 $A=\pi dx$，因此公式(5-1)又可写成：

$$q = C_q \pi dx \sqrt{\frac{2}{\rho}\Delta p} \qquad (5-2)$$

雷诺数表达式为

$$R_e = \frac{vD_h}{\upsilon} \tag{5-3}$$

式中：$v$——油液流经阀口的平均速度；

$\upsilon$——油液的运动粘度；

$D_h$——滑阀阀口处的水力直径，$D_h=4$(阀口面积/湿周长度)。

公式(5－2)称为圆柱滑阀的流量压力特性方程，它表明：通过滑阀的流量 $q$ 与滑阀开口 $x$ 成正比，与阀口前、后压力差的1/2次方成正比。

**2. 液流对滑阀的作用力**

1) 作用在滑阀上的液压力

在液压系统中，重力引起的液体压力差相对于工作压力来说所占比重极小，因此可以忽略不计。在计算时认为同一液体容腔中各点的压力相等。

作用在容腔周围固体壁面上的液压力 $F_p$ 为

$$F_p = \iint_A p\,\mathrm{d}A \tag{5-4}$$

当壁面为平面时，液压力就等于压力 $p$ 和面积 $A$ 的乘积，即

$$F_p = pA \tag{5-5}$$

2) 作用在滑阀上的侧向力

对于滑阀来说，它的一个凸肩两端的压力通常是相等的，而阀体与阀芯之间又总是存在着一定的径向间隙，于是在压力差的作用下，油液将通过缝隙流动。

假如滑阀的阀体与阀芯的几何形状都是精确的圆柱形并保持其同心度，在油液流经配合间隙时，则缝隙内的压力总是按线性规律下降且沿阀芯圆周均布，因此滑阀的径向液压力是平衡的，如图5－3(a)所示。如果阀芯的轴线相对于原来的位置平行地有一个偏移，此时缝隙内的压力仍然按线性规律分布，因此径向液压力还是平衡的，如图5－3(b)所示。

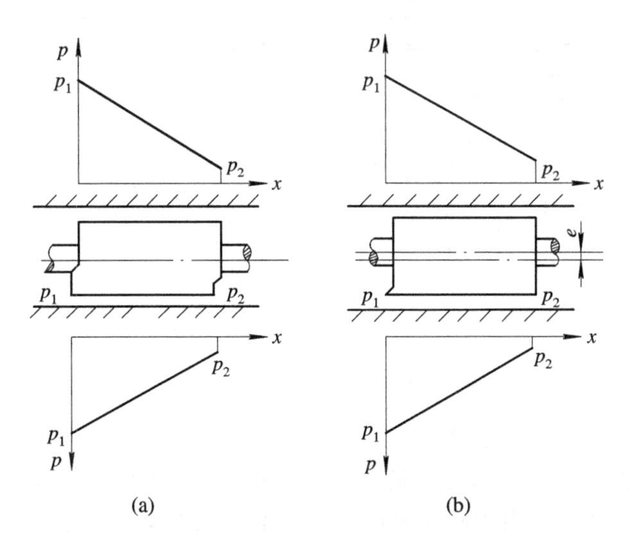


图5－3　圆柱形阀芯的径向液压力

实际上，由于制造误差和装配误差的存在，阀芯的几何形状和安装位置都不可能完全准确，因此，阀芯将由于径向不平衡液压力而受到侧向力的作用。图5-4所示为阀芯具有锥度且与阀体有向上偏心时的侧向力分布情况。(a)图表示阀芯小端处于高压一边的情况，流体力学中称此为“顺锥”。由流体力学可知，阀芯上部和下部缝隙中的压力都是按上凸抛物线规律分布的。但上部的缝隙较小，两端缝隙的压力差值较大，曲线凸的较厉害；而下部的缝隙较大，曲线比较平缓。这样，阀芯受到一个向下的径向不平衡力，该力力图使阀芯自动恢复中立位置而消除偏心，因此，阀芯最终仍将处于四周压力平衡的良好状态，起到了自动定心的作用。显然，“顺锥”情况是有利的。(b)图表示阀芯大端处于高压一边的情况，流体力学中称此为“倒锥”。由流体力学可知，阀芯上部和下部缝隙中的压力都是按下凹抛物线规律分布的。同理，上部的缝隙较小，曲线凹的较厉害；而下部的缝隙较大，曲线比较平缓。这样，阀芯受到一个向上的径向不平衡液压力，如图中带阴影的部分，这个侧向力一直将阀芯压到靠住阀体为止，出现所谓的“液压卡紧现象”。其侧向力为

$$F=\frac{\pi dL}{4}(p_1-p_2)\frac{t}{\Delta\delta}\left[\frac{2+\frac{t}{\Delta\delta}}{\sqrt{4\frac{t}{\Delta\delta}+\left(\frac{t}{\Delta\delta}\right)^2}}-1\right] \tag{5-6}$$

式中：$d$——滑阀的直径；

$L$——滑阀的长度；

$t$——滑阀大、小端半径之差；

$\Delta\delta$——滑阀偏心 $e=0$ 时的大端径向间隙；

$p_1$、$p_2$——滑阀两端的压力。

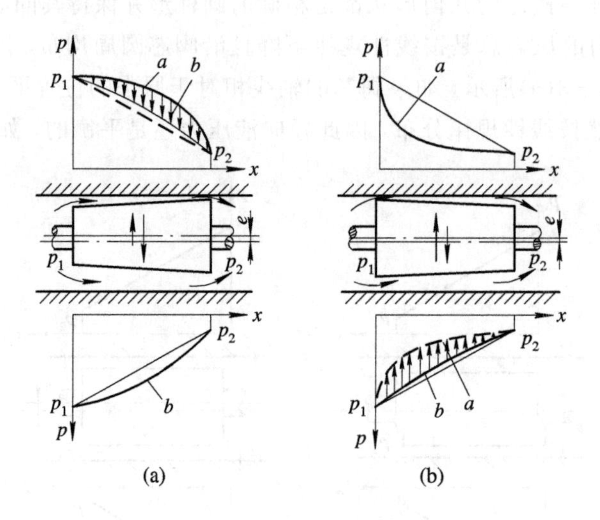


图5-4 具有锥度阀芯的侧向力

据有关资料介绍，在某种条件下，“倒锥”情况的侧向力可达千余牛顿。显然，这是一种很不利的情况。此侧向力使阀芯压紧在阀体内壁上，这使阀芯受到相当大的摩擦力而影响它的运动和寿命，甚至会由于侧向力过大而发生卡死现象。因此，应在结构上采取措施来消除或减轻侧向力的影响。

减小液压侧向力最常用的方法，是在阀芯外表面开均压槽。这是一种普遍采用的既简

单又有效的方法。如图 5－5 所示，在阀芯的凸肩上开一定数量的槽，一般槽宽为 0.3～1 mm，槽深为 0.3～0.5 mm。槽的边缘应与滑阀表面垂直，这样可以避免各种脏物楔入滑阀间隙。由于均压槽将滑阀圆周方向的油液沟通，因此使槽中各点的压力趋于相等，侧向力大为减小。阀芯偏斜时均压槽对径向液压力的影响可由图 5－5 看出。如果不开均压槽，则上部缝隙中的压力按虚线 $a_1$ 分布，下部缝隙中的压力按虚线 $b_1$ 分布，这时侧向力较大。开了均压槽以后，均压槽把从 $p_1$ 到 $p_2$ 的压力分成几段，阀芯上部和下部的压力分布曲线变为 $a$ 和 $b$，侧向力锐减。研究表明，在滑阀凸肩上开一个均压槽，其侧向力可减小到不开槽时的 40％；等距地开三个均压槽，则减小到 6％；开七个均压槽，可减小到 2.7％。通常视凸肩宽度，在一个凸肩上开 3～5 条槽。虽然开设均压槽后会缩短滑阀凸肩的密封长度，但由于偏心量减小，因此反而使泄漏量减小。另外，开设均压槽后，脏物有了储存的场所。

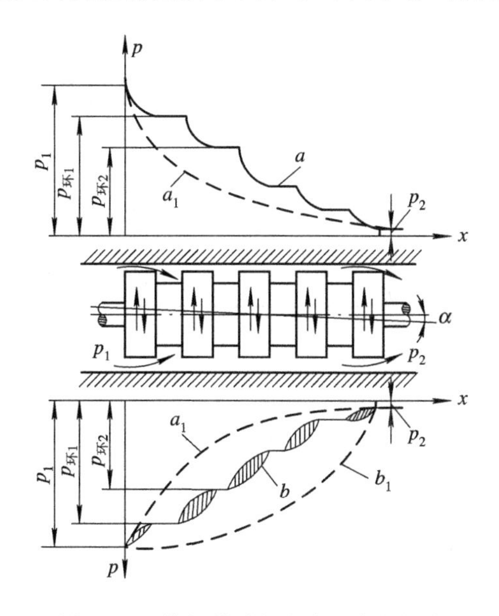


图 5－5　均压槽对径向液压力的影响

除了开设均压槽以外，采用顺锥、精密过滤油液也可以减小液压侧向力。

另外，使阀芯产生某种微小位移的“颤振”运动，也用来减小液压侧向力。这是一种在电液比例阀、电液伺服阀中普遍采用的方法。由于油液极性分子的吸附作用及脏物在间隙中的堆积，也会使阀芯发生卡紧现象，因此，在输入的控制信号上叠加一个频率为 50～200 Hz、幅频不超过额定电流 20％的正弦或其它波形的颤振电流，就可以获得满意的效果。

3）*作用在滑阀上的液动力*

由流体力学可知，当液体流经滑阀阀口和阀腔时，由于液体流动方向和流速发生变化，造成液体动量的改变，因此阀芯会受到附加的作用力——液动力。

在阀口开度一定的稳定流动情况下，液动力为稳态液动力；在阀口开度发生变化时，则还有瞬态液动力。

（1）稳态液动力。稳态液动力是指滑阀开口一定时，由于流经阀口和阀腔的液流及其方向的改变而引起液流速度的改变，导致液体动量变化而产生的液动力。

稳态液动力可根据动量定理求出。如图 5-6 所示，阀腔内的液体对其边界面的反作用力为

$$\boldsymbol{F}=-(m\boldsymbol{v}_2-m\boldsymbol{v}_1)=-(m\Delta\boldsymbol{v}) \tag{5-7}$$

该力沿阀芯的轴线方向的分力就是稳态液动力 $F_s$。其值为正时，该作用力指向液流方向，负值时为反方向。在图 5-6 所示情况下，左侧阀口完全开启，此处的流速很小，其流动方向接近于半径方向，它的动量影响可略而不计，因此液动力的轴向分力为

$$F_s=\rho q v\cos\alpha \tag{5-8}$$

式中：$\rho$——油液的密度($kg/m^3$)；

$q$——油液的流量($m^3/s$)；

$\alpha$——油液流经阀出口的速度方向角；

$v$——油液流经阀口的平均流速(m/s)。

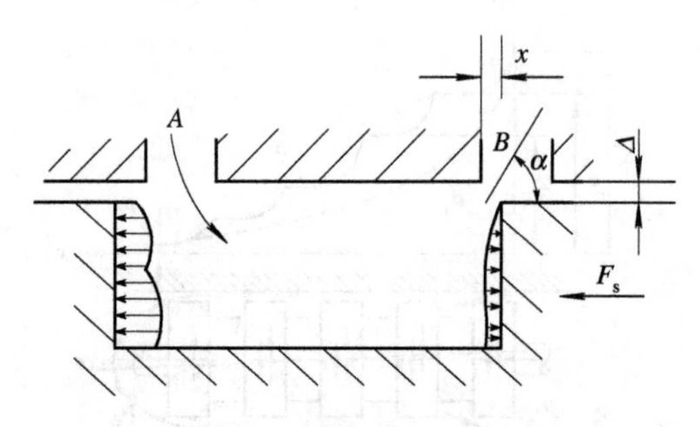


图 5-6　滑阀的稳态液动力

根据能量方程式，滑阀阀口的平均流速为

$$v=C_v\sqrt{\frac{2}{\rho}\Delta p} \tag{5-9}$$

式中：$C_v$——速度系数，一般 $C_v=0.95\sim0.98$。

如果令 $C_v=1$，则上式又可写为

$$v=\sqrt{\frac{2}{\rho}\Delta p}=\frac{q}{C_q A} \tag{5-10}$$

对于理想滑阀，将式(5-10)代入式(5-8)，得

$$F_s=\rho q\sqrt{\frac{2}{\rho}\Delta p}\cos\alpha=\rho\frac{q^2}{C_q A}\cos\alpha \tag{5-11}$$

考虑式(5-8)及 $A=\pi dx$，则上式又可写为

$$F_s=\pm 2C_q\pi dx\Delta p\cos\alpha=K_s x\Delta p \tag{5-12}$$

式中：$K_s$——液动力系数，$K_s=2C_q\pi d\cos\alpha$，为常数。

由上式可见，当压差 $\Delta p$ 一定时，稳态液动力正比于阀口开度 $x$。此时，液动力相当于刚度为 $K_s\Delta p$ 的液压弹簧的作用。因此，$K_s\Delta p$ 也称为液动力刚度。公式中的“±”视阀腔的形式而定：如图 5-7(a)所示，当阀腔为一个完整的阀腔时，无论液流如何，稳态液动力的方向使滑阀的开口趋于关闭，即形成关闭力，则公式右边取“-”号；如图 5-7(b)所示，当阀腔为不完整的结构时，稳态液动力的方向力图使滑阀的开口趋于开启，即形成开启力，则公式右边取“+”号。上述计算仅对一个阀口而言，若滑阀上同时有几个阀口工作，则计算结果应叠加。

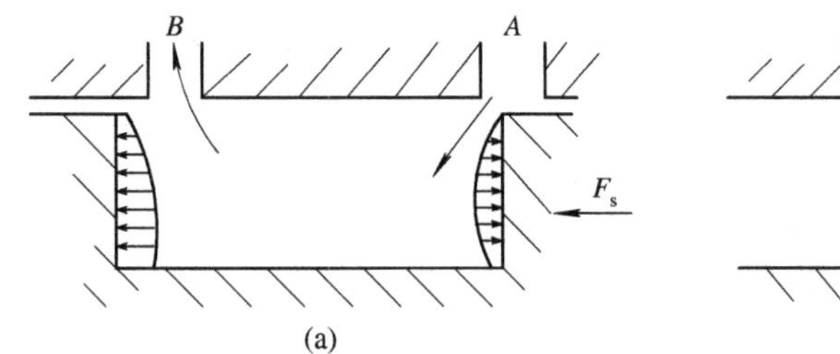


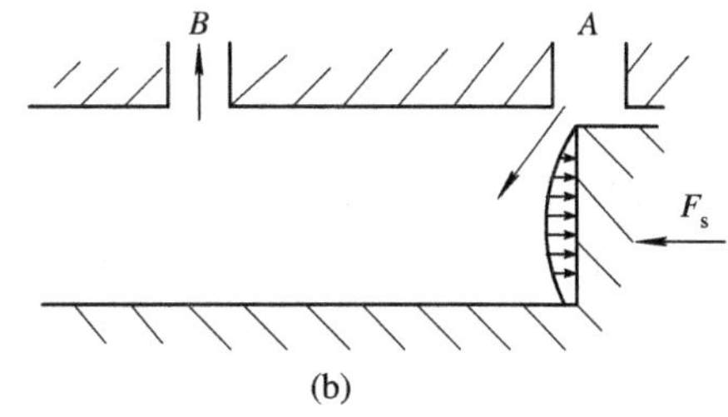


图 5-7　作用在滑阀上的稳态液动力

理论分析和实践表明，对于不存在径向间隙、阀边保持锐角的理想滑阀来说，阀口处液流速度的方向角 $\alpha=69°$。当存在径向间隙 $\Delta$ 和阀口工作边圆角增大时，$\alpha$ 角将减小，特别是在开口最小的情况下，$\alpha$ 近似为 21°，这时用式(5-12)计算出的稳态液动力误差较大。

如前所述，由于稳态液动力相当于液压弹簧力，因此它的存在使移动滑阀的轴向力增大，特别是在高压、大流量情况下，将因为液动力太大而使滑阀操纵困难。因此，需要采取适当的措施来补偿稳态液动力。

① 采用具有特殊阀腔形状的负力窗口补偿稳态液动力。图 5-8 所示为将阀芯和阀套做成曲线形状来补偿液动力的结构，相邻凸肩的联接部分为水轮机叶片的剖面形状，阀体沉割槽加深并做成斜切面。高压油从 $A$ 腔以 $\alpha_1$ 角流入 $C$ 腔，随即改变流动方向，然后以 $\alpha_2$ 角流出 $C$ 腔。液流方向的改变是由于滑阀给它以作用力，而液流则产生反作用力作用在滑阀上，其方向恰好与滑阀移动方向相同，即与轴向液动力的方向相反，从而形成开启力。同时，液流又以 $\alpha_3$ 角返回 $C$ 腔，使液流对滑阀的开启力继续增大。适当选择阀腔的参数，就可以使轴向液动力得到较好的补偿。

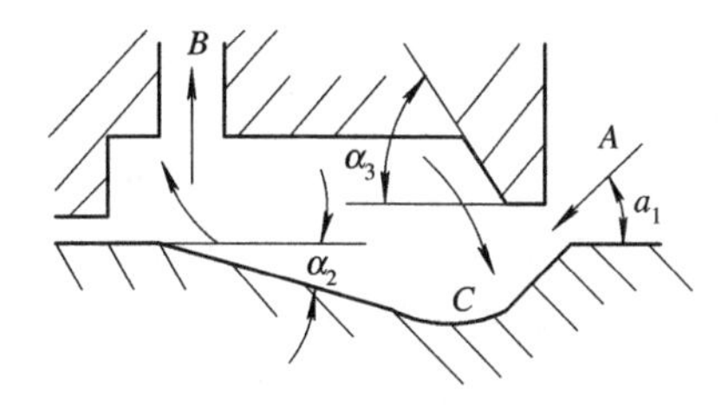


图 5-8　轴向液动力补偿

图 5-9 所示为具有轴向液动力补偿的四通滑阀。同上，滑阀叶片式切槽所产生的开启力与中间矩形凸肩阀口所产生的关闭力相互抵消，从而减小了轴向液动力。这种补偿方法只要设计得当，就可以获得较好的补偿作用，在大流量时的效果更明显；但阀芯和阀套的形状较复杂，加工不便。

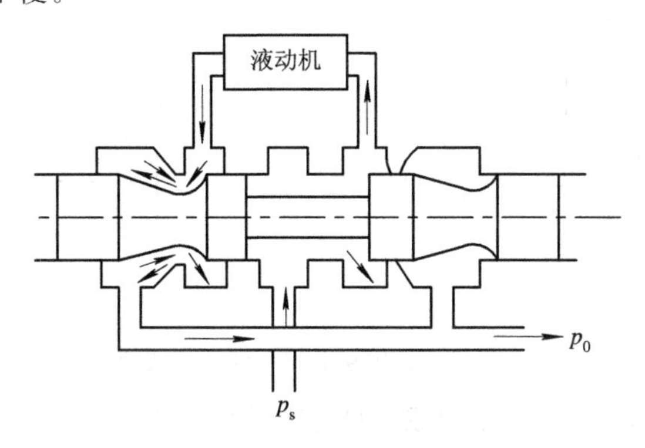


图 5-9　利用负力补偿稳态液动力

② 采用多个径向小孔补偿稳态液动力。当窗口完全开启后液流的速度方向角就成为90°，此时不会产生轴向液动力，因此可以采用如图5-10所示的结构。将阀套上的通油孔由沉割槽改成多个直径为 $d$ 的小孔来代替，并排列成螺旋线状，使孔与孔口之间重叠一个距离 $s$，以保证流量与位移的线性关系。采用这种措施后，由于前一个小孔完全打开时液动力为零，只有后一个未完全开启的小孔产生稳态液动力，因此稳态液动力便大为减小。通油小孔数目越多，补偿效果就越好；但当阀芯位移较小时，则难以实现多个小孔的布置。

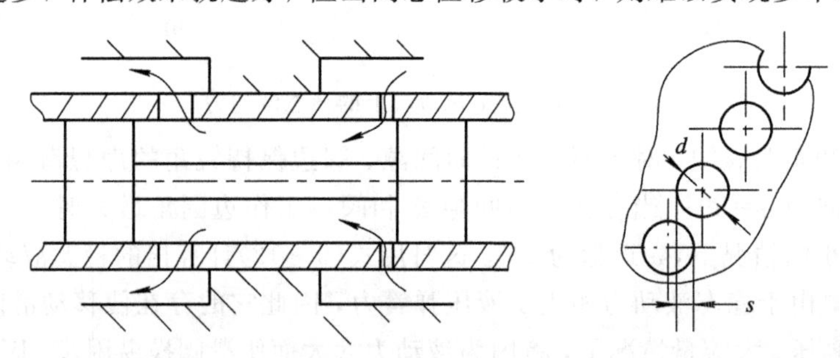


图5-10 开多个径向小孔来补偿稳态液动力

除了上述稳态液动力补偿措施外，还有一些其它补偿措施，这里不再赘述。采取补偿措施虽然能使稳态液动力减小，但会使滑阀的设计和制造变得复杂，因此在操纵力比较充裕的条件下，不一定要采用这种措施。

(2) 瞬态液动力。当阀芯处于运动状态而开口量 $x$ 发生变化时，除了上述稳态液动力外，还存在着瞬态液动力。这是由于阀口开度变化时流量也发生变化，阀腔内的流速也将随之而变化，因此，阀腔内的液体质量将由于惯性作用而对阀芯产生一个瞬态作用力——瞬态液动力，它的作用方向始终与阀腔内液体的加速度方向相反。

图5-11所示为滑阀瞬态液动力示意图。(a)图表示阀口增大且液体向外流动时，由于流量增大，阀腔内液体的加速度向右，因此作用在阀芯上的瞬态液动力 $F_i$ 向左，使阀口趋于关闭；(b)图表示阀口增大且液体向内流动时，液体的加速度方向向左，因此作用在阀芯上的瞬态液动力 $F_i$ 向右，使阀口趋于开启。图(a)中的瞬态液动力驱使阀口恢复到关闭状态，因此是一个稳定因素。图(b)中的瞬态液动力使阀口越开越大，因此对阀芯的驱动是一个不稳定因素。

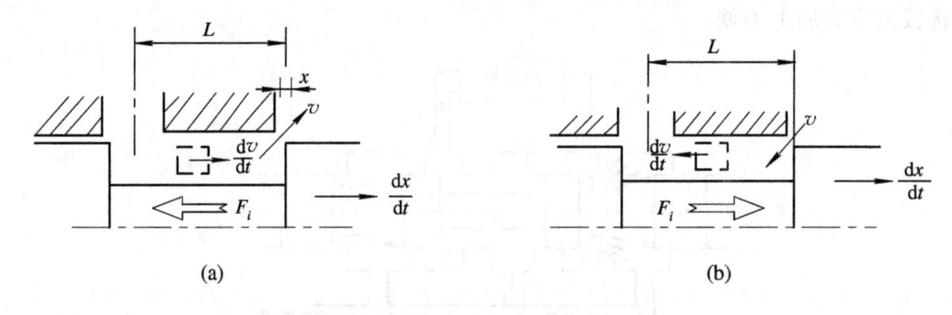


图5-11 作用在滑阀上的瞬态液动力

瞬态液动力可根据牛顿第二定律或动量定理进行计算：

$$F_i = \frac{\mathrm{d}(mv)}{\mathrm{d}t} \tag{5-13}$$

式中：$m$——阀腔内环形流道中液体的质量，$m=\rho AL$；

$\rho$——液体的密度；

$A$——阀腔的断面积；

$L$——滑阀进油中心到回油中心之间的轴向长度(见图 5 - 11)；

$t$——时间。

将 $m$ 的表达式代入上式，得

$$F_i = \rho L \frac{\mathrm{d}(Av)}{\mathrm{d}t} = \rho L \frac{\mathrm{d}q}{\mathrm{d}t}$$

式中：$q$——液体流量。

根据液流连续性原理，当压差 $\Delta p=$常数时，将 $q=C_q\pi dx\sqrt{\frac{2}{\rho}\Delta p}$代入上式，经整理可得

$$F_i = \pm C_q\pi dL\sqrt{2\rho\Delta p}\frac{\mathrm{d}x}{\mathrm{d}t} = K_L\frac{\mathrm{d}x}{\mathrm{d}t} \tag{5 - 14}$$

式中：$K_L$——阻尼系数，$K_L=\pm C_q\pi dL\sqrt{2\rho\Delta p}$；

$\frac{\mathrm{d}x}{\mathrm{d}t}$——滑阀开口的变化率，即阀芯的运动速度。

从上式可见，瞬态液动力与滑阀的移动速度成正比，因此它起到粘性阻尼力的作用。阻尼系数 $K_L$ 的大小与阀腔长度 $L$ 及 $\sqrt{\Delta p}$有关。当阀口增大且油液向外流动时为正阻尼，$K_L$ 取正值；当阀口增大且油液向内流动时为负阻尼，$K_L$ 取负值。若$\frac{\mathrm{d}x}{\mathrm{d}t}<0$ 时，则情况相反。

在同一滑阀的不同阀口上，有的瞬态液动力为正阻尼，有的为负阻尼，此时，必须合理选择各个阀腔的长度 $L$，以使整个滑阀处于正阻尼状态。如果处于负阻尼状态，则整个滑阀的工作会变得不稳定。

在阀芯所受作用力中，瞬态液动力所占比重不大，因此在一般液压控制阀中通常忽略不计。只有在分析伺服阀和高响应比例阀时才予以考虑。

### 5.2.2 锥阀的特性分析

与圆柱滑阀一样，锥阀也是一种应用比较广泛的结构形式。它具有密封性好，灵敏性高，微小流量可调，制造简单和故障较少等优点。由于球阀的性能和锥阀类似，因此两者归为一类，在此一并介绍。

**1. 流量压力特性**

图 5 - 12 所示为锥阀和球阀的结构原理示意图。假设阀座孔倒角不大，则可以得到与滑阀类似的锥阀类的流量压力方程，即

$$q = C_qA\sqrt{\frac{2}{\rho}\Delta p} \tag{5 - 15}$$

式(5 - 15)中，阀口通流面积 $A$ 可分为以下三种情况：

① 如图 5 - 12(a)所示，当锥阀座孔无倒角时，

$$A = \pi d_1 x \sin\alpha \quad (x \ll d_1)$$

② 如图 5 - 12(b)所示，当锥阀座孔有较小倒角时，

$$A = \pi d_m x \sin\alpha \quad (x \ll d_1)$$

式中：$d_m = \frac{1}{2}(d_1 + d_2)$。

③ 如图 5 - 12(c)所示，对于球阀则有

$$A = \frac{\pi d_1 h_0 x}{R} \quad \left(x \ll R,\ x \ll \frac{d_1}{2},\ h_0 = \sqrt{R^2 - \frac{d_1^2}{4}}\right)$$

锥阀的流量系数 $C_q$ 与雷诺数 $R_e$ 及阀的尺寸和位置有关，通常取 0.7～0.8。

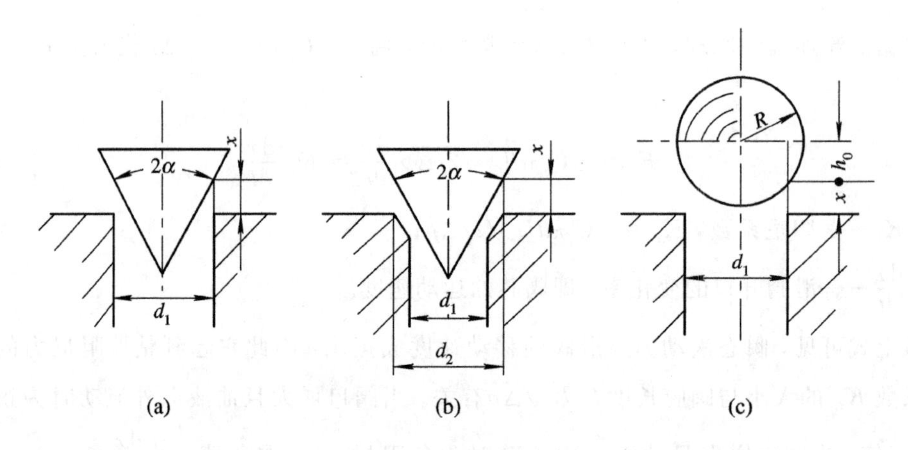


图 5 - 12　锥阀和球阀

**2. 液流对锥阀的作用力**

液流对锥阀的作用力也有液压力、侧向力和液动力三类，其基本原理和讨论方法与滑阀类似，所以这里只做简单介绍。

1) 作用在锥阀上的液压力

作用在锥阀上的液压力仍然是压力与面积的乘积，只是这里的面积应是锥阀在其轴线方向上的投影面积。

2) 作用在锥阀上的侧向力

作用在锥阀上的侧向力主要是由于阀芯与阀座之间存在偏心而引起的，偏心量越大，则侧向力也就越大，因而会使偏心越来越大。

3) 作用在锥阀上的液动力

根据液体流经锥阀的方向不同，锥阀又可分为外流式(图 5 - 13(a))和内流式(图 5 - 13(b))两种。对于锥阀上的液动力，原则上也与滑阀类似，可以分为稳态液动力和瞬态液动力两种。

(1) 稳态液动力。作用在锥阀上的稳态液动力也可用动量定理来计算。以图 5 - 13(a)为例，在阀口出流边以下，沿壁面及阀芯底面取控制体积(图中阴影部分)，根据动量定理，流入、流出控制体积的液流方向及流速的改变所产生的液动力数值为

$$F_s = \rho q v_2 \cos\alpha \tag{5 - 16}$$

式中：$\rho$——油液的密度($kg/m^2$)；

$q$——油液的流量($m^3/s$)，$q=C_q\pi d_m x\sin\alpha\sqrt{\frac{2}{\rho}\Delta p}$；

$\alpha$——锥阀的半锥角(°)；

$v_2$——油液流经阀出口处的平均流速(m/s)，$v_2=C_v\sqrt{\frac{2}{\rho}\Delta p}$，令 $C_v=1$ 时，$v_2=\sqrt{\frac{2}{\rho}\Delta p}$。

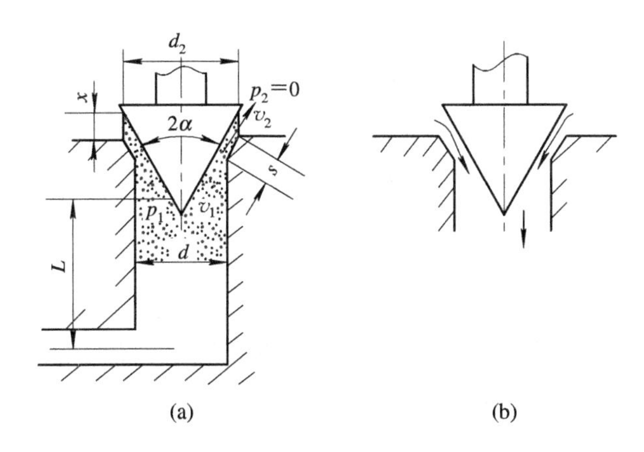


图 5-13　外流式和内流式锥阀

将 $q$、$v_2$ 代入稳态液动力表达式，则有

$$F_s=\rho q v_2\cos\alpha=\pm C_q\pi d_m x\Delta p\sin 2\alpha=K_s x\Delta p \tag{5-17}$$

或

$$F_s=\frac{\pi d_m^2}{4}\Delta p\left(4C_q\frac{x}{d_m}\sin 2\alpha\right) \tag{5-18}$$

式中：$K_s$——稳态液动力系数，$K_s=\pm C_q\pi d_m\sin 2\alpha$，为常数。

式(5-18)的括号前为平均直径 $d_m$ 的面积与压差的乘积，即压差造成的液压作用力；括号内的数值可看成为一个系数。

在图 5-13 所示结构形式中，不论是外流式还是内流式，由动量定理可知，其稳态液动力始终使阀口关闭。

锥阀的结构形式很多，不同结构的锥阀所受液动力情况有所区别。

在图 5-14 中，虚线所示控制体积 $B$ 的上端边界面是阀芯的底端面，因此，控制体积中的动量变化所产生的轴向液动力对阀芯起作用。同时，阀座的锥面上也会受到轴向液动力的作用，而且锥面上阀芯、阀座的液动力受力分配情况不易通过计算确定。但可以确定的是：锥面的轴向投影面积越宽，则阀座对轴向液动力的影响越大。因此，在锥面宽度不能忽略的情况下，阀芯上实际受到的液动力将比前述计算值小。

在图 5-14(a)和(b)中还可以做出控制体积 $A$。不过，它的上、下端都属于阀体，而阀芯四周的径向液压力对称分布，故不会产生轴向分力。因此，容腔 $A$ 产生的轴向液动力只作用于阀体而对阀芯不产生影响。所以，图 5-14(a)和(b)中只有 $B$ 腔引起的稳态液动力，且使阀口关闭。

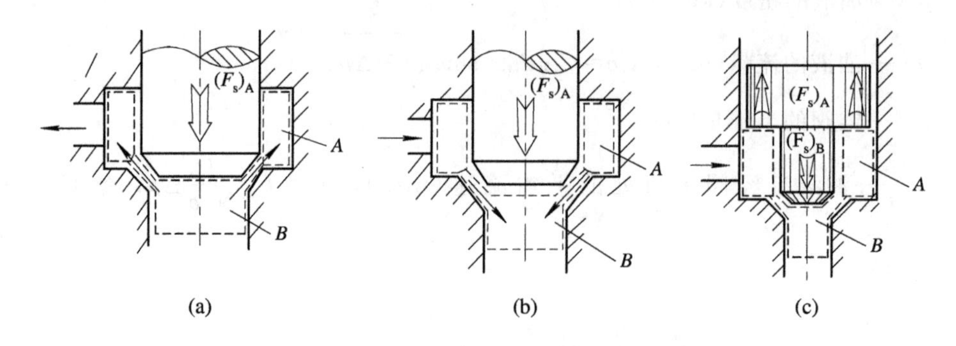


图 5-14　不同形式锥阀上的稳态液动力

但是，对于图 5-14(c)所示的结构形式就有所不同。控制体积 $A$ 的上端边界面属于阀芯，下端边界面属于阀体，因此，它造成的轴向液动力对阀芯就会产生影响，并且，这一影响随容腔 $A$ 的形状、尺寸而不同，难以计算阀芯、阀体之间的受力分配。由于此时控制体积 $A$ 产生的液动力使阀趋于开启，因此它对阀芯运动是一个不稳定的因素。

(2) 瞬态液动力。作用在锥阀上的瞬态液动力也是因为锥阀开口大小变化引起阀前液流速度改变而导致流道中液体动量的变化所产生的。经过与滑阀类似的推导，可以得到与作用在滑阀上瞬态液动力同样的公式，即

$$F_i = \rho L \frac{\mathrm{d}q}{\mathrm{d}t}$$

# 5.3　方向控制阀

方向控制阀用以控制液压系统中油液的流动方向或液流的通断，以实现执行元件的启动、停止和换向等动作。方向控制阀简称方向阀，通常有单向阀、换向阀和多路阀等。

## 5.3.1　单向阀

单向阀有普通单向阀和液控单向阀之分。梭阀相当于两只单向阀的组合，因此将它和单向阀放在一起介绍。

根据单向阀在液压系统中的作用，对单向阀有以下基本要求：

(1) 液流正向流动时阻力要小，即压力损失要小；

(2) 液流反向流动时密封性要好，即泄漏量要小；

(3) 动作灵敏，工作时不应有撞击和噪声。

### 1. 普通单向阀

普通单向阀简称单向阀，它类似于电路中的二极管，是一种结构最简单的控制阀。其作用是使油液沿一个方向流动，不许反向倒流，所以又称止回阀。单向阀主要由阀体 1、阀芯 2 和弹簧 3 所组成。图 5-15 所示为普通单向阀结构图，其中，图(a)为钢球式直通单向阀，图(b)为锥阀式直通单向阀，图(c)为锥阀式直角单向阀，图(d)为单向阀的图形符号。当压力油由进油口 $P_1$ 自左端进入单向阀时，作用在阀芯上的液压力便克服弹簧力将阀芯

顶开，于是油液由进油口 $P_1$ 流入，经过阀芯上的四个径向孔 $a$ 及内孔 $b$ 从出油口 $P_2$ 流出。当压力油从右端进入单向阀时，阀芯在液压力和弹簧力的作用下，紧压在阀座上，截断油路。

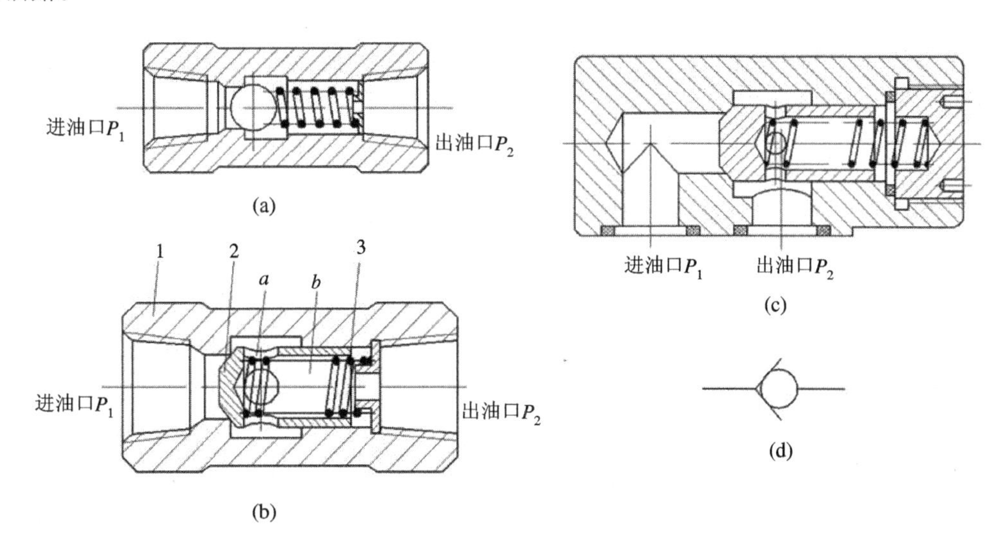


图 5-15 单向阀

常用单向阀的阀芯有球阀和锥阀两种。球阀式单向阀结构简单，制造容易，但因钢球没有导向，故工作时易产生振动和噪声，密封性也不如锥阀式，一般用于流量和压力较小以及要求不高的系统。与此相反，锥阀式单向阀的阀芯有导向部分，因此工作比较平稳，密封性能较好，适用于大流量系统。但其结构比较复杂，工艺性也较差。

由连接形式来分，单向阀也可分为管式连接和板式连接两种。

由油液流动情况来分，单向阀可分为直通式和直角式两种。直通式结构简单，尺寸小巧紧凑，可以直接安装在管路中。直角式结构复杂，需要另行设置安装底板，但装拆、维修比较方便。由于其内部流道有转弯，因此流动阻力损失较直通式结构大。

单向阀中的弹簧主要用来克服阀芯与阀体的摩擦力和惯性力，使阀芯在液流反向流动时能迅速关闭。为了使单向阀工作灵敏可靠，所以通常弹簧力较小，以免产生较大的压力降。一般单向阀的开启压力约为 0.03～0.05 MPa，通过额定流量时的压力损失一般不超过 0.1～0.3 MPa。单向阀还可根据需要更换弹簧，当其开启压力达到 0.2～0.6 MPa，便可做背压阀用。

在液压系统中，单向阀常用来完成以下几种功用。

(1) 防止逆流，保护液压泵。图 5-16 中的单向阀用以防止油液回流，以避免液压泵反转或损坏。

(2) 与其它液压控制阀并联，使该阀只在单方向起作用。

图 5-17 所示为单向阀与节流阀并联举例。因为单向阀的截止作用，所以压力油必须经过节流阀才能进入液压缸左腔，从而推动活塞向右移动，由图中可以看出，通过调节节流阀的开口即可改变液压缸活塞移动的速度。当压力油进入液压缸右腔时，左腔的油液则主要经过单向阀回油箱，从而使活塞快速退回。

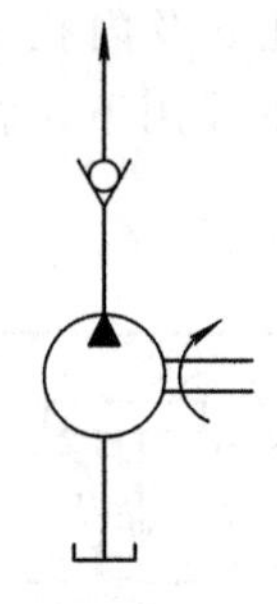

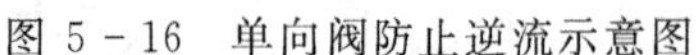

图 5-16　单向阀防止逆流示意图

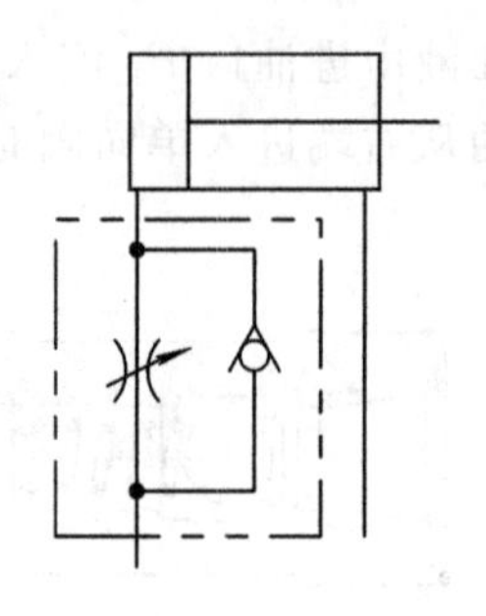

图 5-17　单向阀与节流阀并联图

(3) 隔开高、低压油路，防止高压油进入低压系统。图 5-18 所示为采用双联叶片泵的供油系统，双联叶片泵常采用高压小流量泵和低压大流量泵。当系统压力较低时，两泵同时供油，单向阀打开；当系统压力较高时，低压大流量泵卸荷，高压小流量泵继续工作。为了防止高压油进入低压系统，单向阀关闭，从而将高、低压油路隔开。

(4) 作背压阀，使执行元件运动平稳。图 5-19 所示为在液压缸的回油路上接单向阀作为背压阀的实例。由于单向阀的存在，使液压缸的回油腔(活塞的背面)形成一定的压力(即背压)，并且可以防止系统不工作时油液流回油箱而造成空气进入系统，从而使执行元件运动比较平稳。

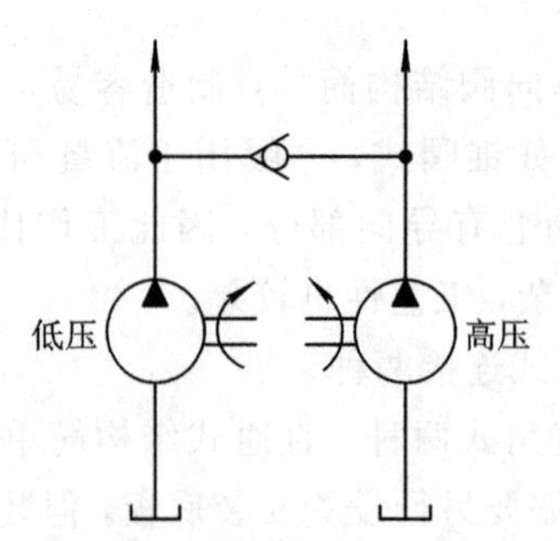


图 5-18　单向阀隔开高、低压油路示意图

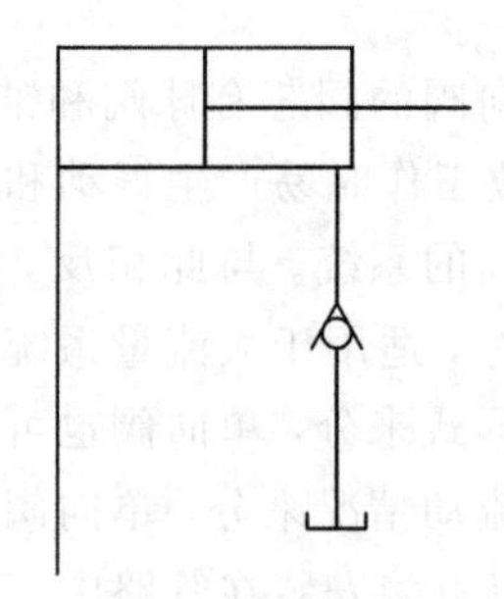

图 5-19　单向阀作背压阀示意图

**2. 液控单向阀**

液控单向阀是一种通入控制压力油后即允许油液双向流动的单向阀。它由单向阀和液控装置两部分组成。

图 5-20 所示为简式液控单向阀，其中，图(a)为结构原理图，图(b)为图形符号图。该单向阀除了有进油口 $A$ 和出油口 $B$ 外，还有一个控制油口 $X$。单向阀受控制活塞 $a$ 的控制，当控制油口 $X$ 未通压力油时，作用与普通单向阀相同，正向流通，反向截止。当控制油口 $X$ 通入压力油后，控制活塞通过顶杆打开单向阀，则油液正、反向均可流动。一般来说，其最小控制压力为主油路压力的 30%～40%。因控制活塞右腔直接与 $A$ 腔相通，控制活塞右行时泄出的油液直接流入 $A$ 腔，所以称为内泄式。

图 5-21 所示为复式液控单向阀，复式结构的特点是带有卸荷阀。当油液反向流动时，进油压力相当于系统工作压力，通常很高，控制油的开启压力必须很大才能顶开阀芯，这将影响液控单向阀的工作可靠性，因此可采用先导阀预先卸载，此即装在单向阀阀芯中的卸荷阀(先导阀)$c$。由于该阀芯承压面积比较小，无需多大推力便可将它先行顶开，因此

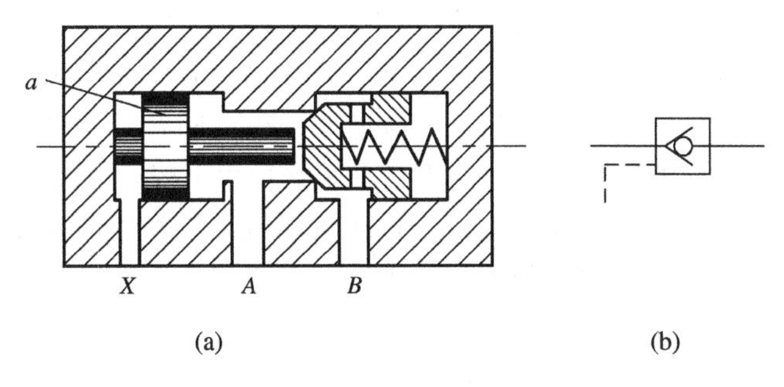


(a)　　(b)

图 5 - 20　液控单向阀

当控制压力油通入油口 $X$ 使活塞 $a$ 运动时，将首先打开卸荷阀 $b$，使 $A$、$B$ 两腔连通，$B$ 腔逐渐卸压，直至单向阀阀芯 $c$ 两端油压平衡，控制活塞便可比较容易的将单向阀打开，使油液反向流动。这样，将使控制压力相应减小，因此，该单向阀可以用在压力较高的场合。因控制活塞右腔与泄油口 $Y$ 相通，当控制活塞右行时，泄出的油液流回油箱，所以这种泄漏形式称外泄式。

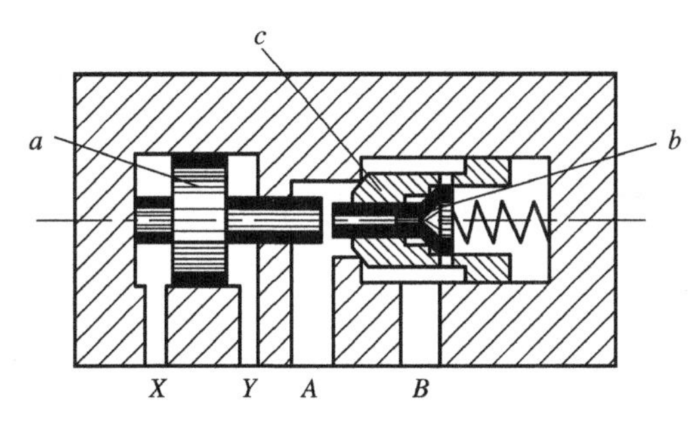


图 5 - 21　带卸荷阀芯的液控单向阀

在液压系统中，液控单向阀常用于完成以下功用。

(1) 封闭油路，使液压缸处于锁紧状态。

图 5 - 22 所示是防止液压缸下滑的回路。换向阀在左、右两个位置时，液控单向阀开启使油液往返自由流动。当换向阀处于中立位置时，控制油路通油箱，单向阀关闭，液压缸下腔被封闭，因此活塞及负载不会因自重而下滑。

图 5 - 23 所示为锁紧回路。当换向阀处于中间位置时，液压缸停止运动，液压缸两腔的油液分别被两个液控单向阀封闭，即使有外力作用在液压缸上，活塞也不致发生运动。采用这种方法可以长时间锁紧液压缸。

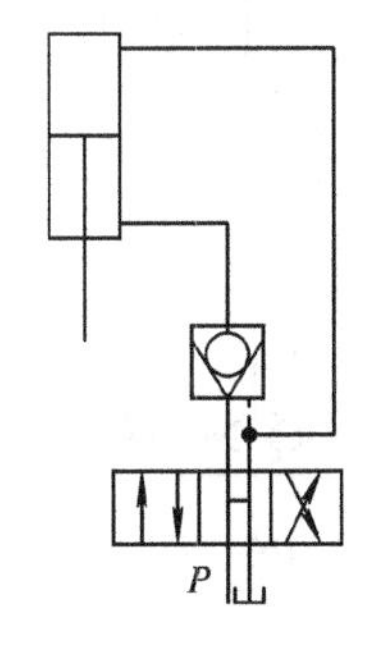


图 5 - 22　液压缸一腔锁紧

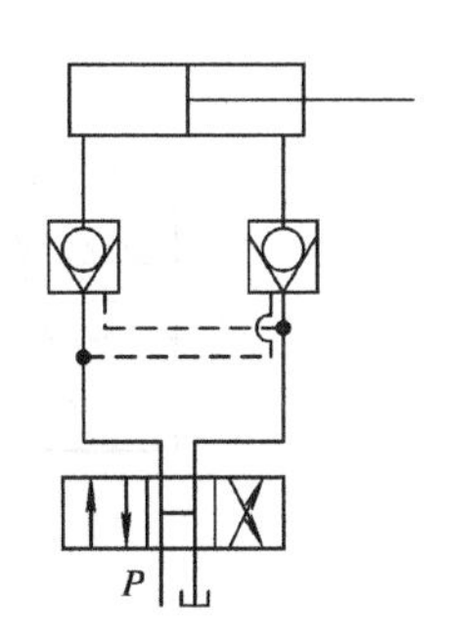


图 5 - 23　液压缸两腔锁紧

(2) 作充液阀使用。图 5 - 24 所示为一高架补油装置，液控单向阀起充液阀的作用。在液压机主液压缸系统中，为了使活塞在快速下降过程中不会因自重等原因而使液压缸产生吸空现象或减压，必须设置补油装置，可通过液控单向阀补充油液。当压力油自油管 2 进入液压缸上腔，下腔回油管 1 回油时，活塞快速空行程下降，充油箱中的油液通过充液阀大量补入液压缸上腔。当压力油自油管 1 进入液压缸下腔而使活塞上升时，控制压力油自油管进入充液阀 3 并将其打开，使液压缸上腔油液经油管 2 回油的同时，一部分又回到充液箱中。

(3) 用于大流量排油。图 5 - 25 所示液压缸两腔的有效作用面积相差很大，在活塞退回时，液压缸右腔排油量骤然增大，此时若采用小流量的换向阀，则会产生节流作用而限制活塞后退的速度；若加设液控单向阀，则在活塞后退时，控制压力油将其打开，油液便可顺利地经液控单向阀从右腔排出。

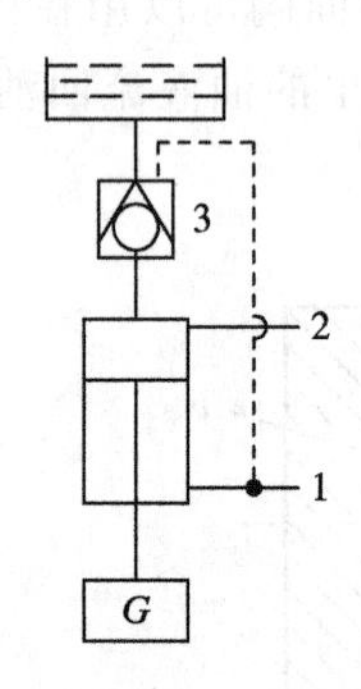


图 5 - 24　作充液阀

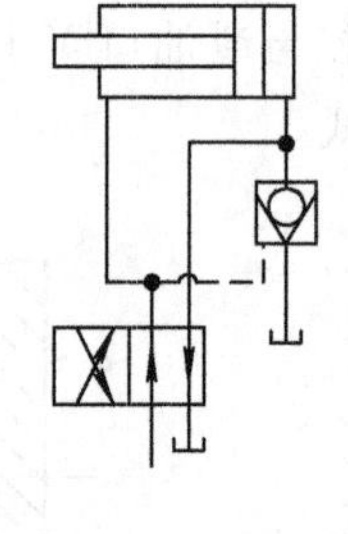

图 5 - 25　用于大流量排油

**3. 梭阀**

梭阀相当于两只单向阀的组合，它由阀体和阀芯组成。由于阀芯在阀体内左右运动时如同梭子一样，因此称为梭阀。

图 5 - 26 所示为梭阀，其中，图(a)为结构原理图，图(b)为图形符号。梭阀的阀体上有三个油口，$P_1$、$P_2$ 为进油口，$A$ 为出油口。当油口 $P_1$ 的压力大于油口 $P_2$ 的压力时，钢球被推向右端，油口 $P_1$ 与油口 $A$ 相通；当油口 $P_2$ 的压力大于油口 $P_1$ 的压力时，钢球被推向左端，油口 $P_2$ 与油口 $A$ 相通。若两边同时通压力且压力相等时，则随压力油加入顺序的不同，钢球可停留在左边或者右边。

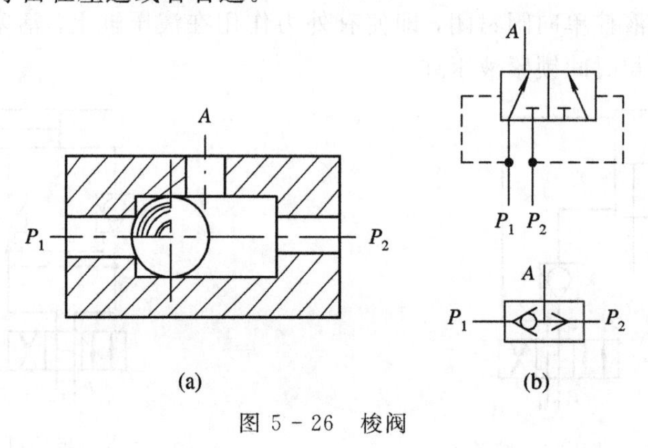


图 5 - 26　梭阀

梭阀的应用很广，它既可以在叶片式液压马达正反转时使叶片底部始终通压力油，又可以将控制信号有次序地输入以控制执行元件。图 5－27 所示为梭阀的一种应用示例，在这个回路中，不论 $P_1$ 或是 $P_2$ 通压力油，均可使弹簧复位式单活塞杆液压缸的活塞杆伸出。

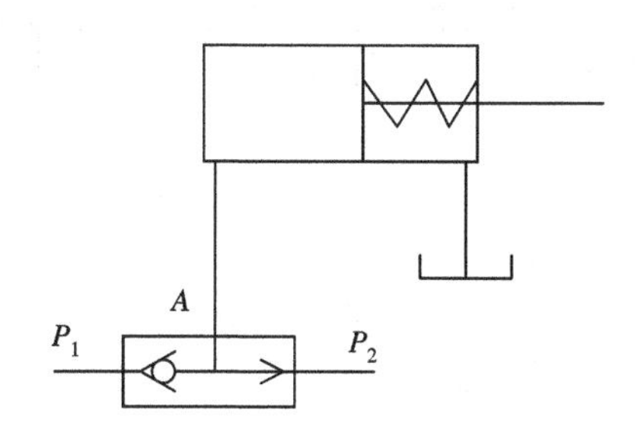


图 5－27　梭阀的应用

## 5.3.2　换向阀

换向阀是利用阀芯相对于阀体的运动来接通或断开油路以变换油液流动方向，从而使执行元件启动、停止或换向。对换向阀的基本要求是：

(1) 液流通过换向阀时压力损失要小；

(2) 液流在各关闭油口间的缝隙泄漏量要小；

(3) 换向控制力小，换向可靠，动作灵敏；

(4) 换向平稳无冲击。

### 1. 换向阀的分类及结构

换向阀按其结构特点可分为滑阀式、转阀式和锥阀式三类。锥阀式换向阀将在插装阀中介绍，这里主要分析滑阀式和转阀式换向阀。

1) 滑阀式换向阀

(1) 滑阀式换向阀的结构及换向原理。滑阀式换向阀是应用最广的一种换向阀，它是靠圆柱形阀芯在阀体内沿轴线作往复滑动而实现换向作用的。图 5－28 所示为滑阀结构图。阀芯是一个有多级环形槽的圆柱体，大直径部分称为凸肩，是阀芯与阀体内孔配合而起开、闭油路作用的部分，有的较大直径的阀芯还在轴线中心处加工出回油的通路孔。阀体的内孔与阀芯的凸肩部分相配合，阀体上加工出若干个环形槽，称为沉割槽。阀体上有若干个与外部相通的油口，它们分别与相应的沉割槽连通。一般来说，换向阀中的 $P$ 表示与液压泵相通的压力油口，$A$、$B$ 表示与执行元件相通的工作油口，$T$(有些书上用 $O$)则表示与油箱相通的回油口。阀芯相对于阀体的不同工作位置数叫做“位”，如二位、三位等；阀体与系统油路相连通的主要油口数称为“通”(其中不包括控制油口和泄漏油口等)，如二通、三通、四通、五通等。当阀芯在阀体内作轴向运动而移动到不同位置时，阀中各油口的连通关系即发生改变，于是便可以得到二位二通、二位三通、二位四通、二位五通、三位四通、三位五通等不同形式的换向阀，这就是换向阀的换向原理。

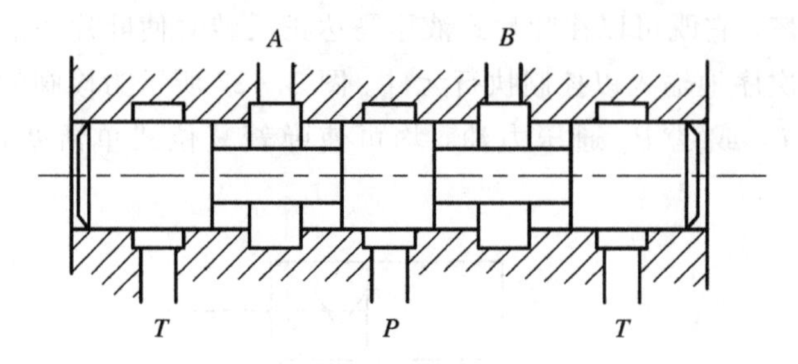


图 5-28　滑阀结构图

表 5-1 所示为换向阀的结构原理和图形符号。

**表 5-1　换向阀的结构原理和图形符号**

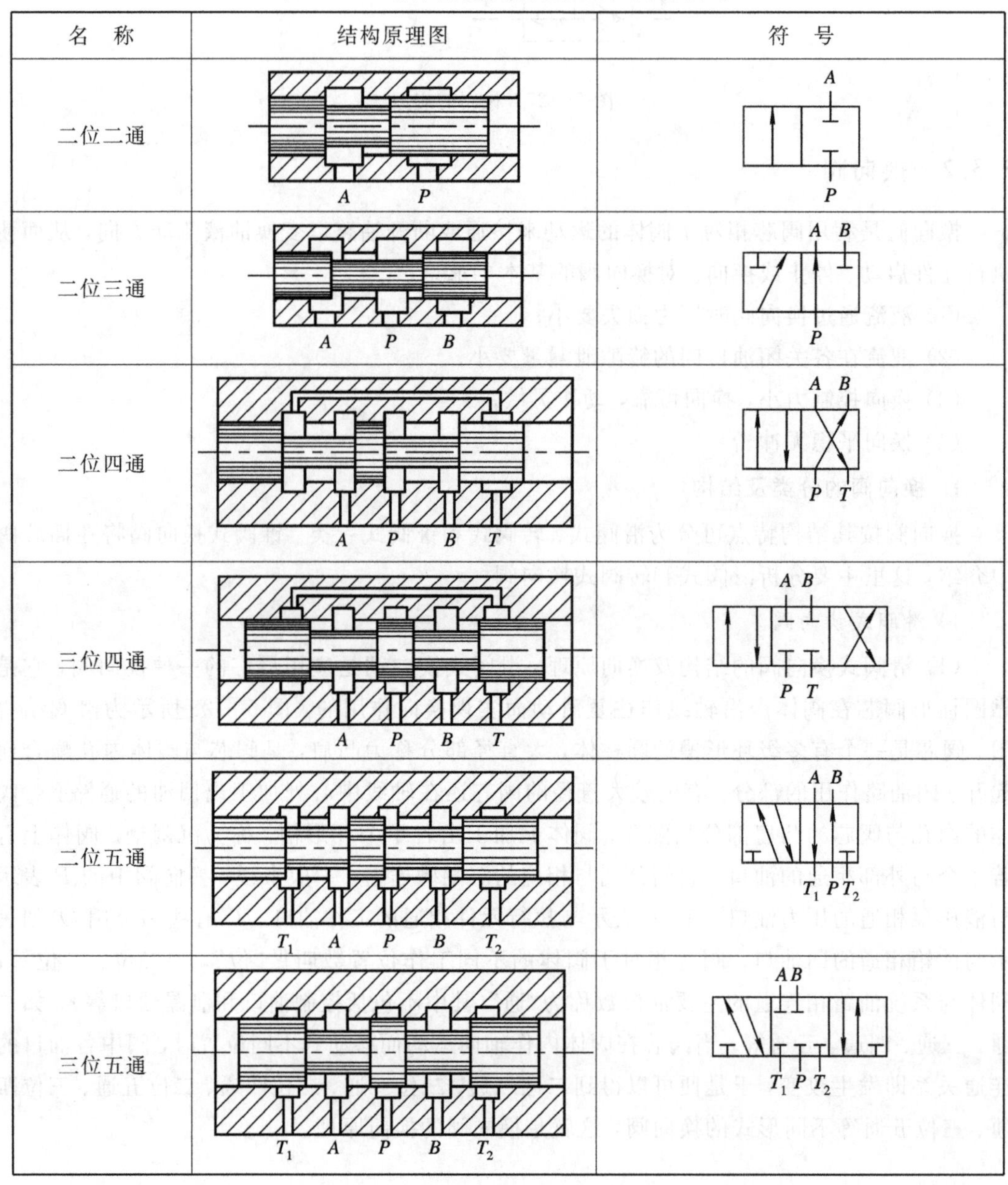

| 名　称 | 结构原理图 | 符　号 |
| --- | --- | --- |
| 二位二通 | A　P | A　P |
| 二位三通 | A　P　B | A B　P |
| 二位四通 | A　P　B　T | A B　P T |
| 三位四通 | A　P　B　T | A B　P T |
| 二位五通 | $T_1$　A　P　B　$T_2$ | A B　$T_1$ P $T_2$ |
| 三位五通 | $T_1$　A　P　B　$T_2$ | AB　$T_1$ P $T_2$ |

图形符号的含义：

a. “位”数用实线方格数表示(由虚线相隔的方格表示过渡位置)，一个方格表示一个“位”，有几“位”就应该画几个方格，如二位即两个方格。

b. 在一个方格内，箭头首尾或堵塞符号“⊥”、“⊤”与一个方格的相交点数为油口通路数，即“通”数。箭头表示两油口相通；“⊥”、“⊤”表示该油口不通。

c. 油口具有固定的含义和方位。$P$ 为进油口，一般位于方格的左下方(五通阀则位于方格下方的中间位置)；$A$、$B$ 表示与执行元件相通的工作油口，分别位于方格的左上方和右上方；$T$ 为回油口，一般位于方格的右下方(五通阀则位于方格的左下方和右下方)。

d. 控制方式和弹簧符号画在方格的两侧。

e. 阀芯未受控制动力时所处的位置为常态位置。三位阀中间的一格、两位阀画有弹簧的那一格即为常态位置。二位二通阀有常开型和常闭型两种，前者常态位置时两油口连通，后者则不通。在液压系统原理图中，换向阀的符号与油路连接一般应画在常态位置上，所以常态位置这一格的油口通常画出格外。

(2) 滑阀的工作原理和应用举例。

a. 二位二通滑阀。图 5 - 29 所示为二位二通滑阀。这种阀的阀芯上有两个凸肩，阀体上有两条沉割槽，形成两个油腔，分别与油口 $P$、$A$ 相通。阀芯有两个工作位置：一个是常态位置，此时阀芯被推向左端；另一个是阀芯在外力作用下右移。由此可见，二位二通阀实际上是一个液压开关，主要用于切断或接通油路。表 5 - 1 中的二位二通阀，左位 $P$ 通 $A$，右位 $P$ 不通 $A$，这种形式为常闭式。而图 5 - 29(a)所示的二位二通阀则在常态时油口 $P$、$A$ 接通，在外力作用下 $P$、$A$ 不通，所以称为常开式。

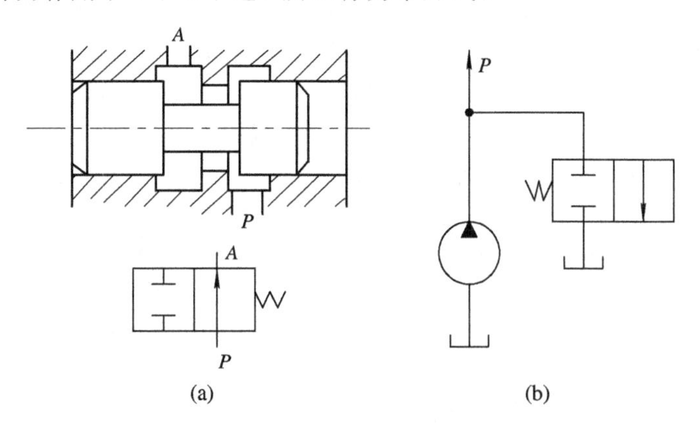


图 5 - 29　二位二通滑阀

图 5 - 29(b)所示为常闭式二位二通阀的一个应用实例。在常态下，滑阀关闭，液压泵向系统供油；滑阀打开，液压泵卸载。

b. 二位三通滑阀。如表 5 - 1 所示，这种阀的阀芯上有两个凸肩，阀体上有三条沉割槽，形成三个油腔，各自和油口 $P$、$A$、$B$ 相通。阀芯有两个位置：一个是常态位置，油口 $P$ 和 $A$ 相通，与 $B$ 油口断开；另一个位置是阀芯右移，油口 $P$ 和 $B$ 相通，与 $A$ 油口断开。

图 5 - 30 所示为用二位三通阀控制弹簧复位式单活塞杆液压缸换向的原理图。当滑阀处于图示位置时，液压缸左腔通压力油，活塞杆伸出；当阀芯受外力作用右移后，液压缸左腔通油箱，活塞杆在弹簧作用下缩回。

c. 二位四通滑阀和二位五通滑阀。如表 5－1 所示，这两种阀的阀芯通常有三个凸肩，阀体上有五条沉割槽，形成五个油腔，其中：左、右两端的沉割槽若从阀体上连通，则只有四个油腔，分别与 $P$、$A$、$B$、$T$ 相通；左、右两端的沉割槽若未连通，则有五个油腔分别与 $P$、$A$、$B$、$T_1$、$T_2$ 相通。滑阀处于常态位置时，对于四通阀，则是 $P$ 通 $B$，$A$ 通 $T$；对于五通阀，则是 $P$ 通 $B$，$A$ 通 $T_1$，$T_2$ 不通。阀芯右移，对于四通阀，则是 $P$ 通 $A$，$B$ 通 $T$；对于五通阀，则是 $P$ 通 $A$，$B$ 通 $T_2$，$T_1$ 不通。

图 5－31 所示为二位四通阀的一种应用实例。它只能控制液压缸前进与后退，没有中间停留位置。

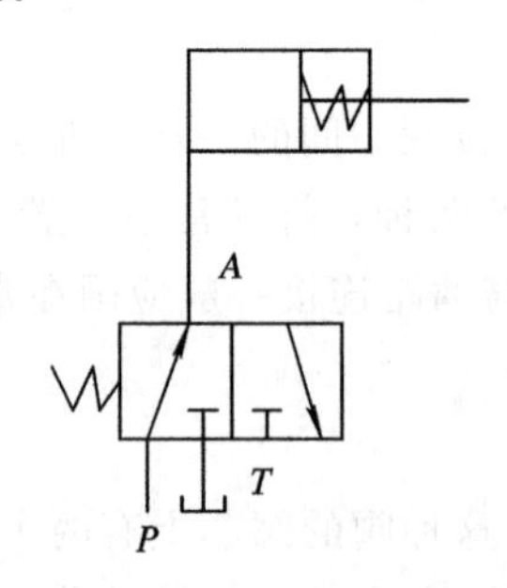


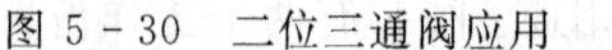
图 5－30　二位三通阀应用

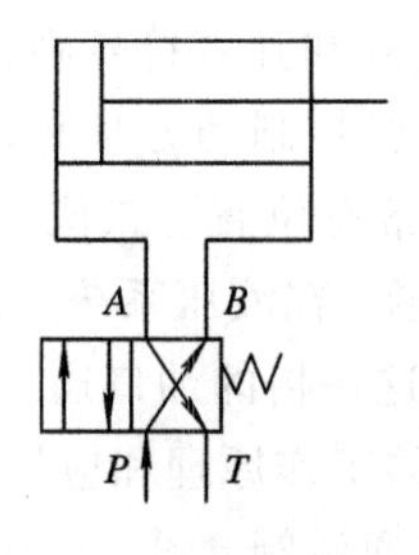


图 5－31　二位四通阀应用

d. 三位四通滑阀和三位五通滑阀。如表 5－1 所示，这两种阀的阀芯与阀体与二位四通阀和二位五通阀相同。通常三位阀两端都装有弹簧，当没有外部作用力时，两个弹簧使阀芯处于中立位置，$P$、$A$、$B$、$T$ 都不通。两端操纵力使阀芯左、右移动时，使之到达两个不同的极端位置，这样就可以得到三个不同的位置。左、右两位的油口和二位阀相同。

图 5－32 所示为三位四通阀和三位五通阀的一种应用实例。(a)图表示三位四通阀的应用，由于滑阀具有中间位置，因此液压缸除左、右移动外，还可以在任意位置上停留。(b)图表示三位五通阀的应用，由于有两个回油口，通过两只液阻不同的节流阀回油，因此当液压马达正、反转时，即可得到两种不同的转速。

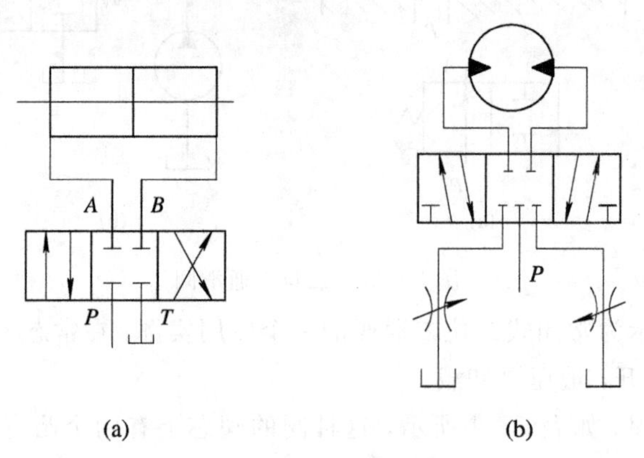


图 5－32　三位阀的应用

(3) 滑阀的操纵方法和特点。滑阀一般在外部操纵力和弹簧力的作用下实现换向。常用的外部操纵力大致有以下几种。

a. 手动滑阀。手动滑阀是直接用手操纵的换向阀，它有弹簧自动复位和钢球定位两种不同的形式。图 5－33(a)所示为自动复位式手动换向阀的结构图。它由手柄 1、阀芯 2、阀体 3、套筒 4、弹簧 5 和法兰盖 6 等组成。(a)图表示自动复位式，(b)图表示钢球定位式，(c)图表示它们的图形符号。扳动手柄即可换位，松手后，自动复位式阀芯在弹簧的作用下自动回到中间位置。钢球定位式阀芯即可停留在钢球卡在某一定位沟槽的那个位置上。

手动滑阀结构简单，成本低廉，动作可靠，有的还可人为地控制阀口的大小，从而能够控制执行元件的速度。但由于其需要人力操纵，故只适用于间歇动作且要求人工控制的场合，使用压力和流量不能太大。通常，在操纵手动滑阀时应能同时观察到运动部件的动作，常用于起重运输机械、工程机械等。

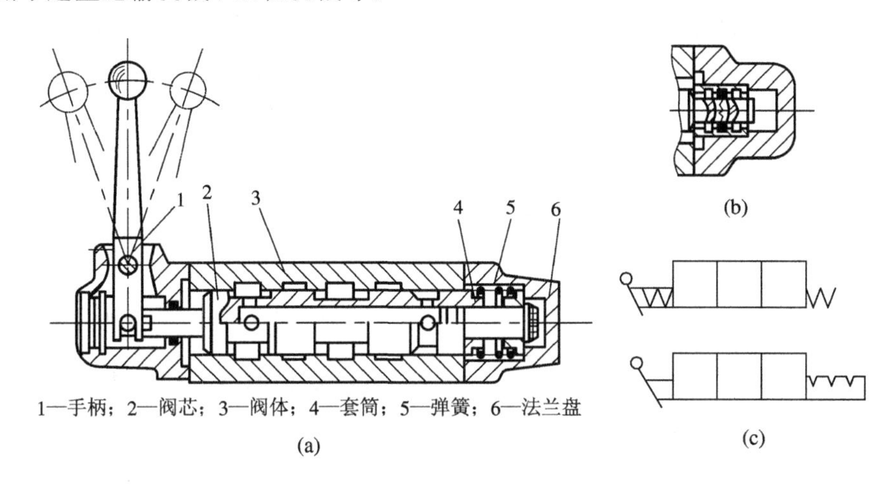


图 5-33　三位四通手动换向阀

b. 机动滑阀。机动滑阀又称行程阀。这种阀必须安装在液压缸附近，在液压缸驱动工作部件的行程中，当装在工作部件一侧的挡铁或凸轮移动到预定位置时就推动阀芯，使阀换位。图 5-34 所示为二位二通常闭型机动滑阀的结构图(图(a))和图形符号图(图(b))。它由滚轮 1、导杆 2、前盖 3、阀体 4、阀芯 5、弹簧 6 和螺盖 7 等组成。机动滑阀通常只有两个位置：滚轮没有受压时，阀芯在弹簧的作用下处于左端；当挡铁或凸轮将滚轮压入时，阀芯被推至右端，这样便实现了换位。机动换向阀结构简单，动作可靠，重复位置精度高；换向时阀芯移动速度缓慢，引起的液压冲击和噪声较小。但因为它的安装位置离不开有关的运动部件，所以使用受到限制。它常用于机床工作台的换向回路中。

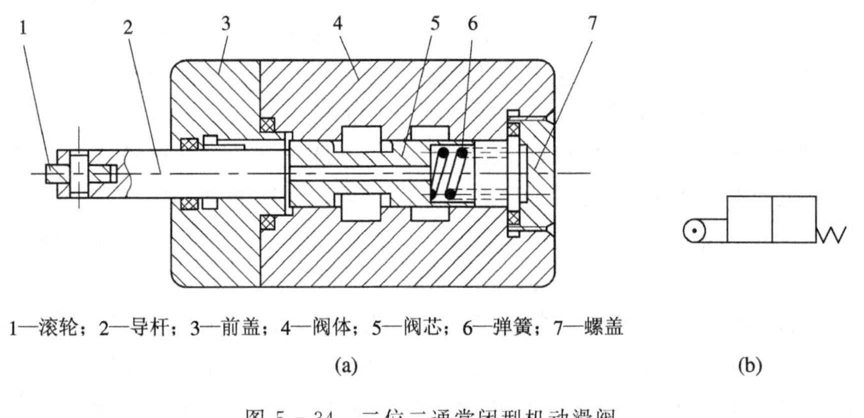


图 5-34　二位二通常闭型机动滑阀

c. 电磁滑阀。电磁滑阀简称电磁阀，它利用电磁铁的吸力操纵阀芯换位，电磁铁则接受按钮开关、行程开关和微动开关等电气元件的信号而发生动作。电磁阀是连接电气控制系统和液压系统的元件，它使得液流换向能采用电气来控制，是现在和将来很有发展前途的一种操纵方法，因此在液压系统中应用很广。

电磁滑阀中常用的电磁铁实质上是一种特定结构的牵引电磁铁，它根据线圈电流的“通”、“断”而使衔铁吸合或释放，因此只有“开”与“关”两个工作状态，常称其为开关型电磁铁。

阀用电磁铁的品种很多，可归纳为交流型、直流型和本整形电磁铁，每一种又有干式和湿式之分。由于磁场不同，因此其结构、材料和性能各有自己的特点，见表 5-2。

**表 5-2　交流、直流电磁铁的特点**

| 交流电磁铁 | 直流电磁铁 |
| --- | --- |
| 吸合、释放快，动作时间约 0.01～0.03 s，工作时有较大的冲击和噪声 | 吸合、释放较平缓，动作时间约 0.05～0.08 s，工作时冲击和噪声较小 |
| 启动电流达正常吸合电流的 3～5 倍，无功消耗大 | 启动电流与正常吸合电流接近，无功消耗小 |
| 允许切换频率低，约 10 次/min | 允许切换频率较高，一般可达 120 次/min |
| 因阀芯卡阻，线圈得电而衔铁不能吸合时，线圈会因电流过大而烧毁 | 因阀芯卡阻，线圈得电而衔铁不能吸合时，线圈不会烧毁 |
| 磁性材料用硅钢片叠合而成 | 磁性材料用工业纯铁，为整体结构 |
| 体积较大，工作可靠性较差，寿命较低 | 体积较小，工作可靠，寿命长 |

图 5-35 所示为干式直流电磁铁，图 5-36 所示为湿式交流电磁铁。它们都是由线圈、导磁套、挡铁、衔铁及推杆等主要零件组成的。线圈通电后在上述零件中产生闭合磁回路，衔铁与挡铁间的工作气隙中产生磁力作用吸合衔铁，使推杆移动。断电时电磁吸力消失，衔铁靠弹簧力(图中未画出)而复位。通常，直流电磁铁常用电压为 24 V(也有用 110 V 的)；交流电磁铁常用电压为 220 V(也有用 380 V、127 V、110 V 或 36 V 的)，频率为 50 Hz。无论哪种电磁铁，其电源电压不得低于额定电压的 85%，不得高于额定电压的 115%。若电压太低，则吸力减小，从而影响换向可靠性；若电压太高，则电磁铁线圈容易发热而烧坏。所谓“干式”或“湿式”，是指衔铁工作腔是否有油液而言的。干式电磁铁的衔铁与挡铁之间的介质为空气，更换电磁铁方便，但是推动阀芯用的推杆要严格密封，密封处的摩擦力会影响电磁铁的换向可靠性。湿式电磁铁则避免了这一缺点(如图 5-36 所示)，它由导磁套 3(又称耐压管)、封油盖 6 和底座等组成一个密封腔。衔铁 4 和推杆 1 在腔内自由移动，压力油通过底座和推杆之间的间隙进入导磁套腔内，因此套内是“湿”的，并可承受一定的液压力。槽 $a$ 使衔铁两端油室沟通，以避免容积闭死而影响衔铁运动；同时还起阻尼孔作用，以避免衔铁运动时发生硬性冲击。线圈 2 安装在导磁套 3 和外壳 5 之间，与油液隔绝，因此线圈仍处于干式状态。外壳、底座、衔铁等都采用导磁性良好的材料制成。线圈通入电流后，产生的磁力线形成了一闭合磁路，吸动衔铁，然后通过推杆推动阀芯移动。导磁套必须用非磁性材料或用隔磁套(铜套)9 将其隔断，以避免磁力线通过导套而构成回路，这将影响通过衔铁的磁力线，从而降低对衔铁的吸力。7 为放气螺钉，工作前拧动它，

以排除导磁套内的空气。湿式电磁铁由于取消了推杆上的密封而提高了可靠性，衔铁和推杆工作时处于润滑状态，并受到油液的阻尼作用而使冲击减弱，因此已逐渐取代传统的干式电磁铁。

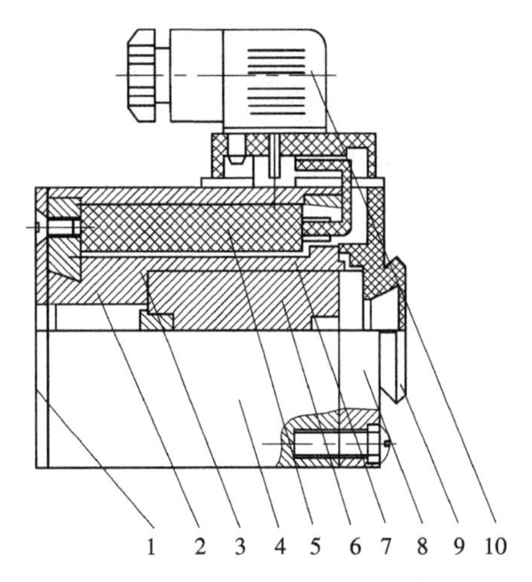


1—连接板；2—挡板；3—线圈护箔；4—外壳；5—线圈；
6—衔铁；7—导磁套；8—后盖；9—防尘套；10—插头组件

图 5－35　干式直流电磁铁

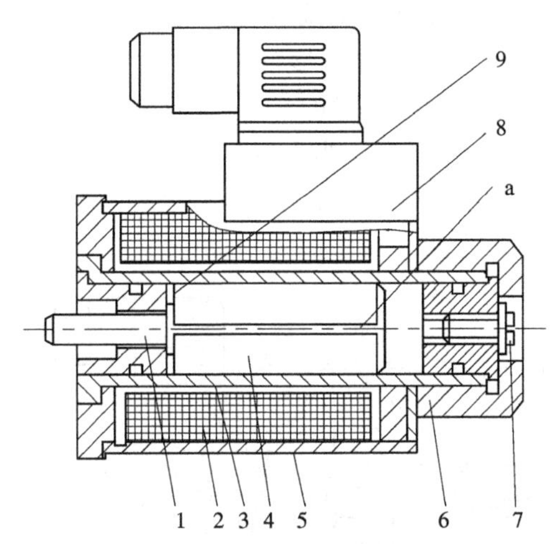


1—推杆；2—线圈；3—导磁套；4—衔铁；5—外壳；
6—封油盖；7—放气螺钉；8—插头座；9—隔磁套

图 5－36　湿式交流电磁铁

除上述交流、直流电磁铁外，阀用电磁铁还有一种本整型即本机整流型电磁铁，这种电磁铁上附有二极管整流线路和冲击电压吸收装置。在图 5－36 中，接线用的插头座 8 在直接使用交流电源的同时具有直流电磁铁的特性，因而兼有前述两者的优点。

图 5－37(a)所示为二位四通交流电磁换向阀的结构图。电磁铁通电时，衔铁带动推杆使阀芯右移；不通电时，阀芯靠弹簧复位。电磁铁左端的 5 代表应急手动按钮，当电磁铁失控或需检验阀的功能时，可以通过手动按钮从外部用手来改变阀芯的位置。图(b)为其图形符号。

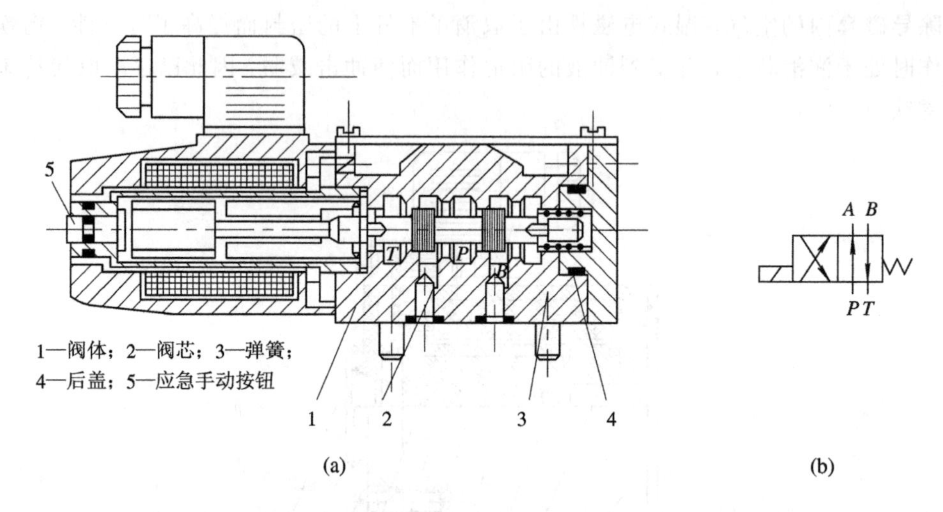


图 5-37　二位四通交流湿式电磁换向阀

图 5-38(a)所示为二位四通钢球定位式直流干式电磁换向阀的结构图。它有两个电磁铁，阀体左端装有定位套，套的内壁有两条定位槽，槽的间距正好是阀芯换向的行程。阀芯在定位套内的一端装有定位钢球 4 和定位弹簧 3。当阀芯处于图示位置时，$P$ 和 $A$、$B$ 和 $T$ 相通。阀芯右移时，钢球弹出而卡在右边的定位槽内，起定位作用。当左边的电磁铁断电时，阀芯仍能稳定地保持该电磁铁断电前的位置；当右边的电磁铁通电时，阀芯左移，钢球又卡到左边的定位槽内。图(b)为其图形符号。

由于电磁铁断电后仍然能保留通电时的状态，因此减少了电磁铁的通电时间，延长了电磁铁的工作寿命，节省了能源。此外，当电磁铁的供电电源因故中断时，电磁阀的工作状态还能保留下来，从而避免系统失灵或出现事故。这种“记忆”功能对于一些连续作业的自动线来讲，往往是十分必要的。

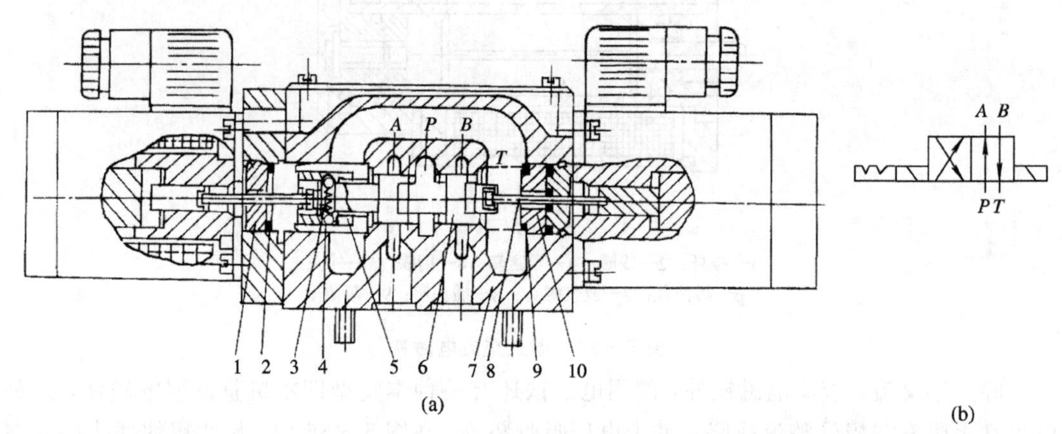


1、10—挡板；2、9—弹性卡圈；3—定位弹簧；4—定位钢球；5—定位套；6—阀芯；7—阀体；8—顶杆

图 5-38　二位四通钢球定位式直流干式电磁换向阀

图 5-39 所示为三位四通湿式电磁滑阀。图中右面为湿式直流电磁铁的剖面图，回油腔的油液可以进入电磁铁内部。左、右两个电磁铁都不通电时，阀芯在对中弹簧 4 的作用下处于中位，因此，该换向阀具有三个位置。

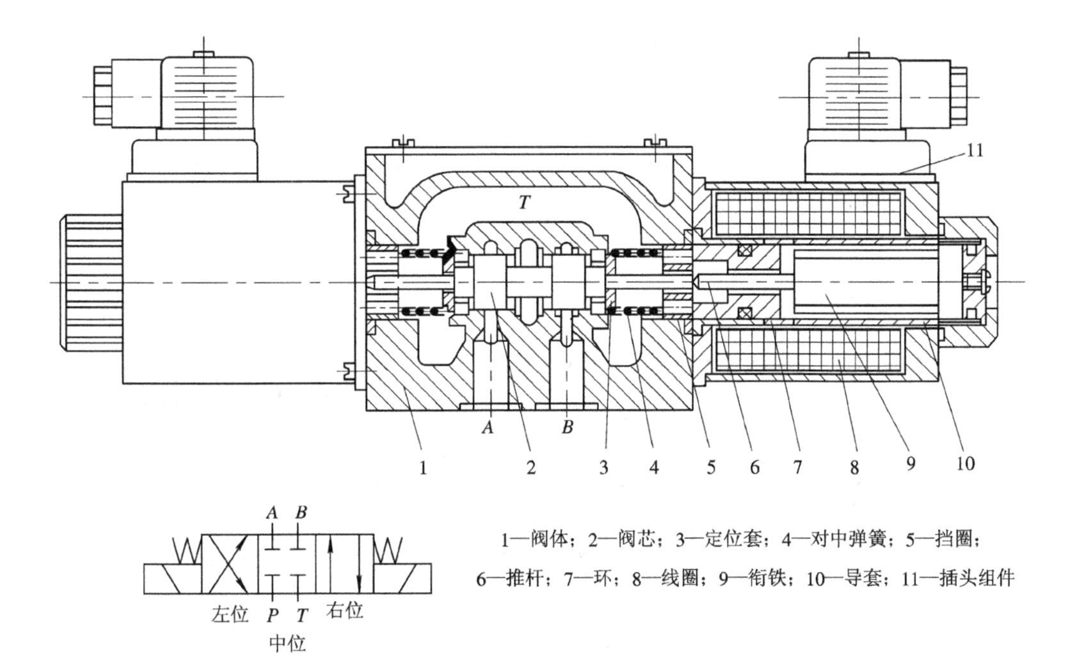


图 5－39　三位四通湿式电磁滑阀

电磁滑阀换向灵敏、迅速，操作方便，便于实现自动控制与远距离控制。但因电磁铁吸力有限，所以它一般只用于压力和流量不大(小于 63 L/min)的场合。

除上述电磁滑阀外，近年来新发展了一种电磁球阀，它以电磁铁为动力，推动钢球实现油路的通断和切换。与电磁滑阀相比，电磁球阀具有密封性好，反应速度快，使用压力高和适应能力强等优点，是一种颇具特色的换向阀。但因它不像滑阀那样具有多种位通组合形式和滑阀机能，故限制了其使用范围。

d. 液动滑阀。液动滑阀是利用控制油路的压力油来改变阀芯在阀体内的相应位置，从而实现换向的换向阀。图 5－40 所示为三位四通液动滑阀的结构图。两端控制油口没有压力油通入时，滑阀在两端弹簧的作用下处于中位。当左控制油口通入压力油而右控制油口回油时，阀芯向右运动；反之，阀芯向左运动。控制油可以是油路中分出的一部分油量，也可以由专设的控制油源供给。

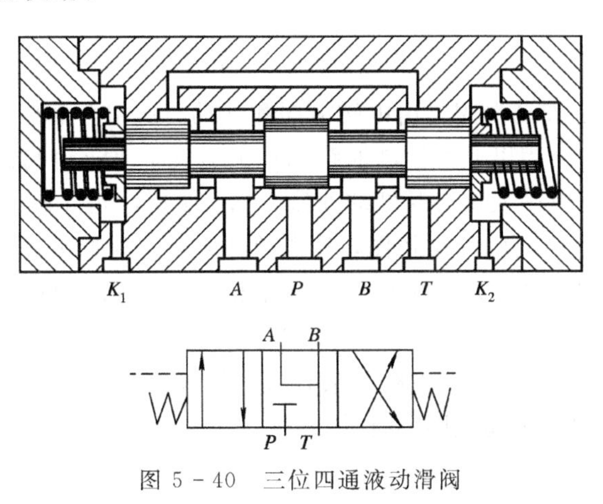


图 5－40　三位四通液动滑阀

为了控制滑阀的换向速度，提高换向动作的平稳性，可在阀的控制油路上设置可调节的单向节流阀(或称阻尼器)，以调节控制油路的流量。其工作原理如图 5 - 41 所示。当控制压力油由左控制油口流入，从单向阀 1 进入液动滑阀阀芯左端时，右端的油液只能从该端的节流阀 2 流出。由于节流阀通流面积可调，因此换向速度可以得到控制。液动滑阀的操纵力较大，适用于高压大流量系统。

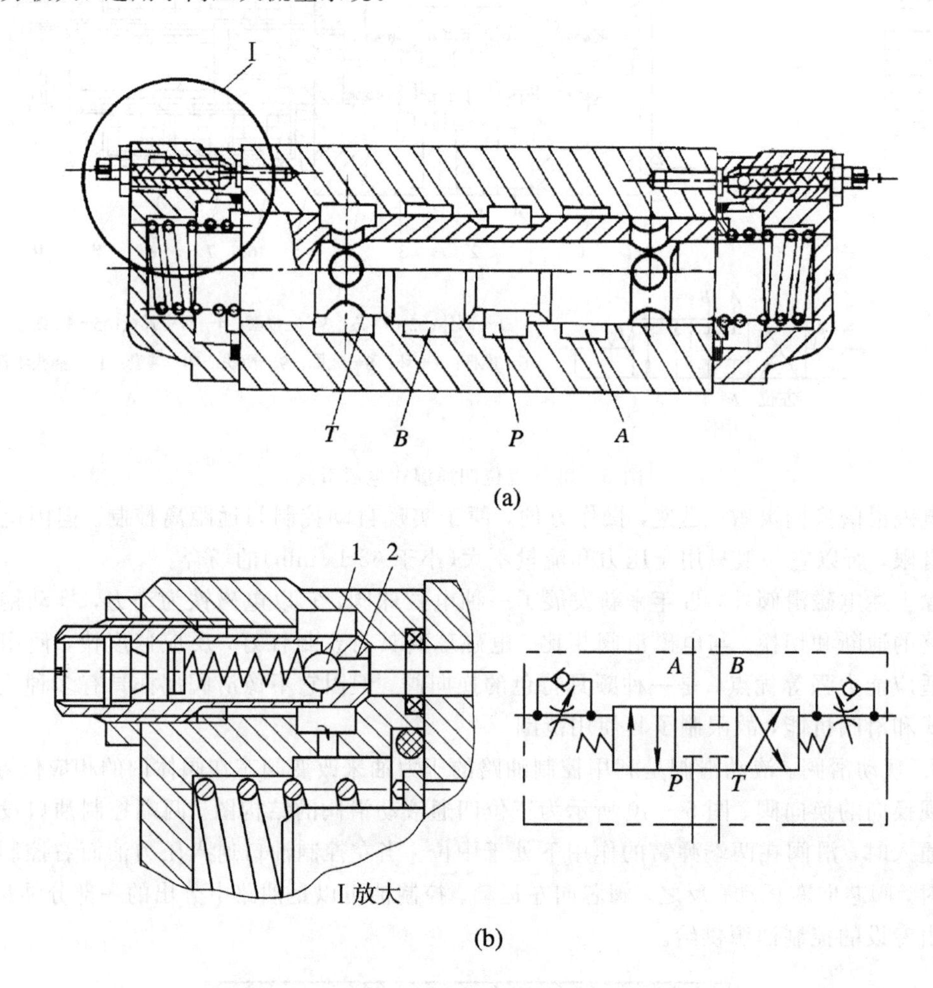


图 5 - 41　液动滑阀

e. 电液动滑阀。电液动滑阀是由电磁滑阀和液动滑阀组合而成的组合阀。电磁阀是一个小尺寸的先导阀，主要用以变换控制油路的油流方向，使液动阀换向。液动阀是一大规格的主阀，主要用以变换进入执行元件的油流方向，使执行元件换向。图 5 - 42(a)所示为三位四通弹簧对中电液换向阀的结构图，其先导阀为三位四通电磁滑阀。当两个电磁铁均不通电时，主阀芯两端的油腔均经电磁阀与油箱相通，主阀芯则在两端弹簧的作用下停留在中位。图示液动阀在中位时，*P*、*A*、*B*、*T* 四个油口均不相通。左边电磁铁通电时，主阀芯有一位置；右边电磁铁通电时，主阀芯又有另一位置。图 5 - 42(b)所示为电液动阀的详细图形符号，图 5 - 42(c)为简化图形符号。

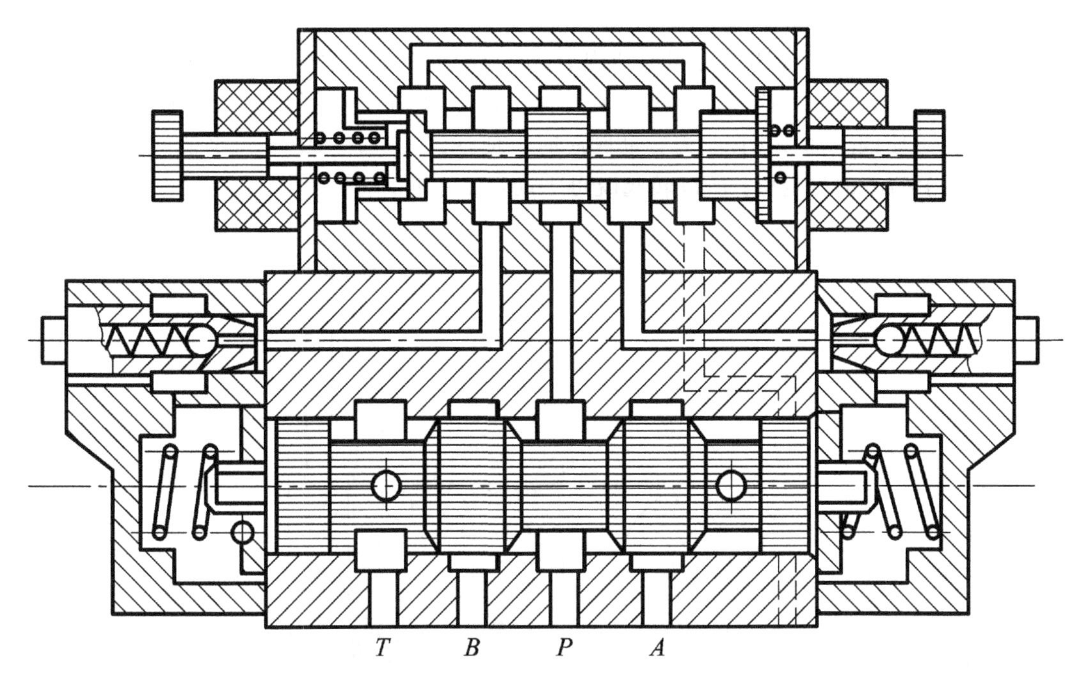


图 5 - 42　三位四通电液动滑阀

(a) 结构；(b) 详细图形符号；(c) 简化图形符号

电液动滑阀综合了电磁阀和液动阀两者的优点，适用于高压大流量场合，且操纵方便，能远距离控制，换向也比较平稳。但其结构复杂，易出故障。

*2) 转阀式换向阀

转阀式换向阀是通过阀芯在阀体内作旋转运动而实现换向作用的。图 5 - 43 所示为转阀的工作原理图。当阀芯处于图(a)位置时，压力油口 $P$ 和回油口 $T$ 被封闭，油口 $A$ 和 $B$ 也不相通，执行元件处于停止状态。当阀芯顺时针转一个角度处于图(b)位置时，油口 $P$ 与 $B$ 相通，压力油进入执行元件的一个油腔，而另一个油腔的油液经 $A$ 油口流入转阀，经 $T$ 油口回油箱。当阀芯逆时针转过一个角度处于图(c)所示位置时，则 $P$ 通 $A$，$B$ 通 $T$，从而实现换向。

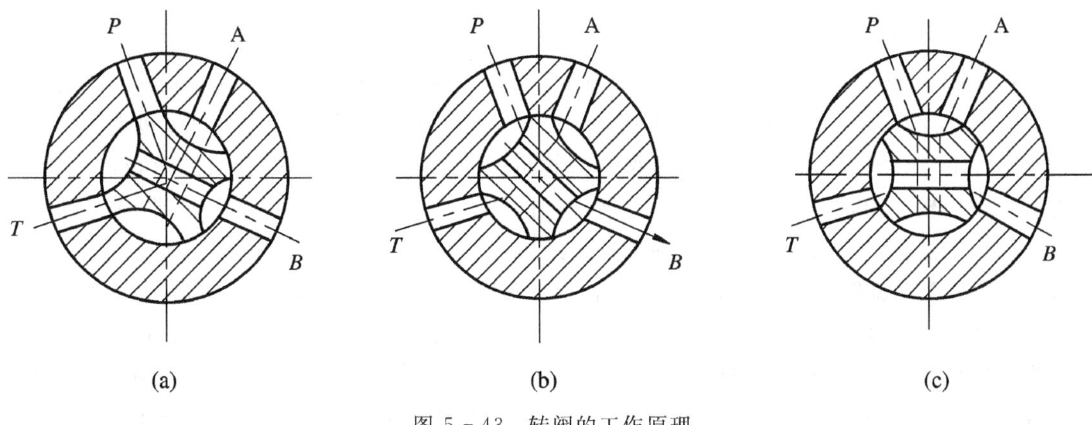


图 5 - 43　转阀的工作原理

图 5 - 44 所示为三位四通转阀的结构图。压力油 $P$ 始终与阀芯 1 的环槽 $c$ 及轴向槽 $b$、$d$ 相通，回油口 $T$ 始终与阀芯的环槽 $a$ 及轴向槽 $e$、$f$ 相通。图示位置时，$P$ 通 $A$，$B$ 通 $T$，转动阀芯时可使四个油口封闭，再转动阀芯时可使油路换向。图中 2 为手柄，3、4 为机动换向拨杆，手柄由钢球定位。所以转阀既可手动，又可机动。

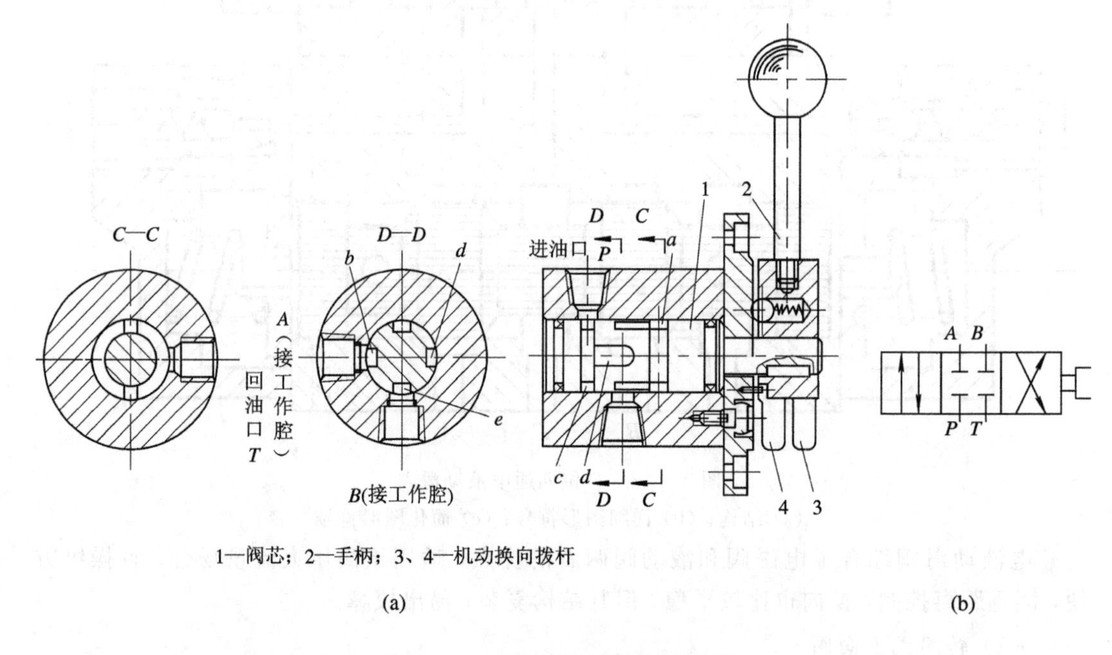


图 5 - 44　三位四通转阀的结构图

由于转阀的液压径向力不易平衡，致使操纵阀芯旋转的力相应较大，加之密封性能较差，因此仅适用于低压小流量场合，或者作为先导阀使用。

根据具体结构的不同，转阀也有多种“位”、“通”形式。

**2. 换向阀的结构分析**

这里主要分析最常使用的滑阀式换向阀。

1）滑阀机能

换向阀处于常态位置时，阀中各油口的连通方式称为滑阀机能。采用不同滑阀机能的换向阀，将直接影响执行元件的工作状态，如停止还是运动，前进还是后退，快速还是慢速，卸荷还是保压等。正确选择换向阀的滑阀机能是十分重要的。对于二位滑阀，其滑阀机能相应比较简单，如二位二通阀只对所连通的两个油口进行开、关控制，按照常态位置，两个油口的连接关系分为常开式和常闭式两种。而对于三位滑阀，其滑阀机能相应比较复杂，在三个工作位置中，左、右两位用于换向，其连通情况基本相同，而中间位置油路的连通形式则根据工作要求不同而形式各异。通常把三位滑阀处于中立位置时油口的连通形式称为中位机能（即三位滑阀的滑阀机能）。表 5 - 3 给出了三位滑阀中位机能的符号。通常，同一种规格的阀体其尺寸相同，在配以不同凸肩尺寸的阀芯后即可形成不同的滑阀机能。

## 表 5－3　三位换向阀的中位机能

| 中位机能型式 | 中间位置时的滑阀状态 | 中间位置的符号 | |
|---|---|---|---|
| | | 三位四通 | 三位五通 |
| O | 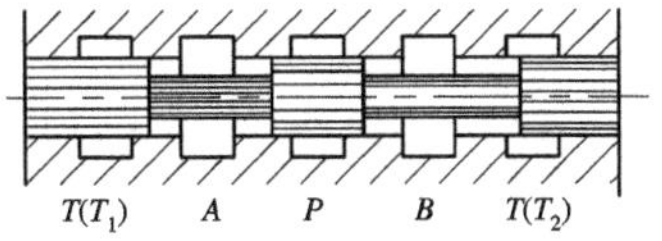 $T(T_1)$ A P B $T(T_2)$ | 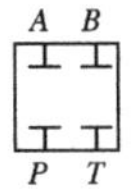 A B P T | 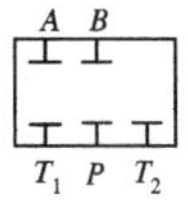 A B $T_1$ P $T_2$ |
| H | 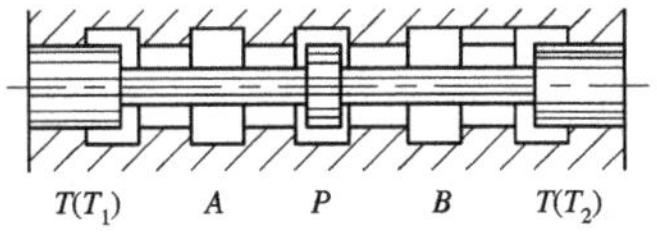 $T(T_1)$ A P B $T(T_2)$ | 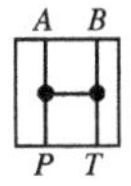 A B P T | 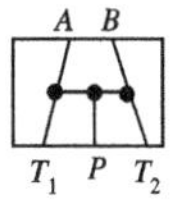 A B $T_1$ P $T_2$ |
| Y | 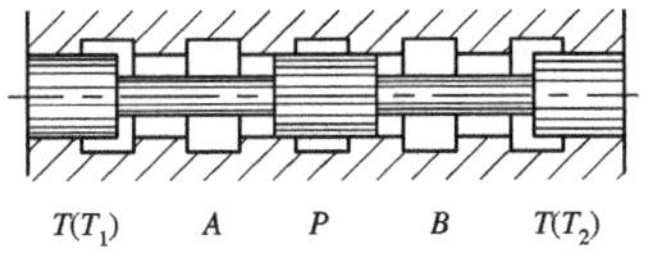 $T(T_1)$ A P B $T(T_2)$ | 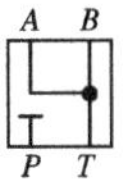 A B P T | 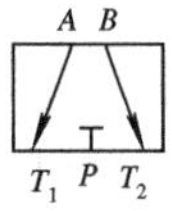 A B $T_1$ P $T_2$ |
| J | 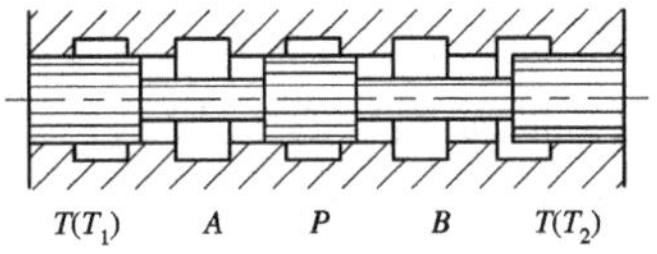 $T(T_1)$ A P B $T(T_2)$ | 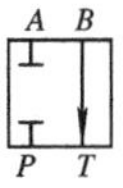 A B P T | 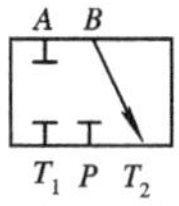 A B $T_1$ P $T_2$ |
| C | 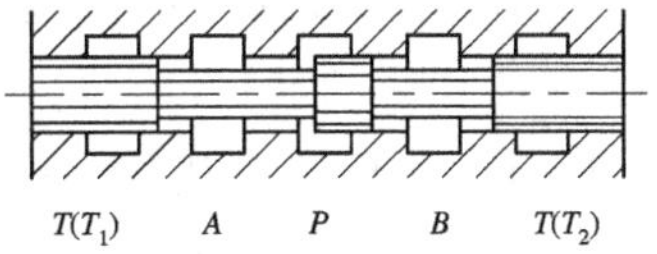 $T(T_1)$ A P B $T(T_2)$ | 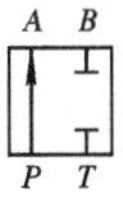 A B P T | 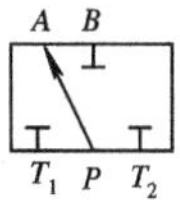 A B $T_1$ P $T_2$ |
| P | 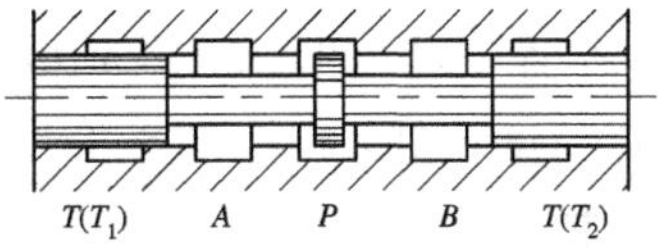 $T(T_1)$ A P B $T(T_2)$ | 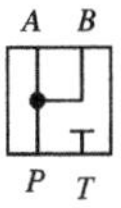 A B P T | 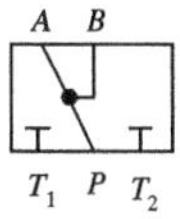 A B $T_1$ P $T_2$ |
| K | 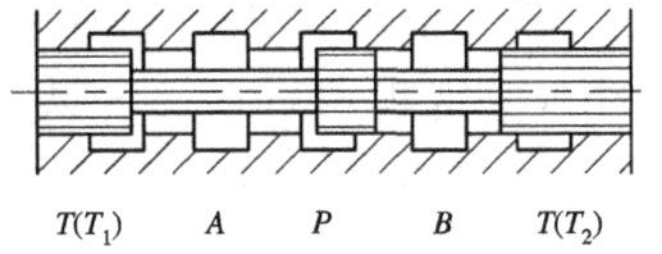 $T(T_1)$ A P B $T(T_2)$ | 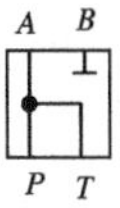 A B P T | 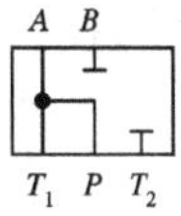 A B $T_1$ P $T_2$ |
| X | 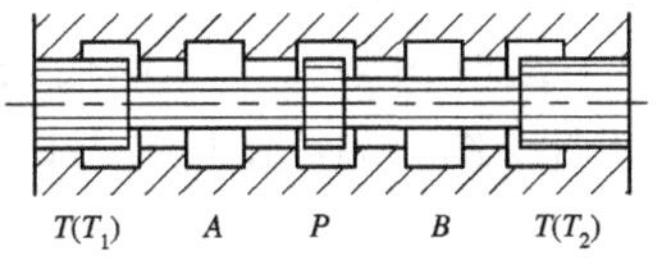 $T(T_1)$ A P B $T(T_2)$ |  A B P T | 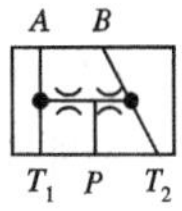 A B $T_1$ P $T_2$ |
| M | 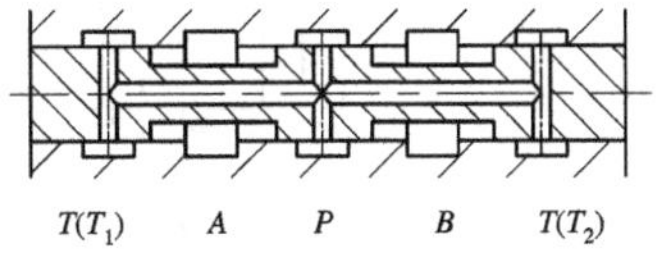 $T(T_1)$ A P B $T(T_2)$ | 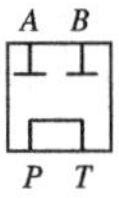 A B P T | 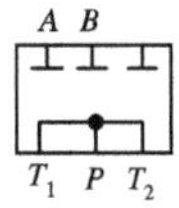 A B $T_1$ P $T_2$ |
| U | 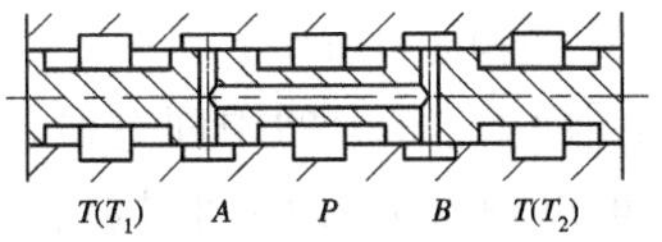 $T(T_1)$ A P B $T(T_2)$ | 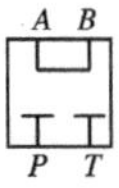 A B P T | 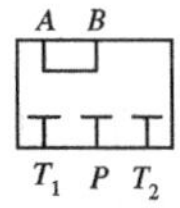 A B $T_1$ P $T_2$ |

下面就阀的控制性能与油口连通情况的关系作一简单的说明。

(1) 保压或卸荷作用。液压泵的保压或卸荷主要与滑阀处于中立位置时压力油口 $P$ 的连接情况有关。如果油口 $P$ 与 $T$ 不相通(如 O、Y、P、J、C 型滑阀机能)，则液压泵可以保压，这种情况适用于一泵多缸的液压系统。如果油口 $P$ 与回油口 $T$ 相通(如 M、H、K 型滑阀机能)，则液压泵卸荷。

(2) 执行元件停止运动时的锁紧状态。执行元件停止时的锁紧或浮动状态主要与滑阀处于中立位置时油口 $A$、$B$ 的连接状态有关。如果油口 $A$、$B$ 关闭(如 O、M 型滑阀机能)，则阀所控制的液压缸完全成为锁紧状态，此时不能利用手摇机构来调节液压缸所带动的运动部件(例如工作台)的位置。如果油口 $A$、$B$ 都与回油口 $T$ 相通(如 H、Y 型滑阀机能)，则阀所控制的液压缸呈浮动状态，可以用手摇机构来调节运动部件的位置。如果油口 $A$、$B$ 都与油口 $P$ 连通(如 P 型滑阀机能)，则此时液压缸两腔同时通入压力油。这对于单活塞杆液压缸来说等于差动连接，活塞快速运动；对于双活塞杆液压缸来说，因两腔互通，故可用手摇机构来调整位置。

(3) 制动作用、位置精度及换向性能。由于执行元件从运动状态转换到停止状态时，控制它的三位滑阀的阀芯要回到中间位置，而执行元件在运动中换向时，阀芯则要从一端经中间位置到另一端，因此，阀在中间位置时油路的连接形式对执行元件的制动特性、停止时的位置精度和换向性能等都有很大影响。如果中立位置时 $A$、$B$ 两油口都关闭(如 O、M 型滑阀机能)，则它所控制的液压缸两腔都封闭，油液不能流动，致使液压缸迅速制动，且停止时的位置精度较高。但因液压缸活塞及其带动的运动部件的惯性作用，使液压缸一侧的压力急剧增加，另一侧则产生负压，因此，使用这种机能，执行元件停止运动时或换向时的压力冲击较大，换向平稳性较差，特别在运动速度很大和运动部件的质量很大时影响更大。如果在中立位置时 $A$、$B$ 两油口是连通的(如 U、P、Y 型滑阀机能)，则换向过程中液压缸不易迅速制动，且停止时的位置精度较低，但换向平稳性好，液压冲击也小。

(4) 液压缸停止运动后重新启动的平稳性。如果 $A$ 或 $B$ 油口与回油口相通(如 Y、J 型滑阀机能)，则液压缸停止运动时缸内有一部分油液会因自重而反流回油箱，缸内便有气体进入，因此再启动时会发生向前突进的不稳定现象，并且容易在低速运动时产生爬行。如果 $A$、$B$ 两油口是完全封闭的，就可避免上述现象的发生。

三位滑阀除了在中间位置有各种不同的滑阀机能之外，有时由于特殊的使用要求，将左、右两位也设计成具有不同机能的形式。这时用第二个字母代表右位，第三个字母代表左位。如图 5-45(a)所示为 OP 型滑阀机能，图(b)所示为 MPH 型滑阀机能。

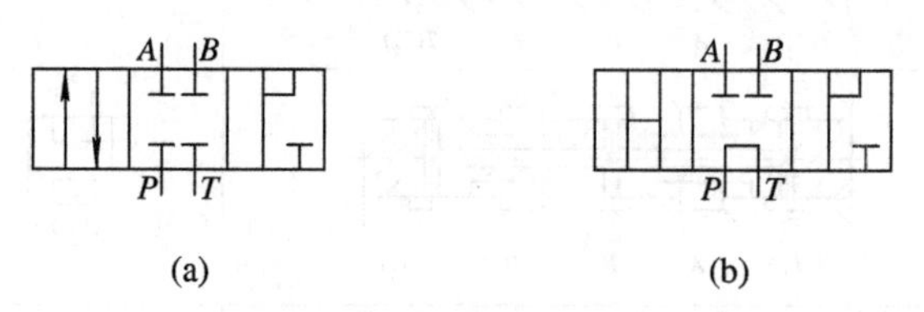


图 5-45　滑阀的特殊机能

对于二位四通滑阀，为了避免滑阀在换向过程中的中间过渡位置时，由于压力油口 $P$ 的突然关闭而引起系统中的压力冲击，可以把阀芯在中间过渡位置的油口连通形式做成 H、X 等机能。三位滑阀也可有不同的过渡状态机能，这样既可以避免压力冲击，同时也能

使 $P$ 油口保持一定的压力。其符号如图 5－46 所示，过渡位置机能画在中间方格，并用虚线和两端位置隔开。通常只有液动阀或电液动阀才设计成不同的过渡机能，而电磁阀由于总行程较短，不易将阀芯设计成具有提前启闭的功能。所以，电磁阀一般都是标准的滑阀机能而不设置过渡机能。

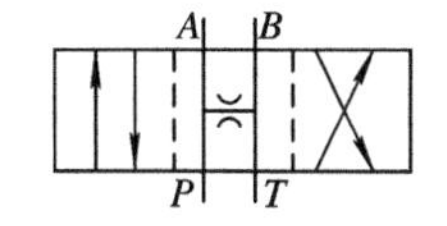


图 5－46　滑阀机能的过渡状态

2）阀体和阀芯的结构分析

以三位四通阀为例，其阀体根据沉割槽数不同可分为五槽式、四槽式和三槽式三种。五槽式阀体上开有五条沉割槽，对应的阀芯有三凸肩式，也有四凸肩式，如图 5－47 所示。四槽式的阀体上开有四条沉割槽，阀芯为四凸肩式，见图 5－48 所示，中间有一孔将两端的环形槽沟通，常与油箱相通。三槽式如图 5－49 所示，阀体上开有三条沉割槽，阀芯为二凸肩式。

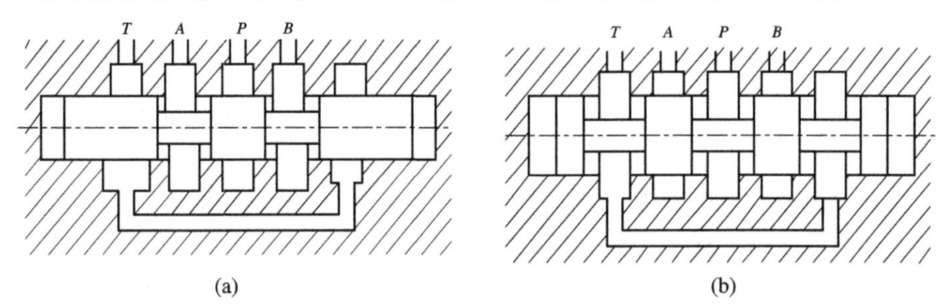


图 5－47　五槽式结构

（a）三凸肩式；（b）四凸肩式

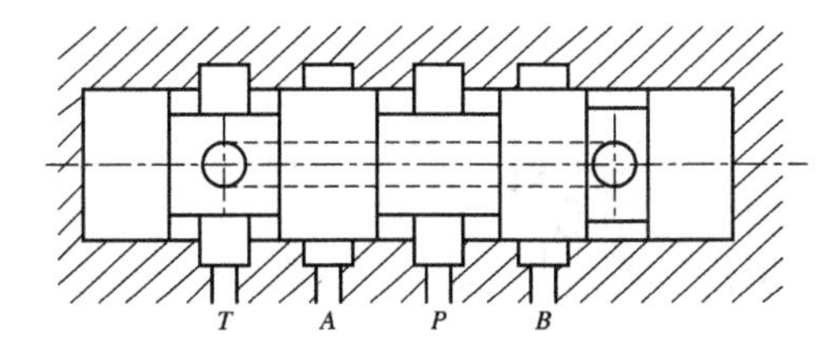


图 5－48　四槽式结构

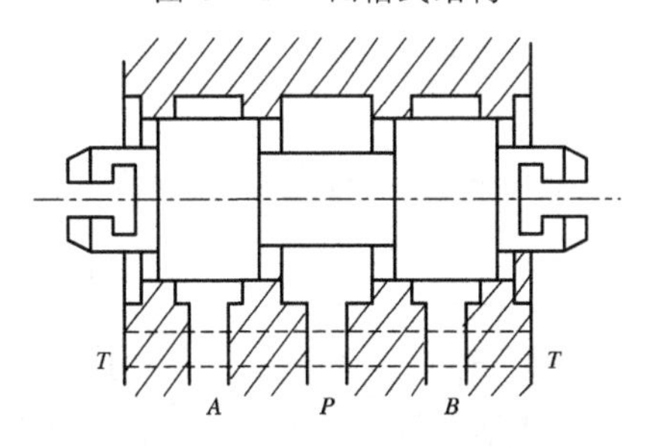


图 5－49　三槽式结构

下面，对五槽式、四槽式和三槽式三位四通阀的阀体和阀芯的结构进行比较。

（1）外形尺寸。五槽式阀体轴向尺寸最长，四槽式次之，三槽式最短。

（2）加工工艺性。五槽式阀体沉割槽最多，因此加工面最多。由于五槽式阀体与阀芯的配合面最长，因此加工精度要求高，且阀芯容易卡死。四槽式次之，三槽式则最好加工。

但在允许有背压的条件下，三槽式的推杆和阀芯却比五槽式难于加工，推杆必须做成T字形，而阀芯两端也必须有相应的T形槽(如图5-49所示)。

(3) 换向性能。五槽式、四槽式结构虽然复杂，且由于阀体与阀芯配合面较长而使摩擦力增加，但因为有两个对称的完整阀腔，因而作用在阀芯上的总液动力使阀口趋于关闭，所以复位性能较好。三槽式由于其阀芯上只有两个凸肩，因此有一个完整阀腔和一个不完整阀腔。液流流经两个阀口的液动力，一个使阀口趋于关闭，一个使阀口趋于开启，不利于阀芯的复位。此外，三槽式回油背压不等于零时，推杆处密封圈的摩擦力增大，对滑阀的换向不利。

(4) 泄油方式。五槽式和四槽式结构阀芯两端的泄漏油，必须用单独的泄油口接回油箱。三槽式的泄漏油和回油合在一起，不需要单独的泄油口。

(5) 背压。五槽式和四槽式结构因为有单独的外泄油口，所以回油背压可以较高。三槽式结构因为无单独的外泄油口，所以回油背压必须偏低，否则会影响阀的性能。

3) 铸造流道与机加工流道

当阀体采用五槽式和三槽式结构时，两端的回油腔需通过阀体上的内部孔道沟通，然后作为一个回油口通油箱。阀体内部孔道可以用铸造的方法来加工，也可以用机加工方法来加工，分别如图5-50和图5-51所示。理论分析表明，铸造流道可以大大减小液流局部阻力损失，有利于阀芯复位。但铸造流道工艺较复杂，铸件易报废，清砂较困难。机加工流道除了机加工量大之外，更重要的是液流局部阻力损失较大。因此，采用铸造流道的阀与相同规格的机加工流道的阀相比，额定流量可以提高一至二倍。

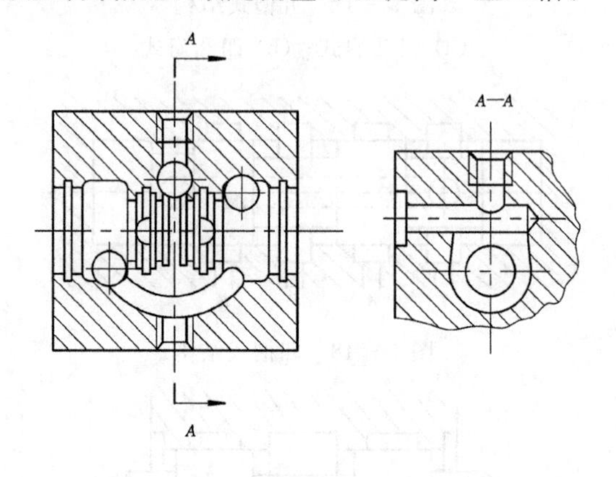


图5-50　铸造流道剖面图

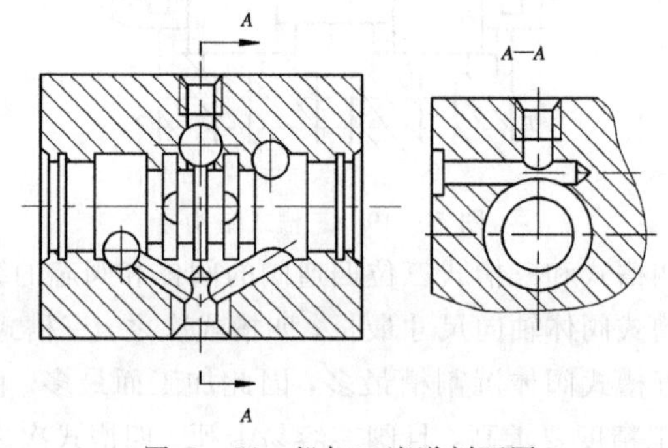


图5-51　机加工流道剖面图

**3. 换向阀的性能分析**

根据对换向阀的基本要求，我们希望在换向过程中换向阀换向可靠，平稳无冲击，压力损失小，泄漏量小。

1）换向的可靠性

换向阀的换向可靠性主要包括两个方面：一是在换向信号发出后，阀芯能灵敏地运动到所指定的位置；二是在没有换向信号时，阀芯在弹簧力的作用下能自动复位到原始位置。

为保证可靠换向，必须使换向推力 $F$ 大于换向阻力。对于手动或机动换向阀的推力，一般总能适应换向过程的要求，而电磁阀和液动阀的推力则有一限定数值。由于电磁吸力(对于滑阀则是推力)随气隙的减小而迅速增大，因此，为了不致使电磁铁的吸力明显降低，要求工作行程不能太大，一般为 3～6 mm。液动阀的最小控制油压通常取 0.5～1.5 MPa。

换向阀在换向过程中的换向阻力有摩擦阻力 $F_m$、液动力 $F_s$、弹簧力 $F_t$ 以及阀芯两端回油压差引起的液压轴向力 $F_z$ 等。若换向阀高频换向，则还应计其惯性力的影响。

这样，当 $F>F_m+F_t\pm F_s\pm F_z$ 时，换向阀即可可靠换向。

为了保证换向阀可靠复位，则必须使弹簧力 $F_t$ 大于摩擦力 $F_m$、液动力 $F_s$ 及液压轴向力 $F_z$ 的代数和，即 $F_t>F_m\pm F_s\pm F_z$。

除了采取液压对中的结构外，一般换向阀的弹簧都起恢复中位的作用(在二位换向阀中是恢复原始位置)，因此是复位弹簧。从复位要求来讲，希望弹簧力要大；但是对于换向来说，弹簧力是阻力，所以要求弹簧力小。设计时应在保证可靠复位的前提下减小弹簧力，以免增加换向阻力。弹簧力 $F_t$ 由下式确定：

$$F_t = K(X_0 + l + X) \quad (\mathrm{N}) \tag{5-19}$$

式中：$K$——弹簧刚度(N/m)；

$X_0$——弹簧预压缩量(m)；

$X$——滑阀的开口长度(m)；

$l$——滑阀的封油长度。

摩擦阻力 $F_m$ 主要由液流作用在滑阀上的侧向力所形成，详细情况已在 5.2 节所述。而干式电磁铁中推杆上的 O 型密封圈的摩擦力一般由下式计算：

$$F_m = \pi D F_f + 0.86 f_m D d_0 \Delta p \quad (\mathrm{N}) \tag{5-20}$$

式中：$F_f$——O 型密封圈预压缩量产生的单位长度上的摩擦力，$F_f\approx 180$ N/m；

$D$——推杆直径(m)；

$d_0$——O 型密封圈的断面直径(m)；

$f_m$——O 型密封圈的摩擦系数，$f_m=0.1\sim0.2$；

$\Delta p$——O 型密封圈前、后的压差(MPa)。

液动力 $F_s$ 的分析和计算以及补偿措施亦已讨论，计算时应按具体结构来确定最大值及其作用方向。

液压轴向力 $F_z$ 是由于阀芯移动时两端出现的压力差而产生的，其方向与阀的基本结构有关。如图 5-52 所示，当阀芯为二凸肩结构时，轴向力 $F_z$ 与弹簧力 $F_t$ 方向相反。如图 5-47(a)所示，若阀体为五槽式结构，阀芯为三凸肩式结构时，则轴向力 $F_z$ 与弹簧力 $F_t$

方向相同。

由于换向阀的推力和各种阻力的数值很难准确算出，因此对于结构简单的换向阀来说，通常并不进行复杂计算，而是通过理论估算和试验决定其数值大小。

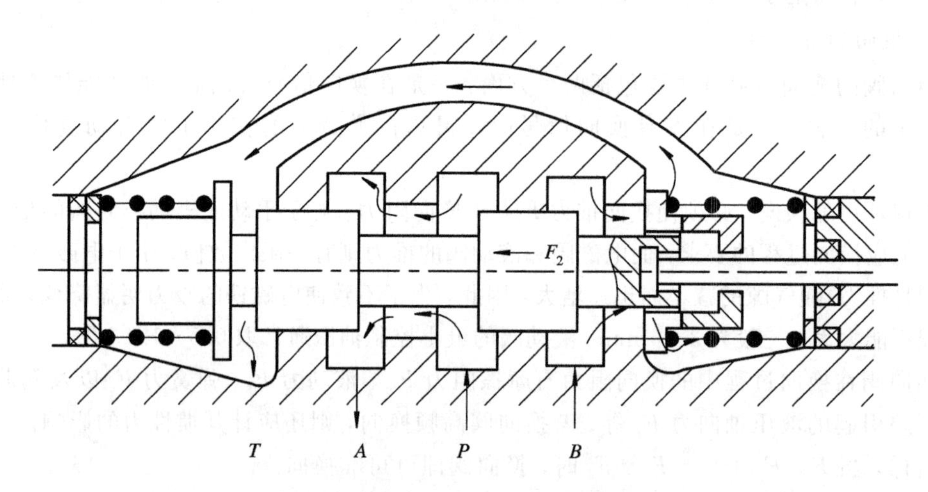


图 5－52　阀芯两端回油压力差引起的轴向力 $F_z$

2）换向平稳性

换向动作迅速与换向平稳性是相互矛盾的。如果换向时间短，油路切换就迅速，但往往会造成系统的压力冲击。换向平稳性则是指换向时液压系统压力冲击的大小。因此，在要求换向平稳的场合，就要采取如下措施以减小冲击压力。

(1) 利用回油节流。如图 5－53 所示，在阀芯的回油凸肩上开节流槽或做成制动锥(锥角 $\theta=3°\sim5°$，锥长 $L=3\sim5$ mm)，使阀口逐渐关闭，实现回油节流，减少液压冲击。

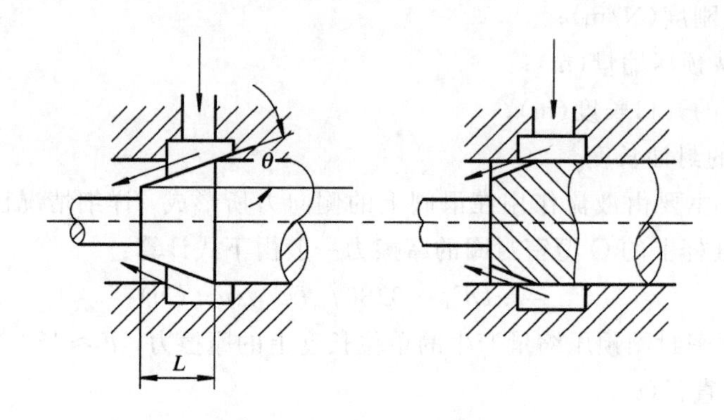


图 5－53　回油节流结构形式

(2) 设阻尼器。在大流量的换向阀(如液动阀、电液动阀)中，迅速切换油路会引起较大的液压冲击。为了减小压力冲击，在控制油路中装设阻尼器，即图 5－41 中的单向节流阀，以控制阀芯的移动速度，从而控制换向时间。

(3) 选择合理的滑阀机能。滑阀机能为 H、Y、X、P、U 型的换向阀，由于中位时液压缸两腔互通，因此在滑阀换向到中位时压力冲击值迅速下降。其中 H、Y、X 型滑阀机能因中位通回油，故效果更好。

3）换向阀的压力损失

换向阀的流道比较复杂，转弯较多，因此压力损失比较大。在设计换向阀流道时应遵循以下原则：

（1）通过阀内各处的流速不能太大，一般在 2～8 m/s 以内。对于低压系统使用的阀，或者对通过换向阀的压力损失有较严格限制的场合，流速应在 2 m/s 左右。

（2）经过换向阀整个流道（包括阀口）的流速尽可能变化不大，以减少流道收缩、扩大造成的损失。

（3）避免流道急剧转弯以及容易产生旋涡区的锐角边。工艺水平允许时，应采用平滑过渡的铸造流道。

采取上述措施后，压力损失可明显降低。换向阀流道的压力损失通常只能由试验来确定，且以局部阻力损失为主。

4）换向阀的泄漏损失

若换向阀的泄漏量过大，将导致液压系统发热严重，效率降低，从而影响执行元件的运动速度。因此，泄漏量也是评价换向阀性能好坏的指标之一。实验和理论分析表明，换向阀的泄漏量随阀芯和阀体内孔之间的配合间隙以及两端的压力差的增大而增加；随油液粘度的增大及封油长度的加长而减少。

换向阀阀芯与阀孔之间环形间隙的流动状态一般为层流，其泄漏量大小通常按流体力学中偏心环形间隙泄漏量计算，即

$$\Delta q = \frac{\pi D\delta^3}{12\mu l}(1+1.5\varepsilon^2)\Delta p \quad (\mathrm{m^3/s}) \tag{5-21}$$

式中：$\Delta p$——间隙两端的压力差（Pa）；

$D$——阀芯直径（m）；

$l$——封油长度（m）；

$\delta$——阀芯与阀体内孔的半径间隙（m）；

$\varepsilon$——相对偏心率，$\varepsilon=\frac{e}{\delta}$；

$e$——阀芯中心线与阀孔中心线的偏心距（m）；

$\mu$——油液动力粘度（$\mathrm{N \cdot s/m^2}$）。

从式（5－21）可以看出，对泄漏量影响最大的是间隙 $\delta$，所以换向阀应保证较小的配合间隙，一般直径上的间隙为 0.007～0.002 mm 左右。封油长度 $l$ 应随着压力差的提高而增长，但对电磁阀，其密封长度一般不超过 3 mm。

以上计算是按工作中最不利的情况考虑的，实际并不一定如此。另外，随着换向阀停留时间的增加，泄漏量也会有所减少。

计算换向阀的总泄漏量时，应根据阀的结构找出从高压到低压的封油间隙数，分别求出泄漏量，然后求和。

### 5.3.3 多路换向阀

多路换向阀是一种集成化结构的手动方向控制阀，它由多个手动换向阀或与单向阀、溢流阀、补油阀等组合而成，它们共用一个进油口和回油口，对液压系统中的液流进行多

路方向切换。

对多路换向阀的基本要求是：

(1) 液流通过多路换向阀时压力损失要小；

(2) 液流在各关闭油口间的泄漏量要小；

(3) 换向过程中冲击要小，微调性能要好；

(4) 通用性强，易于实现集成化。

多路换向阀主要用于起重运输机械、工程机械及其它行走机械，进行多个执行元件的集中控制。

**1. 多路换向阀的分类**

多路换向阀常按两种方式进行分类：滑阀的连通方式和阀体的结构形式。

按滑阀的连通方式分类，多路换向阀可分为并联油路、串联油路、串并联油路及复合油路多路换向阀。

(1) 并联油路多路换向阀。如图 5 - 54 所示，该多路换向阀内各单阀之间的进油路和回油路并联，进、回油互不干扰。滑阀可各自独立操作，从而使几个执行元件分别动作。也可同时操作多个滑阀，但负载小的工作机构先动作，此时分配到各执行元件的油液仅是泵流量的一部分，其压力损失一般较小。

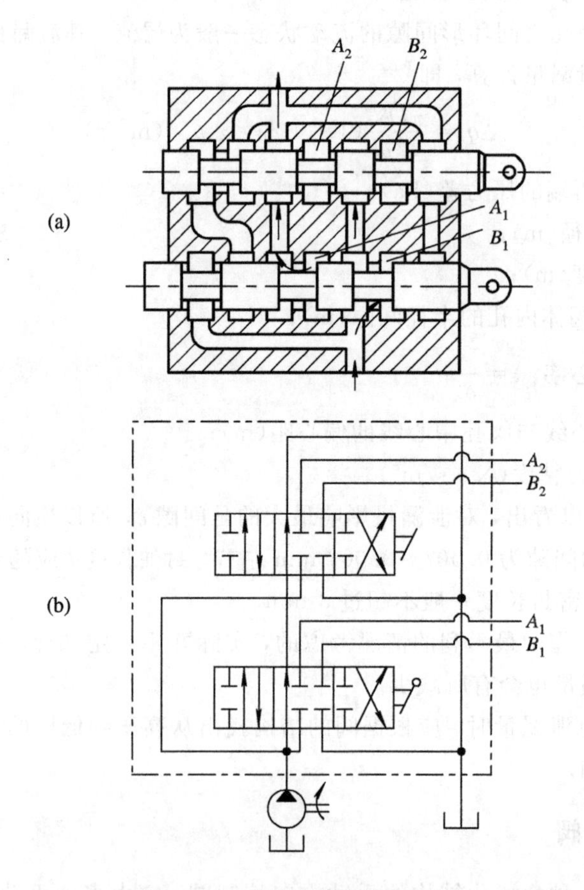


图 5 - 54　并联油路多路换向阀

(2) 串联油路多路换向阀。如图 5－55 所示，该多路换向阀内各单阀之间的进油串联，上游滑阀工作液流的回油为下游滑阀工作液流的进油。该油路可实现多个执行元件的同步动作，其同步精度取决于多路阀及液压缸的泄漏情况。液压泵供油压力等于各执行元件两腔压力差总和，因此压力损失一般较大。

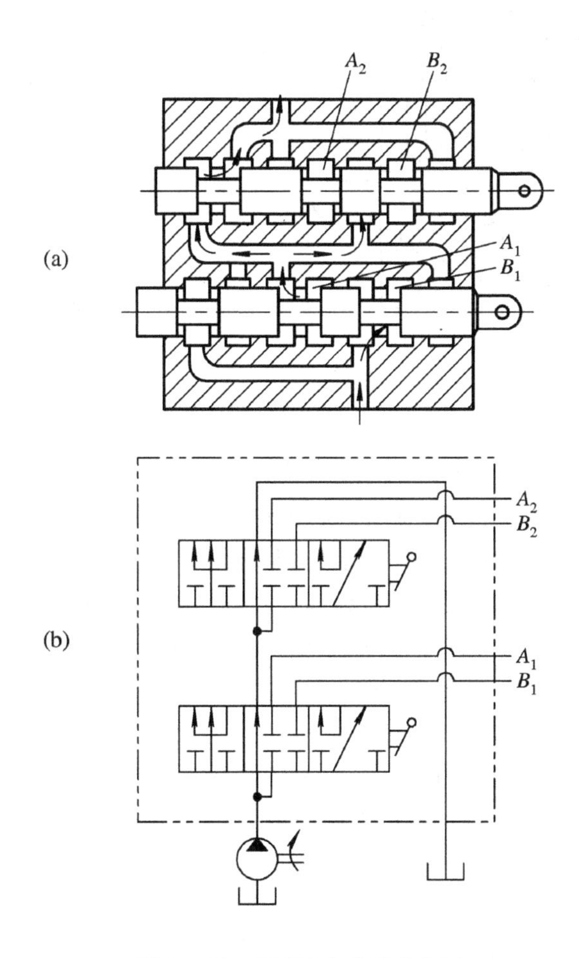


图 5－55　串联油路多路换向阀

(3) 串并联油路多路换向阀。如图 5－56 所示，该多路换向阀内各单阀之间的进油路串联，回油路并联，即组成串并联油路。当某一换向阀工作时，其后各换向阀的进油路均被切断，因此，一组多路换向阀中只能有一个换向阀工作，即各换向阀之间具有互锁功能，从而可以防止误动作。

(4) 复合油路多路换向阀。如果多路换向阀同时包含上述三种油路中的任何两种或三种油路的连接形式的组合，则称为复合油路。当被控制对象动作复杂，为使各工作机构更好地配合工作，并尽可能高的发挥液压系统的效率时，多采用复合油路。

按阀体的结构形式分类，多路换向阀可分为多片式和整体式多路换向阀。

(1) 多片式多路换向阀。多片式多路换向阀由多片换向阀经螺栓组装而成，可以根据用户需要任意组合。其阀体也有铸造和机加工之分，同样，铸造阀体多作为发展方向。

多片式多路换向阀具有阀体分片加工，产品质量容易保证，用坏的单元在更换和修理

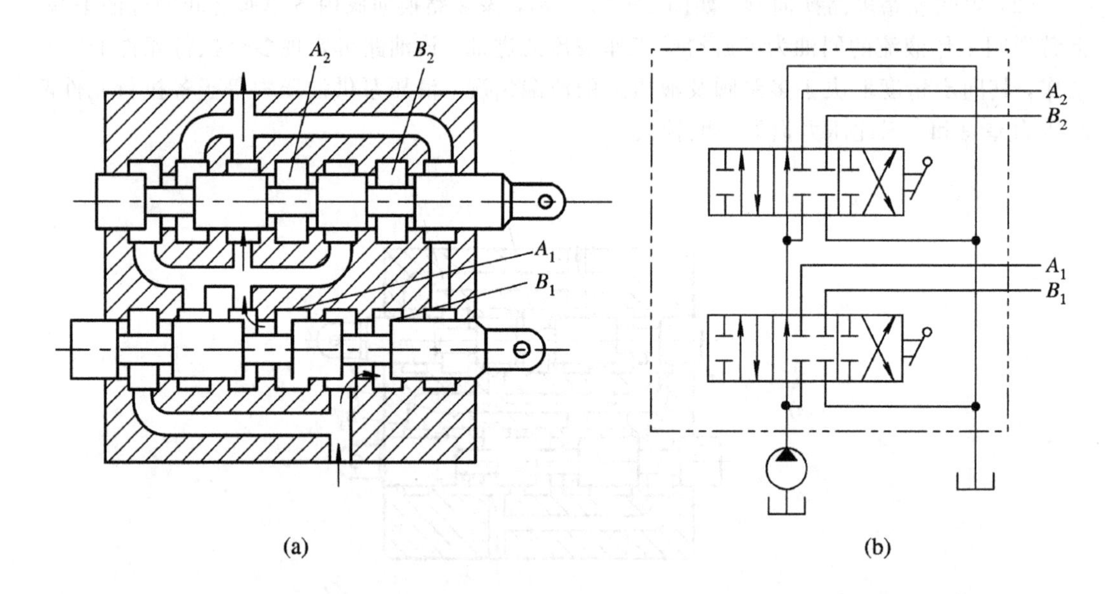


图 5－56　串并联油路多路换向阀

时不会影响其它单元的正常工作等优点。但由于阀体加工面多，外形尺寸大，因此外漏可能性大。组装时往往因螺栓拧得不适当而使阀体变形，阀芯也容易卡死。

(2) 整体式多路换向阀。整体式多路换向阀具有固定数目的滑阀和机能。它的结构紧凑，重量轻，压力损失较小，但通用性差，阀体结构复杂，常用于具体型式的机械上(如推土机、装载机等)。一般滑阀数较少，生产批量较大。

**2. 多路换向阀的机能**

为了适应各类主机的不同使用特点，多路换向阀有着不同的机能。对于并联和串并联油路，有 O、A、Y、OY 型四种机能；对于串联油路，有 M、K、H、MH 型四种机能。其图形符号如图 5－57 所示。

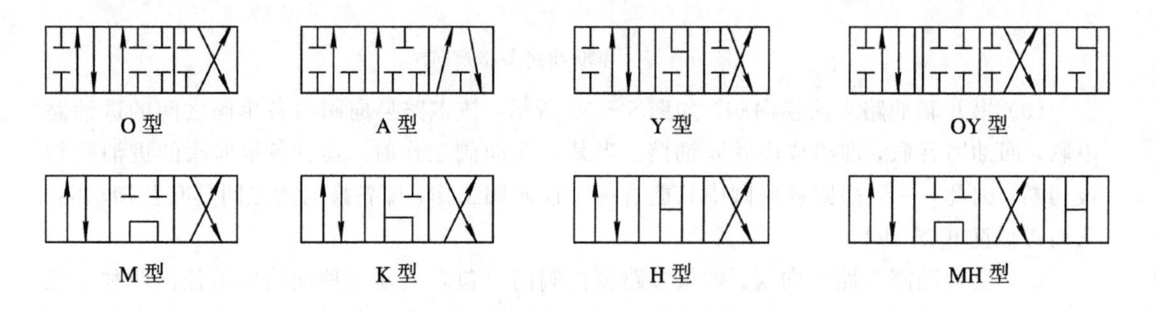


图 5－57　多路换向阀的机能

上述八种机能中，以 O 型、M 型应用最广。A 型用在叉车上；OY 型和 MH 型在铲土运输机械中作浮动用；K 型用于起重机的起升机构，当制动器失灵，液压马达要反转时，可使液压马达的低压腔与滑阀的回油腔相通，补偿液压马达的泄漏；Y 型和 H 型多用于液压马达回路，因为中位时液压马达两腔都通回油，因此马达可以自由转动。

*3. 典型结构介绍

图 5-58 所示为 ZFS 型多路换向阀的一种结构(图(a))和符号图(图(b))。它由两个三位六通手动换向阀和一个单向阀、一个溢流阀所组成。阀芯换向控制除图(a)所示的弹簧复位式外，还有图(c)所示的三位弹跳定位式，可控制两个执行机构的动作。

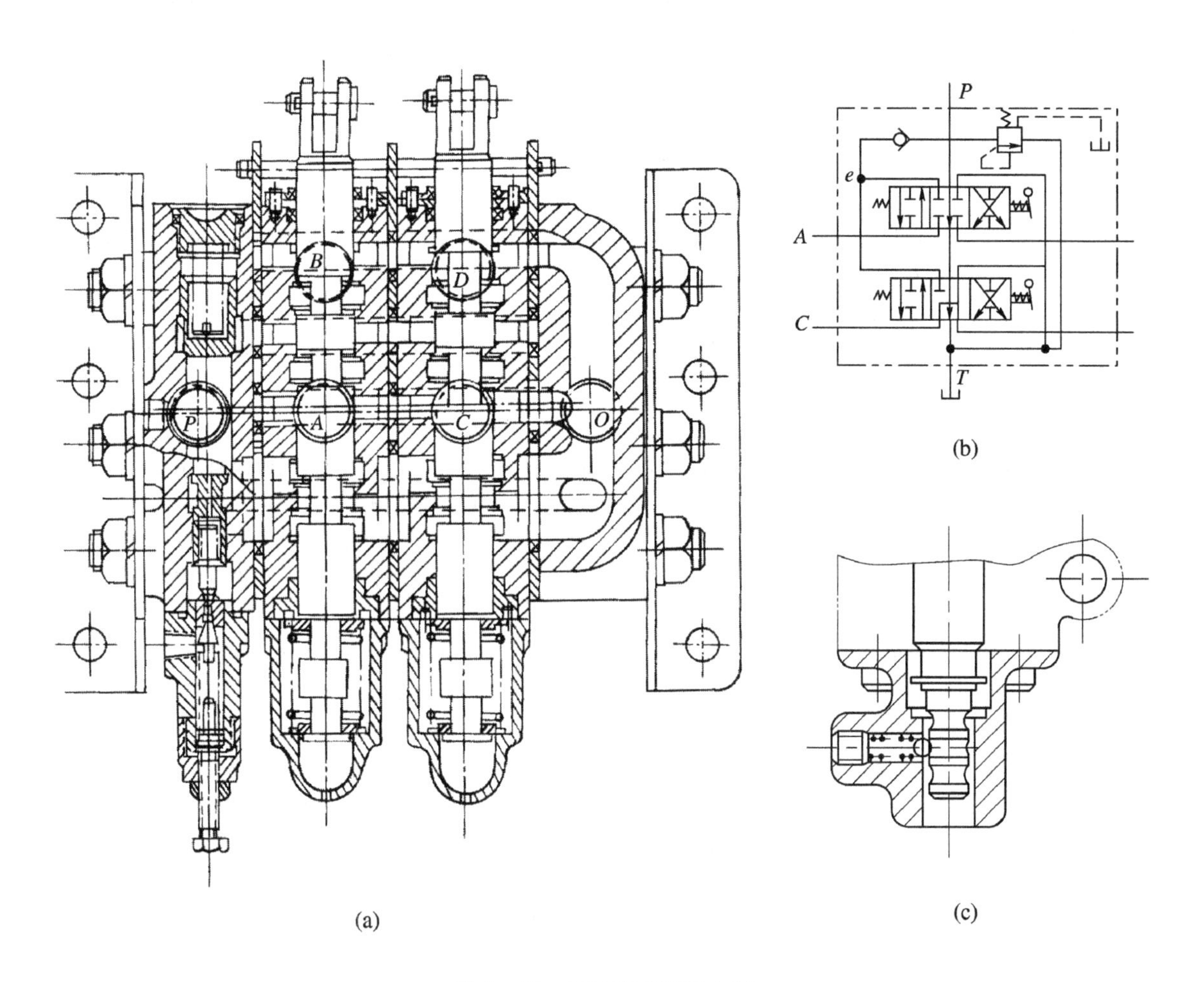


图 5-58 ZFS 型多路换向阀

如图所示，这种多路换向阀有两个阀芯，阀体为铸件；采用并联油路，有共同的进油口 $P$ 和回油口 $T$，连接液压缸或液压马达的工作油孔分别为 $A$、$B$ 和 $C$、$D$。当用手扳动操纵手柄时，通过阀芯的移动，可以分别交换两个执行元件的油路，从而改变运动方向。并联在进油路上的安全溢流阀为平衡活塞式，它的启闭特性较好。溢流阀出口接回油，当系统超载时，溢流阀开启，油液经溢流阀直接回油箱。单向阀为锥阀型，除了图示在进油路上装一单向阀外，有些结构还在每一单阀的阀体或阀芯上装单向阀。

我国目前设计生产的多路换向阀的额定压力有 14、16、21、32 MPa 等几种，推荐通过的额定流量为 30～250 L/min，并向着具有压力补偿和流量补偿的新型多路换向阀的趋势发展。

### 5.3.4 方向控制阀常见故障及其排除方法

方向控制阀常见故障及其排除方法如表5－4所示。

**表5－4 方向控制阀常见故障及其排除方法**

| 故障现象 | 产生原因 | 排除方法 |
| --- | --- | --- |
| 阀芯不动或不到位 | (1) 滑阀卡住：<br>① 滑阀与阀体配合间隙过小，阀芯在孔中容易卡住不能动作或动作不灵；<br>② 阀芯碰伤，油液被污染；<br>③ 阀芯几何形状超差，阀芯与阀孔装配不同心，产生轴向液压卡紧现象。 | (1) 检查滑阀：<br>① 检查间隙情况，研修或更换阀芯；<br>② 检查、修磨或重配阀芯，换油；<br>③ 检查、修正偏差及同心度，检查液压卡紧情况。 |
| | (2) 液动换向阀控制油路有故障：<br>① 油液控制压力不够，滑阀不动，不能换向或换向不到位；<br>② 节流阀关闭或堵塞；<br>③ 滑阀两端泄油口没有接回油箱或泄油管堵塞。 | (2) 检查控制回路：<br>① 提高控制压力，检查弹簧是否过硬，或更换弹簧；<br>② 检查、清洗节流口；<br>③ 检查，并将泄油管接回油箱，清洗回油管，使之畅通。 |
| | (3) 电磁铁故障：<br>① 交流电磁铁，因滑阀卡住，铁芯吸不到底面烧毁；<br>② 漏磁，吸力不足；<br>③ 电磁铁接线焊接不良，接触不好。 | (3) 检查电磁铁：<br>① 清除滑阀卡住故障，更换电磁铁；<br>② 检查漏磁原因，更换电磁铁；<br>③ 检查并重新焊接。 |
| | (4) 弹簧折断、漏装、太软，不能使滑阀恢复中位，因而不能换向。 | (4) 检查、更换或补装弹簧。 |
| | (5) 电磁换向阀的推杆磨损后长度不够，使阀芯移动过小或过大，都会引起换向不灵或不到位。 | (5) 检查并修复，必要时换杆。 |

## 5.4 压力控制阀

压力控制阀(简称压力阀)用以控制液压系统中油液的压力，以实现执行机构对力和力矩的要求，或当系统的压力达到一定值时，发出一定的动作信号。按工作原理和功用可把压力阀归纳为溢流阀、减压阀、顺序阀和压力继电器等四种基本类型，它们的共同特点是利用作用在阀芯上的液压力和弹簧力相平衡的原理来进行工作。下面分别予以介绍。

### 5.4.1 溢流阀

溢流阀有直动式溢流阀和先导式溢流阀之分，它们都是通过阀口的溢流，使被控制系统的压力维持恒定，实现调压、稳压和限压。

对溢流阀通常的基本性能要求是：调压范围大，调压偏差小，压力振摆小，通油能力大，动作灵敏，噪声小。

**1. 溢流阀的结构和工作原理**

1）直动式溢流阀

按阀芯结构分类，直动式溢流阀有座阀和滑阀两种形式。座阀结构又分球阀和锥阀两种；滑阀结构又分滑阀和差动滑阀两种。图 5-59 所示为锥阀式溢流阀，图 5-60 所示为滑阀式溢流阀。其中，图(a)所示为结构图，图(b)所示为直动式溢流阀的图形符号。它们都是由阀体、阀芯、弹簧和调节螺帽等组成的。此外，还有调节杆、锁紧帽、底盖等。阀体上的一个油口接液压泵 $P$，一个油口通油箱 $T$。

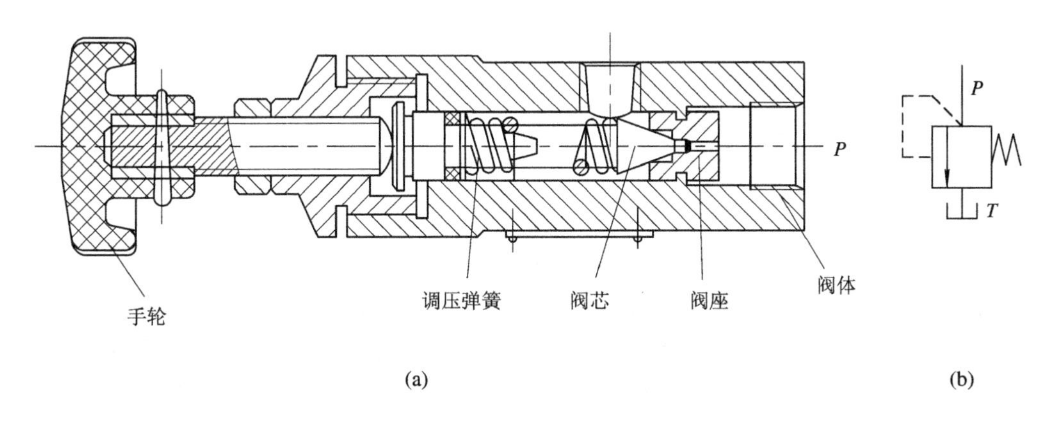


图 5-59 锥阀式溢流阀

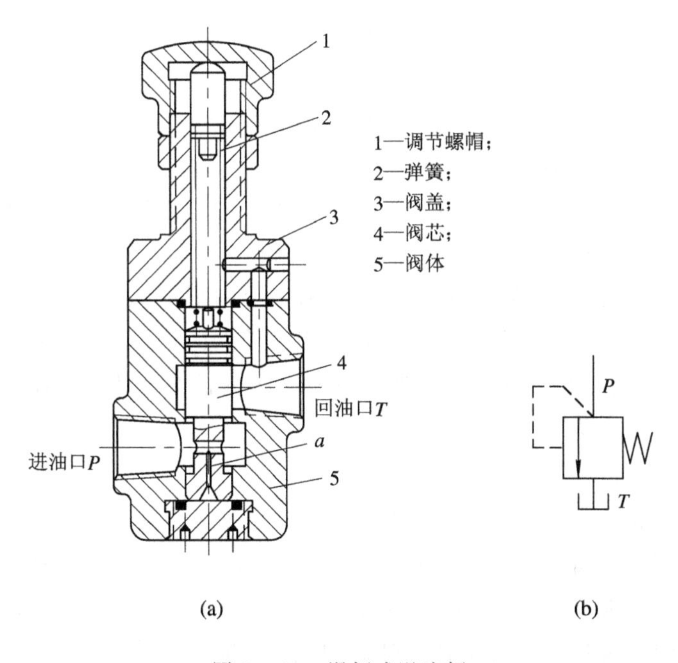


图 5-60 滑阀式溢流阀

球阀或锥阀底部油孔通压力油后，则液压力作用在钢球或锥体上，当这个力大于弹簧预先调定的弹簧力 $F_t$ 时，压力油将阀打开，并经阀的开口流回油箱，使阀前保持一定的压力。

滑阀式溢流阀的压力油经滑阀下端的径向孔、轴向小孔 $a$ 进入滑阀底部，形成一个向上的液压力，由于阻尼孔的作用，当系统压力突然上升或下降时滑阀下腔的压力不致突然上升或下降，因此阀的振动小，稳定性好。阀芯处于下端位置时，由于阀体与阀芯之间有一段封油长度，因此溢流阀进、出油口封闭。泄漏到弹簧腔的油液，经阀盖与阀体上的孔道与出油口相通，以免该腔积油，影响阀芯运动。

若忽略阀芯自重、液动力，则阀芯的受力平衡方程式为

$$F_t = p_k \frac{\pi}{4} d^2 \tag{5-22}$$

式中：$p_k$——溢流阀的开启压力(Pa)；

$d$——阀座孔或阀芯的直径(m)。

于是，被控制压力为

$$p_k = \frac{4F_t}{\pi d^2} \quad \text{(Pa)}$$

调节调压螺帽，即可改变弹簧的预紧力 $F_t$，从而改变溢流阀所控制的压力。

这类溢流阀只要作用在阀芯上的液压力达到弹簧预先调定的力时，阀便迅速打开；另外，阀开始动作时所控制的压力与阀打开后所控制的压力差值较小；且结构简单，制造容易。但是，由于液压力直接与弹簧力平衡，当阀的结构确定以后，被控制压力越高，弹簧刚度越大，往往只有加粗弹簧。这样，在阀芯相同位移的情况下，弹簧力变化量加大，使调定压力 $p_T$ 与开启压力 $p_k$ 差值增大，溢流阀性能变坏。因此，直动式溢流阀一般用于工作压力较低的场合。

为了克服直动式溢流阀的上述缺点，Rexroth 公司发展了一种新型的球阀和锥阀，其控制压力可达 31.5～63 MPa。

图 5-61 所示为球阀式结构。其中有一个带推杆的阻尼活塞，在弹簧力的作用下，阻尼活塞始终与球阀相接触，其结果是增加了运动阻尼，提高了阀的工作稳定性。

图 5-62 所示为锥阀式结构。锥阀的下部有一个阻尼活塞，活塞的侧面铣扁，以便将压力油引到活塞底部。该活塞除了能增加运动阻尼使阀的工作稳定性提高外，还可以使锥阀导向而在开启后不会倾斜。此外，锥阀上部有一个偏流盘，盘上的环形槽用来改变液流方向，以补偿锥阀的液动力。

2) 先导式溢流阀

先导式溢流阀由主阀和先导阀两部分组成，其中先导阀部分多为直动式溢流阀中的锥阀。如果按主阀部分的阀芯配合形式来分类，则先导式溢流阀可以分为以下三类。

(1) 三节同心结构。图 5-63 所示的溢流阀是出现最早并且至今仍广泛应用的一种结构形式。由于它的主阀芯有三处分别与阀盖、阀体和阀座有同心配合要求，因此称为三节同心式溢流阀。

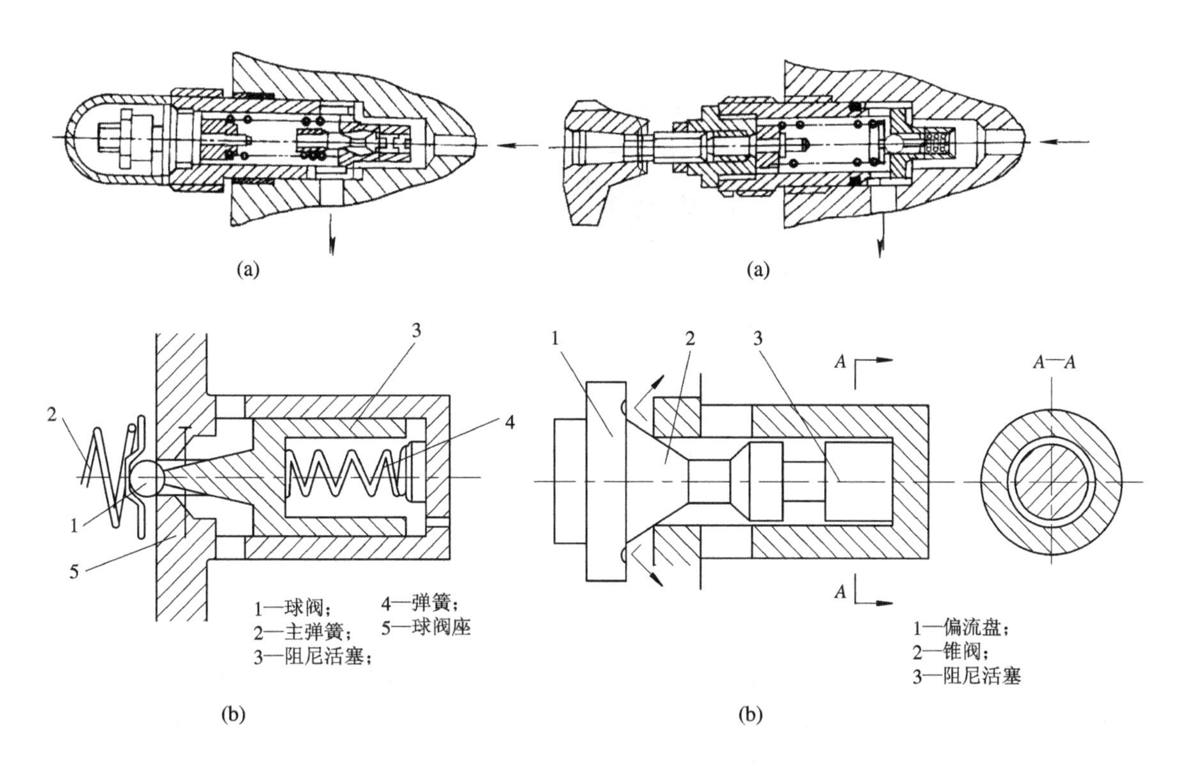


图 5 - 61　直动式球型溢流阀　　　　图 5 - 62　直动式锥型溢流阀

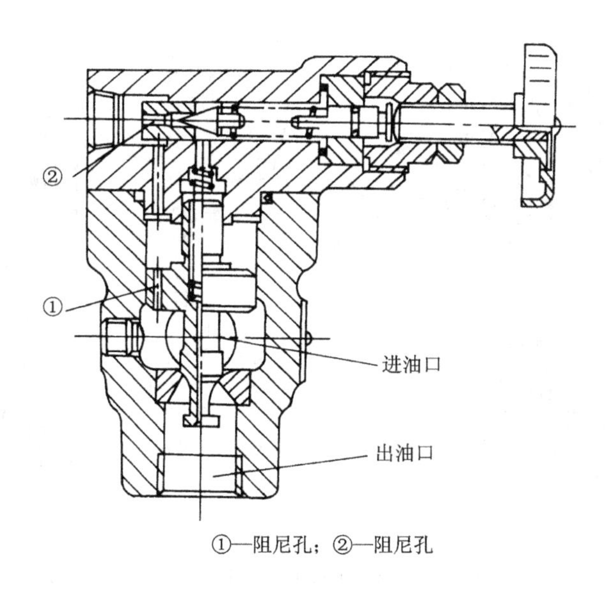


图 5 - 63　三节同心式先导型溢流阀

(2) 两节同心式。图 5 - 64 所示的溢流阀为近年来新发展的一种结构形式，其主阀芯采用了锥阀结构，它只有两处分别与阀体和阀座配合，因此称为两节同心式溢流阀。由于其主阀部分和普通单向阀结构相似，因此有些书上称其为单向阀式结构。

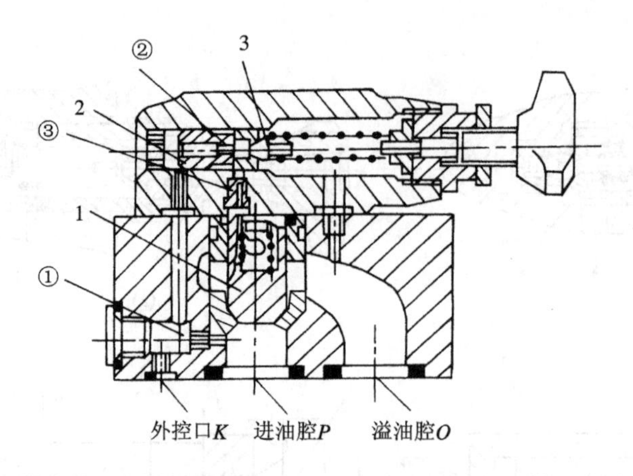


图 5－64　二节同心式先导型溢流阀

(3) 滑阀式结构。我国自行设计的中压系列先导式溢流阀，主阀芯部分采用了滑阀形式。图 5－65 所示为中压先导式(Y 型)溢流阀结构图，图 5－66 所示为改型后的中压先导式($Y_1$ 型)溢流阀的结构图。两者用途一样，只是 $Y_1$ 型溢流阀主阀芯结构做了一些改进，加大了承压面积，采用了阀座式密封，使动作较 Y 型灵敏，压力较稳定；但其结构稍显复杂，进、出油口位置与 Y 型相反。

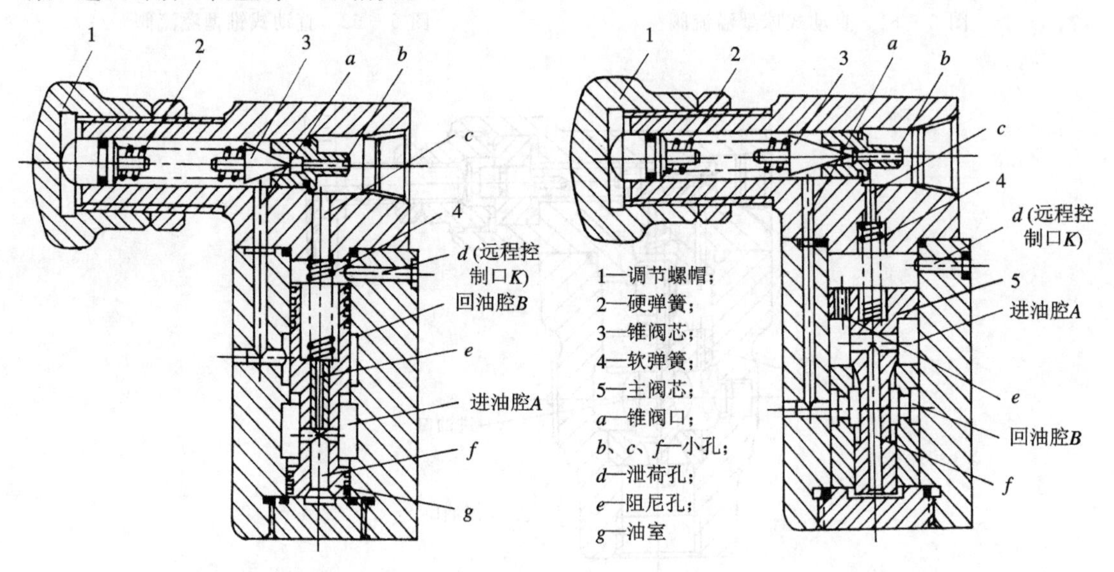


图 5－65　中压溢流阀　　图 5－66　改型后的中压溢流阀

下面以新发展起来的两节同心式溢流阀为例分析先导式溢流阀的工作原理，并讨论另外几种结构的特点。

图 5－67 所示为两节同心式溢流阀的工作原理图。先导阀 1 为锥阀，主要用来控制压力；主阀 2 封油部分也是锥阀，主要用来控制溢流量。液压力同时作用在主阀芯和先导阀阀芯上。当进油压力较小而使先导阀关闭时，阀腔中的油液没有流动，作用在主阀芯上的

液压力平衡，主阀芯不动，阀口关闭，没有溢流。因为主阀上的弹簧只需克服主阀芯的摩擦力，所以可做得较软，称软弹簧。而先导阀的弹簧则要直接和液压力平衡，所以较硬，称硬弹簧。但由于锥阀座孔尺寸较小，因此弹簧仍然较小。

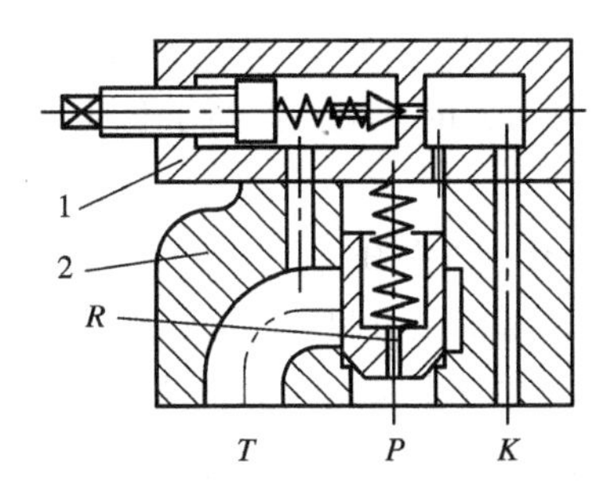


图 5-67　先导式溢流阀原理图

当进油压力增大时，由帕斯卡原理可知，锥阀前的压力也随着增加。当作用在锥阀上的液压力大于硬弹簧的予紧力时，先导阀打开，液流通过主阀芯上的阻尼孔 $R$、先导阀流回油箱。由于阻尼孔的阻尼作用，使主阀芯的上部压力小于下部压力，若此压力差所产生的液压力小于软弹簧的予紧力、阀芯的重力及阀芯与阀体之间的摩擦力之和时，主阀仍然关闭。但由于先导阀已打开，故回油口 $T$ 处出现线流。

随着进油口压力的进一步增大，经过先导阀的流量也继续增大，主阀芯上、下的压力差进一步加大。当作用在主阀芯上的压力差所产生的液压力足以克服软弹簧的予紧力、阀芯的重力及摩擦力之和时，主阀芯向上移动，直至将进油口 $P$ 和回油口 $T$ 接通，溢流阀大量溢流。此时，回油口 $T$ 处出现股流。随着压力的增大，经先导阀和主阀的流量也都增加，直到液压泵的全部流量经溢流阀流回油箱为止，从而实现了稳压溢流或安全保护。这时的压力为调定压力。调节先导阀上的硬弹簧，便可调整溢流阀溢流压力。

若进油口的压力下降，则先导阀进油腔的压力也下降，经先导阀的流量也减小，即经阻尼孔 $R$ 的流量也减小，主阀芯在弹簧及阀芯自重的作用下向下移动，从而关小溢流口，直至降到某一定值，主阀关闭。随着压力继续下降，先导阀也将关闭。

先导式溢流阀主阀体上有一个远程控制口 $K$，当远程控制口通过二位二通阀接油箱时，主阀芯在很小压力作用下即可移动，从而打开阀口，实现溢流，这时液压泵卸荷。若远程控制口连接另一个远程调压阀，便可对系统实现远程控制。先导式溢流阀调压轻便，压力受溢流量变化影响较小，压力稳定性较好，但结构复杂，灵敏度较低，一般用于中、高压场合。

先导式溢流阀的启闭特性如图 5-68 所示。图中 $p_{1k}$ 为先导阀的开启压力，$p_k$ 为主阀的开启压力，$p_T$ 为溢流阀通过额定流量 $q$ 时的调定压力。在同样流量下，闭合过程中的压力略小于开启过程的压力。

实际使用时，先导式溢流阀主要在 $p_k$ 到 $p_T$ 段工作，所以压力变化范围较小，亦即所控制的压力比较稳定。

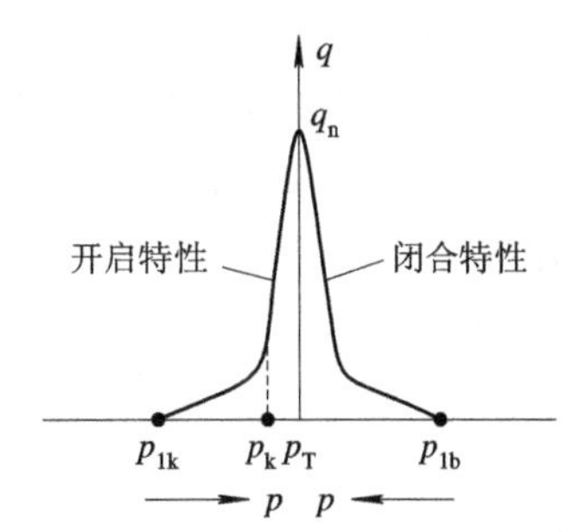


图 5-68　先导式溢流阀启闭特性

通过以上分析可以看出，两节同心式溢流阀与三节同心式溢流阀和滑阀式溢流阀的差别在于：

三节同心式溢流阀和两节同心式溢流阀的主阀部分为锥阀，密封性好，动作灵敏。又因为主阀芯可以得到较大的差压面积，因此，启闭特性进一步得到改善。三节同心式溢流阀主阀芯下端的消振尾补偿了液动力的影响，提高了稳定性。故而，三节同心式溢流阀可用于高压。

滑阀式溢流阀由于阀芯上端有压力存在，即使被控压力较高，主阀上的弹簧亦可以做得较软，因此，当通过溢流阀的溢流量变化引起阀芯的位置变化时，软弹簧的弹簧力变化很小。另一方面，由于先导阀尺寸很小，并且主阀打开后溢流量变化时被控压力变化也很小，因此它可以用于压力较高和流量较大的场合。通常，滑阀式溢流阀的额定压力为 6.3 MPa。

**2. 溢流阀的性能指标**

1）静态性能

所谓静态性能是指溢流阀在稳定工况下(即系统压力没有突变时)的性能。静态性能通常包括下述指标。

(1) 调压范围。最小调定压力到最大调定压力之间的范围称为溢流阀的调压范围。通过调节调压螺帽即可改变弹簧力，从而调节控制压力。如直动式溢流阀调节范围为 0.5～2.5 MPa，中压先导式溢流阀为 0.5～7 MPa，高压先导式溢流阀为 0.5～31.5 MPa 等。对于高压溢流阀，由于调压范围大，这不仅会使启闭特性变坏，而且会使调整压力不准确，因此，可根据使用压力不同，更换不同刚度的调压弹簧。一般可通过更换四根弹簧，实现 0.5～7 MPa、3.5～14 MPa、7～21 MPa、14～35 MPa 等四级调压。在新结构阀中，有采用一根弹簧在≤25 MPa 的范围内进行调压的。

(2) 开启比与闭合比。开启压力 $p_k$ 与调定压力 $p_T$ 之比，称开启比，其表达式为

$$n_k = \frac{p_k}{p_T} \tag{5-23}$$

一般，直动式溢流阀的 $n_k \leqslant 90\%$。对于先导式溢流阀，因为工作时主阀已经打开，所以 $p_k$ 为主阀开启压力，其 $n_k > 95\%$。

闭合压力 $p_b$ 与调定压力 $p_T$ 之比，称闭合比，其表达式为

$$n_b = \frac{p_b}{p_T} \tag{5-24}$$

一般，直动式溢流阀的 $n_b < 85\%$，先导式溢流阀的 $n_b \geqslant 90\%$。

这些比值越大，说明溢流阀在工作过程中压力变化范围越小，即稳定性能越好。另一方面，希望开启比 $n_k$ 与闭合比 $n_b$ 尽可能接近些，这就要求阀芯与阀体配合精度较高，表面粗糙度值较小。

还可用压力不均匀度 $\delta_p$ 来表示压力的波动情况，并定义

$$\delta_{pk} = \frac{p_T - p_k}{p_T}, \quad \delta_{pb} = \frac{p_T - p_b}{p_T} \tag{5-25}$$

显然，压力不均匀度越小，则溢流阀稳定性能越好。

(3) 密封性与泄漏量。当系统压力低于调定值时，阀闭合要严，泄漏要小，即密封性要好。在溢流阀作安全阀时这两种性能尤为重要。通常用锥阀(包括球阀)做安全阀，以提高密封性，减小泄漏量。

(4) 压力损失与卸荷压力。对于溢流工况，由于其本身是一个压力损失的过程，因此一般不提出经过阀时的压力损失指标。但当溢流阀作卸荷阀用时，额定流量下的压力损失称为卸荷压力，它反映了卸荷状态下系统的功率损失，以及因功率损失而转换成的油液发热量。显然，卸荷压力越小越好。卸荷压力的大小与阀的结构形式、阀内部的流道以及阀口的尺寸大小有关。

(5) 最大流量与最小稳定流量。最大流量与最小稳定流量决定了溢流阀的流量调节范围，范围越大，该阀的应用越广。溢流阀的最大流量也就是它的额定流量，又叫公称流量，在此流量下工作时应无噪声。溢流阀的最小稳定流量取决于它的压力稳定性要求，一般规定为额定流量的15%。

2) 动态性能

所谓动态性能是指溢流阀在过渡过程中(即系统压力突然上升时)的性能，常用时域特性来评价。动态性能通常包括下述指标。

(1) 超调量。当溢流阀从零压不溢流突然变为额定压力、额定流量溢流时，液压系统将出现压力冲击，我们把最高瞬时压力峰值与额定压力的差值称为动态超调量，用 $\Delta p$ 表示。一般希望动态超调量要小，否则会发生元件损坏或管道破裂等事故。性能良好的溢流阀的超调量不超过额定压力的30%。和动态超调量对应的有动态过渡时间 $\Delta t$ 和振荡次数 $n$。过渡过程时间表示从零压改变到压力峰值后，系统压力值在上、下波动后进入稳定溢流状态所需的时间。动态过渡时间短、振荡次数少的溢流阀，其反应性好。

图5-69所示为用八线示波器测出的溢流阀时域动态特性的升压过程曲线(过渡过程曲线)。

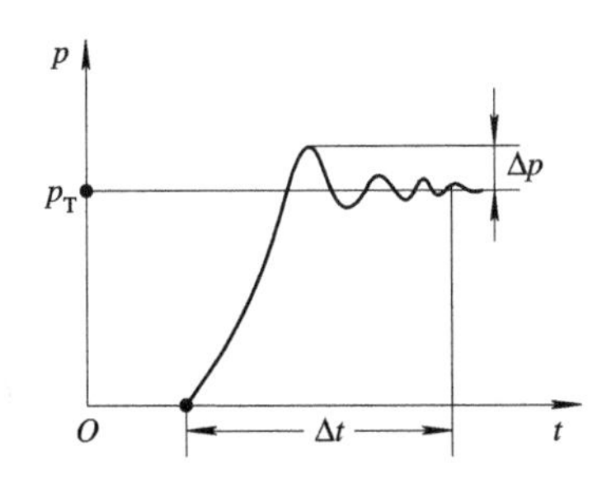


图5-69 溢流阀时域动态过渡过程曲线

(2) 压力卸荷时间及压力回升时间。压力卸荷时间是指卸荷信号发出后，溢流阀从额定压力降至卸荷压力所需要的时间。压力回升时间是指停止卸荷信号发出后，溢流阀从卸荷压力回升至额定压力所需要的时间。这两个指标反映了溢流阀在系统工作中，从一个稳定状态到另一个稳定状态所需要的过渡时间。过渡时间短，溢流阀的动态性能就好。图5-70所示为溢流阀卸荷及压力回升曲线，图中，$\Delta t_1$、$\Delta t_2$ 分别为压力回升时间和卸荷时间，一般要求 $\Delta t_1=0.5\sim1$ s，$\Delta t_2=0.03\sim0.09$ s。

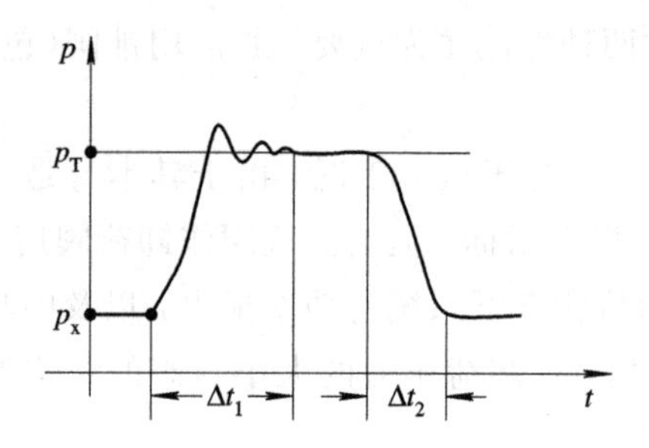


图 5－70　溢流阀压力卸荷及压力回升曲线

(3) 压力稳定性。由于液压泵供油的脉动、液压系统负载的变化或者其它干扰的影响，溢流阀所控制的压力并不能保持绝对不变，而是随着外界的干扰在调定压力的附近作相应的压力波动。压力波动的大小一般用压力表指针的摆动量来衡量，称为压力振摆。压力振摆的存在表明溢流阀的主阀或导阀在作振动，因此压力振摆大的溢流阀的压力稳定性差，反之溢流阀的压力稳定性好。压力稳定性的好坏又直接影响液压系统的工作品质，因此，通常将压力振摆限制在的 0.1～0.2 MPa 范围内。如果溢流阀压力稳定性不好，则还会出现剧烈的振动和啸叫声。

### 3. 溢流阀的应用

溢流阀在液压系统中应用很广，不同的场合，可以有不同的用途，下面分别予以介绍。

1) 实现稳压溢流

如图 5－71 所示，在采用定量泵的系统中，溢流阀和节流阀配合使用可保持系统压力(即液压泵的出口压力)基本稳定。进入液压缸的流量由节流阀调节，多余的油液经溢流阀流回油箱。因阀经常处于溢流状态，所以称为溢流阀。调节溢流阀的调压弹簧，即可调节系统的压力。

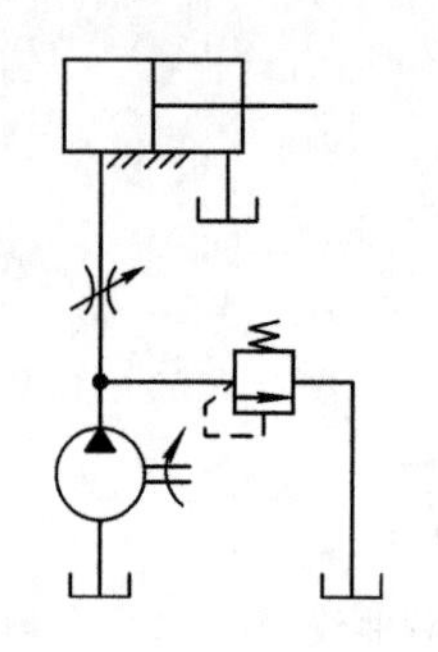

图 5－71　稳压溢流

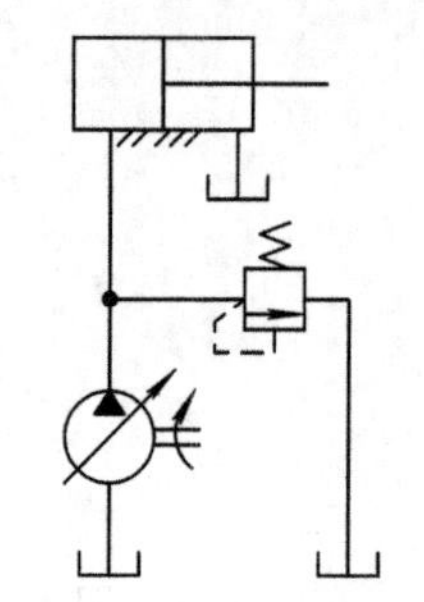

图 5－72　安全保护

2) 实现安全保护

在图 5－72 所示的液压系统中，由于采用了变量泵，进入液压缸的流量就等于变量泵供给的流量，因此溢流阀在液压系统正常工作时处于关闭状态。只有在系统超载、压力等于或大于溢流阀的调定压力时才开启溢流，这对系统起到了安全保护作用，所以称为安全阀。

3）实现远程调压

图 5－73 所示为实现远程调压的液压系统，图中阀 1 为先导式溢流阀，阀 2 为一直动式溢流阀。在先导式溢流阀的控制口 $K$（见图 5－67）处，接直动式溢流阀，用以控制主阀芯上腔的压力值。只要阀 2 的调整压力小于溢流阀 1 的调整压力，则溢流阀所控制的压力就由阀 2 来调定。由于阀 2 可以通过油管连接到较远的地方，因此称远程调压阀。

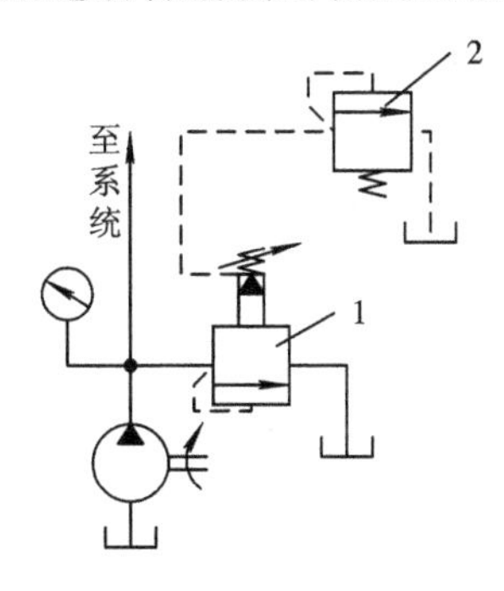


图 5－73　远程调压

4）实现液压泵卸荷

图 5－74 所示为用先导式溢流阀使液压泵卸荷的系统。当控制口 $K$ 经二位二通电磁换向阀和油箱连接后，主阀芯上腔的压力迅速下降，由于主阀弹簧很软，致使阀芯迅速上移，阀口开大，使得溢流阀进口压力（泵的出口压力）只有 0.1～0.2 MPa，从而实现了液压泵卸荷。

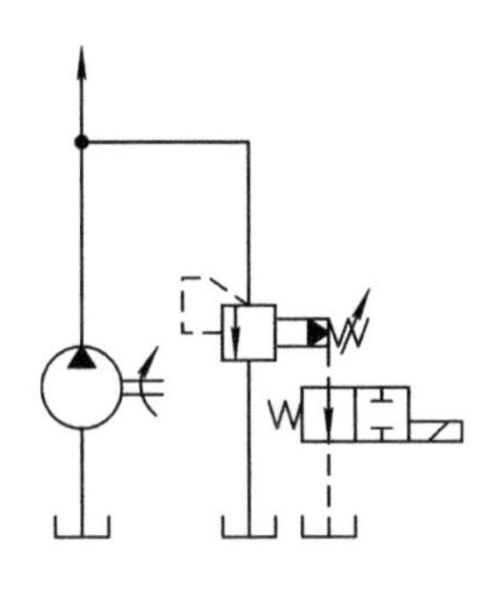

图 5－74　液压泵卸荷

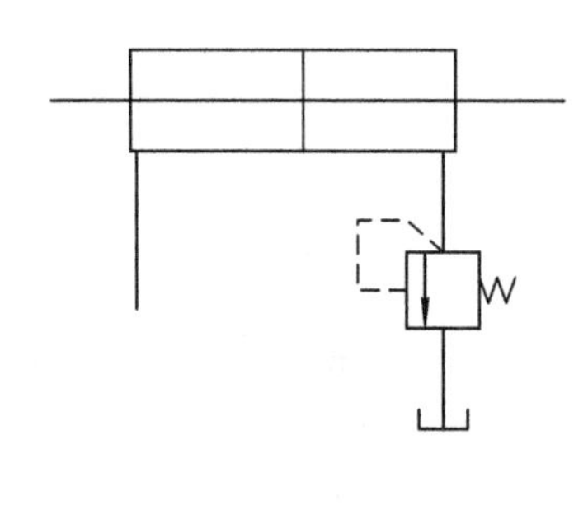

图 5－75　形成背压

5）用于产生背压

如图 5－75 所示将溢流阀串联在执行元件的回油路上，可使执行元件回油腔获得较大的压力（亦称背压），从而提高了执行元件运动的平稳性。这种溢流阀的调定压力较低，一般只有 0.2～0.4 MPa，所以用直动式溢流阀即可。此时的溢流阀也称为背压阀。

### 5.4.2　减压阀

减压阀用来降低液压系统中某一部分的压力，从而使同一系统能有两个或多个不同的压力。使其出口压力降低且恒定的减压阀称为定值减压阀，是目前应用最为广泛的一种阀，简称减压阀；使进、出口压力之差或出口压力与某一负载压力之差恒定的减压阀称为定差减压阀；使进、出口压力之比恒定的减压阀称为定比减压阀。

对于定值减压阀，通常要求在进口压力大于出口压力的情况下，不论进口压力如何变化，出口压力应能保持恒定，且不受通过减压阀流量的影响。对于定差和定比减压阀，则要求不论进口压力或出口压力如何变化，应使压差或比值保持恒定。

**1. 定值减压阀**

1）定值减压阀的结构和工作原理

按照定值减压阀的结构和工作原理，可将其分为直动式和先导式两种。

(1) 直动式减压阀。图 5－76 所示为直动式减压阀的结构原理图。它是由阀体、阀芯、调压弹簧、调压螺钉等组成的。其阀芯具有三个凸肩，且处于最低位置时阀口是打开的，使进油口 $p_1$ 与出油口 $p_2$ 相通。进口压力油 $p_1$ 经阀口节流后，降为出口压力油 $p_2$，出口压力油又经阀芯上的径向孔与轴向小孔进入阀芯下端，形成向上的液压力，与调压弹簧力平衡。

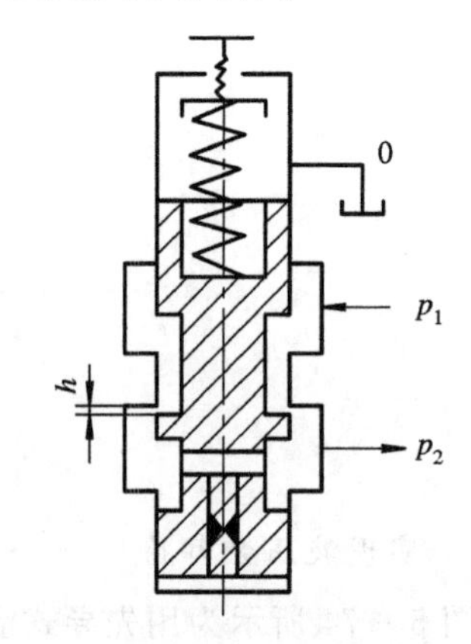

图 5－76　直动式减压阀

当出口压力小于弹簧的调定压力值时，阀芯在弹簧作用下压至下端，阀口开度 $h$ 最大，减压阀处于不减压状态。

当出口压力增加到调定压力值时，阀下腔的液压力就克服弹簧力推动阀芯向上移动，使节流口 $h$ 变小。由于节流口的节流作用而产生压力损失，因此使出口压力不再增加。这时，作用于阀芯上的力平衡方程式为

$$p_2 \frac{\pi}{4} d^2 = K[x_0 + (h_{\max} - h)]$$

$$p_2 = \frac{4K}{\pi d^2}[x_0 + (h_{\max} - h)] \tag{5-26}$$

式中：$d$——减压阀阀芯直径(m)；

$K$——弹簧的刚度系数(N/m)；

$x_0$——弹簧的预压缩量(m)；

$h_{\max}$——阀口的最大开度(m)；

$h$——阀口的开度(m)。

上式中，阀口开度 $h$ 是一个变量，但和弹簧的预压缩量 $x_0$ 相比是个较小的数值，在粗略分析时可以忽略不计。因此，认为减压阀的出口压力 $p_2$ 近似为一恒定值。

如因外界干扰(例如进口压力上升)而使出口压力上升，则阀芯上移，关小节流口，增加节流损失，于是出口压力便下降，阀芯在新的位置上达到新的平衡。反之，若出口压力下降，则节流口开大，出口压力上升。

因为减压阀出口的油液有一定压力，所以经阀芯泄漏到弹簧腔的油液须经专门设置的回油管引回油箱。

显然，由于减压后的液压力直接与弹簧力平衡，因此该阀只能用于低压场合。

(2) 先导式减压阀。图 5－77(a)所示为中压先导式减压阀的结构图。它和中压先导式溢流阀十分相似，某些零件可互相通用。两者的主要差别如下：

首先，中压先导式溢流阀的主阀芯为两个凸肩，静止状态时阀口关闭，进、出油口不

通；中压先导式减压阀的主阀芯具有三个凸肩，阀口始终开启，形成减压缝隙，阀的进、出油口始终相通。

其次，中压先导式溢流阀的先导阀经阀盖与阀体直通出油口回油箱；中压先导式减压阀则因出油口有一定压力，需要专门的回油通道回油箱。

再则，两者的进、出油口的位置正好相反。这是因为：中压先导式溢流阀是利用进口压力油来控制滑阀移动，保持进口压力恒定，因此进油口在滑阀下端；而中压先导式减压阀是利用出口压力油来控制滑阀移动，保持出口压力恒定，因此出油口在滑阀下端。

图 5－77(b)所示为中压先导式减压阀的原理图和符号图。当高压油从进油口 $A$ 进入时，其压力为 $p_1$；经节流缝隙 $h$ 减压，低压油从出油口 $B$ 流出，送往执行元件，其压力为 $p_2$。低压油经通道 $f$ 与主阀芯下端的油腔相通，同时又经阻尼孔 $e$ 与主阀芯上端的油腔相通，该腔经过通道 $c$、$b$ 与锥阀右腔连通，此时压力为 $p_3$。这样，液压油 $p_3$ 作用于锥阀上的液压力与调压弹簧的弹簧力相平衡。

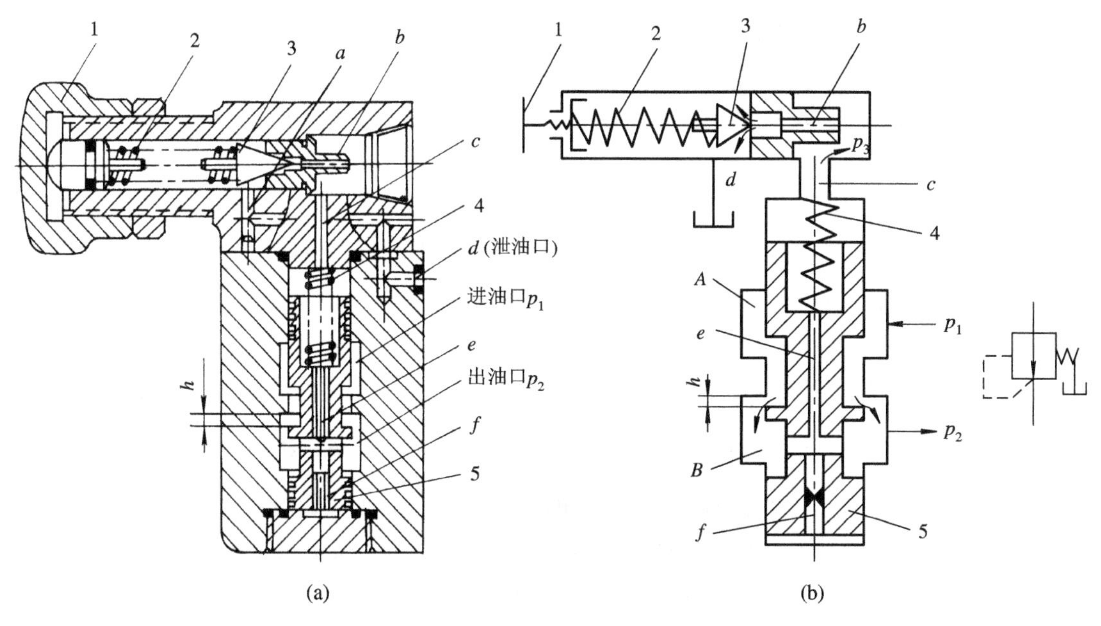


1—调节螺帽；2—调节弹簧；3—导阀芯；4—弹簧；5—主阀芯；$A$—进油腔；$B$—回油腔

图 5－77　中压先导式减压阀

当出口压力 $p_2$ 较低，使 $p_3$ 小于调压弹簧 2 的调定压力时，锥阀关闭，$p_2 = p_3$，主阀芯上、下两端液压力相等，主阀弹簧 4 将主阀芯推在最下端，节流口 $h$ 最大，减压阀不起减压作用，进、出油口压力相近。

当出口压力 $p_2$ 升高而 $p_3$ 随着升高时，若所形成的液压力大于调压弹簧的预紧力，则锥阀打开，少量油液经锥阀口、通道 $d$ 流回油箱。这时阻尼孔 $e$ 有油液流过，产生压力降，使 $p_3 < p_2$。当压力差作用在主阀芯上所产生的向上的液压力大于弹簧 4 的预紧力、阀芯的自重、阀芯与阀体的摩擦力及液动力等的代数和时，主阀芯 5 向上移动，使节流口 $h$ 减小，压力降增大，出口压力便自动下降，直到作用在主阀芯上的诸力相平衡为止，主阀芯便处于新的平衡位置，节流口 $h$ 保持某一开度。调节先导阀上的硬弹簧，便可调整减压阀的出口压力。

比较先导式溢流阀和先导式减压阀的工作原理可以发现，它们的自动调节作用原理是相似的，只是溢流阀保持进口压力恒定，而减压阀则保持出口压力恒定，它也可以用于压力较高的场合。

*2）减压阀的静态性能

根据减压阀的工作特点，对减压阀有如下静态性能要求：

（1）调压范围。定值减压阀的调压范围是指阀的进口压力一定时，出口压力可调节的数值范围。在这个范围内使用减压阀，能保证阀的基本性能。通常，当中压先导式减压阀的进口压力为 6.3 MPa 时，其调压范围为 0.5～5 MPa。

（2）进口压力对出口压力的影响。前面分析定值减压阀的工作原理时，认为阀的进口压力恒定，但实际上进口压力总是会有变化的，而进口压力的变化又必然影响其出口压力的大小。当进口压力增大时，出口压力也增大，此时，先导阀开度增加，经过阻尼孔 $e$ 的压力损失增加，主阀芯上移，节流口 $h$ 减小，压降增大，从而使 $p_2$ 又回到原来的稳定值附近。此时，显然 $p_3$ 有所增加，$h$ 有所减小，会使 $p_2$ 有所上升，如图 5 - 78 所示。一般对定值减压阀有一定的指标，例如中压先导式减压阀的出口压力为 1 MPa 时，若进口压力从 1.5 MPa 升高到 6.3 MPa，则其出口压力的波动值应小于±0.1 MPa。

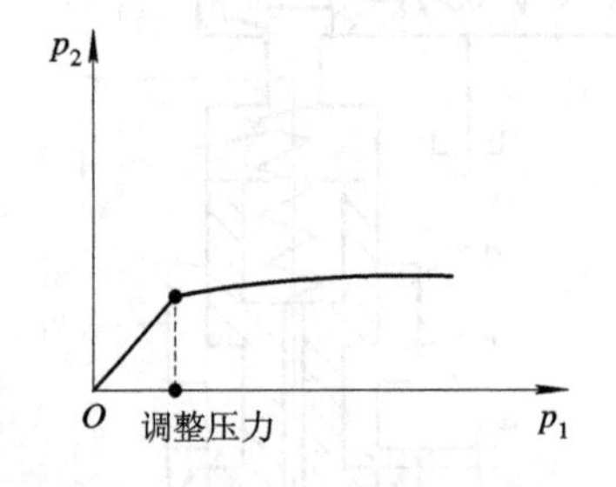


图 5 - 78　进口压力对出口压力的影响

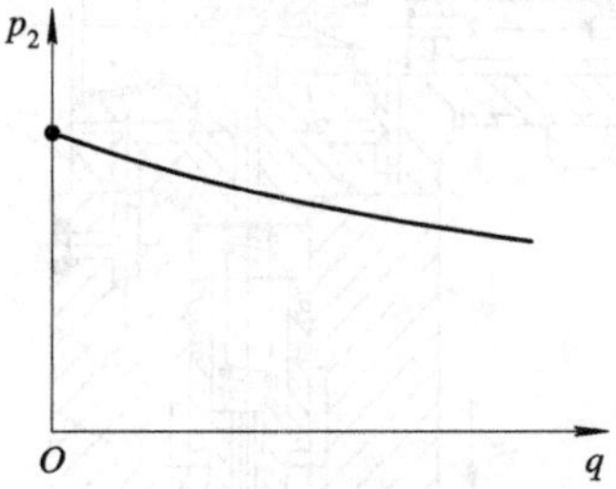

图 5 - 79　流量对出口压力的影响

（3）流量对出口压力的影响。当减压阀的进口压力恒定时，通过阀的流量变化也会引起出口压力的变化，使出口压力不能保持调定的数值。例如，流量减小，$h$ 不变时，则经过节流口的损失减小，$p_2$ 要上升，主阀上移，使阀口关小，从而 $p_2$ 又回到原来稳定值附近。另外，$h$ 值的减小，将会使 $p_2$ 值有所上升。图 5 - 79 表示了流量对出口压力的影响曲线，说明减压阀具有流量减小，被控压力增大的性能。

当出口流量等于零时，通过主阀的流量等于通过先导阀的流量，一般为 1 L/min 左右，此时出口压力为最大值。

顺便指出，无论减压阀出油口有无油液流出，减压阀的主阀始终处于打开位置。

3）减压阀的应用

定值减压阀可用于不同的工作场合，这里仅介绍其中两例。

（1）用于夹紧油路。图 5 - 80 所示为减压阀用于夹紧油路的原理图。液压泵 1 除给主工作缸供压力油外，还经过减压阀 2、单向阀 3 和换向阀 4 进入夹紧缸 5。当溢流阀 6 的调定压力大于减压阀的调定压力时，调节减压阀可得到不同的夹紧力，以适应不同的加工要求。由于减压阀保证了出口压力恒定，因此夹紧缸的夹紧力可以不受液压泵供油压力的影响。

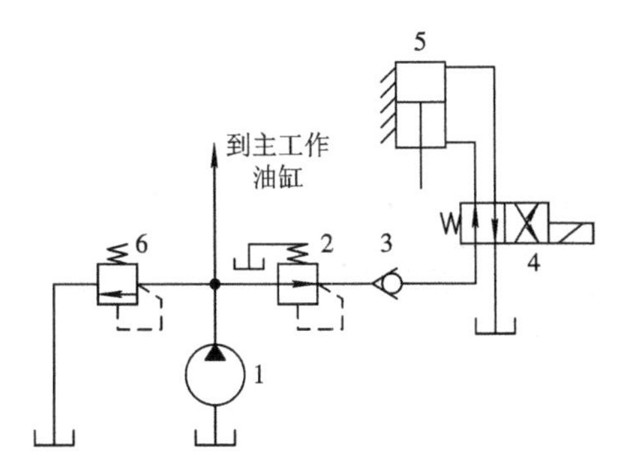


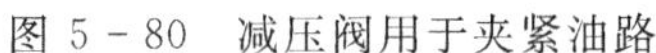

图 5－80　减压阀用于夹紧油路

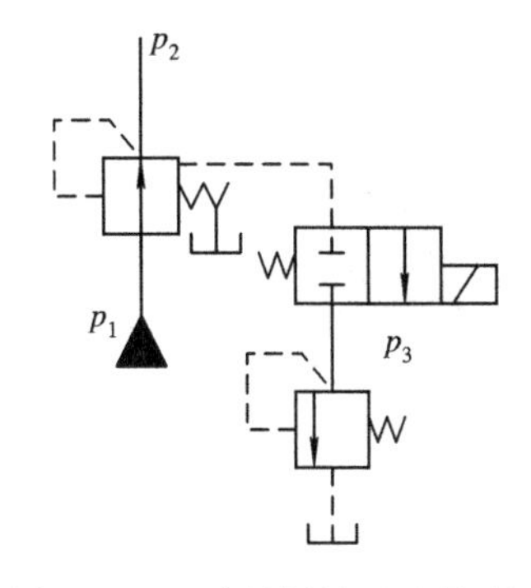


图 5－81　减压阀用于远程减压

(2) 实现远程减压。图 5－81 所示为减压阀实现远程减压的原理图。在先导式减压阀主阀芯上端开一控制口，然后经过二位二通常闭型换向阀与另一直动式溢流阀相连通即可实现远程减压。直动式溢流阀可单独连接到较远的地方，所以称远程调压阀，其控制压力必须低于减压阀本身先导阀所调定的压力。

**2. 定差减压阀**

定差减压阀不仅能使其出口压力低于进口压力，而且无论进、出口压力及负载压力如何变化，都能够保证进、出口压力差或出口与某一负载的压力差值保持恒定。

图 5－82(a)所示为保持进、出口压力差为恒定值的定差减压阀的工作原理和符号图。当该阀工作时，阀芯在弹簧力 $F_t$ 的作用下处于最下端位置。当阀的进油口接压力油后，阀芯下端作用有一个向上的液压力 $F_{p1}=\frac{\pi}{4}(D^2-d^2)p_1$，其克服弹簧力 $F_t$ 使阀芯上移，阀芯下端与阀体之间出现节流口 $h$，压力油经节流口 $h$ 流至出口，由于节流口的阻尼作用，使出口压力 $p_2$ 低于进口压力 $p_1$。因为阀芯上端的弹簧腔经阀芯中心孔与出口相通，所以阀芯上又作用着一个向下的液压力 $F_{p2}=\frac{\pi}{4}(D^2-d^2)p_2$。

如果进口压力 $p_1$ 增大，则阀芯的受力平衡遭到破坏，此时，阀芯向上移动，节流口 $h$ 增大，减压作用削弱。于是，出口压力 $p_2$ 也随之增大，直到阀芯在新的位置上平衡为止。如果出口压力 $p_2$ 发生变化，则类似上面的分析，亦能保持阀的进、出口压力差恒定。

这种定差减压阀一般与其它元件并联，以保证该元件的进、出口压力差恒定。

图 5－82(b)所示为保持出口压力与某一负载压力之差为恒定值的定差减压阀的工作原理和符号图。当压力油从进油口 $p_1$ 进入阀口，经节流口流到出油口时，压力降为 $p_2$。将压力油 $p_2$ 经阀体上通孔引入阀芯左端，则产生一个向右的液压力 $F_{p1}=\frac{\pi}{4}D^2p_2$；而连接负载压力的油口所产生的向左的液压力 $F_{p2}=\frac{\pi}{4}D^2p_3$。

如果负载压力 $p_3$ 增大，则阀芯受力平衡遭到破坏，此时，阀芯向左端移动，节流口增大，减压作用削弱。于是，出口压力 $p_2$ 相应增大，直到阀芯在新的位置上平衡为止。如果出口压力 $p_2$ 发生变化，则类似上面的分析，亦能保持阀的出口压力与负载压力差值恒定。

这种定差减压阀常与其它元件串联，以保证该元件的进、出口压力差恒定。

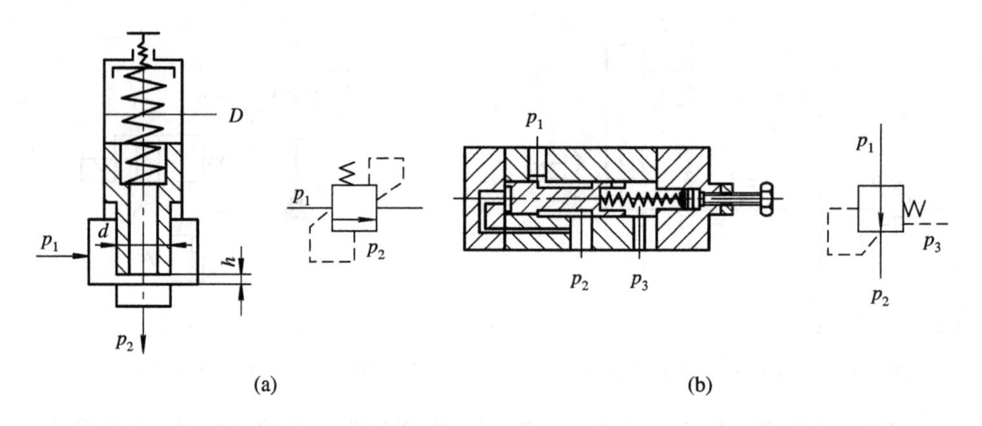


图 5 - 82　定差减压阀

**3. 定比减压阀**

定比减压阀能使进口压力 $p_1$ 与出口压力 $p_2$ 保持恒定的比值。图 5 - 83 所示为定比减压阀的工作原理和符号图。阀芯为阶梯轴，大端直径为 $D$，小端直径为 $d$。当高压油 $p_1$ 从进油口进入阀腔时，产生一个向上的液压力 $F_{p1}=\frac{\pi}{4}d^2p_1$，使阀芯向上移动。于是，在阀芯和阀体之间形成节流口 $h$，压力油经 $h$ 由孔道 $b$ 流至出口，由于节流口的阻尼作用，使出口压力 $p_2$ 低于进口压力 $p_1$。因为阀芯上端与出口相通，所以阀芯上又作用着一个向下的液压力 $F_{p2}=\frac{\pi}{4}D^2p_2$。

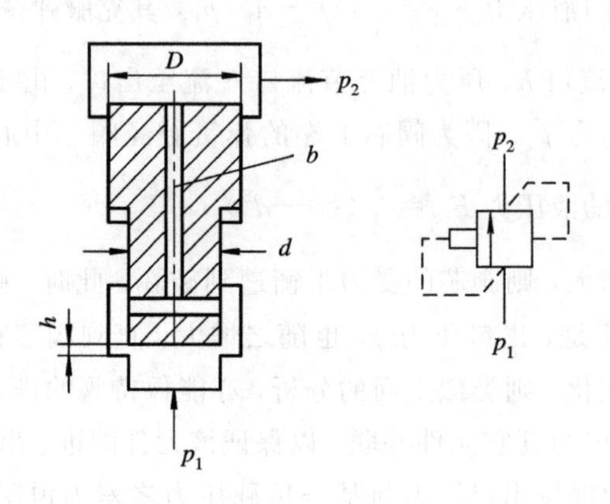


图 5 - 83　定比减压阀

如果进口压力 $p_1$ 升高，则阀芯上移，$h$ 增大，减压作用削弱。于是，出口压力 $p_2$ 也随着上升，直到阀芯在新的位置上平衡为止。如果出口压力 $p_2$ 发生变化，则经过阀芯的调节，仍能保持进、出口压力比值恒定。

定比减压阀常用于需要两级定比调压的场合。

## 5.4.3　顺序阀

顺序阀在液压系统中犹如一个自动开关，它由压力油控制其启闭，以使两个以上的执行元件按顺序动作，所以称为顺序阀。实质上它相当于一个常闭型的二通阀，因此要求阀关闭时泄漏量要小。

**1. 顺序阀的结构和工作原理**

按结构形式不同，顺序阀可分为直动式和先导式两类。按控制油路不同，顺序阀又可分为内控式和外控式两类。通常把直接利用阀的进口压力控制阀芯开启的阀，称内控顺序阀；把从外部控制油路引进压力油控制阀芯开启的阀，称外控顺序阀。按泄漏油路不同，顺序阀还可分为内泄式和外泄式两类。

1）直动式顺序阀

图 5－84(a)所示为直动式顺序阀的结构原理图。外控口 $K$ 用螺塞堵住，外泄油口 $L$ 通油箱。压力油自进油口 $p_1$(为便于连接油管，图示的阀有两个进油口)通入，经阀体上的孔道和端盖上的阻尼小孔流到控制活塞的底部，产生一个向上的液压力。由于阀芯上有一小孔，使阀芯两端液压力平衡，因此当控制活塞上的液压力小于弹簧力时，阀芯在弹簧力作用下处于下端位置，进、出油口被隔开。当液压力大于弹簧的预紧力时，阀芯上移，直至进、出油口接通，压力油经阀口从出油口 $p_2$ 流出，去控制另一个执行元件的动作。经阀芯与阀体间的缝隙进入弹簧腔的泄漏油从外泄口单独接回油箱。通常将这种油口连接形式称内控外泄直动式顺序阀，其图形符号如图 5－84(b)所示。

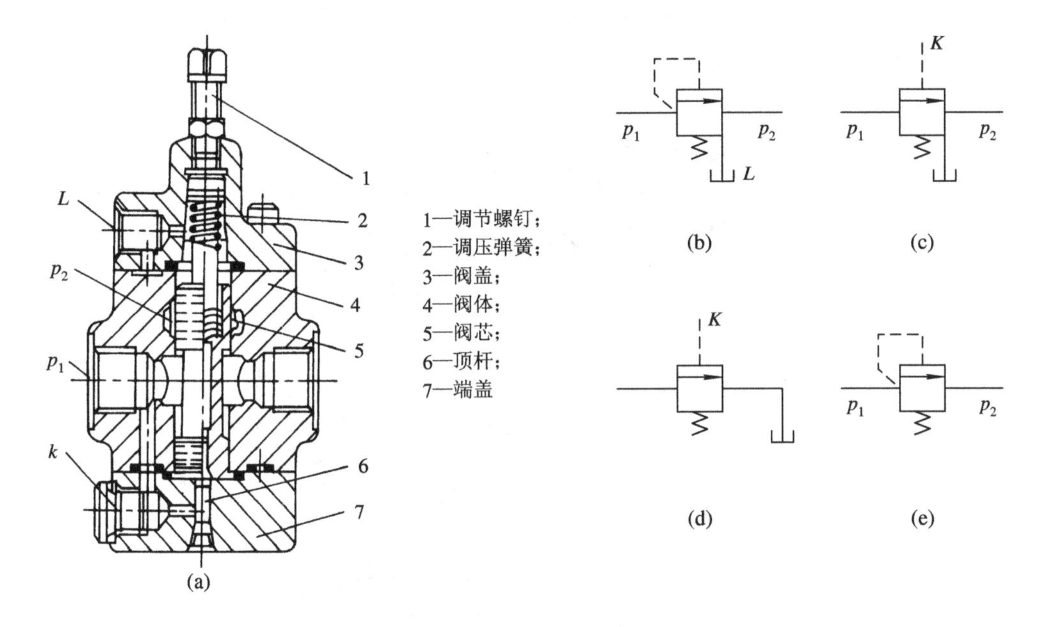


图 5－84　直动式顺序阀

将图 5－84(a)中的端盖 7 旋转 180°安装，切断进油口流往控制活塞下腔的通路，并去掉外控口的螺塞，接入引自它处的压力油(即控制油)，其它均不变，这种阀便成为外控外泄直动式顺序阀，其图形符号如图 5－84(c)所示。在这种情况下工作时，调压弹簧的预压缩量可调得很小，使得控制油压较低时便可开启阀口，且与进油口无关，控制油压一般为工作压力的 30%～40%。

若再将外控外泄直动式顺序阀的阀盖 3 旋转 90°安装，并使弹簧腔与出油口相连(阀体上开有沟通孔道，图中未剖出)，然后将外泄口 $L$ 堵塞，便成为外控内泄直动式顺序阀，其图形符号如图 5－84(d)所示。外控内泄直动式顺序阀通常只用于出口接油箱的场合，它可使液压泵卸荷，故又称卸荷阀。

若再将外控外泄直动式顺序阀的阀盖 3 旋转 90°安装，并使弹簧腔与出油口相连，然后将外泄口 $L$ 堵塞，便成为内控内泄直动式顺序阀，其图形符号如图 5 - 84(e)所示。内控内泄直动式顺序阀通常也只用于出口接油箱的场合。

直动式顺序阀设置控制活塞的目的是为了缩小进油口压力油对阀芯的作用面积，以便采用较软的弹簧来提高阀的流量压力性能。

2）先导式顺序阀

图 5 - 85 所示为先导式顺序阀的结构原理图。它和先导式溢流阀结构大体相同，工作原理也类似。先导式顺序阀也有内控与外控以及内泄与外泄等不同结构以备选择。图示位置为内控外泄式；若将端盖转过 90°，并去掉外控口的螺塞，则成为外控外泄式；若将先导阀转过适当的角度，再将外泄口堵死，则成为外控内泄式。

如图所示，压力油经主阀中的节流孔由下腔进入上腔并流入锥阀右腔，当油液压力未达到调压弹簧的调定压力时，先导阀关闭，主阀芯两端液压力相同，主阀芯在上端弹簧作用下处于下位，主阀关闭，进、出油口不通。当压力达到调压弹簧的调定压力时，先导阀打开，主阀芯节流孔中有油液流动，形成压力差，当压力差产生的作用力小于上腔弹簧力时，主阀仍然关闭；当压力差产生的作用力大于上腔弹簧力时，主阀芯上移，阀口打开，油液进入另一个执行元件使其动作。

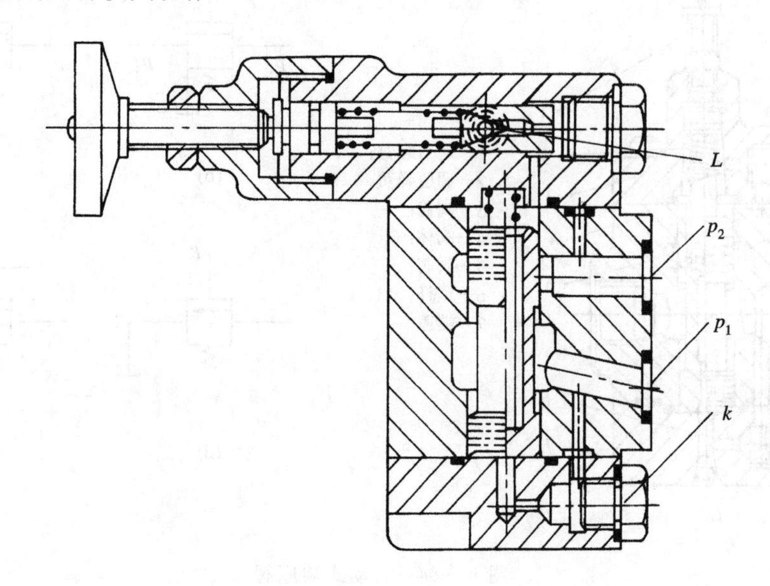


图 5 - 85　先导式顺序阀

先导式顺序阀中主阀弹簧的刚度可以很小，所以省去了直动式顺序阀端盖中的控制活塞。采用先导控制后，不仅启闭特性变好，而且顺序动作压力可大大提高。

3）单向顺序阀

实际使用中，往往只希望油液在一个方向流动时受顺序阀控制，而在反向流动时不必经过顺序阀，这时，在顺序阀一侧并联一只单向阀，便组成单向顺序阀。图 5 - 86 所示为直动式单向顺序阀的结构图。

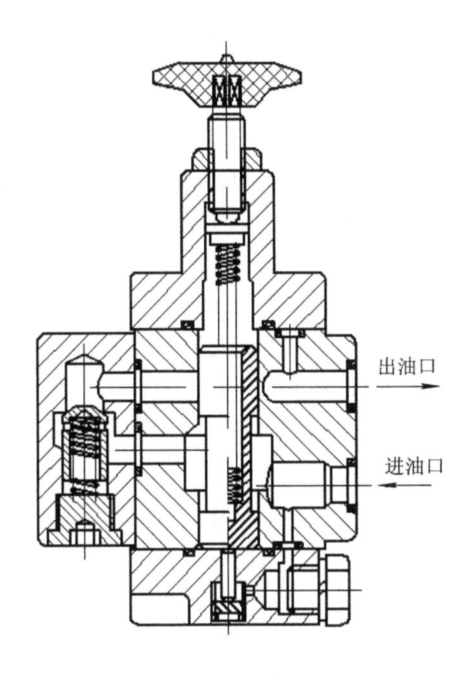


图 5－86　直动式单向顺序阀

直动式单向顺序阀在装配时稍做变更，其油口连接方式便有所不同。它也有内、外控外泄和内、外控内泄等不同形式，其符号如图 5－87 所示：(a)图为内控外泄式；(b)图为外控外泄式；(c)图为内控内泄式；(d)图为外控内泄式。通常，内控内泄和外控内泄式单向顺序阀常用于平衡回路，所以又称平衡阀。

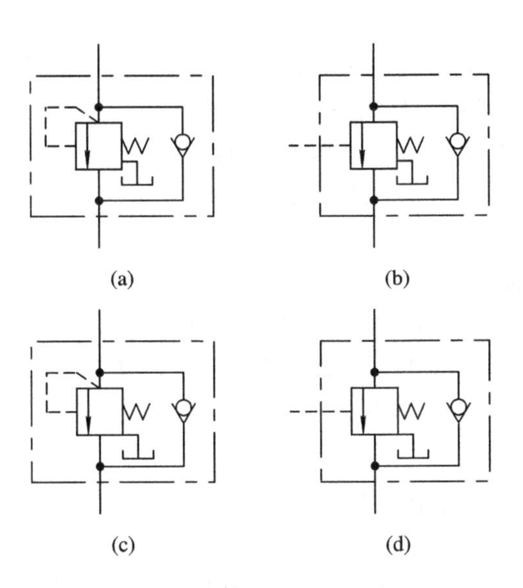


图 5－87　单向顺序阀的符号图

**2. 顺序阀的应用**

顺序阀利用油路压力的变化来控制执行元件的顺序动作，也可用于液压泵卸荷和立式液压缸的平衡，以实现油路的自动控制。

1）控制执行元件的顺序动作

在图5－88所示回路中，要求液压缸2的活塞杆先缩回后，液压缸1的活塞杆再伸出，于是，可在液压缸1和换向阀之间设置一只内控外泄式单向顺序阀。当换向阀处于图示位置时，液压油首先进入液压缸2的上腔，使其活塞杆缩回，在运动过程中，系统压力较低，顺序阀关闭。当活塞行至终点时，系统压力升高，顺序阀开启，压力油进入液压缸1的左腔，推动活塞向右运动，从而实现了顺序动作要求。

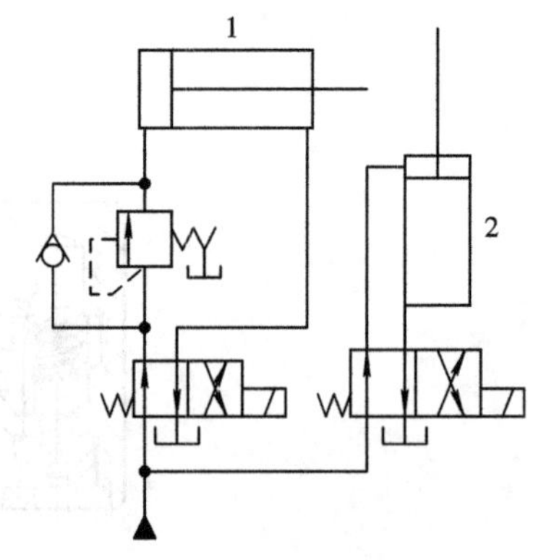

图5－88　控制液压缸的顺序动作

这里需要注意，顺序阀的调定压力必须大于液压缸2活塞缩回时所需的最大压力，否则会出现误动作。

2）用于立式液压缸的平衡

立式液压缸不工作时，往往会因自重而自行下滑，为了防止这种现象的发生，常采用单向顺序阀平衡配重，此时顺序阀又称为平衡阀或支撑阀。图5－89所示为采用内控内泄单向顺序阀的平衡回路。当换向阀处于图示位置时，压力油经换向阀、单向阀进入液压缸的下腔，使活塞上行，上腔油液经换向阀回油箱；当换向阀处于左端位置时，压力油经换向阀直接进入液压缸的上腔，使活塞下行，下腔油液因单向阀关闭而只能经顺序阀、换向阀流回油箱。当活塞在上方位置时，若液压泵停止工作，因顺序阀的调定压力大于活塞及负载等自重产生的压力，使顺序阀处于关闭状态，所以活塞、负载等不会因自重而下滑。这里，除要求顺序阀所调定的压力必须大于活塞及负载等产生的压力外，还希望顺序阀的密封性能要好，否则下滑现象仍会发生。所以，需长时间停留而不下滑的场合常用锥阀式顺序阀，而滑阀式顺序阀则只用于短暂停留时的平衡配重。

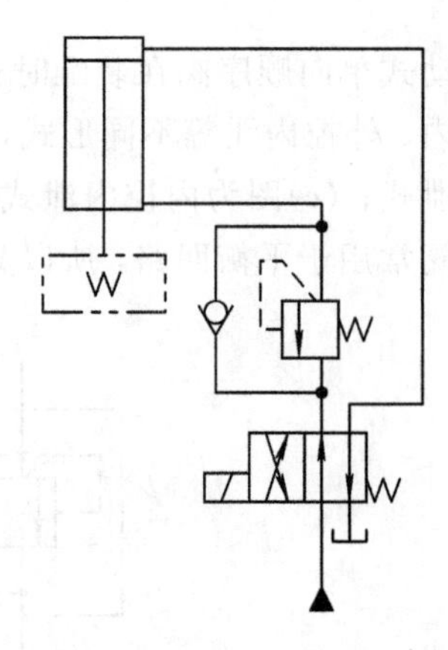

图5－89　用于平衡配重

3）用于液压泵卸荷

图5－90所示为液压系统中常用的一种双泵供油系统。它由一只高压小流量泵和一只低压大流量泵组合而成。执行元件空行程时快速运动，两泵同时供油；执行元件工作行程时慢速运动，大流量泵2卸荷。图中阀3为外控内泄顺序阀，当系统压力升高时，顺序阀打开，使泵2卸荷，泵1单独向系统供油。这里的外控内泄顺序阀又称卸荷阀。

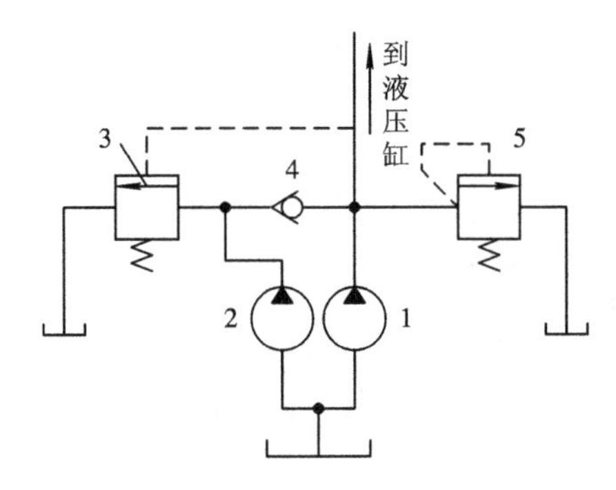


图 5 - 90　用于液压泵卸荷

## 5.4.4　压力继电器

压力继电器是一种将液压信号转变为电气信号的转换元件。当液压系统压力达到压力继电器的调定压力时，即发出电信号以控制电磁铁、电机、继电器、电磁离合器等电气元件动作，从而实现自动控制和安全保护等功用。

**1. 压力继电器的结构和工作原理**

压力继电器由压力—位移转换部件和微动开关两部分组成。按压力—位移转换部件的结构，压力继电器可分为膜片式、波纹管式、弹簧管式和柱塞式等四种类型，这里主要介绍柱塞式。

柱塞式压力继电器有单柱塞和双柱塞之分，单柱塞又有柱塞、差动柱塞和柱塞—杠杆三种形式，下面分析单柱塞式压力继电器。

图 5 - 91 所示为 DP - 320 型单柱塞式压力继电器。压力油从油口 $P$ 进入，作用在柱塞 1 的底部。若其压力已达到弹簧的调定值时，便克服弹簧力和柱塞与阀体的摩擦力推动柱塞上升，通过顶杆 2 触动微动开关 4 发出电信号。调节调压螺帽 3 可改变压力继电器的开启压力。

柱塞式压力继电器由于采用了比较成熟的弹性元件——弹簧，因此工作可靠，寿命长，成本低。又因为它的容积变化较大，所以不易受压力波动影响。但由于液压力直接与弹簧力相平衡，使弹簧刚度较大，因此重复精度和灵敏度较低。它是中高压系统中常用的压力继电器。

**2. 压力继电器的主要性能**

对压力继电器来说，不仅要求其工作可靠，寿命长，而且要求具有一定的调压范围、灵敏度和重复精度。

1）调压范围

压力继电器所能调节的最低工作压力和最高工作压力之差，称调压范围。

2）灵敏度和返回区间

系统压力升高到压力继电器的调定值时，压力继电器动作，则接通电信号的压力称为开启压力；当系统压力降低时，压力继电器复位，则切断电信号的压力称为闭合压力。开启压力与闭合压力之差即为压力继电器的灵敏度(也称返回区间)。差值小则灵敏度高，这个差值通常可调。灵敏度一般定义在额定工作压力情况下。

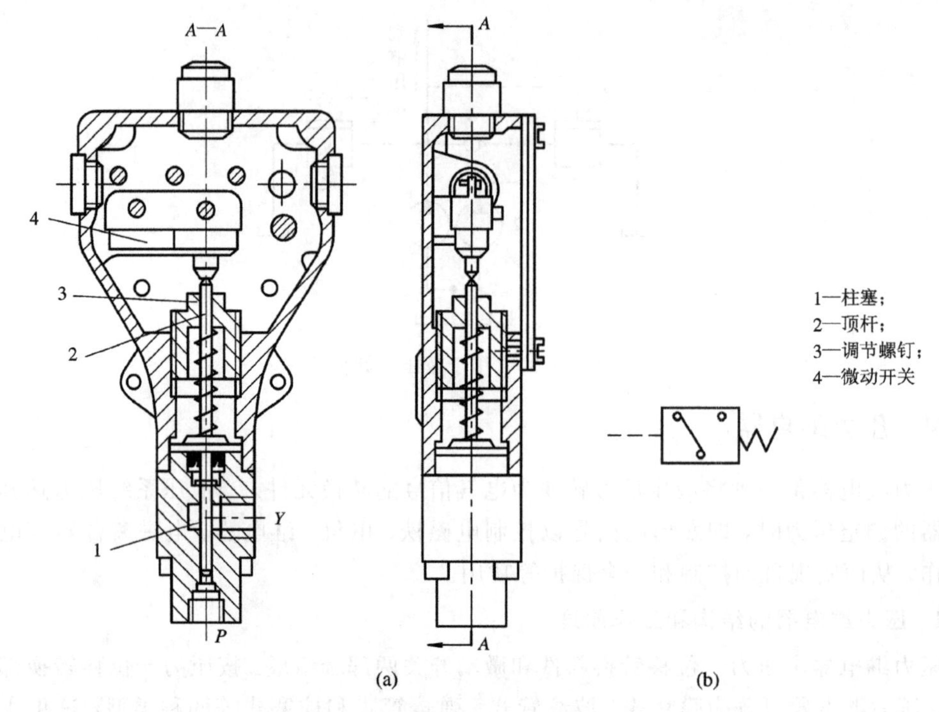


图 5-91　单柱塞式压力继电器

(a) 结构原理；(b) 一般符号

3) 重复精度

在一定调定压力下的多次升压(或降压)过程中，开启压力或闭合压力本身的差值称为压力继电器的重复精度。差值越小，则重复精度越高。

**3. 压力继电器的应用**

1) 用于安全保护

图 5-92 所示为压力继电器用于安全保护回路的一个例子。压力继电器设置在夹紧液压缸的一端，当液压泵启动后，首先将工件夹紧，此时管路 1 的压力升高，使压力继电器动作，发出电信号，为机床主轴电机启动作好准备。如果工件未夹紧，则压力继电器仍处于断开状态，主轴不能转动。这样可防止工件尚未夹紧而主轴却已旋转，以至将工件甩出伤人的事故。

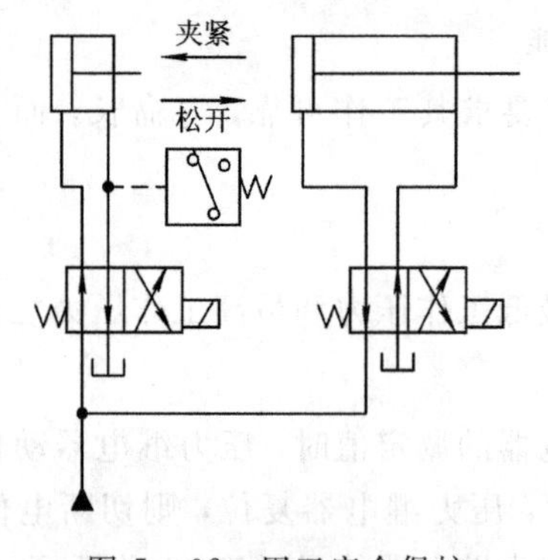


图 5-92　用于安全保护

2）用于液压泵卸荷

图 5－93 所示为压力继电器用于液压泵卸荷回路的一个例子。回路中有两只液压泵，1 为高压小流量泵，2 为低压大流量泵。当液压缸快速下降时，两只液压泵同时供油。当液压缸活塞抵住工件加压后，压力继电器发出信号，使二位二通电磁阀得电，则可将泵 2 通油箱而使其卸荷。

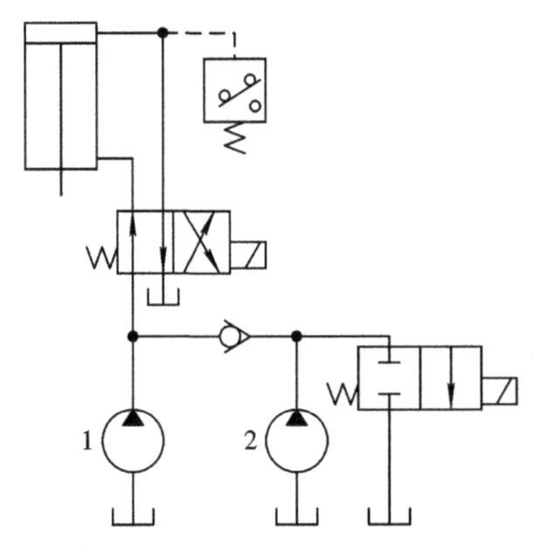

图 5－93　用于液压泵卸荷

## 5.4.5　压力阀常见故障及其排除方法

压力阀常见故障及其排除方法如表 5－5 所示。

表 5－5　压力阀常见故障及其排除方法

| 故障现象 | 产 生 原 因 | 排 除 方 法 |
| --- | --- | --- |
| 溢流阀压力波动 | （1）弹簧弯曲或弹簧刚度太低；<br>（2）锥阀与锥阀座接触不良或磨损；<br>（3）压力表不准；<br>（4）滑阀动作不灵；<br>（5）油液不清洁，阻尼孔不畅通 | （1）更换弹簧；<br>（2）更换锥阀；<br>（3）修理或更换压力表；<br>（4）调整阀盖螺钉紧固力或更换滑阀；<br>（5）更换油液，清洗阻尼孔 |
| 溢流阀明显振动，噪声严重 | （1）调压弹簧变形，不复原；<br>（2）回油路有空气进入；<br>（3）流量超值；<br>（4）油温过高，回油阻力过大 | （1）检修或更换弹簧；<br>（2）紧固油路接头；<br>（3）调整；<br>（4）控制油温，将回油阻力降至 0.5 MPa 以下 |
| 溢流阀泄漏 | （1）锥阀与阀座接触不良或磨损；<br>（2）滑阀与阀盖配合间隙过大；<br>（3）紧固螺钉松动 | （1）更换锥阀；<br>（2）重配间隙；<br>（3）拧紧螺钉 |
| 溢流阀调压失灵 | （1）调压弹簧折断；<br>（2）滑阀阻尼孔堵塞；<br>（3）滑阀卡住；<br>（4）进、出油口接反；<br>（5）先导阀座小孔堵塞 | （1）更换弹簧；<br>（2）清洗阻尼孔；<br>（3）拆检并修正，调整阀盖螺钉紧固力；<br>（4）重装；<br>（5）清洗小孔 |

续表

| 故障现象 | 产 生 原 因 | 排 除 方 法 |
| --- | --- | --- |
| 减压阀二次压力不稳定并与调定压力不符 | (1) 油箱液面低于回油管口或过滤器，油中混入空气；<br>(2) 主阀弹簧太软、变形或在滑阀中卡住，使阀移动困难；<br>(3) 泄漏；<br>(4) 锥阀与阀座配合不良 | (1) 补油；<br>(2) 更换弹簧；<br>(3) 检查密封，拧紧螺钉；<br>(4) 更换锥阀 |
| 减压阀不起作用 | (1) 泄油口的螺堵未拧出；<br>(2) 滑阀卡死；<br>(3) 阻尼孔堵塞 | (1) 拧出螺堵，接上泄油管；<br>(2) 清洗或重配滑阀；<br>(3) 清洗阻尼孔，并检查油液的清洁度 |
| 顺序阀振动与噪声 | (1) 油管不适合，回油阻力过大；<br>(2) 油温过高 | (1) 降低回油阻力；<br>(2) 降温至规定温度 |
| 顺序阀动作压力与调定压力不符 | (1) 调压弹簧不当；<br>(2) 调压弹簧变形，最高压力调不上去；<br>(3) 滑阀卡死 | (1) 反复几次，转动调整手柄，调到所需的压力；<br>(2) 更换弹簧；<br>(3) 检查滑阀配合部分，清除毛刺 |

# 5.5 流量控制阀

流量控制阀用以控制液压系统中油液的流量，从而调节执行机构的运动速度。流量控制阀简称流量阀，常有节流阀、调速阀、溢流节流阀、分流集流阀以及各种组合式流量阀等不同形式。

## 5.5.1 节流口的流量特性和结构形式

由液压流体力学可知，液流流经薄壁小孔、细长小孔或缝隙时会遇到阻力，通流面积和长度不同，对液流的阻力也就不同。如果它们两端的压差一定，则改变其通流面积或长度就可调节流经它们的流量。为此，将它们称为节流口。又因它们在液压系统中的作用与电路中的电阻相似，故又被称为液阻。流量控制阀的主要部分就是一个可调节的液阻。

### 1. 节流口的流量特性

根据形成液阻的原因不同，则节流口的形式也不同，常有三种形式：以局部阻力为主的薄壁小孔节流，以沿程阻力为主的细长小孔节流，介于二者之间以局部阻力和沿程阻力混合组成损失的短孔节流。下面分别予以介绍。

1) 薄壁小孔节流

薄壁小孔是指孔径 $d$ 远大于孔长 $l$(即 $d \geqslant 2l$)的小孔。液流流经薄壁小孔时，由于截面突然收缩而产生的局部损失，形成液阻，引起压力降。其流量特性公式为

$$q = C_q A \sqrt{\frac{2}{\rho}\Delta p} \tag{5-27}$$

式中：$A$——薄壁小孔的通流面积($m^2$)，$A=\pi d^2/4$；

$d$——薄壁小孔的直径(m)；

$\rho$——油液的密度($N \cdot s^2/m^4$)；

$\Delta p$——小孔前、后的压力差(Pa)；

$C_q$——流量系数。因为液流经过薄壁小孔时多为紊流，所以通过它的流量基本上与雷诺数无关。流量系数为常数。对于矿物油，通常取 $C_q=0.62\sim0.75$。又因为 $C_q$ 与 $R_e$ 无关，所以通过薄壁小孔的流量不受油液粘度的影响，也就不受油温变化的影响。这是薄壁小孔节流的一个很大特点。

如果记 $C=C_q\sqrt{\frac{2}{\rho}}$，则公式(5-27)可写成

$$q = CA\Delta p^{1/2} \tag{5-28}$$

式中：$C$——薄壁小孔的流量系数。若 $C_q$ 取 0.67，$\rho$ 取 900 $N \cdot s^2/m^4$，则 $C=0.0315\ m^2/s \cdot N^{1/2}$。

2) 细长小孔节流

细长小孔节流是指孔长远大于孔径(即 $l\geqslant 4d$)的小孔。液流流经细长小孔时，主要由于粘性而产生沿程损失，形成液阻，引起压力降。其流量特性公式为

$$q = \frac{\pi d^4}{128\mu l}\Delta p \tag{5-29}$$

式中：$d$——细长小孔的直径(m)；

$l$——细长小孔的长度(m)；

$\Delta p$——小孔前、后的压力差(Pa)；

$\mu$——油液的动力粘度($N \cdot s/m^2$)。

由上式知，通过细长小孔的流量除与孔的长度 $l$、直径 $d$ 以及小孔前、后的压力差 $\Delta p$ 有关外，还与油液的粘度 $\mu$ 有关。因此，通过细长小孔的流量会受油液温度变化的影响。

如果记 $C=\frac{d^2}{32\mu l}$，则公式(5-29)可写成

$$q = CA\Delta p \tag{5-30}$$

式中：$C$——细长小孔的流量系数($m^2/(s \cdot N)$)；

$A$——细长小孔的通流面积($m^2$)，对于圆孔 $A=\frac{\pi}{4}d^2$。

3) 短孔节流

这种节流口的孔径 $d$ 与孔长 $l$ 相差不远(即 $0.5d<l<4d$)。液流流经该节流口时，既有局部损失，又有沿程损失。其流量特性介于上述两种节流口之间，如下式所示：

$$q = C_q A\Delta p^{1/2} \tag{5-31}$$

式中：$C_q$——短孔的流量系数，一般取 $C_q=0.82$。

4) 流量通用方程

根据各小孔流量公式，可以归纳出节流小孔的流量通用方程如下：

$$q = CA\Delta p^{\varphi} \tag{5-32}$$

式中：$C$——与节流孔几何形状及液体性质有关的系数；

$A$——节流口的通流面积；

$\Delta p$——小孔前、后的压力差；

$\varphi$——由节流口形状(即长径比)决定的指数，$0.5<\varphi<1$。

通常，薄壁小孔常用作流量控制阀的节流口，细长小孔常用作阻尼孔。

比较式(5-28)、(5-30)及(5-31)可以看出，式(5-32)可以作为三种节流口的通用流量方程式。即对薄壁小孔节流，$\varphi=0.5$；对细长小孔节流，$\varphi=1$；对介于二者之间的节流，$0.5<\varphi<1$。其流量特性曲线如图5-94所示。

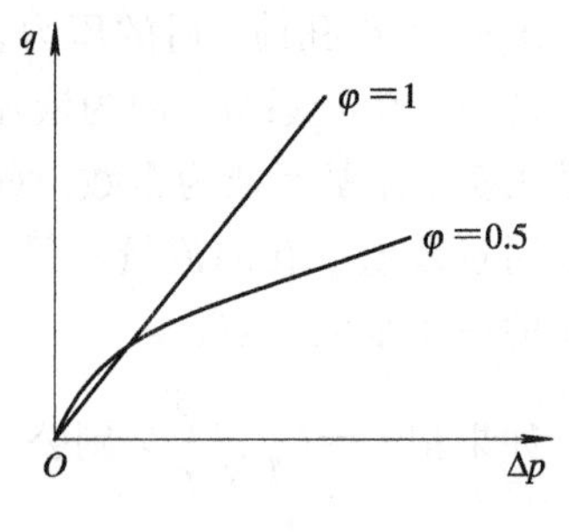


图5-94　流量特性曲线

从式(5-32)可以看出，当节流口形式选定以后，如果用一定的机构来调节通流面积$A$，则可以调节流量，这正是流量控制阀的基本形式。此外，在系统工作过程中，节流口前、后的压力差$\Delta p$和节流系数$C$的变化也会使流量发生变化。

**2. 节流口的结构形式**

按照液阻是否可变，节流口可分为固定和可变两种。可变节流口往往由阀芯和阀体(或阀套)组成，通过阀芯与阀体的相对运动来改变节流口的大小。

节流口的形式很多，图5-95中所表示的是几种常用的节流口结构形式。

1) 锥阀式

图5-95(a)所示为锥阀式节流口的结构形式。当阀芯作轴向移动时，即可改变环形节流开口的大小以调节流量。这种形式结构简单，工艺性好，阀芯所受径向力是平衡的。但因节流口是环形截面，水力直径小，容易堵塞，而且节流通道长，近似于细长小孔节流，温度变化对流量稳定性的影响大，所以一般只用于要求较低的场合。

2) 偏心槽式

图5-95(b)所示为偏心槽式节流口的结构形式。这种形式的节流口由于在阀芯上开有一个截面为三角形(或矩形)的三角槽，因此当转动阀芯时，就可以改变节流口的大小以调节流量。它的结构也较简单，工艺性也好，节流口通流截面的水力直径较大，能得到较稳定的流量。但节流通道较长，近似于细长孔，温度变化对流量稳定性的影响大，较易堵塞。特别是阀芯受有不平衡的径向液压力，不能用于高压场合。

3) 轴向三角槽式

图5-95(c)所示为轴向三角槽式节流口的结构形式。这种形式的节流口在阀芯端部开有一条或几条斜的三角槽，于是通过轴向移动阀芯就可以改变三角槽节流开口的大小而调节流量。在高压阀中，也有在轴端部铣斜面来代替三角槽以改善工艺性的。轴向三角槽式节流口的水力直径较大，小流量时稳定性较好。当三角槽对称分布时，径向液压力平衡，因此适用于高压。但由于节流通道较长，因此温度变化对流量稳定性的影响仍然较大。

4) 周向缝隙式

图5-95(d)所示为周向缝隙式节流口的结构形式。这种形式的节流口在阀芯上开有狭缝，此处为等宽型，也有阶梯型或渐变型的。油液通过狭缝流入阀芯内，再经左边的孔流出，旋转阀芯即可改变狭缝节流开口的大小。周向缝隙节流口可以加工成薄刃结构，所

以温度变化对流量的影响较小。但其工艺性较差，阀芯受有不平衡的径向液压力，因此只适用于压力较低的场合。

5）轴向缝隙式

图 5－95(e)所示为轴向缝隙式节流口的结构形式。轴向缝隙是在阀套上铣出一个槽，使该处厚度变薄(通常为 0.07～0.09 mm)，然后在其上沿轴向设有开口，其形状有矩形、圆形和复合形(见图)等多种。调节时使阀芯轴向移动，则节流口开度改变。因为节流口为薄刃式，所以通过它的流量对温度变化不敏感；又因为节流口水力直径较大，所以流量稳定性较好。但阀芯所受径向力不平衡，结构也较复杂，工艺性差，因此多用于工作压力小于 7 MPa 的场合。

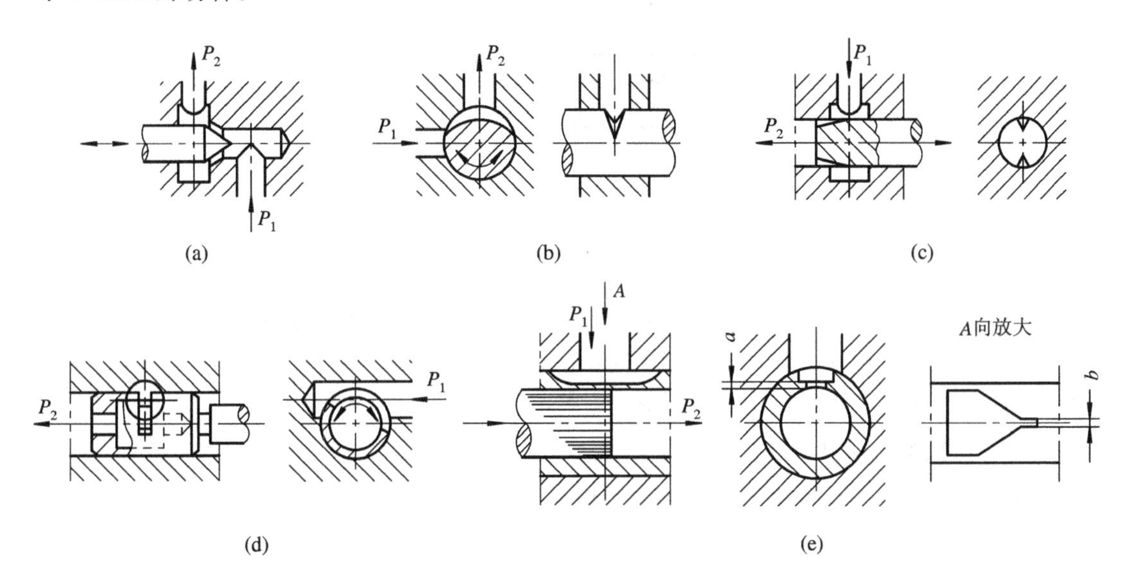


图 5－95　节流口的结构形式

6）螺旋槽式

图 5－96 所示为螺旋槽式节流口的结构图。它是将表面开有螺旋槽的螺杆装入配合精度较高的圆柱孔内，油液通过螺旋槽从一端流至另一端，螺旋槽越长，则节流作用越明显。如果轴向移动螺杆来改变螺旋槽的通流长度，则就可以调节流量的大小。螺旋槽的剖面形状有三角形、矩形和梯形等多种。这种节流形式通流面积较大，不易阻塞，且阀芯位置的变化对流量变化的影响小，即调节性能好，但油温对流量的稳定性影响较大。

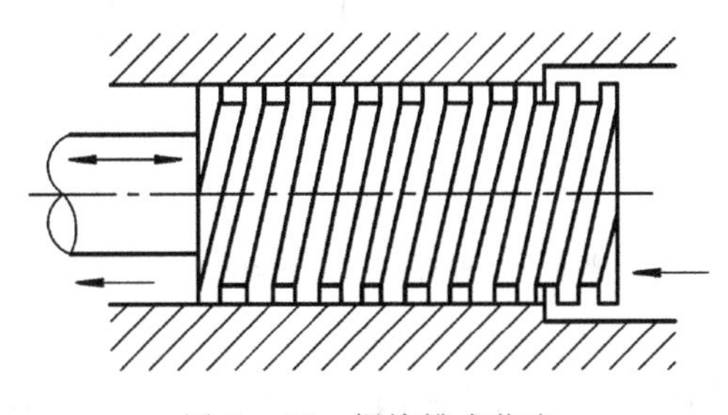

图 5－96　螺旋槽式节流

7) 叠片式

图 5 - 97 所示为叠片式节流口的结构图。它是由许多薄片(1 mm 厚)相隔一定距离(1.5 mm)叠合而成的，每个薄片上钻有直径为 0.6～1 mm 的小孔，装配时相邻两薄片的小孔径向错开。它的节流口实际上是由许多节流小孔串联而成的，因此又称多级节流。在要求产生相同液阻的条件下，叠片式节流口薄片上的小孔可做得比单个节流孔大一些，因此它不易堵塞，但体积较大。通过增减薄片的数量可改变液阻的大小，所以装配好后它属于固定节流口，常用来缓冲或限制流量。

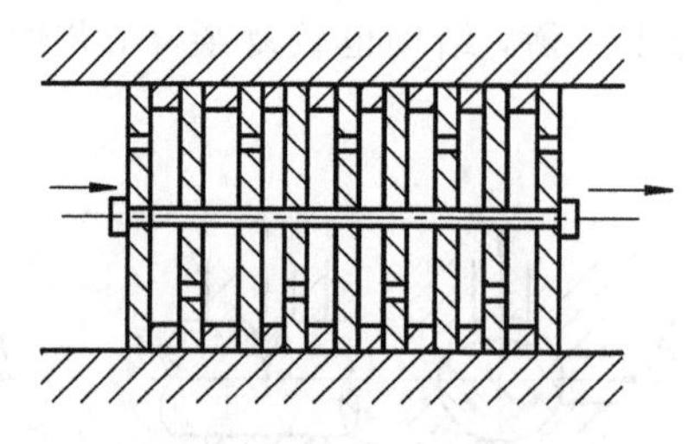

图 5 - 97　叠片式节流

## 5.5.2　节流阀

节流阀是流量阀中最简单而又最基本的一种形式，一般将上述节流口加上用来调节液阻大小的部分便可组成节流阀。日常生活中的自来水龙头就是应用最广的一种节流阀，只是由于液压系统的工作压力较高，流量控制较严，因此结构较其复杂。

**1. 节流阀的结构及其工作原理**

图 5 - 98 所示为两种不同的节流阀结构图。

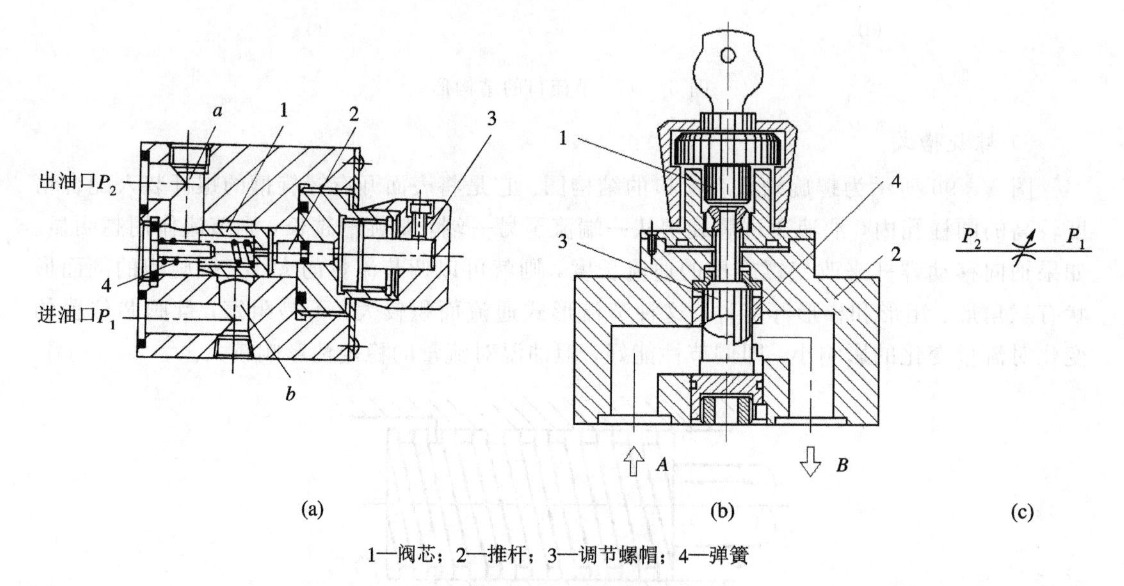


1—阀芯；2—推杆；3—调节螺帽；4—弹簧

图 5 - 98　节流阀

图(a)所示为目前常用的中、低压节流阀，节流口的形式为轴向三角槽式。它由阀芯 1、推杆 2、调节螺帽 3、返回弹簧 4 和阀体等组成。油从进油口 $P_1$ 流入，经孔道 $b$ 和阀芯 1 上的三角槽通道进入孔 $a$，再从出油口 $P_2$ 流出。转动调节螺帽 3，利用推杆 2 使阀芯 1 向左轴向移动，可使节流口减小。弹簧 4 使阀芯 1 始终向右紧压在推杆上，当反向转动调节螺帽时，阀芯右移，节流口增大。出口油液通过阀芯右端的小孔，使阀芯左、右两端的液压力相等，以便减小移动阀芯的操纵力。中、低压节流阀的最小流量为 0.05 L/min，最大压力为 6.3 MPa。

图(b)所示为一种高压下使用的节流阀，它是一种转阀结构，转阀的螺旋曲线开口与阀套上的窗口匹配后，构成了具有某种形状的棱边型节流孔。它由调节手轮 1(此手轮可用图中上端画出的钥匙来锁定)、阀体 2、阀芯 3、阀套 4 等组成。油从进油口 $A$ 流入，经节流口后从出油口 $B$ 流出。调节手轮，即可使螺旋曲线相对于阀套窗口升高或降低，从而调节阀口的开启面积。

图(c)所示为节流阀的图形符号。

**2. 节流阀的流量特性和刚性**

节流阀的流量特性是指通过节流阀的流量 $q$ 与阀前后压力差 $\Delta p$、阀口通流面积 $A$ 之间的关系。显然，式(5 - 32)也就是节流阀的流量特性方程。其特性曲线如图 5 - 99 所示，节流口的面积越大，所得的曲线越陡。

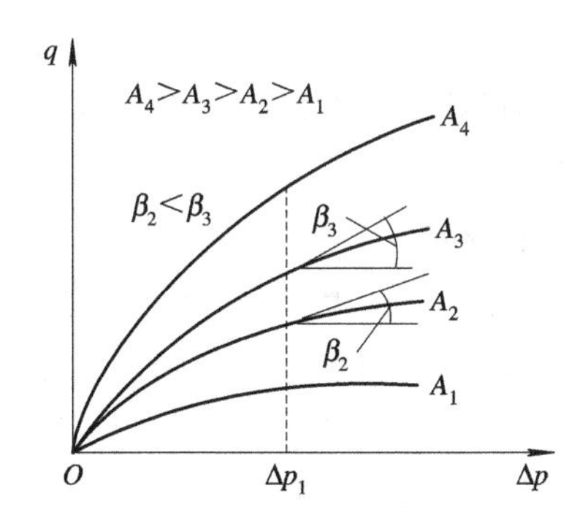


图 5 - 99　不同开口时的节流阀流量特性曲线

前已述及，当节流阀前、后的压力差 $\Delta p$ 一定时，对应于一定的通流面积 $A$，通过阀的流量是一定的。但当节流阀用于图 5 - 100 所示回路时，节流阀前的压力 $p_1$ 虽因有溢流阀保持为相对稳定，而节流阀后的压力 $p_2$ 则由于液压缸负载 $\sum F$ 的变化而引起变化，致使阀前、后的压力差 $\Delta p = p_1 - p_2$ 也发生变化。这样，在节流阀开口不变的情况下，由于液压缸负载的变化引起阀前、后压力差变化，从而使通过阀的流量变化，导致液压缸运动速度不稳定。我们把负载压力变化时保持流量稳定(即抵抗外界干扰)的能力称为节流阀的刚性，流量变化越小，节流阀的刚性越大；反之，流量变化越大，节流阀的刚性越小。节流阀的刚性 $T$ 可用节流阀前、后压力差 $\Delta p$ 的变化值与流量的波动值 d$q$ 之比来表示，则

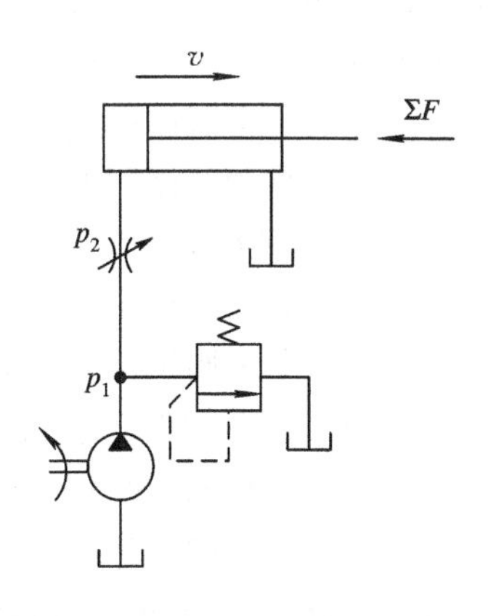


图 5 - 100　节流阀在回路中的一种应用

$$T=\frac{\mathrm{d}\Delta p}{\mathrm{d}q} \tag{5-33}$$

将式(5 - 32)微分得

$$\mathrm{d}q=CA\varphi\Delta p^{\varphi-1}\ \mathrm{d}\Delta p$$

代入式(5 - 33)，可得节流阀的刚性为

$$T=\frac{\Delta p^{1-\varphi}}{CA\varphi} \tag{5-34}$$

从节流阀流量特性曲线上可以看出，节流阀的刚性 $T$ 相对于流量曲线上某点(对于某一节流开口面积 $A$ 和前、后压力差 $\Delta p$)的切线与横坐标之间夹角 $\beta$ 的余切，即

$$T=C\ \tan\beta \tag{5-35}$$

结合图 5 - 99 和式(5 - 34)，可以得出如下结论：

(1) 同一节流阀，当阀前、后压力差 $\Delta p$ 相同时，节流开口越小，则曲线越平坦，刚性越大。

(2) 同一节流阀，当节流开口一定时，阀前、后压力差值越小，则刚性越小。所以，为了保证节流阀具有足够的刚性，必须保证节流阀前、后具有一定的最低压力差。由于节流阀的压力差是能量损失，因此希望压力差不超过 0.2～0.3 MPa。

(3) 由式(5 - 34)可见，减小指数 $\varphi$ 可以提高节流阀的刚性。这也是节流阀采用 $\varphi=0.5$ 的薄壁刃口型节流口的主要原因之一。

**3. 油温变化对流量稳定性的影响**

油液的粘度随温度的变化而变化，油温升高，则粘度降低。因此，对于细长孔和介于薄壁孔与细长孔之间的节流口，在通流面积和节流阀前、后压力差 $\Delta p$ 一定的条件下，当油温升高使油液粘度降低时，流量就会增加。而对于薄壁小孔，油液流量则不受油液粘度的影响，因此节流阀应尽量采用这样的节流口。但是，纯粹的薄壁小孔是没有的，特别是小流量时节流口的通流面积较小，而通流长度就相对地较长，所以温度对流量稳定性的影响就会增加。

**4. 节流阀的堵塞现象和最小稳定流量**

节流阀在小开口情况下工作时，特别是当进、出口压力差较大时，虽然并不改变油温、开口大小和阀前后的压力差，但通过节流阀的流量 $q$ 会出现时多时少的脉动现象。节流阀的开口越小，脉动现象就越严重，甚至会出现间歇式断流乃至完全断流，使节流阀丧失工作能力。这种现象称为节流阀的堵塞现象。

节流阀的堵塞现象使其在小流量下工作时流量不稳定，导致执行元件出现爬行现象。因此，每个节流阀都有一个能正常工作的最小流量限制，这个限制值称为节流阀的最小稳定流量，它标志着节流阀抵抗堵塞的性能。

造成节流阀在小开口时产生堵塞现象的主要原因是：

(1) 油液由于老化或受到挤压后会产生带电荷的极化分子，而节流缝隙的金属表面上存在电位差，因此油液的极化分子被吸附到缝隙表面，形成牢固的边界吸附层。试验表明，吸附层的厚度可达 5～8 μm，因而影响了节流缝隙的几何形状和大小。

(2) 油液中的机械杂质或因油液局部高温引起油液氧化而析出的胶质、沥青、炭渣等污物也会堆积在节流缝隙处而影响液体流动。

以上吸附、堆积物增长到一定厚度时，会被液流冲刷掉，随后又逐渐附在阀口上，周而复始，形成流量脉动。

实际应用中，以下措施有助于减轻堵塞现象：

(1) 精密过滤油液。实践证明，油液在进入节流阀之前进行过滤是防止节流阀堵塞的有效措施之一。另外，为了保持油液的清洁度，必须按设备说明书定期更换油液。

(2) 适当选择节流阀前、后的压力差。节流阀前后的压力差大，能量损失就大。由于损失的能量全部转换为热能，因此使油液通过节流口时温度升高，这将加剧油液变质氧化而析出各种杂质，引起堵塞。此外，对于同一流量，当压力差大而节流口小时，也易引起堵塞。为了获得稳定的最小流量，节流阀前后的压力差不宜过大。实践证明，当 $\Delta p > 0.3$ MPa 时，节流阀的流量稳定性将很快变化。为了兼顾节流阀刚性，推荐 $\Delta p = 0.2 \sim 0.3$ MPa。

(3) 选用水力直径大的薄刃形节流口。实践证明，节流口表面光滑、节流通道较短、水力直径大等有利于提高节流阀抗堵塞性能，可明显减小杂质堆附的可能性。

(4) 正确选择工作油液和节流缝隙的材料。选用不易产生极化分子的油液，并控制油温不致过高，可防止油液过快氧化和极化。尽量采用电位差较小的金属制作节流缝隙表面(钢对钢最好，钢对铜次之，铝对铝最差)，以减小吸附层厚度。这些都有利于缓和堵塞现象的产生。

(5) 采用叠片式节流阀。当节流阀前后的工作压力差较大时，为使通流面积不致过小，可采用叠片式节流阀，从而使每个节流口的前后压力差减小。又因为节流开口较大，故也不易堵塞。

**5. 节流阀的性能**

(1) 流量调节范围。节流阀的流量调节范围即最小流量到最大流量的范围。最小流量即最小稳定流量，最大流量即额定流量，要求它们的差值越大越好。

(2) 调节性能。要求在整个调节范围内流量变化均匀，不要出现稍一调节，流量就变化很大的情况。

(3) 流量稳定性。对于流量阀要求调定的输出流量应能保持稳定，不受外界负载压力变化的影响，不受油液温度变化的影响。因此，应有良好的刚性和良好的抗堵塞性能。通常选用薄壁小孔节流口以满足此项要求。

(4) 节流损失。节流损失是指节流阀在阀口全开状态下，通过额定流量时的压力损失。如前所述，一般为 0.2～0.3 MPa。

(5) 内泄漏量。节流阀有时需要将阀关闭，以切断油路。所以，从进油口漏至出油口的流量(内泄漏量)必须加以限制，以免影响阀的密封性和最小稳定流量。

以上性能相互制约，使用时应视具体情况来满足其性能要求。

**6. 节流阀的应用**

(1) 调节执行元件的流量。节流阀广泛用于调节执行元件的流量(如图 5 - 100 所示)，以改变执行元件的运动速度。

(2) 调节液压泵的出口压力。图 5 - 101 所示为调节液压泵出口压力的回路。若泵的流量全部经节流阀回油箱，在不计泵泄漏的情况下，则流经节流阀的流量为常量。由式(5 - 32)可以看出，在这种情况下，改变节流口的通流面积或通流长度的大小，就能引起节

流阀前后压力差 $\Delta p$ 的变化。因为节流阀的出口接油箱，进口接液压泵，所以节流阀前后压力差 $\Delta p$ 的变化就意味着泵出口压力的变化。于是，调节节流阀就可改变泵的出口压力。

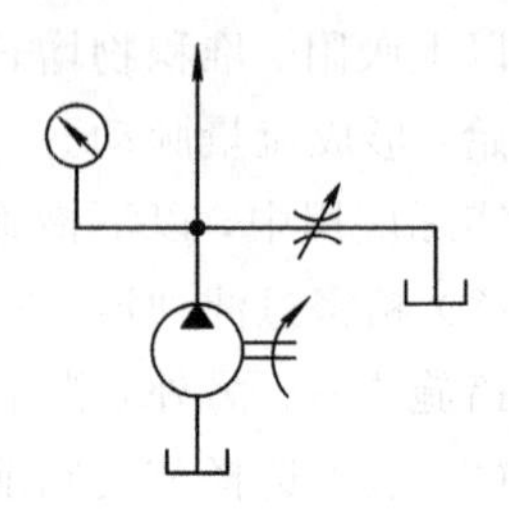

图 5-101　节流阀调压回路

(3) 起缓冲作用。如液压缸一章所述，为了防止液压缸活塞或柱塞运动到头时产生冲击(撞击缸盖)而设置节流阀(或节流器)，使回油阻力增大，从而减缓运动部件的移动速度，达到缓冲的目的。

(4) 起减震作用。压力表前的节流阀(或节流器)既不用来调节流量，也不用来控制压力，而只起缓和压力冲击、防止震动、保护压力表的作用。这种节流器常用于固定节流口的形式。

**7. 其它形式的节流阀**

节流阀和单向阀等组合后可形成一些多功能的节流阀，现简单介绍如下。

1) 单向节流阀

单向节流阀由单向阀和节流阀组合而成，它仅在单方向流动时起节流作用，反向流动时则成为单向阀。

图 5-102 所示为一种单向节流阀的结构图。它巧妙地利用一个阀芯同时起着单向阀和节流阀两种作用。当压力油从油口 $P_1$ 流入时，阀芯 4 在弹簧 6 的作用下抵住调节杆 3，油液只能从阀芯上部的轴向三角槽经出油口 $P_2$ 流出，起节流阀作用。调节旋转手轮，通过推杆 2 即可调整调节杆 3 的位置，推动阀芯 4，控制开口的大小，从而调节流量。当压力油从油口 $P_2$ 进入时，阀芯 4 被压下，油液直接流往油口 $P_1$，起单向阀作用。阀芯上的径向小孔使阀芯 4 的内腔和外界接通，阀体上的斜孔使调节杆上部和外界接通，这样，调节杆上端和阀芯下端的液压力平衡，调节手轮时只需克服弹簧力即可，从而使调节轻便。

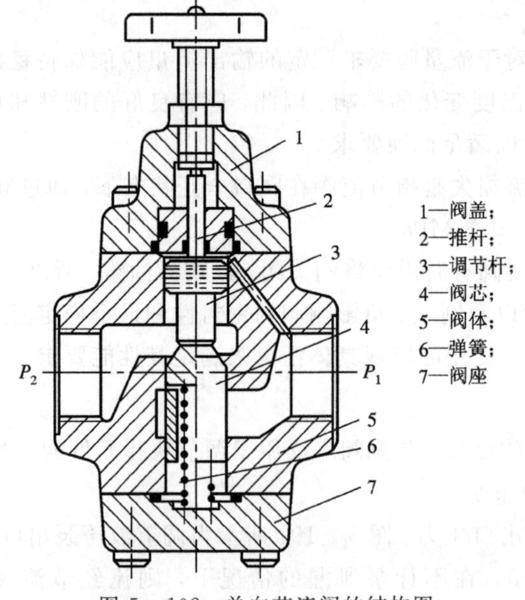


图 5-102　单向节流阀的结构图

图 5-103 所示为单向节流阀的应用实例。图示位置，液压缸右腔的油液经节流阀、换向阀流回油箱，使液压缸的活塞运动速度得到控制。换向阀换向后，油液经换向阀、单向阀进入液压缸的右腔，使活塞杆快速退回。

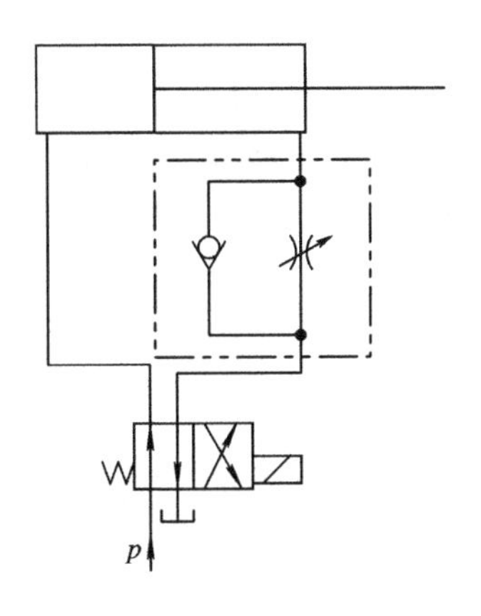


图 5-103 单向节流阀的应用

2）单向行程节流阀

单向行程节流阀实际上是由一个用机械方式控制的节流阀和一个单向阀组合而成的，如图 5-104 所示。这种阀按常态位置油口的连通情况可分为两种：常开型，即节流阀在常态时油口连通，当节流阀被压下时，逐渐起节流减速作用，直至关闭(图示为常开型结构)；常闭型，即节流阀在常态时阀口关闭，当滑阀压下时，逐渐增速直至完全开启。图中 $L$ 为外泄油孔。

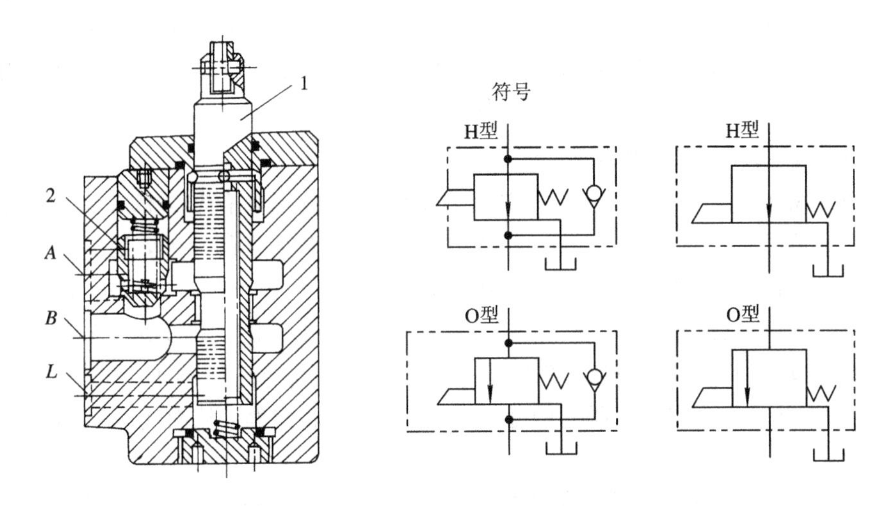


图 5-104 单向行程节流阀

常开型单向行程节流阀使执行元件具有三种不同速度：快进、慢进和快退。

快进：阀芯 1 被弹簧推在上端位置，油从孔 $A$ 进入，经过阀芯 1 的环槽从孔 $B$ 流出，因此，执行元件快进。

慢进：当行程挡块压住滚轮将阀芯 1 压下一定距离时，油液由阀芯上的三角槽流过，因此执行元件慢进。

快退：压力油从油口 $B$ 进入，单向阀阀芯 2 被推开，油液直接经单向阀从油口 $A$ 流出，因此执行元件快退。

单向行程节流阀按使用压力不同有不同类型，CDF 型压力为 14 MPa，LCI 型压力为 6.3 MPa。

图 5－105 所示为常开型单向行程节流阀用以实现工作部件减速的一种应用实例。通常将阀串联在液压缸的回油路中，当工作部件运动到规定位置时，它上面的挡铁推动阀芯，使节流口开度逐渐减小直到停止，以达到避免冲击和精确定位的目的。减速的性能取决于挡铁的斜度。这种回路中的单向行程节流阀也称为行程减速阀。

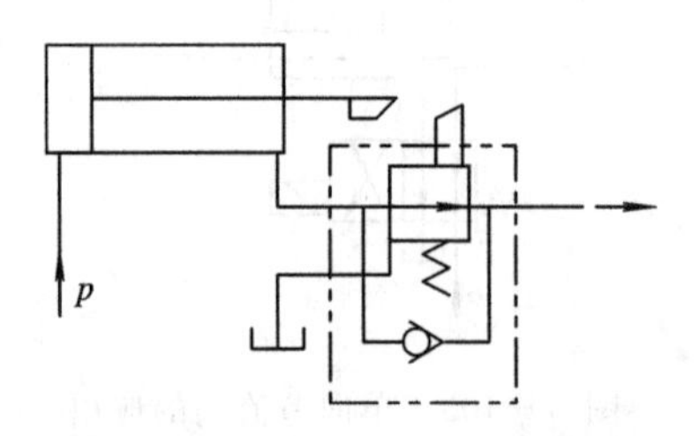


图 5－105　单向行程节流阀的应用

## 5.5.3　调速阀

在采用节流阀调速的系统中，由于负载的变化直接引起节流阀前后的压力差变化，虽然节流口不变，可被控制的流量也会随之而变化，因而不能保持执行元件运动速度的稳定。由于执行元件负载的变化很难避免，因此在速度稳定性要求比较高的系统中，采用节流阀调速就不能满足要求。由此可见，只有使节流阀前后的压力差不随负载变化，才能使通过节流阀的流量在阀口不变和油温不变时保持常量。调速阀就是利用定差减压阀进行压力补偿，使节流阀进、出口压力差基本上保持不变的一种流量阀。

**1. 调速阀的组成和工作原理**

常用调速阀如图 5－106 所示，它实际上是由定差减压阀和节流阀串联组合而成的。节流阀用来调节通过的流量，定差减压阀则自动补偿负载变化的影响，使节流阀前后的压力差为定值。油液进入调速阀后，先经减压阀口(其面积为 $A_1$)使压力由 $p_1$ 减至 $p_2$，然后经节流阀的节流口(其面积为 $A_2$)，使压力由 $p_2$ 再降至阀的出口压力 $p_3$。节流阀前、后的压力 $p_2$ 和 $p_3$ 被分别引至减压阀阀芯的两端，其压力差($p_2-p_3$)产生的液压力与减压阀上端的弹簧力 $F_t$ 以及液流作用于阀芯的稳态液动力 $F_s$ 等相平衡，从而使减压阀阀芯处于某一平衡位置。

如图所示，在节流阀开口不变的条件下，如果调速阀的进口压力 $p_1$ 不变，而出口压力 $p_3$ 因负载的增加而增大时，则导致减压阀阀芯上端的液压力增大，阀芯下移，开口增大，使减压作用削弱，于是，$p_2$ 也增大，当 $p_2-p_3$ 基本上恢复到原来的数值时，减压阀阀芯在新的位置处于平衡。当 $p_3$ 减小时，减压阀阀芯上移，开口减小，减压作用增强，$p_2$ 也减小，又使 $p_2-p_3$ 恢复到原来的数值。同理，当进口压力变化时，由于减压阀的自动调节，亦可保持 $p_2-p_3$ 基本不变。

综上所述，不管调速阀的进、出口压力如何变化，由于减压阀对节流阀进行压力补偿，

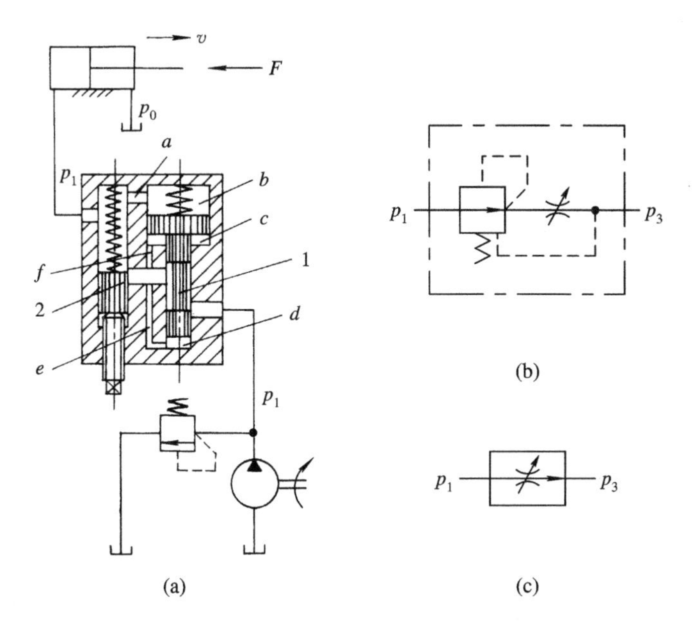


图 5－106　调速阀的工作原理

因此经过调速阀的流量基本稳定。但需指出，由于减压阀在液流反向流动时不起减压作用，因此这种调速阀只能单方向使用。为了使液流反向流动，也可将调速阀和单向阀组合为单向调速阀。

**2. 调速阀的静态特性分析**

调速阀的静态特性包括影响流量稳定性的因素和流量稳定性范围，下面分别予以分析。

1）调速阀的流量方程式

根据调速阀的工作原理可以写出如下方程。

（1）通过减压阀阀口的流量 $q_1$：

$$q_1 = C_1 A_1 \sqrt{\frac{2}{\rho}(p_1 - p_2)} \tag{5-36}$$

式中：$C_1$——减压阀阀口的流量系数；

$A_1$——减压阀阀口的通流面积；

$p_1$——减压阀进口压力；

$p_2$——减压阀出口压力。

（2）通过节流阀的流量 $q_2$：

$$q_2 = C_2 A_2 \sqrt{\frac{2}{\rho}(p_2 - p_3)} \tag{5-37}$$

式中：$C_2$——节流阀阀口的流量系数；

$A_2$——节流阀阀口的通流面积；

$p_3$——节流阀出口压力。

（3）根据流量连续性原理，并不计泄漏，则有

$$q_1 = q_2 = q \tag{5-38}$$

(4) 减压阀阀芯受力平衡方程式为

$$p_2 A = p_3 A + K(x_0 + \delta - x) - F_s \tag{5-39}$$

式中：$A$——减压阀阀芯的有效受压面积；

$K$——减压阀弹簧的刚度；

$\delta$——减压阀的预开口长度；

$x$——减压阀工作开口长度；

$x_0$——减压阀弹簧的预压缩量；

$F_s$——油液流经减压阀阀口的稳态液动力，利用式(5-11)得

$$F_s = \rho \frac{q^2}{C_1 A_1} \cos\alpha$$

将 $q_2 = C_2 A_2 \sqrt{\frac{2}{\rho}(p_2 - p_3)}$ 代入，得

$$F_s = \frac{2(C_2 A_2)^2}{C_1 A_1}(p_2 - p_3)\cos\alpha \tag{5-40}$$

(5) 节流阀前后压力差表达式，可将式(5-40)代入式(5-39)，整理后得

$$p_2 - p_3 = \frac{k(x_0 + \delta - x)}{A + \frac{2(C_2 A_2)^2}{C_1 A_1}\cos\alpha} = \frac{k(x_0 + \delta)}{A}\left[\frac{1 - \frac{x}{x_0 + \delta}}{1 + \frac{2(C_2 A_2)^2}{C_1 A_1 A}\cos\alpha}\right] \tag{5-41}$$

将上式代入式(5-37)，则流经调速阀的流量 $q$ 的表达式为

$$q = C_2 A_2 \sqrt{\frac{2}{\rho}(p_2 - p_3)} = C_2 A_2 \sqrt{\frac{2}{\rho}\frac{k(x_0 + \delta)}{A}\left[\frac{1 - \frac{x}{x_0 + \delta}}{1 + \frac{2(C_2 A_2)^2}{C_1 A_1 A}\cos\alpha}\right]} \tag{5-42}$$

2) 调速阀流量稳定性分析

由式(5-42)可以看出，当调速阀的结构确定以后，对应一定的节流口，通过调速阀输往执行元件的流量 $q$ 的稳定性与减压阀的工作开口 $X$ 的稳定与否有关。而 $X$ 的变化是调速阀正常工作所必须的，也是不可避免的，因此只能采取措施尽量减少它的影响。通常从以下几方面考虑：

(1) 适当增大弹簧的预压缩量 $x_0$，减小弹簧的刚度 $K$。

(2) 适当增大减压阀的预开口长度 $\delta$，使阀及时投入工作，以保证流量均匀。

(3) 适当减小减压阀的工作预开口长度 $x$，但应防止出现堵塞现象。

(4) 适当增大减压阀阀芯的有效承压面积 $A$，以减小节流阀前后压力差 $p_2 - p_3$ 变化时对流量稳定性的影响。

(5) 提高零件的加工精度，且在阀芯上开均压槽，以减小阀芯与阀体的摩擦力对节流阀前、后压力差($p_2 - p_3$)的影响。

3) 调速阀的流量稳定范围

调速阀的流量稳定范围与其进、出口压力差有关。假如将调速阀装在如图 5-107 所示液压缸的进油路上，由前知，在减压阀的弹簧力 $F_t$ 调定以后，节流阀前后的压力差

$p_2 - p_3$ 基本为一定值，即 $\Delta p = p_2 - p_3 = \frac{F_t}{A}$。如果负载增大，则由于减压阀的压力补偿作用，可以保证 $p_2 - p_3$ 基本不变，从而使调速阀的流量基本稳定。但是随着 $p_3$ 的不断增加，减压阀阀芯则不断下移，直到压至最下端，则减压阀不能再起压力补偿作用，即减压阀口最大，$p_1 = p_2$，因为 $p_2 - p_3 = \frac{F_t}{A}$，所以 $p_3 = p_2 - \frac{F_t}{A} = p_1 - \frac{F_t}{A}$。这时，若 $p_3$ 再增加，则调速阀的性能就和节流阀一样。因此，调速阀正常工作时须保证一定的压力差，一般中低压阀的 $p_1 - p_3 = 0.4 \sim 0.5$ MPa，而中高压阀的 $p_1 - p_3 = 1$ MPa。图 5－108 所示为节流阀和调速阀在某一通流面积时的流量特性曲线。节流阀的流量随进、出口压力差变化，如曲线 1；而调速阀的流量则随进、出口压力差($p_1 - p_3$)而变化，如曲线 2。当 $p_1 - p_3$ 小于一定值时，调速阀失去压力补偿作用，其性能与节流阀相同。

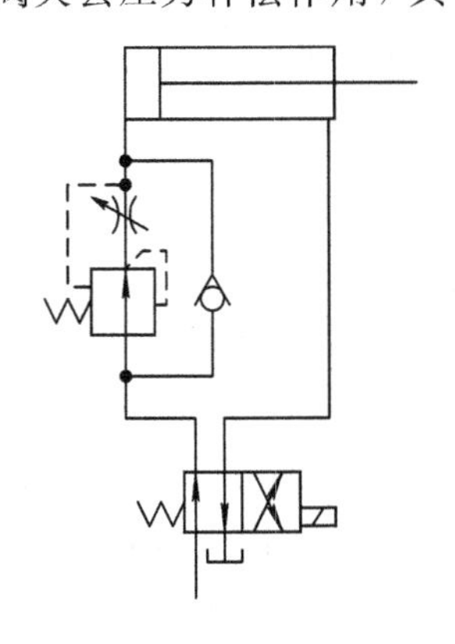

图 5－107　进油路调速阀调速回路

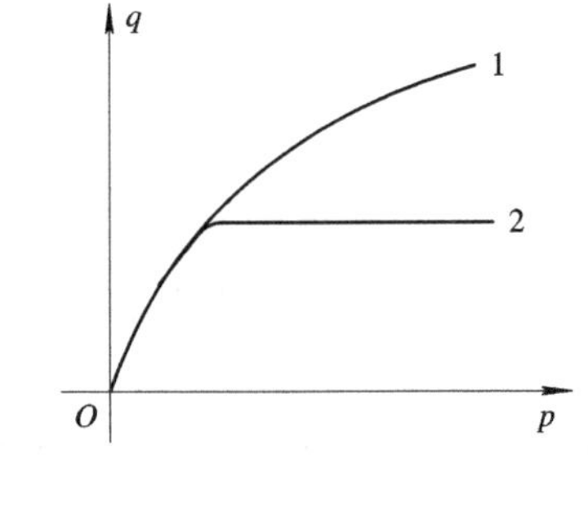


图 5－108　节流阀和调速阀的流量特性曲线

**3. 温度补偿调速阀**

调速阀消除了负载变化对流量的影响，但由于油液粘度会随着温度而发生变化，使节流系数 $C$ 发生变化，因此流量仍然会发生变化。虽然由理论分析可知采用薄刃形的节流口可以使油液的流量不会因粘度而变化，但是实际上节流口很难达到完全理想的薄刃状态。特别是当流量很小时，节流口通流面积要调得很小，这时孔长 $l$ 与孔径 $d$ 之比就相对地增大，因此当粘度变化时，对流量的影响就相应明显。为了尽量减小温度变化对流量的影响，就需要对调速阀采取温度补偿措施，这种流量阀称为温度补偿调速阀。

温度补偿调速阀和普通调速阀的结构基本相似，它也是由定差减压阀和节流阀串联而成的，只是在节流阀阀芯和推杆之间设置了一根温度补偿杆。其补偿原理为，当温度升高时，使原来调定的节流口开度自动地减小，从而对由于粘度下降而引起流量增大起补偿作用。图 5－109 所示为 QT 型温度补偿调速阀温度补偿装置的结构原理图。温度膨胀系数较大($55 \times 10^{-8} \frac{1}{℃}$)的由聚乙烯塑料做成的温度补偿杆 3 介于推杆 4 和节流阀阀芯 2 之间，和膨胀系数为 $11 \times 10^{-6} \frac{1}{℃}$ 的钢相比，在温度升高时，杆 3 的伸长量大于钢质阀套的伸长量，因而与杆 3 相连接的阀芯就相对于阀套移动，即可关小节流口而产生补偿作用。同样，若无定差减压阀，则上边所讲温度补偿装置即为一温度补偿节流阀，用于负载变化较小、油温变化较大且流量又要求比较稳定的场合。

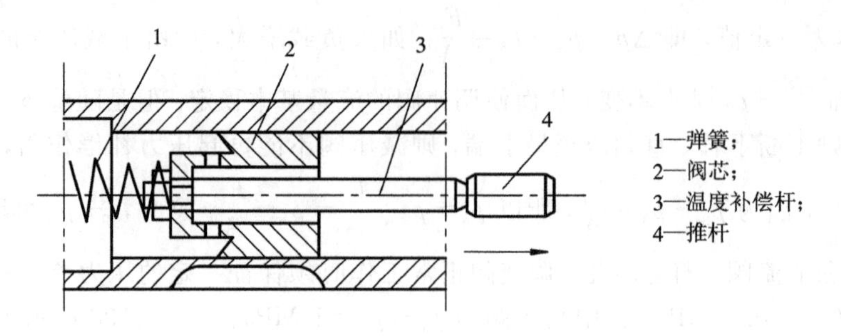


图 5-109　QT 型温度补偿装置结构原理图

### 5.5.4　溢流节流阀

溢流节流阀是另一种带压力补偿装置的流量阀，它由差压式溢流阀和节流阀并联而成。

1) 溢流节流阀的组成和工作原理

图 5-110 所示为溢流节流阀的工作原理图。图中的溢流阀有一个进口，两个出口，从液压泵来的压力油 $p_1$ 进入该阀后，一部分经节流阀(其阀口通流面积为 $A_2$)进入执行元件，一部分经溢流阀(其阀口通流面积为 $A_1$)回油箱。节流阀的进口压力 $p_1$ 和出口压力 $p_2$ 被分别引至溢流阀阀芯的两端，其压力差($\Delta p=p_1-p_2$)产生的液压力与溢流阀阀芯上端的弹簧力 $F_t$ 以及液流作用于阀芯上的稳态液动力 $F_s$ 等相平衡。溢流阀处于平衡位置时，其开口长度为 $x$。

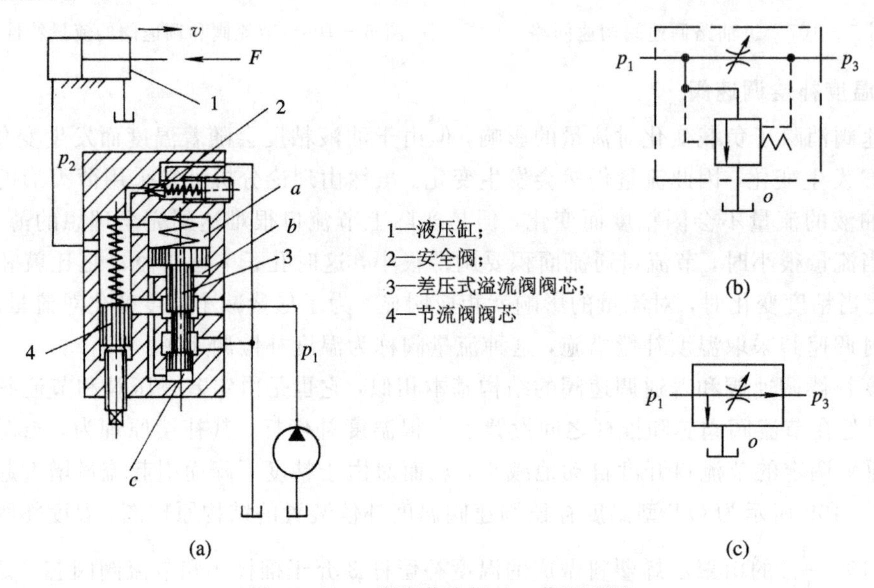


图 5-110　溢流节流阀的工作原理图

在节流阀开口不变的条件下，如果出口压力 $p_2$ 因负载增加而增大，则溢流阀阀芯下移，溢流阀口面积减小，阻力增大，从而使 $p_1$ 增大，当 $p_1-p_2$ 基本上恢复到原来的数值时，溢流阀阀芯在新的位置处于平衡。同理，当 $p_2$ 减小时，由于溢流阀的自动调节，亦可使 $p_1-p_2$ 基本保持不变。

同样，溢流节流阀也只能单方向使用，并且只能装在液压缸的进油路上，如图 5 - 111 所示。

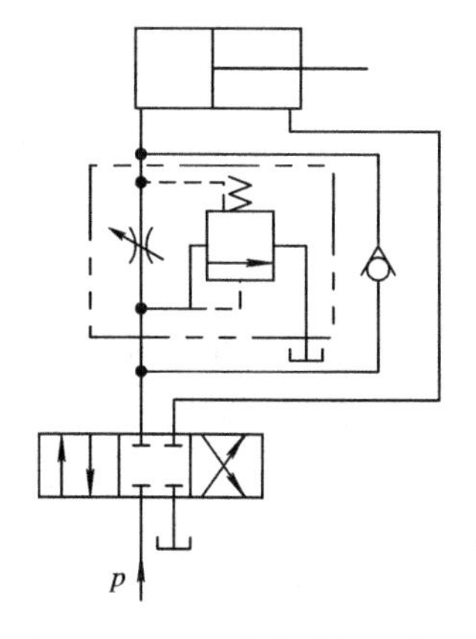


图 5 - 111　溢流节流阀的应用

另外，溢流节流阀中的溢流阀与本章 5.4 节中介绍的溢流阀不同。5.4 节所讲的溢流阀，当系统压力升高时溢流口是开大的，而这里的溢流阀开口却随着负载的升高而关小。因此，为了防止系统过载，在溢流节流阀中必须设置安全阀 2(锥阀)。当负载 $F$ 增加使 $p_2$ 超过安全阀调定值时，安全阀打开，油液经其流回油箱。此时，锥阀起先导阀作用，节流阀阀口起阻尼小孔作用，使溢流阀阀芯上、下形成压力差，即可防止阀芯继续下移而关死溢流口。在这种情况下，泵的大部分油液仍经溢流阀阀口流回油箱。

2) 溢流节流阀的静态特性

溢流节流阀的静态特性可作如下分析。

(1) 通过溢流阀的流量 $q_1$：

$$q_1 = C_1 A_1 \sqrt{\frac{2}{\rho} p_1} \tag{5-43}$$

式中：$C_1$——溢流阀阀口的流量系数；

$A_1$——溢流阀阀口的通流面积；

$p_1$——溢流阀进口(即液压泵出口或节流阀进口)压力。

(2) 通过节流阀的流量 $q_2$：

$$q_2 = C_2 A_2 \sqrt{\frac{2}{\rho}(p_1 - p_2)} \tag{5-44}$$

式中：$C_2$——节流阀阀口的流量系数；

$A_2$——节流阀阀口的通流面积；

$p_2$——节流阀出口压力。

(3) 根据流量连续性方程，有

$$q_1 + q_2 = q \tag{5-45}$$

式中：$q$——液压泵的流量。

(4) 溢流阀阀芯受力平衡方程为

$$p_1 A = p_2 A + K(x_0 + x) + F_s \tag{5-46}$$

式中：$A$——溢流阀阀芯的有效受压面积；

$K$——溢流阀弹簧的刚度；

$x$——溢流阀开口长度；

$x_0$——溢流阀弹簧的预压缩量；

$F_s$——液流流经溢流阀阀芯的稳态液动力，由式(5 - 12)知，

$$F_s = 2C_1 A_1 p_1 \cos\alpha$$

(5) 节流阀前后压力差：可将式(5 - 44)写成 $p_1 - p_2$ 的表达式，则有

$$p_1 - p_2 = \frac{K(x_0 + x) + F_s}{A} = \frac{K(x_0 + x) + 2C_1 A_1 p_1 \cos\alpha}{A} \qquad (5-46')$$

于是得到溢流节流阀中节流阀的流量方程：

$$q_2 = C_2 A_2 \sqrt{\frac{2}{\rho}(p_1 - p_2)} = C_2 A_2 \sqrt{\frac{2}{\rho}}\left[\frac{K(x_0 + x) + 2C_1 A_1 p_1 \cos\alpha}{A}\right]^{\frac{1}{2}} \qquad (5-47)$$

由上式可知，在溢流节流阀的结构尺寸一定时，对应一定的节流阀开口，通过节流阀输往执行元件的流量 $q_2$ 的稳定性取决于溢流阀的开度 $x$。如果溢流阀的弹簧选取较软，弹簧的预压缩量 $x_0 \gg x$，且溢流阀阀芯的有效承压面积足够大，那么 $x$ 的变化引起 $p_1 - p_2$ 的变化较小。与调速阀不同的是：首先，溢流阀进口压力 $p_1$ 的波动较大，即液动力 $F_s$ 的波动大；其次，经过溢流口的流量也较大，使阀芯的尺寸较大，也使 $F_s$ 相应增大。所以，节流阀前、后的压力波动相对较大，流量稳定性较调速阀差。但是，在使用溢流节流阀调速时，液压泵的出口压力随负载变化而变化，功率利用比较合理，系统发热量小，效率高，这是溢流节流阀一个突出的优点。为此，它适用于速度稳定性要求不太高而功率较大的场合，如插、拉、刨床的液压系统中。

## 5.5.5 分流集流阀

分流集流阀可以使两个以上的执行元件在承受不同负载时仍然获得相等(或成一定比例)的流量，从而实现执行元件的同步运动，故也称同步阀。根据流量的分配情况，分流集流阀分为等量式和比例式两种；根据液流流动方向，分流集流阀又分为分流阀、集流阀和分流集流阀；根据结构和工作原理，分流集流阀又有换向活塞式和挂钩式等之分。

### 1. 分流阀的结构和工作原理

分流阀可将某一流量平均分配给两个并联的执行元件而不受其负载变化的影响。图 5-112 所示为换向活塞式分流阀的结构原理图。它由两个固定节流孔 1 和 2、阀体 5、滑阀 6、两个对中弹簧等主要零件所组成。滑阀的中间台阶将阀分成完全对称的左、右两部分，位于左边的油室 $a$ 通过滑阀中的小孔与右边的弹簧腔相通，位于右边的油室 $b$ 通过滑阀中的另一个小孔与左边的弹簧腔相通，滑阀两端的凸肩与阀体分别组成两个可变的节流口 3、4 。装配时对中弹簧保证滑阀处于中间位置，使可变节流孔 3、4 的通流面积完全相同。

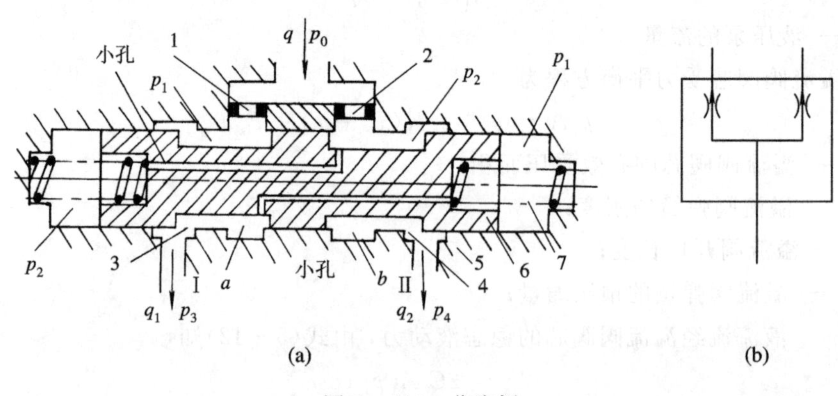


图 5-112　分流阀

当分流阀接入油路后，进口的压力油 $p_0$ 分成两个并联的支路，经过两个完全相同的固定节流孔 1、2 分别进入油室 $a$、$b$，然后由可变节流口 3、4 经出油口Ⅰ和Ⅱ流往执行元件。如果两个执行元件承受的负载相同，则分流阀的出口压力 $p_3$、$p_4$ 相等。因为可变节流孔 3、4 相同，所以两边油路中的液阻相等，则两条油路的流量相等，即 $q_1=q_2$。这时，液流流经固定节流孔前后的压力差 $\Delta p_1=p_0-p_1=\Delta p_2$，因而滑阀左腔的压力 $p_2$ 等于右腔的压力 $p_1$，滑阀 6 保持在中间的位置不动，输往两执行元件的流量相等，在两个执行元件的几何尺寸完全相同时，运动速度就相同。

若各节流孔均为薄壁小孔，则由以上分析可以写出稳定工况下各支路的流量压力关系式：

$$\left.\begin{aligned}\Delta p_1 = p_0 - p_1 = \left(\frac{q_1}{CA_1}\right)^2 \\ \Delta p_2 = p_0 - p_2 = \left(\frac{q_1}{CA_2}\right)^2 \\ \Delta p_3 = p_1 - p_3 = \left(\frac{q_1}{CA_3}\right)^2 \\ \Delta p_4 = p_2 - p_4 = \left(\frac{q_1}{CA_4}\right)^2\end{aligned}\right\} \tag{5-48}$$

$$\left.\begin{aligned}p_0 - p_3 = \Delta p_1 + \Delta p_3 = \left(\frac{q_1}{CA_1}\right)^2 + \left(\frac{q_1}{CA_3}\right)^2 \\ p_0 - p_4 = \Delta p_2 + \Delta p_4 = \left(\frac{q_1}{CA_2}\right)^2 + \left(\frac{q_1}{CA_4}\right)^2\end{aligned}\right\} \tag{5-49}$$

由式(5－49)得

$$\left.\begin{aligned}q_1 = C\sqrt{\frac{p_0 - p_3}{1/A_1^2 + 1/A_3^2}} \\ q_2 = C\sqrt{\frac{p_2 - p_4}{1/A_2^2 + 1/A_4^2}}\end{aligned}\right\} \tag{5-50}$$

式中：$A_1$、$A_2$——固定节流孔 1、2 的过流面积，$A_1=A_2=A$；

$A_3$、$A_4$——可变节流孔 3、4 的过流面积；

$C$——与小孔形状以及油液性质有关的系数，$C=C_q\sqrt{2/\rho}$，其中，$C_q$ 为流量系数；$\rho$ 为工作油液的密度。

由于 $p_3=p_4$，$A_3=A_4$，因此 $q_1=q_2=\frac{1}{2}q_0$。假如两个固定节流孔面积不等，则流量按面积比分配。

如果两个执行元件承受的负载不相等，如 $p_3>p_4$，这时若滑阀仍处于中间位置不动，由于 $p_0-p_3<p_0-p_4$，则由Ⅰ口流出的流量 $q_1$ 就要比Ⅱ口流出的流量 $q_2$ 小，即 $q_1<q_2$，这样，通过固定节流孔 1、2 的压力差 $p_0-p_1<p_0-p_2$，即 $p_1>p_2$，则滑阀两端受力不平衡，右端大，左端小，故阀芯左移。于是，可变节流口 4 关小，使右边油路的液阻增加，可变节流口 3 开大，使左边油路的液阻减小，直至变化到阀芯受力平衡为止，即 $p_1=p_2$，这样，压力差 $p_0-p_1=p_0-p_2$，则 $q_1=q_2$，仍保持Ⅰ、Ⅱ两油口的流量相等。由式(5－50)可以看出，当 $p_3>p_4$ 时，由于滑阀的移动将使 $A_3=A_4$，直至 $q_1=q_2$。

由上可见，分流阀也是一种具有压力补偿作用的流量阀，所以，当 $p_3<p_4$ 时，则产生相反的自动调节过程，使两边出口的流量仍维持相等。这种分流阀称为等量式分流阀。

**2. 影响分流精度的因素**

分流精度的好坏用相对分流误差 $\delta$ 来表示。分流误差定义为两条支路流量的差值与进口流量一半之比，即

$$\delta=\frac{\Delta q}{\frac{1}{2}q_0}=\frac{q_2-q_1}{\frac{1}{2}q_0}=\frac{q_2^2-q_1^2}{\frac{1}{2}q_0^2} \tag{5-51}$$

式中：$q_0$——分流阀的进口流量；

$\Delta q$——分流阀的绝对误差；

$$\Delta q=q_2-q_1=\frac{(q_2-q_1)(q_1+q_2)}{q_1+q_2}=\frac{q_2^2-q_1^2}{q_0} \tag{5-52}$$

一般分流阀的分流精度为2%～5%。

影响分流精度的因素如下：

(1) 弹簧力、液动力和摩擦力的影响。如前所述，当 $p_3>p_4$ 时，$p_1$ 就大于 $p_2$，滑阀即由中立位置向左移动，这时其受力平衡方程为

$$p_1A_v+K'(x_0-x)+F_{s_4}=p_2A_v+K'(x_0+x)+F_{s_3}+F_m$$

即

$$p_1-p_2=\frac{2K'x+F_{s_3}-F_{s_4}+F_m}{A_v}\quad(\mathrm{Pa}) \tag{5-53}$$

式中：$K'$、$x_0$——对中弹簧的刚度(N/m)和预压缩量(m)；

$x$——滑阀由中立位置移动到新的平衡位置的位移变化量(m)；

$A_v$——滑阀端面受压面积($m^2$)；

$p_1$、$p_2$——油室 $a$、$b$ 的压力(Pa)；

$F_{s_3}$、$F_{s_4}$——可变节流孔3、4处的液动力(N)；

$F_m$——摩擦力(N)，其方向与滑阀运动方向相反。

式(5-53)表明，由于弹簧力、液动力和摩擦力的影响，实际上在滑阀处于新的平衡位置时，$p_1$ 和 $p_2$ 之间存在误差，于是引起分流阀两个出油口的流量不等。如果将式(5-49)得到的 $q_1$、$q_2$ 的表达式代入式(5-51)，再将式(5-53)也代入，则可得由弹簧力、液动力和摩擦力引起的相对分流误差为

$$\delta_{stm}=\frac{q_2^2-q_1^2}{\frac{1}{2}q_0^2}=\frac{C^2A_2^2(p_0-p_2)-C^2A_1^2(p_0-p_2)}{\frac{1}{2}q_0^2}$$

$$=\frac{C^2A^2(p_1-p_2)}{\frac{1}{2}q_0^2}=\frac{C^2A^2(2K'x+F_{s_3}-F_{s_4}+F_m)}{\frac{1}{2}q_0^2A_v}$$

$$=\frac{4C_q^2A^2}{\rho q_0^2A_v}(2K'x+F_{s_3}-F_{s_4}+F_m) \tag{5-54}$$

或

$$\delta_{stm} = \delta_s + \delta_t + \delta_m$$

式中：$\delta_t$——弹簧力引起的相对分流误差。

$$\delta_t = \frac{8C_q^2A^2}{\rho q_0^2A_v}K'x \tag{5-55}$$

$\delta_s$——液动力引起的相对分流误差。

$$\delta_s = \frac{4C_q^2A^2}{\rho q_0^2A_v}(F_{s_3} - F_{s_4}) \tag{5-56}$$

$\delta_m$——摩擦力引起的相对分流误差。

$$\delta_m = \frac{4C_q^2A}{\rho q_0^2A_v}F_m \tag{5-57}$$

(2) 固定节流口前后压力差 $\Delta p_d$ 的影响。将式(5－48)导出的 $q_1$、$q_2$ 的表达式代入式(5－52)，并令 $q_0 = 2q_1$，经整理后得 $\delta_{stm}$的又一表达式：

$$\delta_{stm} = \frac{q_2^2 - q_1^2}{\frac{1}{2}q_0^2} = \frac{p_1 - p_2}{2\Delta p_d} = \frac{2K'x + F_{s_3} - F_{s_4} + F_m}{2\Delta p_d A_v} \tag{5-58}$$

由上式可知，固定节流孔前后的压力差 $\Delta p_d$ 越大，则分流精度越高，反之越低。但若将 $\Delta p_d$ 选得太大，则系统功率损失将很大，发热严重。一般取 $\Delta p_d$＝0.2～0.3 MPa。

(3) 固定节流孔尺寸误差的影响。前面分析问题时，都是以两个固定节流孔的几何尺寸完全相同为前提条件的，事实上由于加工时总有误差存在，所以很难达到两个节流孔完全相同。假设一个孔的直径为 $d_{max}$，另一个孔的直径为 $d_{min}$，其过流面积分别为 $A_{max} = \frac{\pi}{4}d_{max}^2$和 $A_{min} = \frac{\pi}{4}d_{min}^2$，则在 $p_1 = p_2$ 的条件下，因面积不等引起的相对分流误差为：

$$\delta_d = \frac{q_2^2 - q_1^2}{\frac{1}{2}(q_1 + q_2)^2} = \pm\frac{2(A_{max} - A_{min})}{A_{max} + A_{min}} \tag{5-59}$$

式中，负载小的(如 $p_4$)一侧的固定节流孔(2)的直径为 $d_{max}$时，取“＋”号；负载大的(如 $p_3$)一侧的固定节流孔(1)的直径为 $d_{max}$时，取“－”号。

(4) 其它影响。分流阀的动态性能对分流精度也有影响，实践与理论均证明，过渡时间越短，分流误差越小。此外，当分流阀的安装位置使得滑阀轴线与水平面倾斜时，由于滑阀自重也会引起不平衡轴向力，从而使分流误差加大。

综上所述，对中弹簧力、液动力、摩擦力、固定节流孔的不对称性、动态特性、安装情况等对分流阀的分流精度都有影响。分流阀总分流误差为以上诸因素引起分流误差的代数和。

显然，分流误差总是不可避免的。由于存在分流误差，就会出现一个执行元件先到达终点，使该路流量等于零，滑阀端面的压力等于进油压力，使滑阀反向移动，将另一侧的可变节流孔完全堵塞，从而使另一执行元件无法到达终点的现象。所以，在滑阀两端应装有限位螺钉，以避免上述现象发生，保证可变节流孔不致完全关死。

**3. 提高分流精度的措施**

提高分流精度的措施有：

(1) 减小对中弹簧的刚度 $k$ 和滑阀的位移量 $x$。设置对中弹簧主要是为了保证滑阀在常态时处于中位，但不免使分流误差增大，因此，应尽量减小对中弹簧的刚度 $k$ 和滑阀的位移量 $x$。有些分流阀干脆不要弹簧，虽然滑阀常态时不可能恢复中位，但在接通负载的瞬间，由于负载压力的反馈作用，可使滑阀自动移动到所需位置，从而进行严格的分流。

(2) 提高滑阀与阀套的加工精度，采用开均压槽的滑阀结构，精密过滤油液，以减小滑阀运动时的摩擦力 $F_m$，从而提高分流精度。

(3) 尽量采用减小液动力的滑阀结构。

(4) 适当减小固定节流孔的通流面积 $A$，以增大固定节流孔前后的压力差 $\Delta p_d$。提高固定节流孔的几何尺寸加工精度，或严格挑选配对以使两孔尽量相同。

(5) 在结构允许时，可尽量增大滑阀两端受压面积 $A$。

(6) 在安装分流阀时，应尽量使滑阀轴线处于水平位置。

**4. 集流阀与分流集流阀**

集流阀可保证两个执行元件的回油量相等或成一定比例，并汇集在一起回油而不受负载变化的影响。集流阀的结构如图 5－113 所示，其工作原理与分流阀相似，只是油室 $a$ 的压力 $p_1$ 作用在滑阀左端，油室 $b$ 的压力 $p_2$ 作用在滑阀的右端。具体调节过程请自行分析。

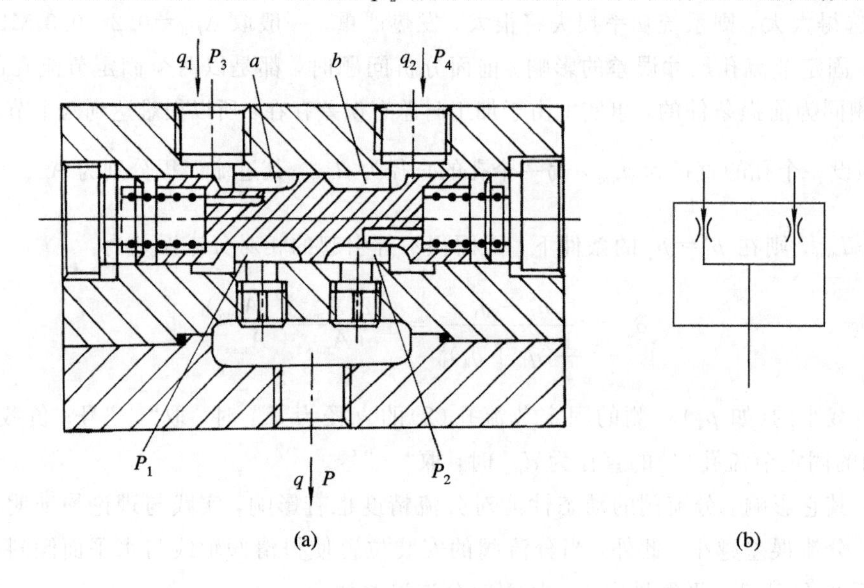


图 5－113　集流阀

分流集流阀综合了上述两阀的功用，既可以做分流阀用，又可以做集流阀用。图 5－114 所示为一种挂钩式分流集流阀的结构原理图，两只阀芯由挂钩挂连在一起，固定节流孔就开在阀芯上。其中，图(a)为分流状态，此时由于液流流经固定节流孔而有压力损失，因此孔前压力大于孔后压力，两个阀芯在液压力与弹簧力的作用下处于分开位置，滑阀上的两孔口分别与阀体上两通道的外侧形成可变节流口，当 $p_4 > p_3$ 时，$q_2 < q_1$，阀芯左移，关小左边节流口，使两边流量恢复相等。图(b)为该阀的集流状态，由于固定节流孔前

后的压力差使两只阀芯克服弹簧力而合拢，阀芯上的两孔口分别与阀体上两通道的内侧形成可变节流口，当 $p_4>p_3$ 时，$q_2>q_1$，阀芯左移，关小右边节流口，使两边流量恢复相等。

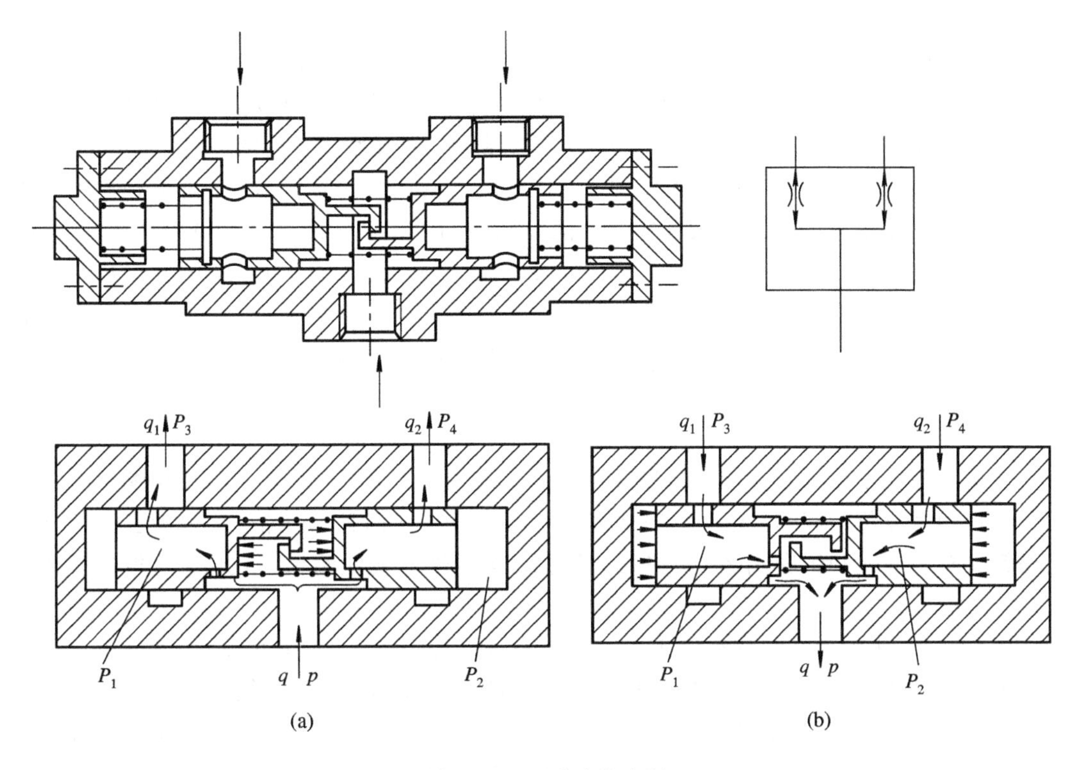


图 5-114　分流集流阀

采用分流集流阀的同步系统具有结构简单、成本低、同步精度较高等优点，但外负载相差较大时，节流发热较大。

## 5.5.6　流量阀常见故障及其排除方法

流量阀常见故障及其排除方法如表 5-6 所示。

**表 5-6　流量阀常见故障及其排除方法**

| 故障现象 | 产 生 原 因 | 排 除 方 法 |
|---|---|---|
| 无流量通过或流量极少 | ① 节流口堵塞，阀芯卡住；<br>② 阀芯与阀孔配合间隙过大，泄漏大 | ① 检查清洗，更换油液，提高油清洁度；<br>② 检查磨损及密封情况，修换阀芯 |
| 流量不稳定 | ① 油中杂质粘附在节流口边缘上，通流截面减小，速度减慢；<br>② 系统温升，油液粘度下降，流量增加，速度上升；<br>③ 节流阀内、外泄漏大，流量损失大，不能保证运动速度所需要的流量 | ① 拆洗节流阀，清除污物，更换滤芯或油液；<br>② 采取散热、降温措施，必要时换带温度补偿调速阀；<br>③ 检查阀芯与阀体之间的间隙及加工精度，超差零件修复或更换。检查有关连接部位的密封情况或更换密封件 |

## 5.6 电液比例控制阀

电液比例控制阀(简称比例阀)是20世纪60年代末发展起来的一种新型液压元件，在加工制造方面接近于普通液压阀，在控制性能方面接近于伺服阀。它可以按照输入的电信号连续地、成比例地控制液流的方向、压力和流量，以满足自动化程度较高液压系统的要求。

比例阀按其结构特征可以分为两种，一种是由电液伺服阀简化结构、降低精度而发展起来的阀，一种是用比例电磁铁替代普通液压阀中的手调装置或开关型电磁铁而成的阀。由于后者可以与普通液压阀互换，且具有抗污染能力强、成本低等优点，因此已成为当今比例阀的主流。本节主要介绍电磁式比例阀。比例阀按其用途可分为方向控制、压力控制和流量控制三大类，近年来又出现了功能复合化的复合阀等。

### 5.6.1 比例电磁铁

比例电磁铁把输入的电信号转换成一定的位移，并传给一根弹簧进行预压缩或直接传给一个带弹簧复位的阀芯。比例电磁铁有移动式和悬挂式两种，通常多用移动式。移动式电磁铁又有平底式和锥底式之分，平底式线性较好，锥底式的输出力较大。这里仅介绍平底式。

图5-115所示为平底移动式比例电磁铁的结构图。推杆2支承在轴承1和9上，衔铁5通过销子6固定在推杆2上，导向套7装在衔铁5的外面，线圈4绕在导向套并装入壳体之中。由于电磁铁的底部为平面结构，因此称为平底式电磁铁，当线圈通电时，衔铁5通过销子6带动推杆2左移，推杆左移的力与线圈上输入的电流值成正比。图中3为用非磁性材料隔开的导向套的另一部分，它和7均用导磁材料工业纯铁制成，因做成筒状结构而具有足够的耐压强度，可承受32 MPa的压力。8为放气螺钉，工作前通过它排掉导向套内的空气。

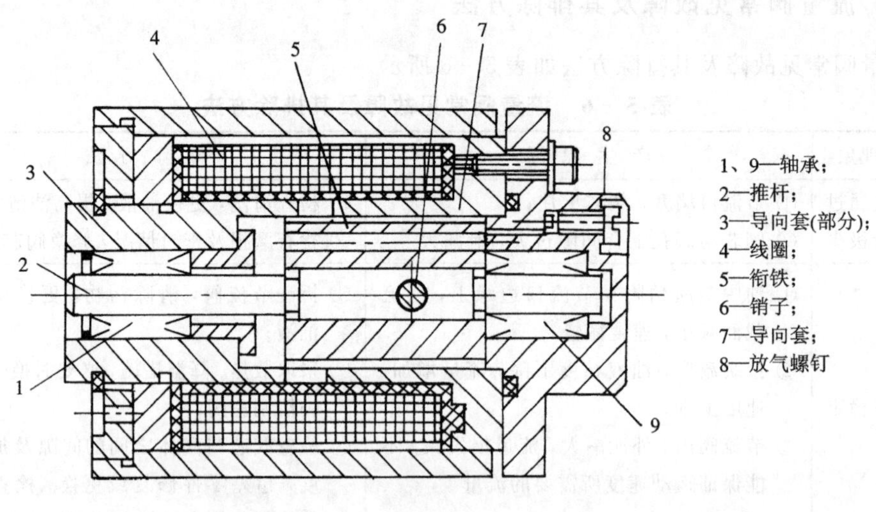


图5-115 平底移动式比例电磁铁

移动式比例电磁铁与普通直流电磁铁有如下不同之处：

(1) 普通电磁铁是变气隙的，而比例电磁铁是恒气隙的。普通电磁铁的衔铁朝着与匹配的磁极直线运动时，两极之间的气隙连续减小；而比例电磁铁中，工作气隙垂直于衔铁的直线运动方向，因而气隙是恒定的。所以，在一定的工作范围内，电磁引力保持恒定，而不同的电流对应着不同的引力，故具有与位移无关的水平位移—力特性，输出力与输入电流线性成正比。

(2) 为了提高工作灵敏度，衔铁支承在滚针轴承上以减小摩擦。

(3) 为了提高工作精度，应从材料性质、热处理和工艺等方面尽量减小比例电磁铁的磁滞。

(4) 多用湿式电磁铁以产生阻尼，从而提高工作稳定性。

## 5.6.2 电液比例压力阀

电液比例压力阀是按照输入的电气信号控制系统压力的元件，其输出压力与输入电气信号成正比。常见的电液比例压力阀有比例溢流阀和比例减压阀，它们也有直动式和先导式之分。

**1. 直动式比例溢流阀**

图 5-116 所示为直动式比例溢流阀的结构图，它实际上相当于一种比例压力先导阀。它由锥式先导阀和比例电磁铁两部分组成，和普通压力先导阀相比，仅相当于用比例电磁铁调压代替了手调结构。

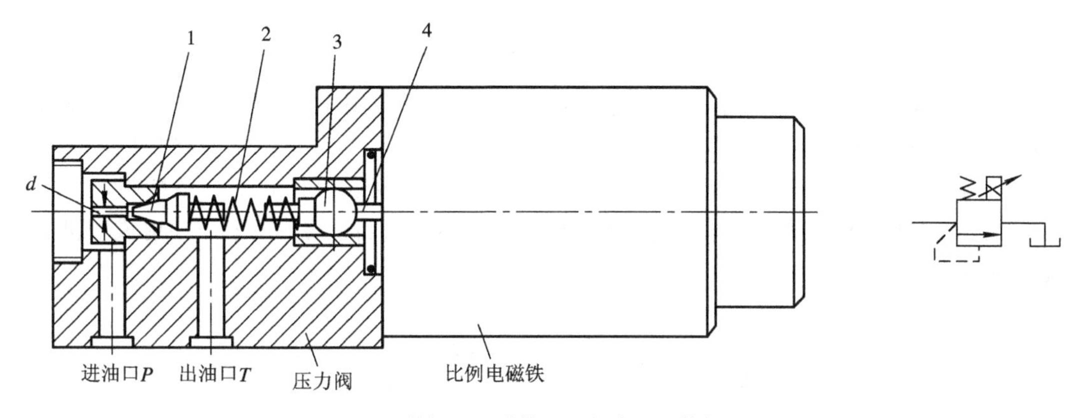


1—锥阀；2—弹簧；3—钢球；4—推杆

图 5-116　电液比例压力先导阀

当比例电磁铁中的线圈通入电流 $I$ 时，推杆 4 通过钢球 3、弹簧 2 把电磁推力传给锥阀 1。当压力阀进油口 $P$ 处的压力油作用在锥阀左端面上的作用力超过电磁推力时，锥阀打开，油液通过阀口由出油口排出。由于电磁铁吸力仅仅取决于输入电流的大小，因此，连续控制输入电流的大小，即可按比例地控制锥阀的开启压力。又由于弹簧 2 在整个工作过程中只用于传力而不是调压，因此称为传力弹簧。

当这种压力先导阀用作普通溢流阀、减压阀和顺序阀的先导阀时，便可成为各种不同的先导式比例压力阀。

**2. 先导式比例溢流阀**

图 5－117 所示为先导式比例溢流阀的结构原理图。由图可见，除了将调压螺帽换成比例电磁铁外，其它部分完全和 YF 型溢流阀相同。与输入电流成正比的电磁力作用在先导阀阀芯上，便决定了阀的调定压力。当输入的电信号连续地、成比例地变化时，则比例溢流阀所调节的压力也连续地、成比例地进行变化。

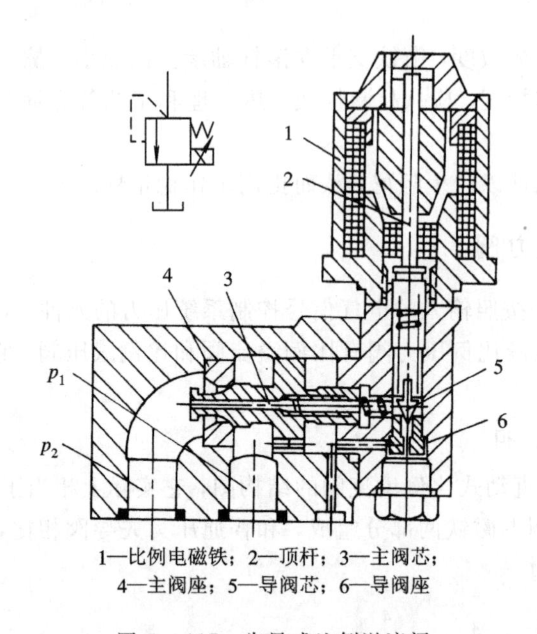


1—比例电磁铁；2—顶杆；3—主阀芯；
4—主阀座；5—导阀芯；6—导阀座

图 5－117　先导式比例溢流阀

图 5－118(a)所示为采用电液比例溢流阀实现的多级调压回路，调节比例溢流阀的输入电流 $I$，即可获得多级控制压力。与图(b)所示普通溢流阀的多级调压回路相比，电液比例溢流阀的优点是元件少，回路简单，便于维修，易于实现远程控制或程序控制，且能连续地、按比例地进行压力调节，冲击较小。电液比例溢流阀目前在液压机、注射成型机、轧板机中应用较多。

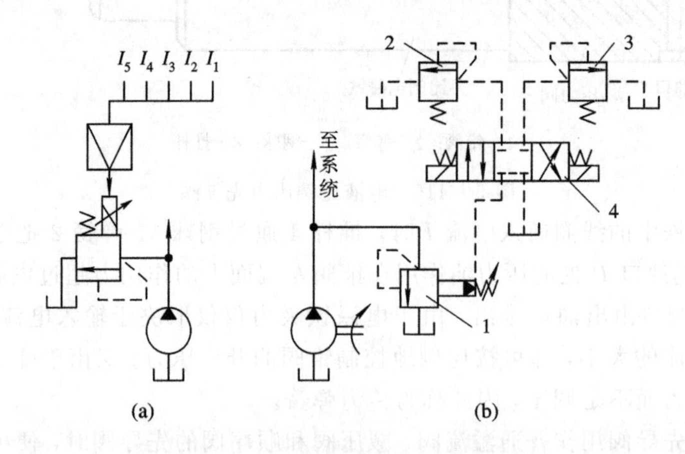


图 5－118　电液比例溢流阀的应用

## 5.6.3 电液比例流量阀

电液比例流量阀是按照输入的电气信号控制系统流量的元件，其输出流量与输入的电气信号成正比。它有电液比例节流阀和电液比例调速阀等不同型式。常见的比例流量阀为电液比例调速阀，它也有直动式和先导式之分。

### 1. 直动式比例调速阀

图 5－119 所示为直动式比例调速阀的结构原理图。它由普通调速阀主体部分和比例电磁铁两部分组成。和普通调速阀相比，仅相当于用比例电磁铁代替了手调结构。

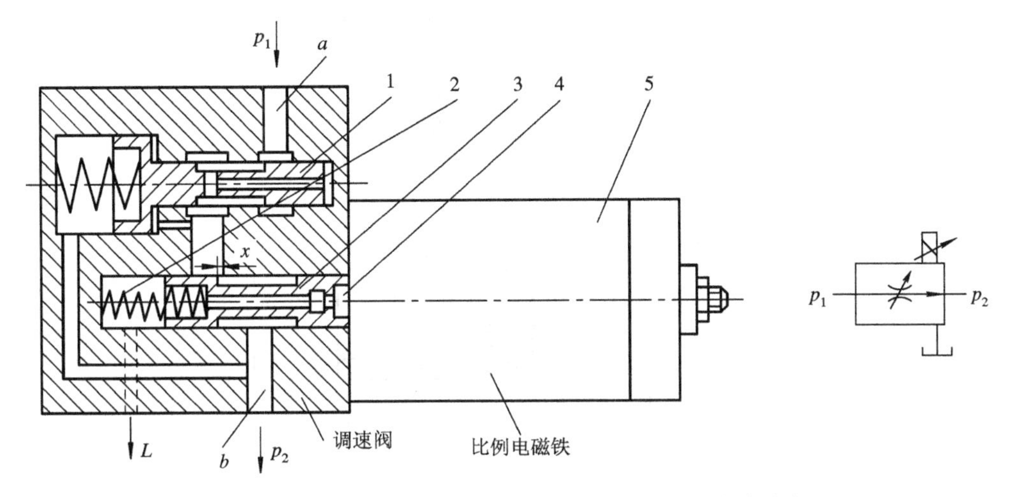


1—减压阀阀芯；2—弹簧；3—节流阀阀芯；4—推杆；5—比例电磁铁

图 5－119 直动式比例调速阀

在图 5－119 中，比例电磁铁的输出力作用在节流阀阀芯上，与其左端的弹簧力直接相平衡，所以称为直动式。当没有电气信号输入电磁铁或电信号太小时，因节流阀阀口有一定遮盖量，所以输出流量为零。当给比例电磁铁 5 输入一电气信号时，电磁力经推杆 4 推动节流阀阀芯左移，直到电磁力和弹簧 2 的作用力平衡时为止，节流阀有一相应的开口量 $x$，经开口输出一定的流量。由此可见，当给比例电磁铁输入一定的电流时，即可得到与电流成正比的流量；当输入电流连续变化时，输出流量也就连续地、按比例地变化。因而，可以用比例流量阀来连续地、按比例地控制执行元件的输入流量。

### 2. 先导式比例调速阀

图 5－120 所示为一种先导式比例调速阀的结构原理图。它由比例电磁铁、先导阀 1、流量传感器 2 和调节器 3 及固定节流孔 $R_1$、$R_2$、$R_3$ 等组成。它是一种完全不同于传统调速阀原理的新型比例流量阀，其结构简单新颖，充分利用了液流阻力和反馈控制理论来改善阀的控制性能，具有将输出流量经过流量一位移一力反馈检测后直接反馈到先导阀上，从而有效抑制外扰作用，保持流量恒定的特点。

在图 5－120 中，比例电磁铁控制先导阀的开启，并利用液阻控制调节器阀口的开启，以向执行元件供油，所以称为先导式。当给比例电磁铁输入一定的电气信号时，先导阀阀口开启，形成可变节流孔，此可变节流孔和固定节流孔 $R_1$、$R_2$ 一起使调节器的受控油压

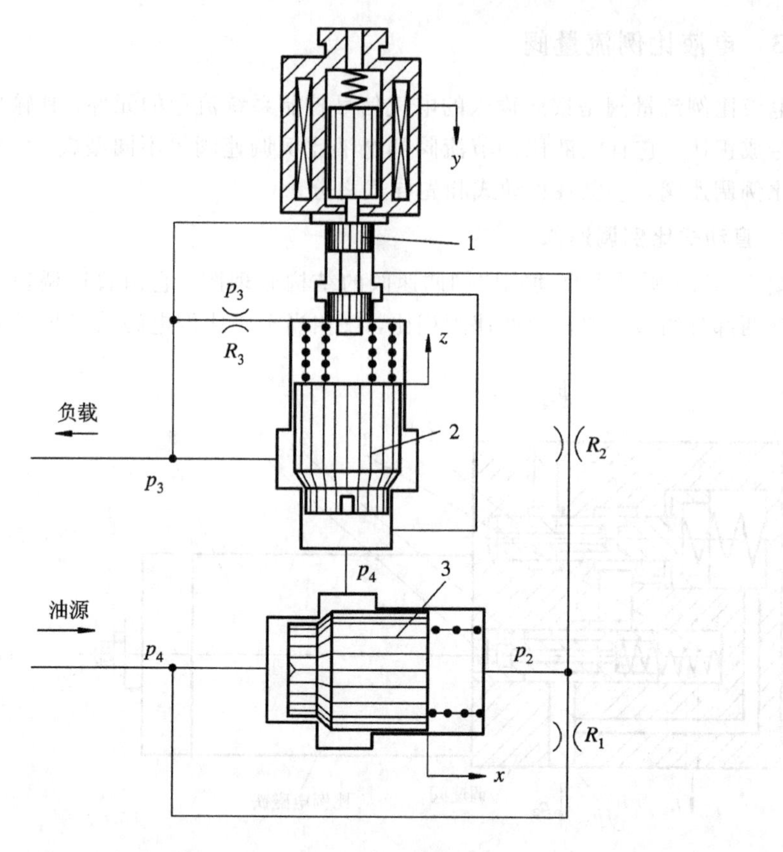


图 5-120 先导式比例调速阀

$p_2$ 降低，在 $p_1-p_2$ 所形成的液压力大于右端弹簧力时，调节器阀口开启。流过调节器的主流量经流量传感器 2 检测后通向系统负载，流量传感器将主流量的大小转换为与之成正比的阀口开启量 $z$，并通过锥阀上端的反馈弹簧(图中 2 上端的小弹簧)转换为反馈力 $F_R$ 而作用在先导阀的下端，此反馈力 $F_R$ 有使先导滑阀关小的作用。若不计先导滑阀上的液动力，则当反馈力与电磁力平衡时，先导滑阀处于某一阀口开度的稳定工况。

当负载压力 $p_3$ 增大时，流量传感器阀芯上的压力 $p_3$ 增大而使阀口关小，这就使反馈力 $F_R$ 减小，先导阀阀芯随即下移而使阀口开度增大，液阻减小，$p_2$ 下降，从而使调节器开度增大，流量传感器下腔压力 $p_4$ 随之增高，使流量传感器重新开大。这一过程进行到直至流量传感器恢复到原来的开度位置，从而使先导阀阀芯上的反馈力仍与原来的设定电磁力平衡。

图 5-121 所示为转塔车床的进给图。图(a)为用调速阀实现三种进给的系统图，系统中采用了一个非标准的三位四通阀和三个并联的调速阀，实现工序间的有级调速。图(b)为改用电液比例调速阀的进给系统图，通过改变对应于各种速度的电气信号，就可实现多级调速。两图比较，图(b)的液压元件显著减少，系统简单。

由于输入电气信号为零时输出流量也为零，因此比例调速阀还可以用作截断液流的开关阀。目前，比例调速阀多用于多工位加工机床、注射成型机、抛砂机等液压系统中以调节速度。

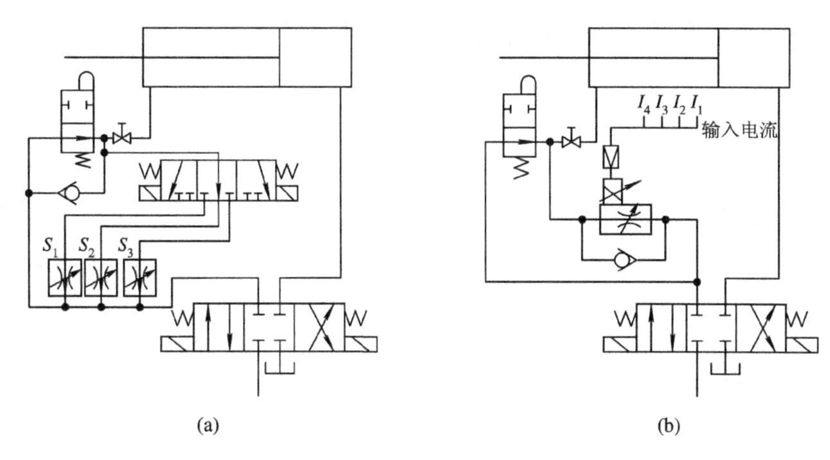


图 5－121　转塔进给系统图

## 5.6.4　电液比例方向阀

电液比例方向阀是按照输入的电气信号控制系统油液的流动方向和流量大小的元件。与普通电磁换向阀对应的是直动式比例方向阀，与电液换向阀对应的是先导式比例方向阀。

### 1. 直动式比例方向阀

图 5－122 所示为带电反馈的直动式比例方向阀的结构原理图。由图可见，它和普通电磁换向阀的不同之处是，除了将普通电磁铁换为比例电磁铁外，还配有一差动变压器（也叫位移传感器），且其阀芯凸肩上开有三角形或半圆形的节流沟槽。

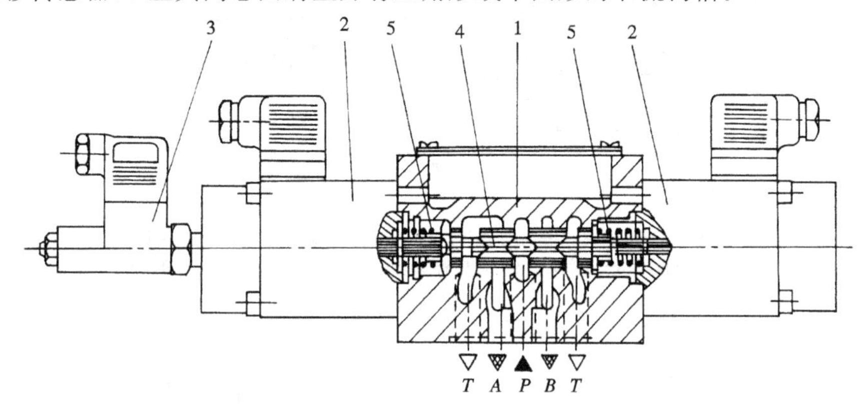


1—阀体；2—比例电磁铁；3—差动变压器；4—控制阀芯；5—复位弹簧

图 5－122　带电反馈的直动式比例方向阀

当比例电磁铁不工作时，阀芯由复位弹簧保持在中位，油口 $P$、$A$、$B$、$T$ 互不相通。如果比例电磁铁 A 通电，则阀芯向右移动，$P$ 与 $B$、$A$ 与 $T$ 分别连通。由于阀芯上的节流沟槽始终不完全脱离阀口，因此始终起节流作用。阀芯的行程与电气信号成正比，电气信号越大，阀芯的行程就越大，则阀口通流面积和流过的流量也越大。图中左边的电磁铁配有差动变压器，这种电磁铁称为行程控制比例电磁铁。差动变压器能准确地测定比例电磁铁的行程，并反馈至电放大器，将输入信号与反馈信号进行比较，按二者差值向电磁铁发出纠正信号以补偿误差，构成位置反馈闭环，从而消除液动力等干扰因素，保持准确的阀芯位置或节流口面积。这是 20 世纪 70 年代末比例阀进入成熟阶段的标志。20 世纪 80 年代以来，由于采用了各种更加完善的反馈装置和优化设计，比例阀的动态性能虽仍低于伺服阀，但静态性能已大致相同，而价格低廉得多。

**2. 先导式比例方向阀**

和普通换向阀一样，在大流量的情况下，多采用先导式比例方向阀。图 5 - 123 所示为先导式比例方向阀的结构原理图，其中的先导阀是由比例电磁铁操作的压力控制阀(三通减压阀)。用作先导阀的双向三通比例减压阀的结构如图 5 - 124 所示。比例电磁铁 1 的电磁力经测压阀芯 5 传给先导阀芯 4，使之向右移动，这时油液从 $P$ 向 $A$ 流动并在油口 $A$ 中建立压力，这个压力通过先导阀阀芯 4 上的径向孔作用到测压阀芯 6 上，产生一液压力，推动先导阀芯 4 克服电磁力左移，直到两个力达到平衡为止。测压阀芯 6 压在电磁铁 2 的推杆上。如果比例电磁铁 1 的力减小，则油液从 $A$ 向 $T$ 流动，$A$ 口压力降低，直到压力重新与电磁力相当为止。当电磁铁不通电而控制阀芯处于中位时，油口 $A$ 与 $B$ 都连通油箱 $T$，而与压力油口 $P$ 隔绝。

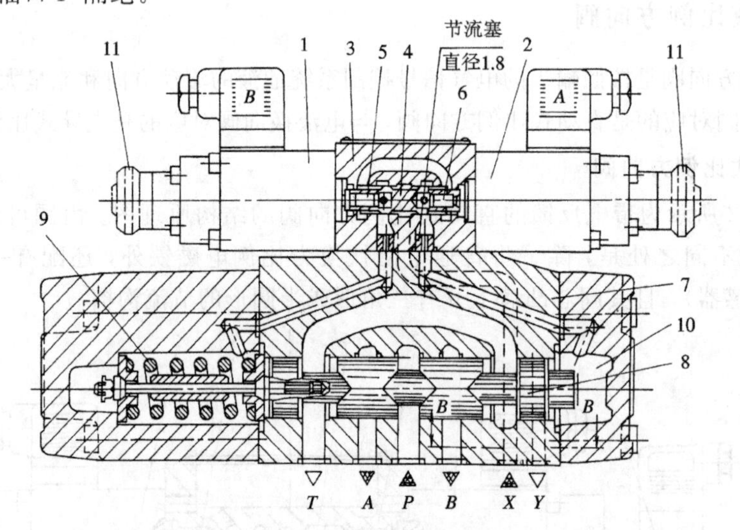


1、2—比例电磁铁；3—先导阀体；4—先导控制阀芯；5、6—测压阀芯；
7—主阀体；8—主阀芯；9—对中弹簧；10—先导腔；11—应急手动按钮

图 5 - 123　先导式比例方向阀

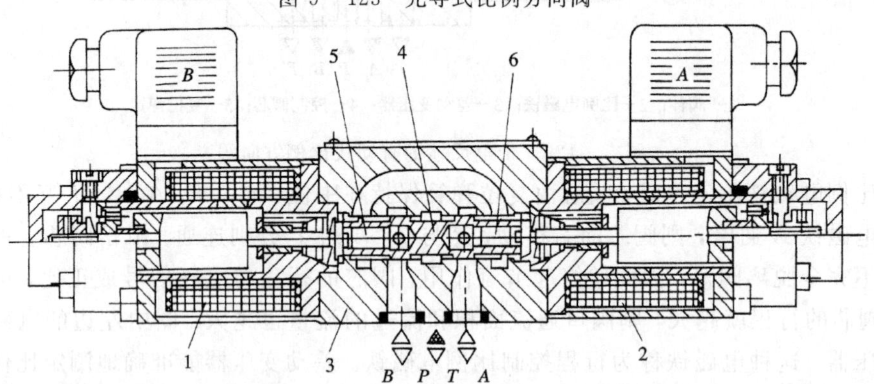


1、2—比例电磁铁；3—先导阀体；4—先导控制阀芯；5、6—测压阀芯

图 5 - 124　用作先导阀的双向三通比例减压阀

利用先导阀能够与输入电流成比例地改变油口 $A$ 或 $B$ 中的压力，也就是改变图 5－123 中主阀芯 8 两端的先导腔压力。如果比例电磁铁 1 通电，则先导阀芯 4 右移，这时先导油通过从内部油口 $P$ 或从外部经油口 $x$，再经先导阀进入先导腔 10 并推动主阀芯 8 克服对中弹簧 9 左移，阀芯凸肩上的节流沟槽逐渐打开，主油路油液从油口 $P$ 流向油口 $A$，油口 $B$ 经阀体上的流道流向油口 $T$。主阀芯的位移与先导腔压力成比例，从而与输入电流成比例，同时，电流也和流过的流量成比例。

系统中采用电液比例方向阀，可以通过控制电信号的大小和方向来遥控液压缸、液压马达等执行元件，使其实现停止、正向或反向运动和变速等。但是，使用电液比例方向阀的回路，执行元件的运动速度仍可能受负载变化的影响。因此，当要求速度不随负载变化而变化时，则需采用电液比例复合阀。

## 5.6.5 电液比例复合阀

电液比例复合阀往往是由减压阀或溢流阀与先导式比例方向阀组合而成的。图 5－125 所示为减压阀与先导式比例方向阀组成的定差压式复合阀的原理图，油口 $A$、$B$ 通往执行元件。

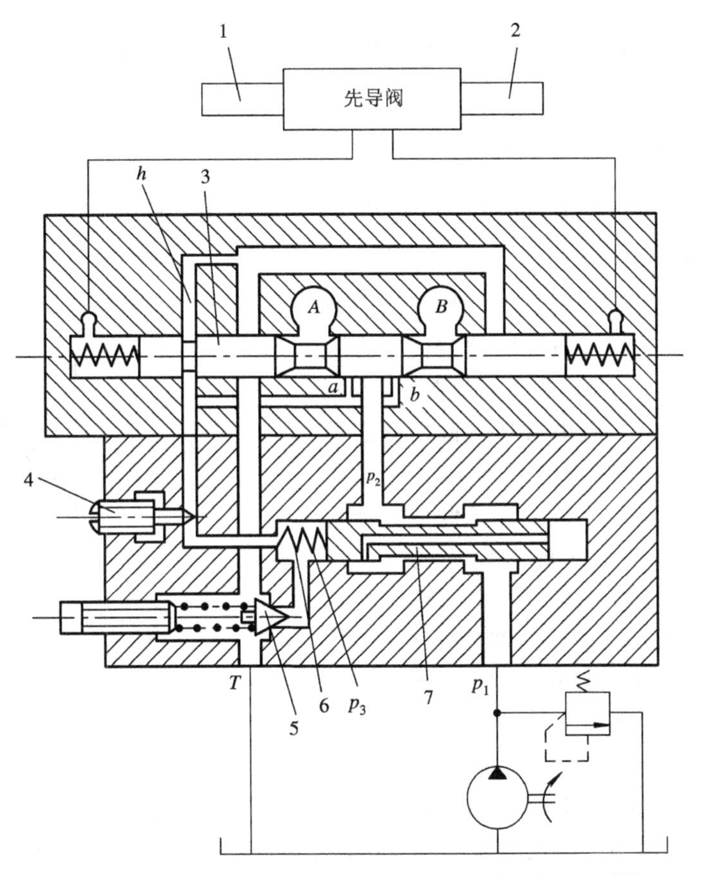


1、2—比例电磁铁；3、7—阀芯；4—节流阀；5—安全阀；6—弹簧

图 5－125 定差压式复合阀原理图

阀的进油口压力 $p_1$ 由泵出口的溢流阀调定，是恒定的。$p_1$ 经减压阀阀口减压为 $p_2$，然后通往方向阀，与此同时，经阀芯 7 上的通道通至阀芯的右端。当比例电磁铁 1 通电时，控制压力油进入放大级阀芯 3 的右端，推动阀芯 3 左移，于是 $p_2$ 与 $B$ 油口接通，油口 $A$ 与油箱 $T$ 接通，输出相应的流量，压力进一步降低为负载压力 $p_3$。为了使 $p_2-p_3$ 保持为常数，将压力为 $p_3$ 的油液经通道 $b$ 反馈到减压阀阀芯 7 的左端(此时通道 $h$ 被阀芯 3 堵死)。于是，阀芯 7 的受力平衡方程式为

$$p_2-p_3=\frac{F_t}{A}$$

式中：$F_t$——弹簧 6 的弹簧力；

$A$——阀芯 7 的端面面积。

负载压力 $p_3$ 增大时，阀芯 7 右移，减压阀口开大，使压力 $p_2$ 也增大。反之，$p_3$ 减小，则 $p_2$ 也减小，使 $p_2-p_3$ 基本不变。即该阀的输出流量不受负载压力变化的影响。

当比例电磁铁 2 通电时，$A$ 油口通压力油 $p_2$，$B$ 油口通油箱 $T$，通道 $a$ 把负载压力反馈到阀芯 7 的左端，同样，该阀的输出流量不受负载压力的影响。由此可见，减压型复合阀的稳流量原理与调速阀相似。如果比例电磁铁都无电流输入，则阀芯 3 被对中弹簧推至中位。通道 $h$ 接油箱，阀芯 7 左移，使减压阀口关小，以免比例电磁铁再输入电流时执行元件发生前冲现象。节流阀 4 可缓和阀芯 7 左端通油箱时的冲击，安全阀 5 可避免 $p_3$ 压力过高。

### 5.6.6 电液比例阀的基本性能

电液比例阀的基本性能包括静态性能和动态性能两类，通常用以下指标来衡量。

**1. 静态性能指标**

(1) 滞环误差。控制电流由小到大及由大到小循环一周的两根特性曲线之间的最大差值($\Delta I_{max}$或 $\Delta p_{max}$、$\Delta q_{max}$)与额定控制值之百分比，称为电液比例阀的滞环误差(见图5－126)。显然，滞环误差越小，则电液比例阀的静态性能越好，一般最大允许滞环误差为 7%。

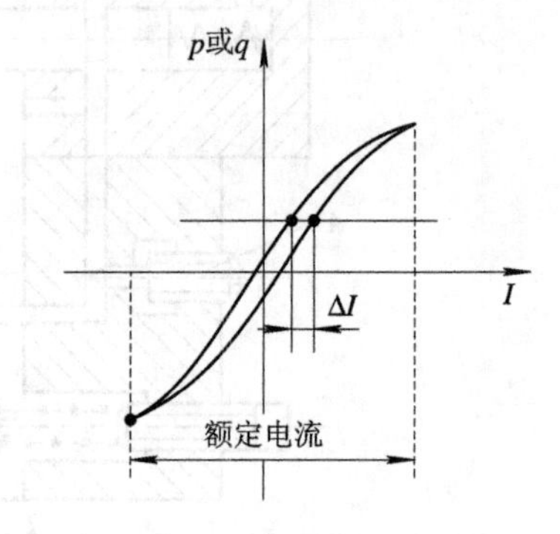

图 5－126　电液比例阀的滞环

(2) 线性范围与线性度。为了保证电液比例阀输出的压力或流量与输入电流成正比变化，一般将压力－电流或流量－电流的工作范围取在特性曲线中近似直线的部分，这个工作范围称为电液比例阀的线性范围。当然，线性范围越大，静态性能就越好。线性度是指在线性范围内特性曲线与直线的最大偏移如 $\Delta I_{max}$和额定输入电流的百分比(见图5－127)。

(3) 分辨率。电液比例阀输出的压力或流量发生微小变化($\Delta p$ 或 $\Delta q$)时，所需要输入电流的最小变化量与额定输入电流的百分比，称为分辨率。分辨率小时，静态性能好，但分辨率不能过小，否则会使阀的工作不稳定。

(4) 重复精度。在同一方向多次输入同一电流，输出压力或流量的最大变化值与额定值之百分比，称为重复精度。一般要求重复精度越小越好。

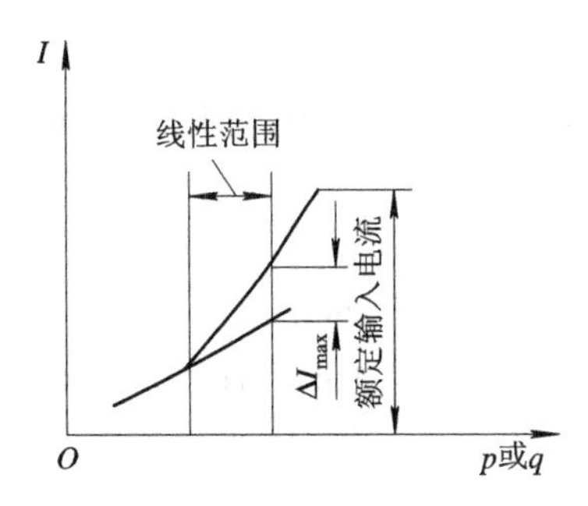


图 5－127　电液比例阀的线性范围及线性度

**2. 动态性能指标**

电液比例阀的动态性能可用时域的瞬态阶跃性能来表示，也可用频率性能来表示。

(1) 阶跃响应。阶跃响应常以阶跃时间来表示。当给定电流为阶跃信号时，输出的压力或流量达到稳定状态所需的时间 $T$ 称为阶跃时间，它的大小反映了电液比例阀动作的灵敏度。阶跃时间一般应小于 0.45 s。所谓稳定状态，一般指输出信号大于调定值 98%的工作情况，如图 5－128 所示。

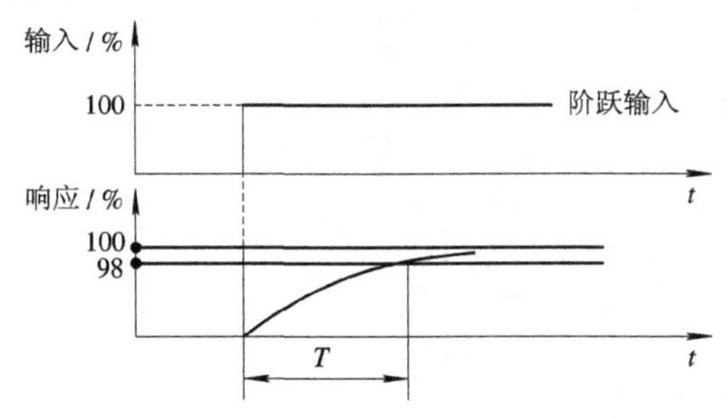


图 5－128　阶跃响应

(2) 频率响应。当加入频率为 $\omega$ 的正弦扰动时，在稳定状态下输出和输入的复数比值关系称为频率响应。频率响应以及相位滞后的特性如图 5－129 所示。图中横坐标为频率的对数值，纵坐标分别为增益为－3 dB、滞后相位角为 45°处。该处的频率越高，阀的性能越好，国产的电液比例阀为 4 Hz。

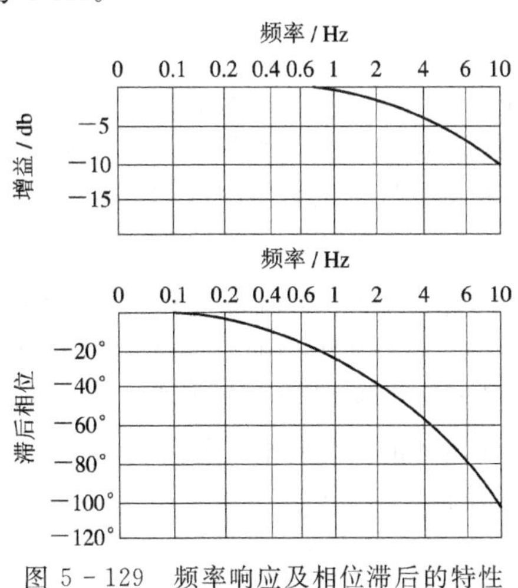


图 5－129　频率响应及相位滞后的特性

# 5.7 二通插装阀

二通插装阀(又称插装式锥阀或逻辑阀)是20世纪70年代初出现在高压、大流量液压系统中的一种新型开关式阀。与普通液压阀相比，在控制功率相同的情况下，二通插装阀具有重量轻、体积小、易加工等特点，可实现多种形式的集成，并能方便地同比例元件、数字元件相结合。近年来，插装阀在重型机械、液压机、塑料机械以及冶金和船舶等行业中得到了广泛应用。

## 5.7.1 二通插装阀的组成

典型的二通插装阀由插装元件、控制盖板、先导元件和插装块体等组成，如图 5 - 130 所示。

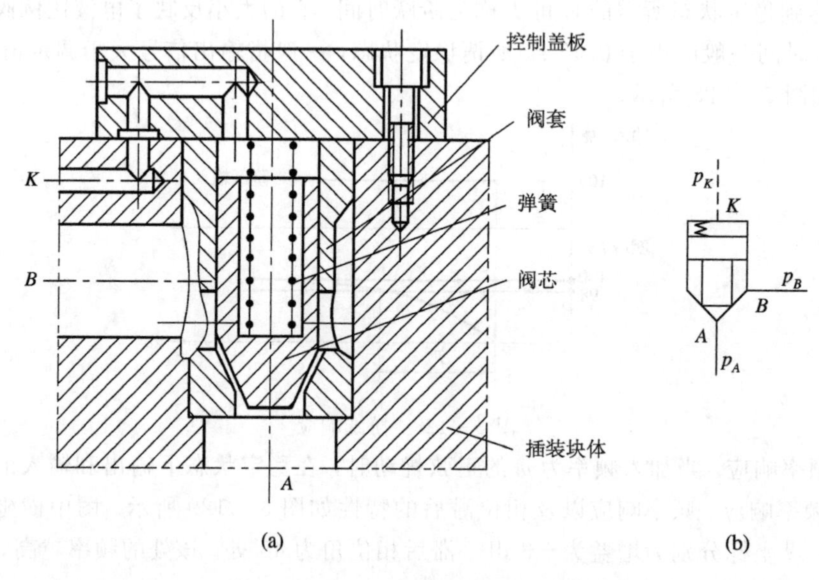


图 5 - 130　二通插装阀的典型结构

### 1. 插装元件

插装元件又称插装组件或主阀组件，是二通插装阀主级或功率级的主体元件。它通常由阀芯、阀套、弹簧和密封件等组成。插装元件插装在阀体或集成块体中，通过它的启闭和开启量的大小来控制主油路的通断、压力的高低和流量的大小。

### 2. 控制盖板

控制盖板由盖板体、微型先导元件、节流螺塞和其它附件等构成。在盖板上可固定主阀组件和安装先导控制元件等，盖板还可沟通阀块体内的控制油路。按控制功能的不同控制盖板可分为方向控制、压力控制和流量控制三大类。具有两种以上控制功能的盖板称为复合控制盖板。盖板有方形和矩形的，一般用在公称通径 63 mm 以下的情况；若公称通径大于 80 mm 时，常采用圆形盖板。

### 3. 先导控制阀

先导控制阀安装在控制盖板上，对二通插装阀的性能有直接影响。

**4. 插装块体**

插装元件插于插装块体之中。

## 5.7.2 二通插装阀的工作原理

**1. 二通插装方向控制阀**

1）基本单元

图 5-131(a)所示为二通插装方向控制阀的基本单元，它由阀芯 3、阀套 1 及弹簧 4 等零件组成，对外有两个连接油口 $A$、$B$，控制油口 $K$ 与先导阀相通。压力油分别作用在锥阀的三个控制面 $A_A$、$A_B$ 和 $A_K$ 上，如果忽略锥阀的质量和阻尼力的影响，则作用在阀芯上的受力受平衡方程式为

$$F_t + F_s + p_K A_K = p_A A_A + p_B A_B$$

式中：$F_t$——作用在阀芯上的弹簧力(N)；

$F_s$——阀口产生的稳态液动力(N)；

$p_K$——控制油口 $K$ 的压力(Pa)；

$p_A$、$p_B$——工作油口 $A$、$B$ 的压力(Pa)；

$A_A$、$A_B$、$A_K$——分别为锥阀三个控制面的面积($m^2$)。

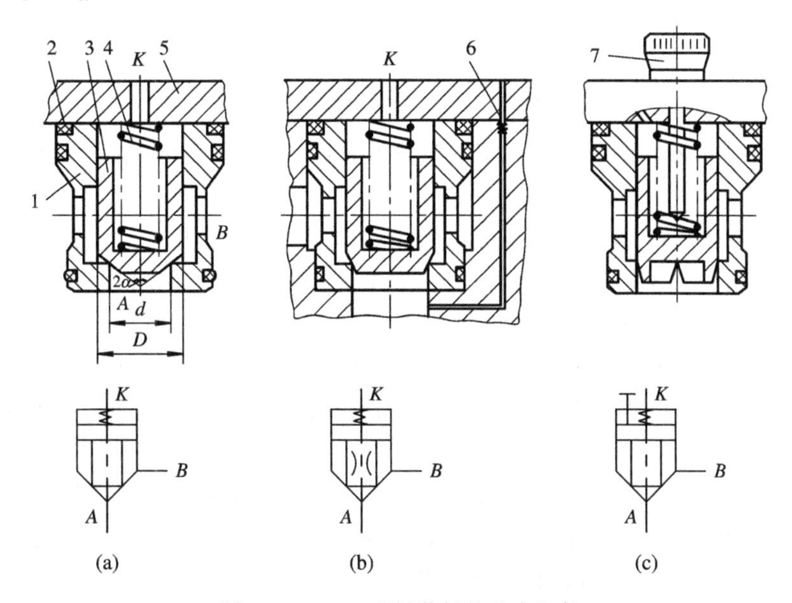


图 5-131　二通插装阀的基本组件

(a) 方向阀组件；(b) 压力阀组件；(c) 液量阀组件

当控制油口具有足够的控制压力 $p_K$ 时，锥阀关闭；当控制油口接油箱卸荷时，阀芯下部的液压力克服上部的弹簧力将阀芯顶开，锥阀开启。至于油液的流动方向，视 $A$、$B$ 油口的压力而定：当 $p_A > p_B$ 时，油液由 $A$ 流至 $B$；反之，由 $B$ 流至 $A$。由此可知，二通插装方向阀的基本元件实际上相当于一液控单向阀。通常弹簧较软，阀芯的锥角一般为 45°。

若将控制油口 $K$ 接入适当的控制油路，即可组成各种不同的插装阀。

2）插装方向阀

(1) 单向阀。如果通过控制盖板将锥阀上腔与油口 $A$ 连通(图 5－132(a))，则组成一般的单向阀。当压力油由 $B$ 油口输入时，阀芯上移，使 $B$ 与 $A$ 相通，但是当压力油由 $A$ 油口输入时，阀口关闭，油路被切断。

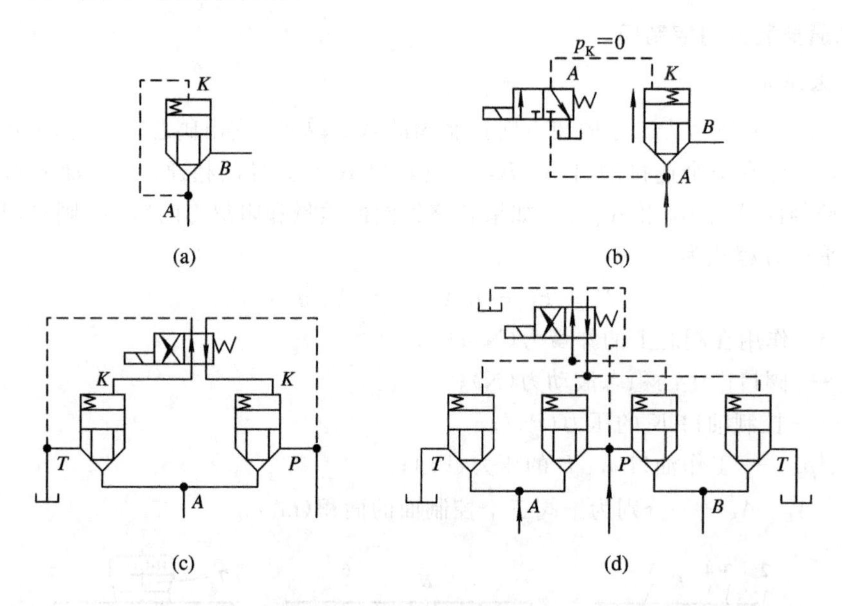


图 5－132　插装方向阀实例

(2) 换向阀。将不同的先导阀和不同数量的锥阀单元相组合，即可得到不同形式的换向阀。现举例说明如下。

① 二位二通换向阀。在图 5－132(b)中，将两只锥阀单元用一只二位三通电磁换向阀控制，当二位三通电磁阀断电时，阀口开启，$A$ 与 $B$ 接通；当二位三通电磁阀通电时，阀口关闭，$A$ 与 $B$ 不通。其作用相当于一只二位二通的电液换向阀。

② 二位三通换向阀。在图 5－132(c)中，将两只锥阀单元用一只二位四通电磁换向阀控制，当电磁铁断电时，$P$ 不通，$A$ 通回油；当电磁铁通电时，$P$ 通 $A$，$T$ 不通。其作用相当于一只二位三通的电液换向阀。

③ 二位四通换向阀。在图 5－132(d)中，将四只锥阀单元用一只二位四通电磁换向阀控制，电磁阀断电时，$P$ 与 $B$ 接通，$A$ 与 $T$ 接通；电磁阀通电时，$P$ 与 $A$ 接通，$B$ 与 $T$ 接通。其作用相当于一只二位四通的电液换向阀。

④ 十六位四通换向阀。如果将四只锥阀单元如图 5－133(a)所示那样用四只二位三通电磁换向阀控制，即可构成一只十六位四通换向阀。如图所示状态，四只锥阀全开，相当于四通滑阀的 H 机能；若电磁铁全部通电，则四只锥阀全闭，相当于四通滑阀的 O 机能。图(b)表示阀的位数(未全表示出)；图(c)表示与之相对应的电磁铁动作表，“0”表示断电，“1”表示通电。若 1YA、3YA 断电，2YA、4YA 通电，则锥阀 1、3 打开，2、4 关闭，于是 $P$ 通 $B$，$A$ 通 $T$。若 1YA、3YA 通电，2YA、4YA 断电，则 $P$ 通 $A$，$B$ 通 $T$。若 1YA、4YA 通电，2YA、3YA 断电，则锥阀 1、4 关闭，2、3 打开，于是压力油 $P$ 通 $A$、$B$，回油口 $T$ 被堵死，相当于四通滑阀的 P 机能。如此往下即可得到十六种不同的组合，即组成十六位四

通换向阀。但是，其中只有十二位是独立的，其它四位均为 H 机能，另外，没有 N 及 U 机能。由此可见，应用二通插装阀可以大大减少换向阀的品种，特别是当由计算机进行操作时，优越性就更加突出。

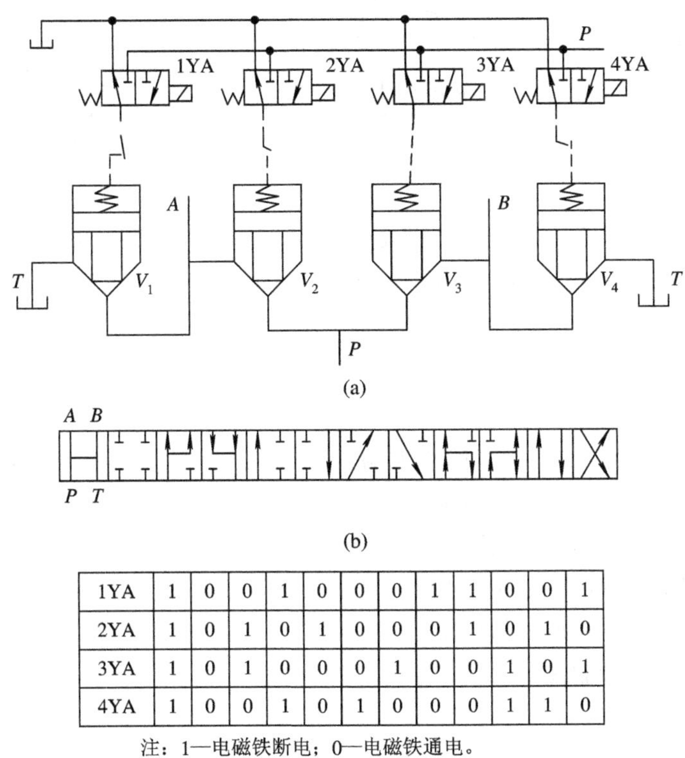


| 1YA | 1 | 0 | 0 | 1 | 0 | 0 | 0 | 1 | 1 | 0 | 0 | 1 |
|---|---|---|---|---|---|---|---|---|---|---|---|---|
| 2YA | 1 | 0 | 1 | 0 | 1 | 0 | 0 | 0 | 1 | 0 | 1 | 0 |
| 3YA | 1 | 0 | 1 | 0 | 0 | 0 | 1 | 0 | 0 | 1 | 0 | 1 |
| 4YA | 1 | 0 | 0 | 1 | 0 | 1 | 0 | 0 | 0 | 1 | 1 | 0 |

注：1—电磁铁断电；0—电磁铁通电。

(c)

图 5 - 133　十六位四通换向阀

## 2. 二通插装压力控制阀

1) 基本单元

图 5 - 131(b)所示为二通插装压力阀基本单元，它的结构与方向阀锥阀单元基本相同。为了在锥阀的上、下形成压力差，以控制锥阀的开度，因而在阀芯的下端设有阻尼小孔，使油口 $A$ 与阀芯上腔(控制油口 $K$)相连。

2) 溢流阀与顺序阀

图 5 - 134(a)所示为用小型溢流阀作先导阀来控制锥阀的工作原理图，阀芯上端的 $K$ 油口与先导阀的进油口连接。当 $A$ 腔压力小于先导阀的调定压力时，先导阀关闭，阻尼孔中没有油液通过，锥阀阀芯压在阀座上，$A$ 与 $B$ 不通。当 $A$ 腔压力升高到等于(或大于)先导阀的调定压力时，先导阀打开，于是就有一部分油液从 $A$ 油口通过阻尼孔流到 $K$ 腔，再通过先导阀回油箱。当通过阻尼孔油液的压力差达到一定值后，锥阀芯被抬起，$A$ 油口的油液流向 $B$ 油口。若 $B$ 油口通油箱，则此阀起溢流阀作用(图 5 - 134(b))；若 $B$ 油口通系统中某一支路，则此阀起顺序阀的作用(图 5 - 134(c))。

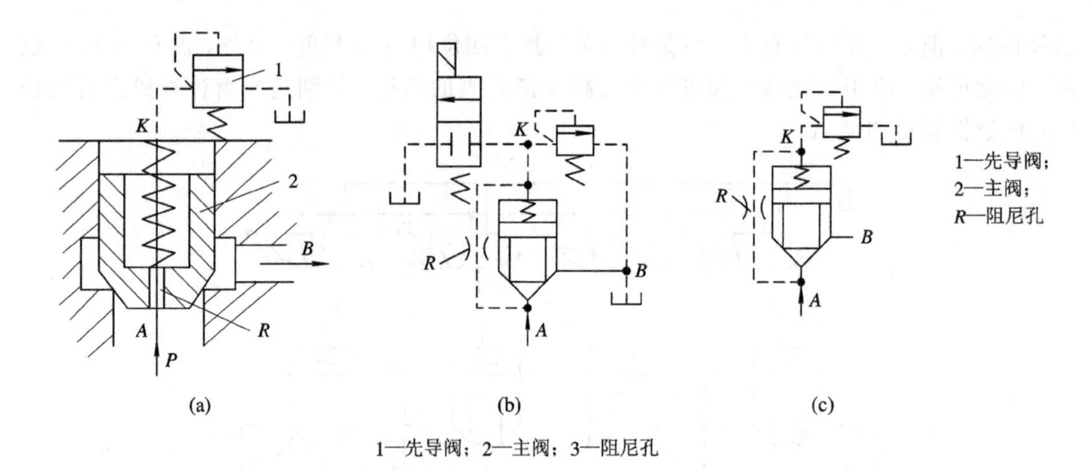


1—先导阀；2—主阀；3—阻尼孔

图 5 - 134　溢流阀与顺序阀

(a) 结构原理；(b) 用作溢流阀或卸荷阀；(c) 用作顺序阀

3）减压阀

若将图 5 - 134(a)中作先导阀的小型溢流阀换为减压阀，并将减压阀的出口 $p_3$ 与 B 油口相通，则成为锥阀式减压阀。锥阀的控制油口 K 通减压阀进口 $p_2$，锥阀阀芯的阻尼孔中始终有油液通过，阀芯在上、下压力差与弹簧力的作用力具有一定的开度。当出口压力 $p_3$ 增大并超过调定值时，通过阻尼孔中的流量减小，使阻尼孔前、后的压力降变小，于是锥阀阀芯下移，使 $p_3$ 保持原来的调定值。

**3. 二通插装流量控制阀**

1）基本单元

图 5 - 131(c)所示为二通插装流量控制阀的基本单元，它的结构与方向阀锥阀单元基本相同。在方向阀锥阀单元的上腔装上限位装置(如调节螺杆或垫片)，通过限制阀芯的开度即可改变液流的大小。阀芯有两种形式：有阻尼孔和无阻尼孔。通常，阀芯有阻尼孔的二通插装流量控制阀作为回油节流调速用。流量阀锥阀单元的 K 腔通低压时，阀芯打开，使锥阀具有一定开度，相当于简单的节流阀，通过调节限位装置，即可改变阀口的开度以达到调节流量的目的。

2）节流阀

图 5 - 135 所示为二通插装节流阀的工作原理图。其阀芯带有三角形节流槽，当油液由 A 流入时，锥阀打开，液体经过三角形节流槽节流后流出，在 A 和 B 的通路上构成一节流阀。

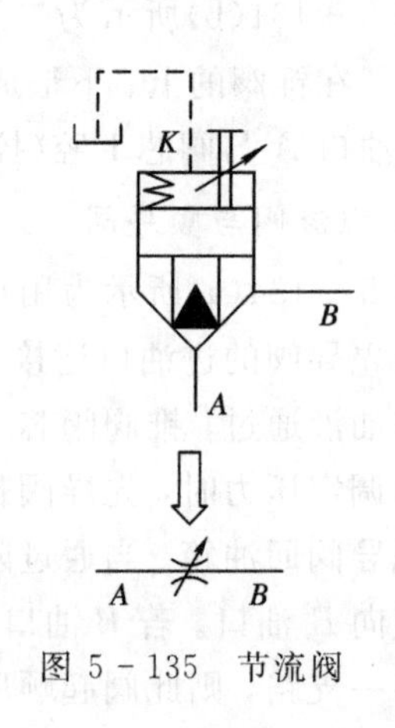


图 5 - 135　节流阀

3）调速阀

图 5 - 136 所示为调速阀的工作原理图，在流量阀单元 2 前串接一滑阀式减压阀 1。减压阀两端分别与节流阀进、出油口相通，同普通调速阀原理一样，用减压阀的压力补偿功能来保证节流阀两端压差为定值(不随负载的变化而变化)，就可组成一个调速阀。

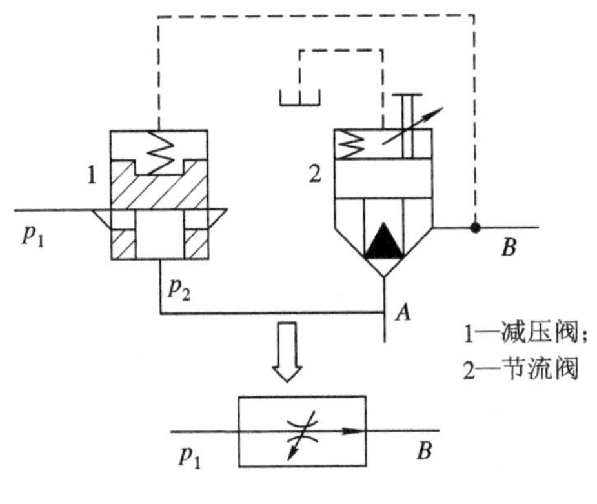


图 5-136　调速阀

#### 4. 二通插装阀的集成

一般液压回路或系统是由多个控制阀和其它元件组成的，若各个控制阀之间用管路连接，就会占用较大的空间，且安装与维修都不方便。所谓阀的集成就是把多个不同作用的控制阀简便地、紧凑地集中在一个共同的阀体上，不必采用管道连接，这样可使设备体积小，安装维护也方便。

二通插装阀的集成是由锥阀单元和普通换向阀及压力阀等组合而成的。其中锥阀是主阀，它控制大流量的主油路，而普通换向阀与压力阀等作为先导阀用。主阀与先导阀的不同组合即可构成具有不同职能的各种控制阀。

图 5-137(a)所示为二通插装阀控制的复合控制回路。其中有两个方向阀单元 1 和 3，一个压力阀单元 4 和一个流量阀单元 2 及一个三位四通电磁换向阀、两个先导压力阀、一个二位三通换向阀等，组成了单向进油调速、单向压力平衡和液压泵卸荷的液压基本回路。图(b)为等效回路。当电磁铁都不通电时，若锥阀 1、2、3、4 全部关闭，$P$、$A$、$B$、$T$ 全部封闭，相当于 O 型机能。当电磁铁 $Y_1$ 通电时，若锥阀 1、2、3、4 仍然全部关闭，$P$、$A$、

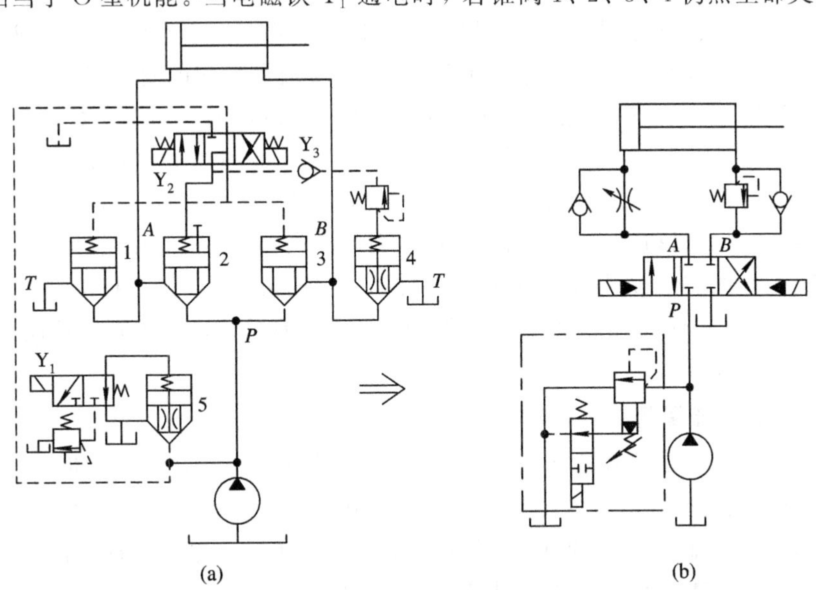


图 5-137　复合控制回路

$B$、$T$ 全部封闭，相当于O型机能，液压缸停止运动，液压泵输出的油液经锥阀5流回油箱，液压泵卸荷。当电磁铁 $Y_2$ 通电时，锥阀1、3关闭，2、4开启，$P$ 口压力油经锥阀2进入 $A$ 口，$B$ 口的回油经锥阀4排回油箱。由于锥阀2有节流控制装置来限制阀2的开度，因此起进油节流作用；又由于锥阀4迭加有先导压力阀，因此 $B$ 口的回油压力由先导阀进行调节，锥阀4及其先导阀组成背压阀，用来保证液压缸形成背压，以缓和液压冲击。当电磁铁 $Y_3$ 通电时，锥阀2、4关闭，1、3开启，$P$ 口压力油经锥阀3进入 $B$ 口，$A$ 口的回油经锥阀1排回油箱。等效回路中的两只单向阀是回油功能的表现，工作原理图中并无此阀。

**5. 二通插装阀及其集成系统的特点**

二通插装阀及其集成系统有如下特点：

(1) 可用小流量的先导阀操纵滑阀动作，而由锥阀控制大流量的主油路，最大流量可达10 000 L/min。

(2) 结构简单，制造方便，工作可靠，不易卡死。不同的阀具有相同的插装主阀，一阀多能，易于实现标准化、系列化和通用化。

(3) 主阀使用锥阀，密封性好，泄漏量小，操作方便，反应迅速，便于实现集成化。

但由于二通插装阀起先导阀作用的电磁换向阀数量较多，因此小流量系统直接用普通的电磁阀或电液阀更为简便，一般没有必要采用二通插装阀。

## 5.8 电液数字控制阀

用数字信息直接控制的液压阀，称为电液数字控制阀，简称数字阀。它是20世纪80年代初期出现且正在研究开发的新型液压控制阀。它将计算机技术和液压技术紧密结合，是今后液压技术发展的必然趋势。数字阀可直接与计算机接口，不需要“数—模”转换器。与电液比例控制阀、电液伺服控制阀相比，数字阀具有结构简单，工艺性好，灵活可靠，价格低廉，抗污染性强，重复性好，功率损失小等优点。数字阀已在塑料注射成型机、压榨机、运输线、机床、飞行控制系统等方面得到了应用，有着广阔的发展前景。

接受计算机数字控制的方法有多种，当今技术比较成熟的是增量式数字阀，即用步进电机驱动的液压控制阀。它是在原有步数的基础上增加或减少一些步数以达到控制的目的，这种方法称为增量法。用这种方法控制的液压控制阀称为增量式数字阀，目前已有数字流量阀、数字压力阀和数字方向流量阀等系列产品。步进电机能接受计算机发出的经驱动电源放大的脉冲信号，每接受一个脉冲便转动一定的角度。步进电机的转动又通过凸轮或丝杠等机构转换成直线位移量，从而推动阀芯或压缩弹簧，实现液压控制阀对液流方向、流量或压力的控制。

**1. 增量式数字流量阀**

图5-138所示为增量式数字流量阀。当计算机发出信号后，步进电机1转动，通过滚珠丝杠2将旋转角度转化为轴向位移，带动节流阀阀芯3移动，开启阀口。步进电机转动一定的步数，对应于阀芯一定的开度。该阀有两个节流口，阀芯移动时，首先打开右边的非全周节流口，流量较小；继续移动则打开左边第二个全周节流口，流量较大，可达3600 L/min。该阀的流量由阀芯3、阀套4及推杆5的相对热膨胀取得温度补偿。当油液温

度上升时，油的粘度下降，流量增加。与此同时，阀套、阀芯及连杆的不同方向的热膨胀使阀的开口变小，从而保持了流量的恒定。

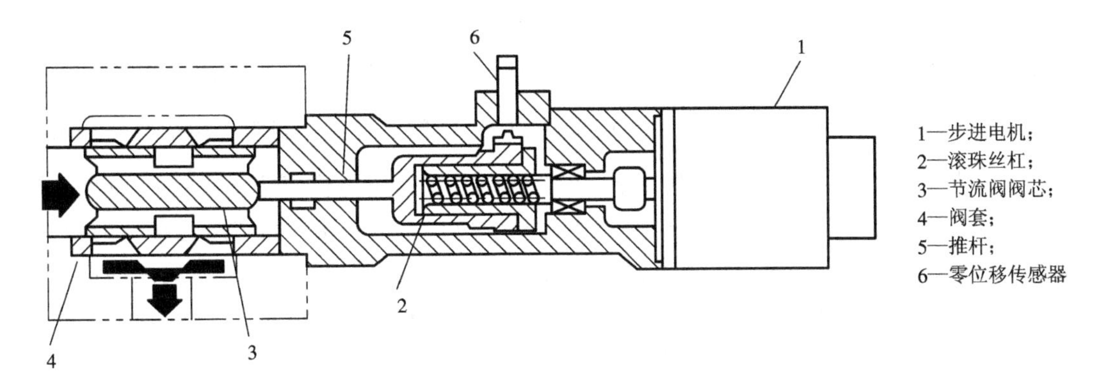


图 5－138　步进电机直接驱动的增量式数字流量阀

该阀无反馈功能，但装有零位移传感器 6。在每个控制周期终了时，阀芯都可在它的控制下回到零位。这样就能保证每个工作周期都在相同的位置开始，使阀有较高的重复精度。

**2. 增量式数字压力阀**

图 5－139 所示为增量式数字压力阀，其中，图(a)为结构原理图，图(b)为压力控制阀先导级的示意图。当计算机发出脉冲信号时，使步进电机 1 转动且带动偏心轮 2 转动，顶杆 3 作往复运动，从而使弹簧的压缩量及先导阀的针阀 4 的开度产生相应的变化，也就调整了压力。该数字阀的最高压力和最低压力取决于凸轮的行程和弹簧的刚度及压缩量。这种压力阀也可手动调节，图(a)上的手轮 5 即为手动调节压力时使用。

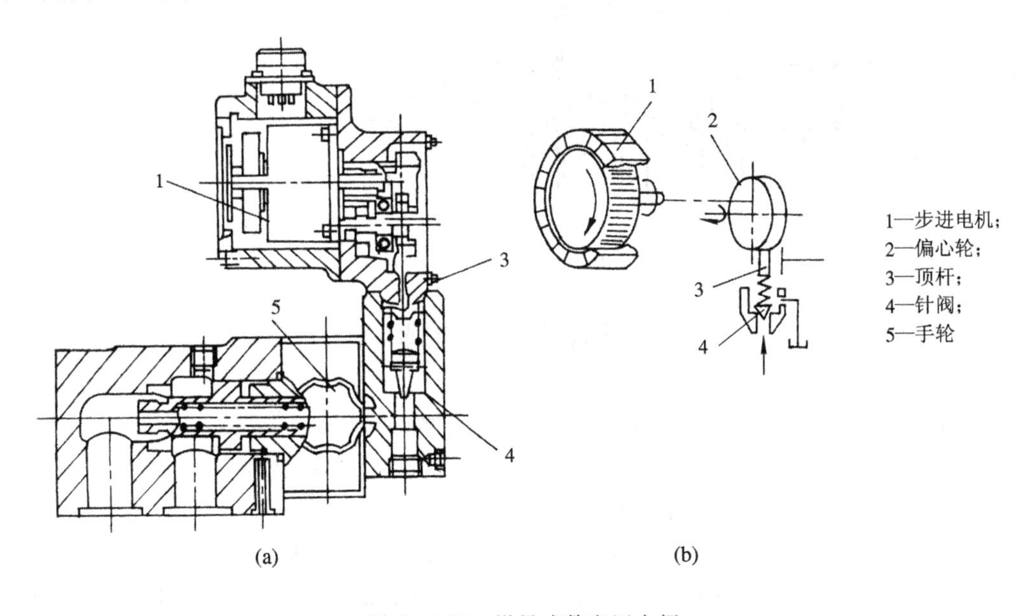


图 5－139　增量式数字压力阀

**3. 增量式数字方向流量阀**

图 5-140 所示为增量式数字方向流量阀的结构原理图。图中压力油由 $P$ 口进入，$A$ 口及 $B$ 口通负载腔，$T$ 口回油，$P_0$ 口是先导级控制用的压力供油口，与控制阀芯 1 两端的容腔 $A_1$ 和 $A_2$ 相通，但与 $A_2$ 腔之间有固定节流孔 2。控制阀芯右端是喷嘴 3 和挡板 4。左腔 $A_1$ 与右腔 $A_2$ 的面积比为 1∶2。当 $A_2$ 的压力为 $A_1$ 的 $\frac{1}{2}$ 时，控制阀芯两端的作用力保持平衡。挡板 4 运动时，$A_2$ 腔压力变化，阀芯移动，直到压力恢复为 $p_{A_1}=p_{A_2}$ 时停止运动。这样，步进电机(图中未表示出)使挡板运动的位移，便是控制阀芯跟随移动的距离，也就是阀的开度。这样的控制可达到较高的精度。为使控制阀芯节流口前、后侧的压差保持恒定，阀的内部还设置了安全型压力补偿装置。图中 5 为压力补偿装置的阀芯，6 为右端的弹簧，通常 $P$ 腔与 $T$ 腔是关闭的。压力油由 $P$ 口经压力补偿阀阀芯中间的孔流到左端，经固定节流孔 7 与右端弹簧腔相连，此腔与负载腔($A$ 或 $B$ 腔)的压力相关。当负载压力下降时，阀芯右移，部分压力油经过补偿阀芯的节流口向 $T$ 口排出，供油压力下降。当弹簧力与 $P$ 口及负载腔的压力差相平衡时，补偿阀芯停止运动。这样可使控制阀芯 5 节流口两侧的压力差维持不变，以补偿负载变化时引起的流量变化。

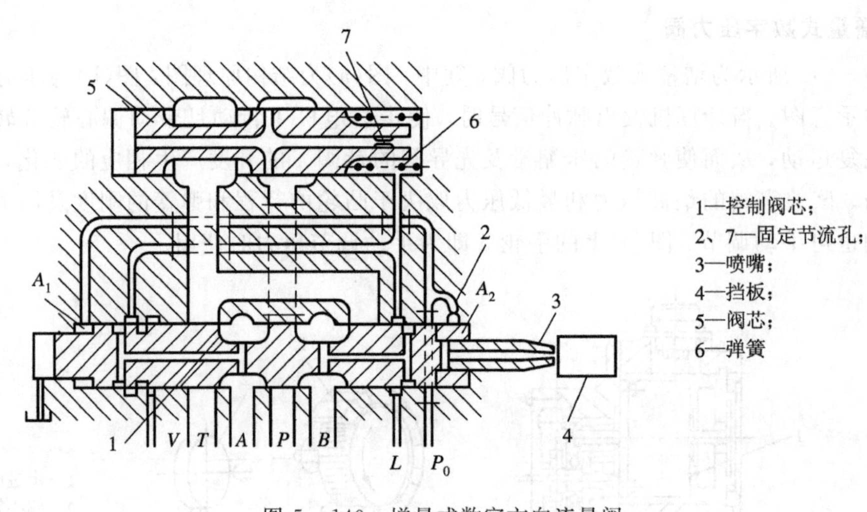


图 5-140　增量式数字方向流量阀

## 习题与思考题

1. 根据液压控制阀功用的不同，可以将其分为哪几类？

2. 滑阀上的液动力是怎样形成的？如何确定它的大小和方向？

3. 滑阀上的侧向力的形成原因及减小措施是什么？

4. 换向阀的“位”和“通”各代表什么意思？在符号图中如何表示？

5. 新开发的换向阀系列中均无二位二通阀，怎样才能将二位三通阀和二位四通阀改装成二位二通阀？画出其图形符号。

6. 说明下列符号换向阀的名称。

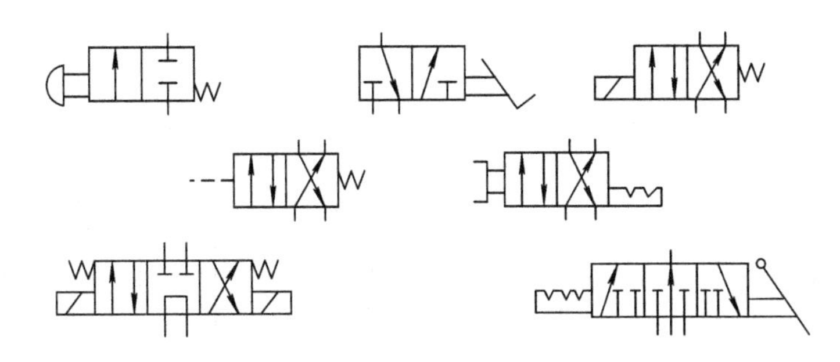

题 6 图

7. 什么叫滑阀机能？说明 O、H、P、M 型机能的特点及适用场合。

8. 电液换向阀中先导阀的中位为什么要采用 Y 型机能？还可以采用何种滑阀机能？

9. 在图中的液压泵和液压缸之间画一个适当的电磁换向阀，使液压缸满足下列动作要求：

① 实现活塞左、右移动换向；

② 实现活塞左、右移动换向，并能使活塞在任意位置停止；

③ 实现活塞左、右移动换向，并能使液压缸实现差动连接，从而实现快速运动。

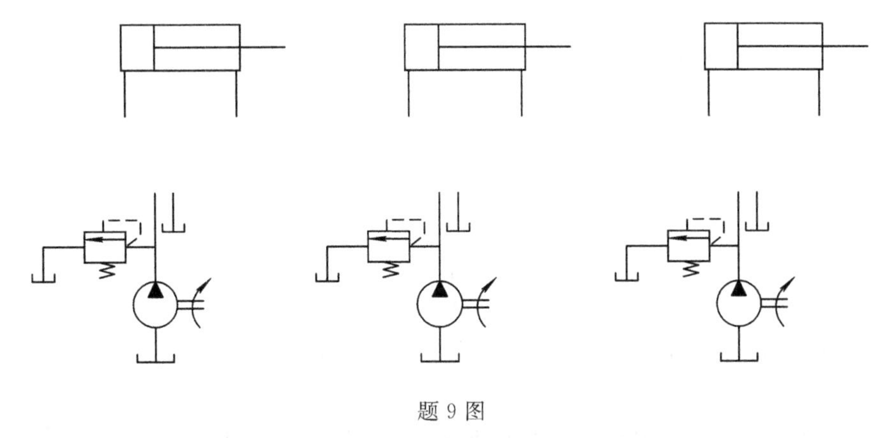

题 9 图

10. 先导式溢流阀主阀芯上的阻尼小孔有什么作用？是否可以将阻尼孔加大或堵塞？

11. 先导式溢流阀中的两只弹簧分别起什么作用？能否将它们换装？

12. 先导式溢流阀的远程控制口 $K$ 有何作用？如果误把它当成泄漏油口接回油箱，会出现什么问题？

13. 为什么减压阀的调压弹簧要接油箱？如果把这条油路堵死，会发生什么情况？

14. 从阀体、阀芯的结构上比较中压先导式溢流阀与中压先导式减压阀有什么相同之处？有什么不同之处？现有两个阀，由于无铭牌，又不能将其拆开，问如何根据阀的特点迅速判别哪个是减压阀？哪个是溢流阀？

15. 在图示三回路中，溢流阀的调定压力分别为 $p_{a1}=p_{b1}=p_{c1}=6$ MPa，$p_{a2}=p_{b2}=p_{c2}=5$ MPa，$p_{a3}=p_{b3}=p_{c3}=3$ MPa，试求液压泵的供油压力？

16. 在附图中，设溢流阀的调整压力为 5 MPa，减压阀的调整压力为 1.5 MPa，试分析液压缸活塞在空载时和碰到死挡铁后，管路中 $A$、$B$ 处的压力值各是多少？两阀的阀芯开口大小各有何变化？(略去摩擦和管路损失)

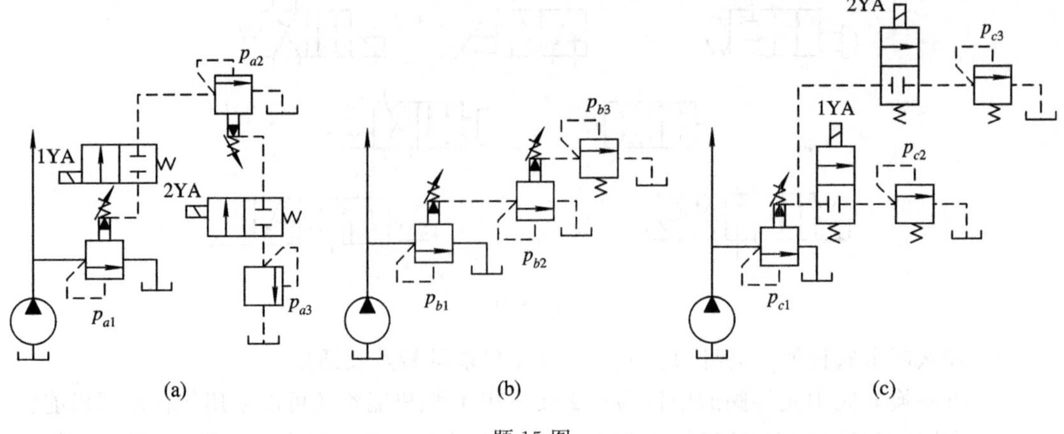


题 15 图

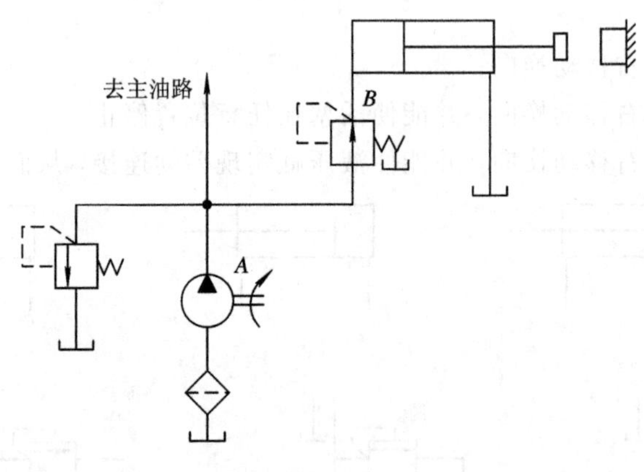


题 16 图

17. 顺序阀与溢流阀有何不同？能否互用？

18. 溢流阀、减压阀和顺序阀各有什么作用？它们在原理、结构和图形符号上各有何异同？

19. 为什么节流阀的节流口最好做成薄壁小孔的形式？水力半径的大小是如何影响节流阀的性能的？

20. 什么是节流阀的刚性？影响节流阀刚性的因素有哪些？

21. 节流阀的最小稳定流量有什么意义？影响其数值的因素是什么？

22. 若将液压缸的回油口接在调速阀的进油口上，调速阀的出油口接油箱，则调速能否正常进行？说明其工作的具体过程。

23. 能否将先导式定值减压阀和节流阀串联来代替进油路上的调速阀？为什么？

24. 溢流节流阀中为何要设置安全阀？

25. 二通插装阀有什么特点？请设计一个三位四通的二通插装换向阀。

26. 电液比例控制阀有哪些优点？有人说电液比例控制阀既控制了液流的方向，又控制了液体的流量，你认为对吗？

27. 电液比例压力先导控制阀中的弹簧能否用一根刚性杆来代替？为什么？

28. 增量式数字控制阀有何优点？通常多用于哪些场合？

# 第 6 章　辅 助 装 置

液压系统的辅助装置包括蓄能器、过滤器、压力表、油箱、冷却器、加热器、密封装置、油管及管接头等多种。这些元器件从液压传动的工作原理来看是起辅助作用的，但从保证液压系统正常工作和液压系统的工作性能来看，它们却是非常重要的。

## 6.1　蓄　能　器

### 6.1.1　蓄能器的作用

蓄能器是液压系统中的一种能量储存装置，其作用是将系统中的液体压力能储存起来，在需要时又重新释放。其主要作用如下所述。

**1. 辅助动力源**

工作时间较短的间歇工作系统或一个循环内速度差别很大的系统，在设置蓄能器后可减小液压泵的规格，增大执行元件的运动速度，提高系统效率，减少油液发热，还可使整个液压系统尺寸小，重量轻，价格便宜。

图 6－1 所示为一液压机的液压系统。当液压缸带动模具接近工件或加工结束上行时，泵和蓄能器同时供油，使液压缸的活塞以较快速度移动，从而减少辅助时间；而在模具接触工件和保压时，活塞运动速度减慢甚至不动，泵的部分油液进入蓄能器被储存起来，故而可选用较小流量规格的泵。

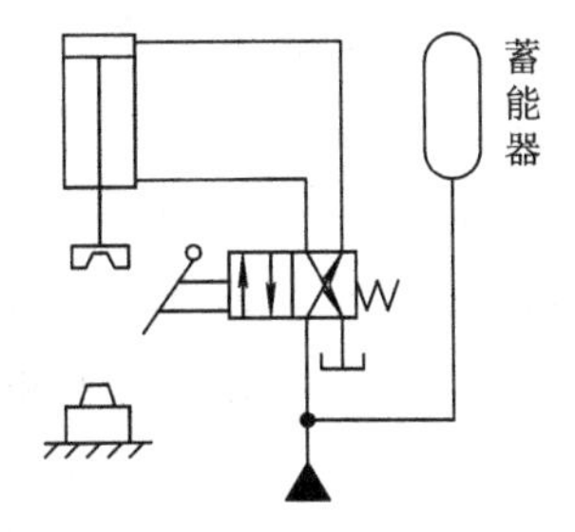

图 6－1　液压机的液压系统

**2. 补充泄漏和保持恒压**

对于执行元件长时间不动而要求保持压力恒定的系统，可用蓄能器来补偿泄漏，从而使压力恒定。如图 6－2 所示的保压回路，在液压夹紧缸夹紧后，液压泵可停止供油，当因泄漏等原因使压力降低时，由蓄能器放出少量油液来补充系统中的泄漏，从而保持系统的压力。图中的减压阀可使夹紧力保持稳定，单向阀用以防止油液反向流动。

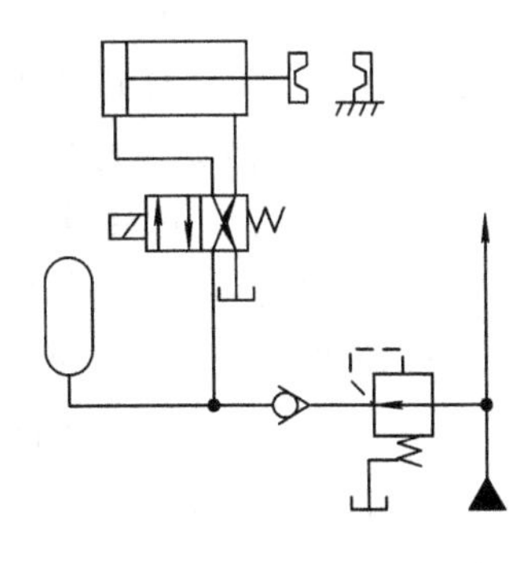
图 6－2　蓄能器保压回路

**3. 应急动力源**

某些系统要求当液压泵发生故障或突然停电时，执行元件应继续完成必要的动作，这时就需要有适当容量的蓄能器作为应急动力源。图 6 - 3 所示为蓄能器作应急动力源的回路。正常工作时，二位二通液动阀接通，部分压力油进入蓄能器储存起来。当液压泵发生故障停止运转时，则依靠蓄能器提供压力油。例如液体静压轴承，如果液压泵突然停止供油，轴因惯性作用而继续旋转，很快就会发生“抱轴”现象，所以，静压轴承的供油系统均设有蓄能器作应急动力源用。

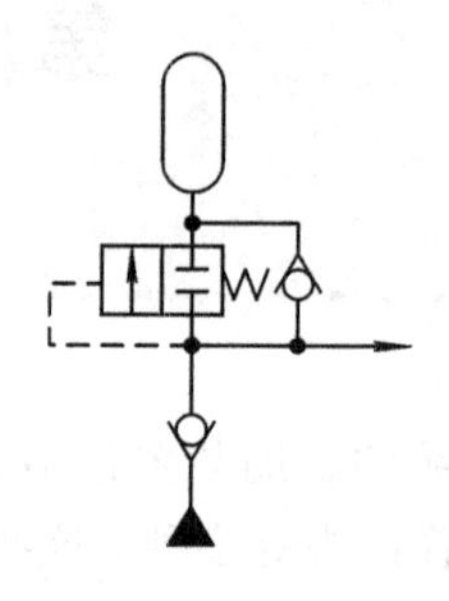

图 6 - 3 蓄能器作应急动力源回路

**4. 吸收液压冲击，缓和压力脉动**

由于换向阀突然换向、液压泵突然停车、执行元件突然停止等原因都会使管路内液体的流动发生急剧的变化，因而将产生液压冲击。虽然系统设有溢流阀或安全阀，但由于它们的时间常数较大，反应较慢，因而避免不了压力的急剧增高。这种液压冲击往往会引起系统中的仪表、元件和密封装置等发生故障甚至损坏，严重时还会使管道破裂；此外，亦可使系统产生强烈的振动。若在控制阀或液压缸等冲击源之前装设蓄能器，就可以吸收与缓和这种液压冲击。

当液压系统中液压泵输出的压力和流量有脉动时，蓄能器也可以将脉动值降低到最小限度，而系统噪声将显著降低。

**5. 用蓄能器输送异性液体及有毒液体等**

在某些装置中，压力仪表和调节装置不允许直接接触工作介质，以免腐蚀仪表，缩短寿命，产生事故。此时，可利用蓄能器内的隔离件将被输送的异性液体(如另一种液压油或甘油等)隔开，通过隔离体的往复运动将液压油的能量传递给异性液体以控制仪表等。图 6 - 4 所示为利用蓄能器输送异性液体的原理图。两个蓄能器既是能量转换器又是二次回路的油箱，每个蓄能器各装有两个压力继电器，用来自动操纵两个换向阀换向。一个蓄能器用于在主系统液压泵向二次回路供压时排液，另一个蓄能器则好像一个回油箱，异性液体被吸入其内。

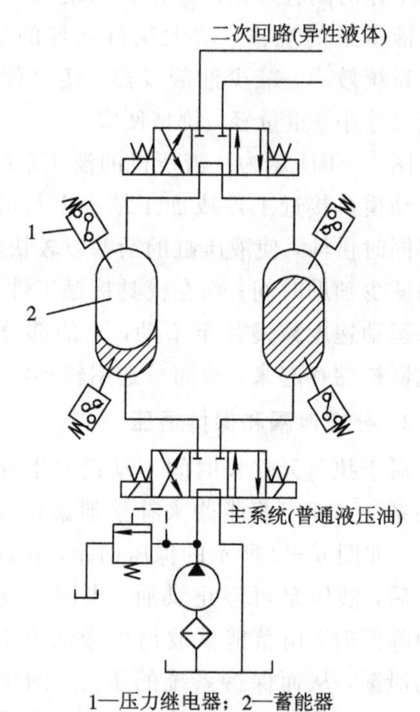


1—压力继电器；2—蓄能器

图 6 - 4 利用蓄能器输送异性液体原理图

### 6.1.2 蓄能器的种类

蓄能器的种类很多，有重锤式、弹簧式和气体加载式等，较常用的是气体加载式。下面分别予以介绍。

#### 1. 重锤式蓄能器

重锤式蓄能器(如图 6－5 所示)是利用重物 1 的位能变化来蓄、放能量的。充压时，柱塞 2 带着重物一起上升；放压时则相反。这种蓄能器的压力取决于重物的重量和柱塞面积的大小，所以压力是恒定的。它能够提供大容量的、压力较高的液体，但是其体积大，运动部件惯量大，故反应不灵敏。它一般用于大型固定的液压系统。

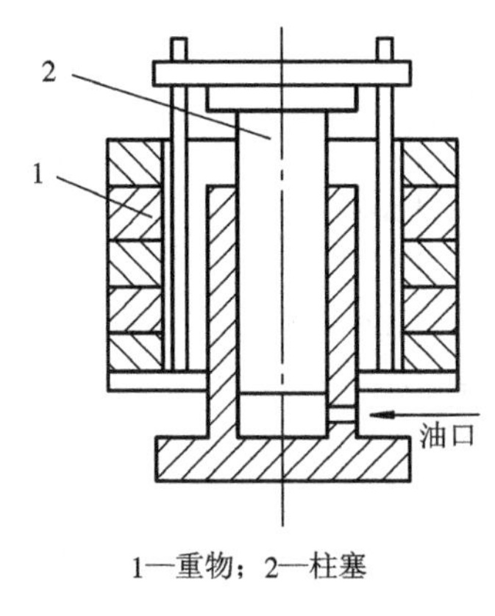


1—重物；2—柱塞

图 6－5　重锤式蓄能器

#### 2. 弹簧式蓄能器

弹簧式蓄能器(如图 6－6 所示)是利用弹簧 1 的压缩变形来储存能量的。充压时，活塞 2 上移，压缩弹簧；放压时，弹簧推动活塞下移。这种蓄能器产生的压力取决于弹簧的刚度和压缩量。在蓄、放能量过程中，由于弹簧的压缩量发生着变化，因而压力是变化的，储存的油液越多，压力也就越高。这种蓄能器的反应较重锤式灵敏，但容量和压力都较小。此外，因弹簧易疲劳而丧失弹性，故不宜应用于循环频率较高的场合。它通常用于小容量、低压($p \leqslant 1.2$ MPa)、低循环频率的系统中，如静压轴承的供油系统。

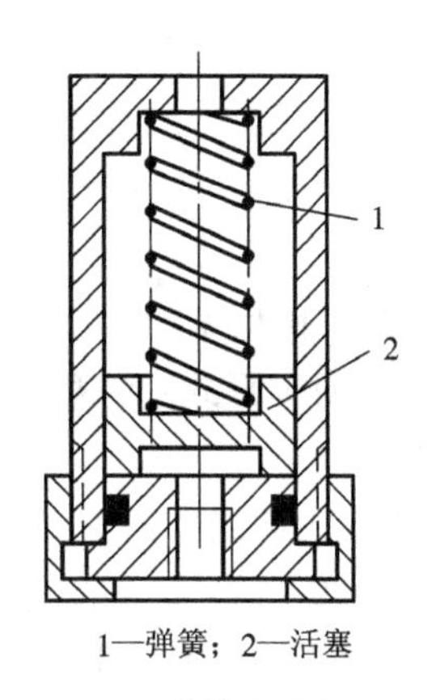


1—弹簧；2—活塞

图 6－6　弹簧式蓄能器

#### 3. 气体加载式蓄能器

气体加载式(又称充气式)蓄能器的工作原理是建立在波义耳定理(即 $pV_n = c =$ 常数)的基础上的。在使用时，首先向蓄能器充以预定压力的气体(一般用氮气)，然后在液压泵压力油的作用下，使油液经油孔进入蓄能器。当系统需要油液时，在气体压力作用下使油液排出；当系统排出多余的高压液体时，通过压缩其中的气体而储存于蓄能器中。

气体加载式蓄能器又分为非隔离式和隔离式两种类型。

1）非隔离式蓄能器

非隔离式蓄能器（如图 6－7 所示）由一个封闭的壳体组成，壳体底部有液体口，顶部有充气阀。气体被封闭在壳体上部，液体处在壳体下部，气体直接与液体接触。这种蓄能器具有容量大，惯性小，反应灵敏，占地面积小，没有机械摩擦损失等优点。但存在气体易被油液吸收，而当系统压力达到下限时，所吸收的气体又被分离出来而混在系统液体中，使系统工作不稳定，产生汽蚀使元件损害的缺点。另外，气体消耗较大，必须经常充气。为了防止气体混入管路，不能利用其全部容积，且只能垂直安装，以确保气体被封在壳体上部。若使用空气，易使油液氧化变质；若使用惰性气体，又将付出较大的费用。这种蓄能器适用于低压大流量回路。

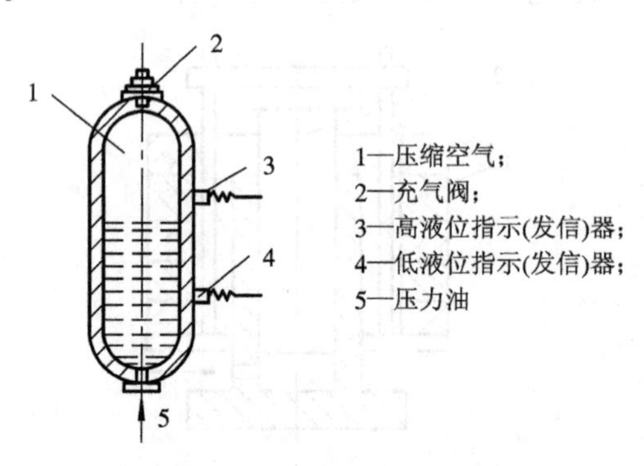


图 6－7　非隔离式蓄能器

2）隔离式蓄能器

在隔离式蓄能器中，气体与液体之间有隔离件，使气体不易混入油中，从而能有效地利用气体的压缩性。这种蓄能器应用最广。

隔离式蓄能器又可分为非可挠型和可挠型两类。

(1) 非可挠型蓄能器。这里介绍非可挠型蓄能器常见的两种形式：活塞式蓄能器和差动活塞式蓄能器。

① 活塞式蓄能器如图 6－8 所示。这种蓄能器主要由活塞 1、缸筒 2 及充气嘴 3 等组成。活塞将缸筒分成两个腔，上腔为气腔，下腔为液腔。使用时，首先由充气嘴向蓄能器充以预定压力的氮气，然后将压力油经管嘴接入液腔。当液体压力稍大于气体压力时，活塞上移，储存能量；当系统需要油液时，在气体压力作用下使油液排出。

活塞式蓄能器的优点是构造简单，寿命长。但是，因为活塞有一定的惯性，其密封处又具有摩擦损失，所以活塞式蓄能器的灵敏性差，不适于作吸收脉动和液压冲击用。

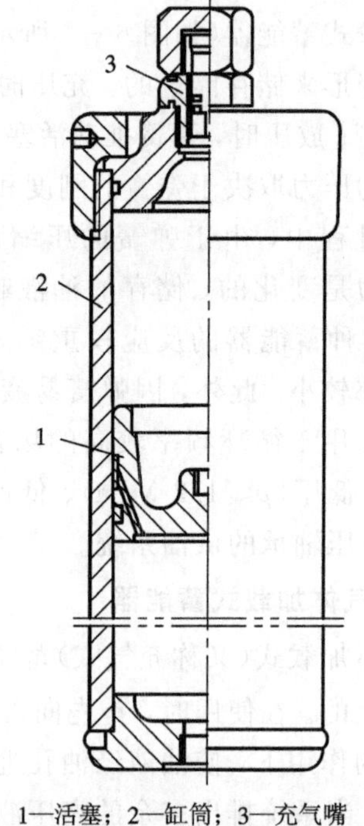


图 6－8　活塞式蓄能器

② 差动活塞式蓄能器如图 6 - 9 所示。差动活塞式蓄能器主要由一个直径较大的气缸装在一个直径较小的液压缸上面组成。小活塞 7 向上顶着空气活塞 5，空气腔 4 上面有个接头连接供气管道或空气压缩机。差动活塞式蓄能器可用于压力很高的液压系统。

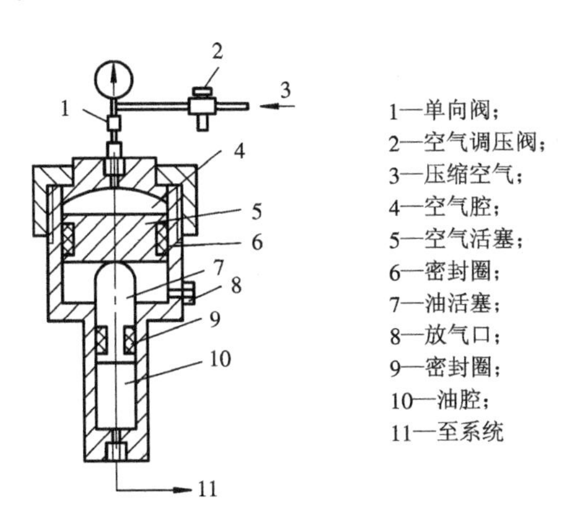


图 6 - 9　差动活塞式蓄能器

（2）可挠型蓄能器。这里介绍可挠型蓄能器常见的两种形式：气囊式和隔膜式蓄能器。

① 气囊式蓄能器如图 6 - 10 所示。气囊式蓄能器的外壳为一均质的无缝壳体，充气阀 1 设在蓄能器的最上端，气囊 3 由合成橡胶制成，呈梨形。囊内通常充氮气，囊外为压力油。在蓄能器的下部有一受弹簧作用的提升阀 4，其作用是防止油液全部排出时气囊膨胀出容器之外。

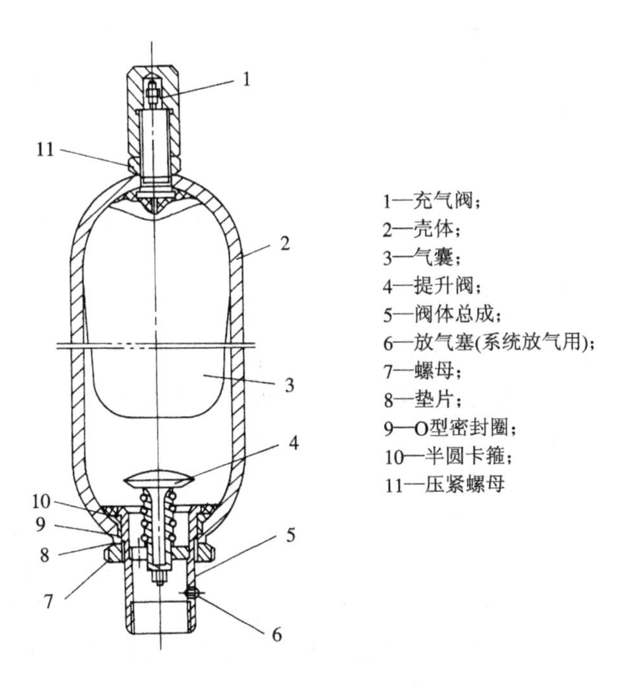


图 6 - 10　气囊式蓄能器

这种蓄能器具有气腔与液腔之间密封可靠，二者之间不可能有泄漏的优点。另外，气囊惯性小，反应灵敏，但制造比较困难。气囊的形状除梨形外，还有折合形(图 6 - 11)和波纹形(图 6 - 12)。

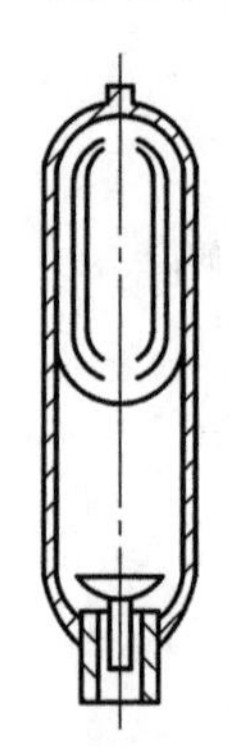

图 6 - 11　具有折合形气囊的蓄能器

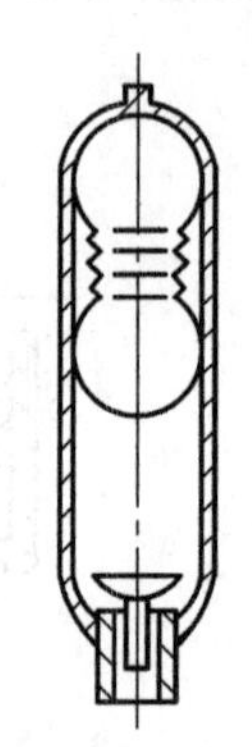

图 6 - 12　具有波纹形气囊的蓄能器

② 隔膜式蓄能器如图 6 - 13 所示。隔膜式蓄能器用橡胶隔膜将气腔与液腔分开，其外形呈球形。因为在内部压力相同时，同直径等壁厚球形壳体应力只等于筒形壳体应力的一半，所以其重量与容积比最小，且维护方便，但是它的容量较小。

各种蓄能器的图形符号如图 6 - 14 所示。

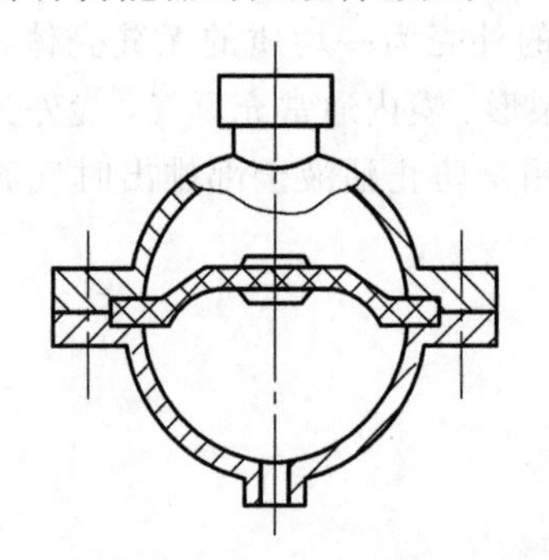

图 6 - 13　隔膜式蓄能器

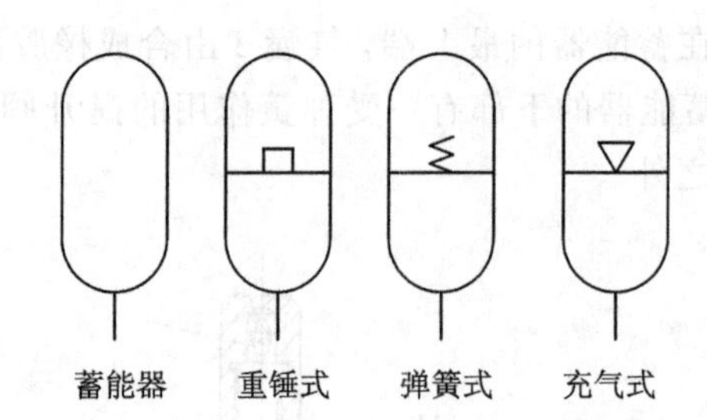


图 6 - 14　蓄能器的图形符号

### 6.1.3　蓄能器的安装和使用

蓄能器在安装和使用时应注意以下几个问题：

(1) 蓄能器一般应垂直安装，油口向下。特别是气囊式蓄能器，因为倾斜或水平安装时气囊会受浮力而与壳体单边接触，这将妨碍其正常伸缩且会加快其损坏。

(2) 吸收压力冲击或压力脉动的蓄能器应尽量装在振源附近。

(3) 装在液压系统中的蓄能器受到一个液压力的作用，其大小等于进油口面积与液体压力的乘积，方向指向进油口，因此必须用支持板或支持架将蓄能器固定住。

(4) 蓄能器与液压泵之间应安装单向阀，以防止液压泵停车时蓄能器内储存的压力油倒流。蓄能器与管路之间最好安装一只截止阀，供充气、检修时使用。当系统压力低于蓄能器的充气压力时，一般应将截止阀关闭。另外，截止阀还可以用于控制蓄能器的输出流量(见图 6 - 15)。

(5) 蓄能器属于压力容器，使用时必须注意安全，搬运和装拆时应将压缩气体排掉。

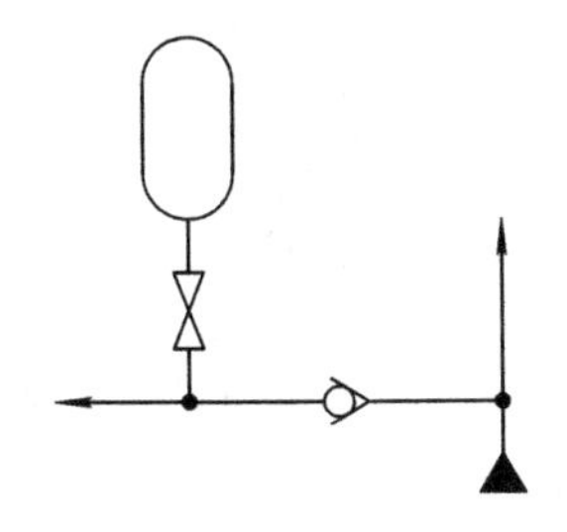

图 6－15　蓄能器在系统中的安装

# 6.2　过　滤　器

## 6.2.1　过滤器的作用

过滤器的作用是清除油液中的杂质。液压传动系统中的液压油除传递动力外，还对液压元件中的运动件起润滑作用。而液压油不可避免地含有各种杂质，其主要来源有：虽经清洗但仍然残留在液压系统中的机械杂质，如水锈、铸砂、焊渣、铁屑、油漆皮和棉纱屑等；从外部进入液压系统的杂质，如经加油口、防尘圈等处进入的灰尘；工作过程中产生的杂质，如密封件受液压作用而形成的碎片，运动件相对磨损产生的金属粉末，油液因氧化变质而产生的胶质、沥青质及碳渣等。这些杂质是造成液压元件故障的重要原因，可使液压元件内的运动件和密封件产生磨损、划伤、卡住以及小孔堵塞等，从而增大了内部泄漏，降低了效率，增加了发热，加剧了油液的化学作用，使油液变质。根据生产实际统计，液压系统的故障中有 75％以上是由于液压油中混入杂质所造成的。因此，保持油液的清洁，防止油液的污染，对液压系统来说是十分重要的。

清除混入液压油中杂质的最有效办法除利用油箱沉淀一部分颗粒外，主要是利用各种过滤器来滤除。因此，过滤器作为液压系统中必不可少的辅助元件，具有十分重要的地位。

## 6.2.2　过滤器的种类

过滤器一般由壳体和滤芯两部分组成。按滤芯的结构，过滤器有如下种类：

**1. 网式过滤器**

网式过滤器的结构如图 6－16 所示。它由一层或两层钢丝网包围着四周开有很大窗口的金属或塑料圆形骨架做成。当油液由外向里通过滤网时，杂质即被挡在滤网的外表面。滤网的疏密程度常用“目”来表示。所谓“目”是指 1 英寸长度内的网眼数。图示滤油网为36 目。

网式过滤器结构简单，压力损失小，多在泵的吸油管路上作粗滤用，以滤除混入油液中较大颗粒的杂质(杂质的直径为 0.13～0.4 mm)，保护液压泵免遭损害。安装网式过滤器时，油管的吸油口不宜与网底靠得太近，一般吸油口距离网底要有 2/3 的网高距离，否则会使吸油不畅。

如果网式过滤器的目数很大，网式过滤性能较高时，也可将其装在压力管路上及重要元件之前。

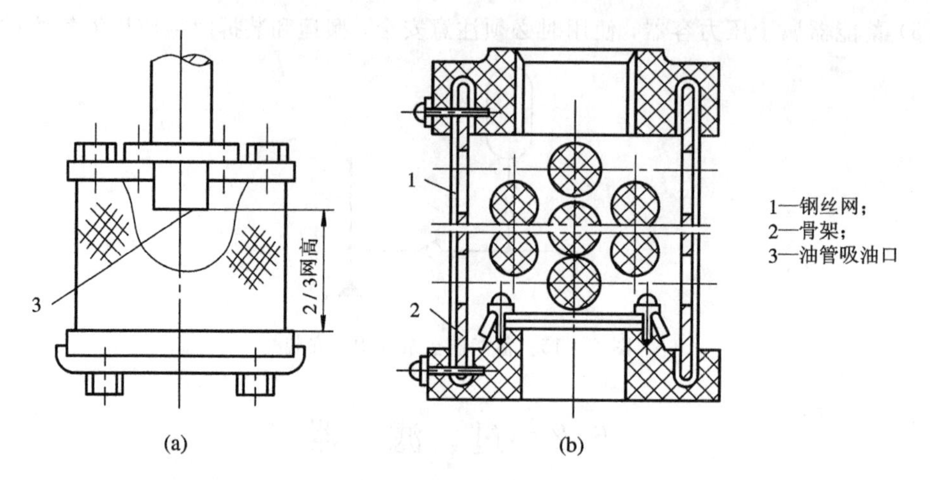


图 6 - 16　网式过滤器

**2. 线隙式过滤器**

线隙式过滤器起过滤作用的部分是由特殊形状的铜线或铝线绕在筒形芯架的外部制成的，利用线间的缝隙过滤油液。图 6 - 17 所示是一种用在吸油管路上的线隙式过滤器。特形线 4 依次排列绕在筒形芯架 3 的外部，芯架上有许多纵向槽 $a$ 和径向槽 $b$，油液从特形线 4 的缝隙中进入槽 $a$，再经孔 $b$ 进入过滤器内部，然后从端盖 1 中间的孔进入泵的吸油管。吸油管用螺纹与端盖 1 相连，整个过滤器沉在油箱内。

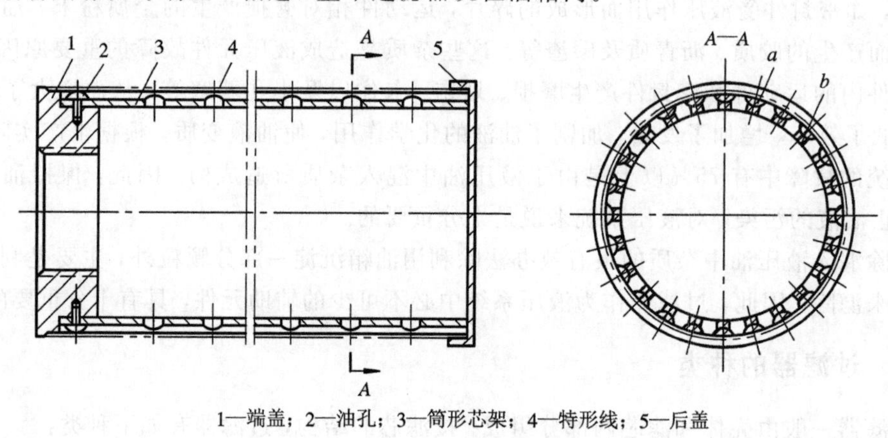


1—端盖；2—油孔；3—筒形芯架；4—特形线；5—后盖

图 6 - 17　线隙式过滤器

线隙的形成可以参看图 6 - 18，原来是圆形断面的铝线或铜线经专用的碾压机加工后碾成接近矩形的截面，并且每隔一定长度单边有一个小凸起 $a$(图 6 - 18(a))。当把它依次绕在筒形芯架上时，小凸起 $a$ 就使各线间形成了缝隙(图 6 - 18(b))。

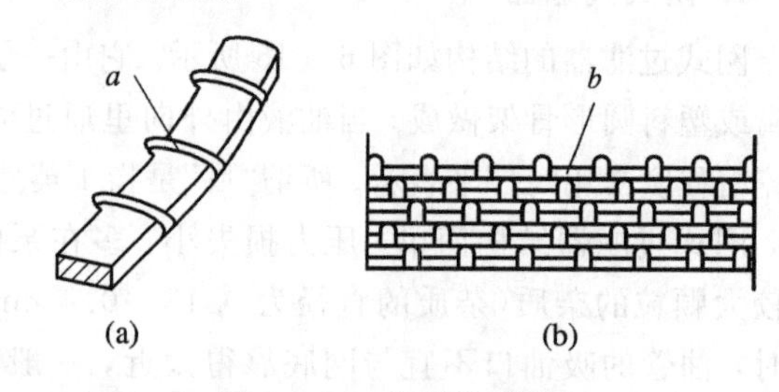


图 6 - 18　线隙的形成

图 6 - 19 所示为带有壳体的线隙式过滤器，可用在压力管路上。油液由端盖上的 $a$ 孔流入，经过缝隙进入滤芯的内部，再从孔 $b$ 流出。

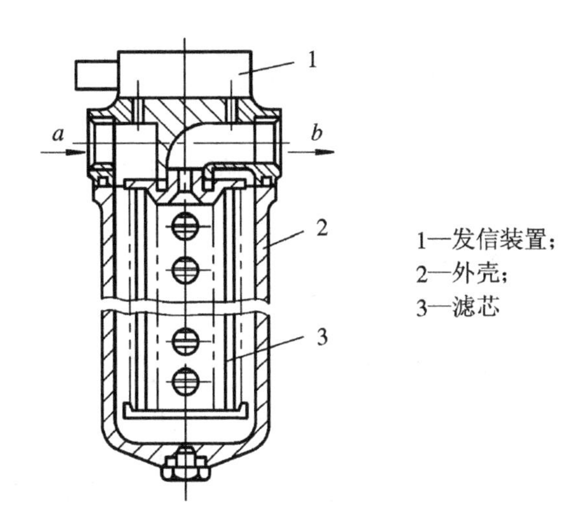


图 6-19　线隙式滤油器

线隙式过滤器结构简单，过滤效果好，通油能力强，所以目前应用甚广，但是脏物嵌入缝隙后不易清洗。

**3. 金属烧结式过滤器**

这种过滤器起过滤作用的部分一般由青铜球压制后烧结而成，利用铜颗粒之间所形成的曲折通道来滤去油液中的杂质，如图 6-20 所示。选择不同直径的颗粒就能得到不同程度的过滤性能。滤芯的形状可以做成杯状、管状、碟状等多种形式，也有用陶瓷小球来做滤芯的。

图 6-21 所示为金属烧结式过滤器的一种形式，油液从左侧孔进入，经滤芯后，从下部的油孔流出。

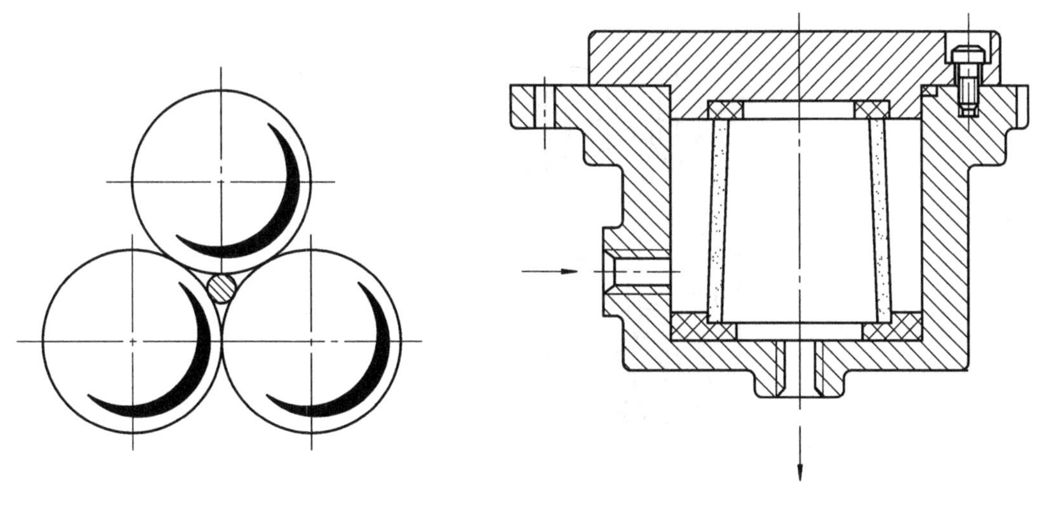

图 6-20　缝隙的形成原理　　图 6-21　金属烧结式滤油器

金属烧结式过滤器强度大，抗腐蚀性好，特别是能在较高温度下工作，比较适用于精密过滤。但其堵塞后清洗比较困难，另外在使用中颗粒容易脱落。

**4. 纸质过滤器**

图 6 - 22 所示为纸质过滤器的滤芯图，它常由厚 0.35～0.7 mm 的平纹或皱纹的微孔滤纸制成，油液经过滤芯时，通过微孔滤去混入的杂质。为了增加滤芯的过滤面积，常将滤纸 1 折叠成 W 形，然后将它包在带孔镀锡铁皮做成的骨架 2 上，用来增加强度，以避免纸芯被压力油压破。

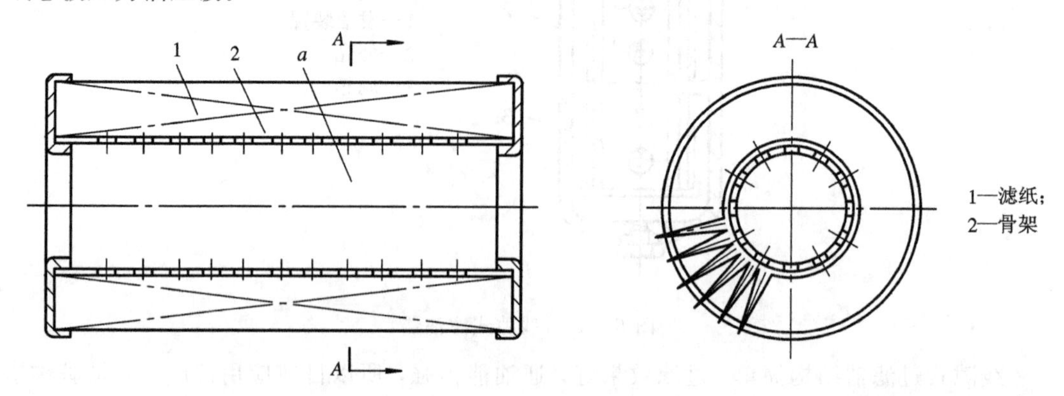


图 6 - 22　滤油器纸芯

图 6 - 23 所示为一种纸质过滤器的结构图。其滤芯分为三层：外层采用粗眼钢板网；中层为 W 形折叠式滤纸；里层由金属网与滤纸折叠在一起。滤芯的中心还装有支承弹簧 5，进一步增加了强度。

纸质过滤器过滤精度高，价格便宜，但易堵塞，且无法清洗，需要经常更换滤芯。它一般用作油液的精密过滤。

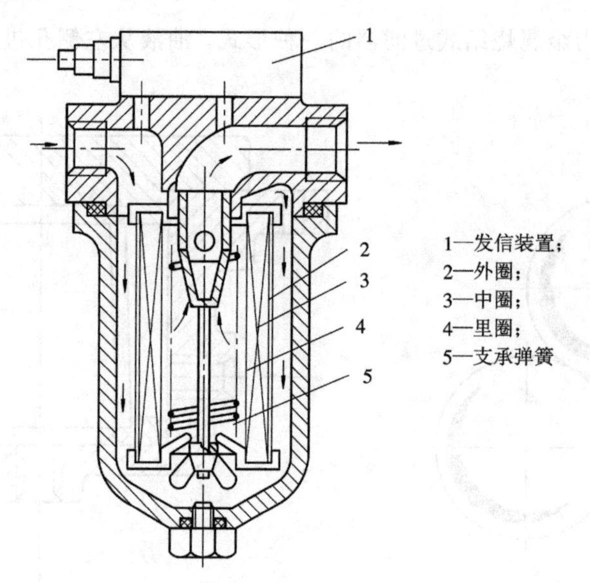


图 6 - 23　纸质过滤器

**5. 磁性过滤器**

磁性过滤器利用磁铁吸附油液中的铁质微粒。但是，一般结构的磁性过滤器对铁质以外的污物不起作用，所以常把它用作复式过滤器的一部分。

图 6－24 所示为适用于回油路上的纸质磁性过滤器。中央拉杆 8 上装有许多磁环和尼龙隔套 7 组成的磁性滤芯。内筒 5 和外筒 3 以及粘接于其间的 W 形滤纸组成纸质滤芯。内、外筒由薄钢板卷成，板上冲有许多通油圆孔。需过滤的液压油先经磁性滤芯滤去铁质微粒，然后由里向外经纸质滤芯滤除其它污染物。这种过滤器常用于对铁质颗粒要求去除干净的系统中。

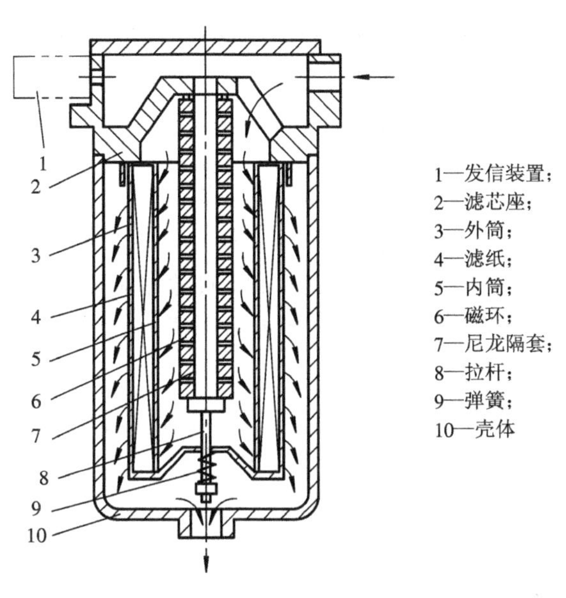


图 6－24　纸质磁性过滤器

各种过滤器采用统一的图形符号，只有粗滤和精滤之分。其图形符号如图 6－25 所示。

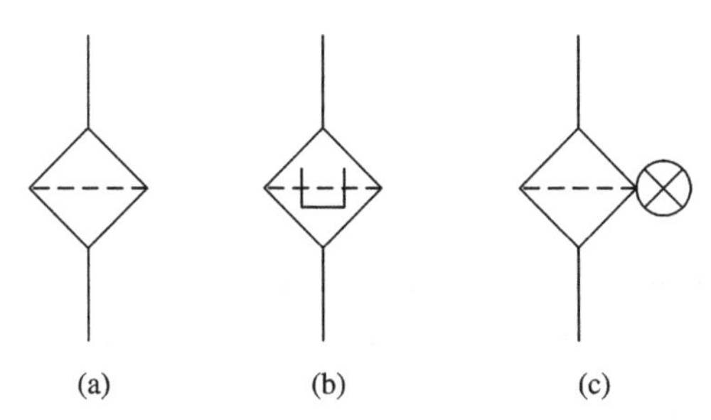


图 6－25　过滤器的图形符号

(a) 过滤器(一般符号)；(b) 磁性过滤器；(c) 污染指示过滤器

### 6.2.3　过滤器的性能

根据液压系统对过滤器的基本要求，过滤器主要应考虑如下性能指标：

**1. 过滤精度**

过滤器的过滤精度是指油液通过过滤器时滤芯能够滤除的最小杂质颗粒度的大小，以其直径的公称尺寸(以 mm 为单位)来表示。显然，颗粒度越小，过滤器的过滤精度越高。一般将过滤器分为四类：粗过滤器($d \geqslant 0.1$ mm)，普通过滤器($d \geqslant 0.01$ mm)，精过滤器($d \geqslant 0.005$ mm)，特精过滤器($d \geqslant 0.001$ mm)。不同的液压系统对过滤器过滤精度的要求如表 6－1 所示。

**表 6－1　过滤精度表**

| 系统类别 | 润滑系统 | 传动系统 | | | 伺服系统 | 特殊要求系统 |
|---|---|---|---|---|---|---|
| 压力/MPa | 0～2.5 | ≤7 | >7 | ≤35 | ≤21 | ≤35 |
| 颗粒度 $d$/mm | ≤0.1 | 0.025～0.05 | ≤0.025 | ≤0.005 | ≤0.005 | ≤0.001 |

**2. 过滤效率**

过滤器对某一尺寸的颗粒(杂质)的过滤效率定义为

$$\eta = \frac{n_1 - n_2}{n_2} \times 100\% \tag{6-1}$$

式中：$n_1$、$n_2$——过滤前、后在过滤器中所含杂质的某一尺寸颗粒的数目。

在使用过程中，随着杂质在过滤器上的沉积，过滤器对某一尺寸颗粒的过滤效率将逐渐提高。因此，过滤器的过滤效率是指新的过滤器而言。

**3. 通油能力**

过滤器的通油能力是指在一定油温和压差下油液流过过滤器的流量的大小。当滤芯总的有效过滤面积为 $A$ 时，过滤器的通油能力 $q$ 为

$$q = k\frac{A\Delta p}{\mu} \quad (\mathrm{m^3/s}) \tag{6-2}$$

式中：$A$——滤芯总的有效面积($\mathrm{m^2}$)；

$\Delta p$——滤芯前后的压力差(Pa)；

$\mu$——油液的动力粘度(Pas)；

$k$——通油能力系数。不同材料，其 $k$ 值也不同，如：

细密金属网：$k=0.835\times10^{-8}(\mathrm{m^3/m^2})$

工业滤纸：$k=0.752\times10^{-7}(\mathrm{m^3/m^2})$

软密纯毛毡：$k=0.25\times10^{-8}(\mathrm{m^3/m^2})$

棉布：$k=0.1\times10^{-8}(\mathrm{m^3/m^2})$

不同规格的过滤器其通油能力不同，可以根据样本进行选择。如需自制，在已知通过过滤器的流量 $q$、过滤器前后的压力差 $\Delta p$ 和油液的动力粘度 $\mu$ 时，则可按式(6－2)计算出过滤器需要的通油面积 $A$，其值为

$$A = \frac{q\mu}{k\Delta p} \quad (\mathrm{m^2}) \tag{6-3}$$

为了保证一定的裕量，并考虑过滤器的系列化和通用性，由式(6－3)计算出来的通油面积还应适当加大。

**4. 最大允许压力降**

由于过滤器是利用滤芯上的无数小孔和微小间隙来滤除混入液压油中的杂质的，因此液流经过滤芯时必然有压力降产生。此外，壳体的流道也会产生压力降。压力降的大小与油液的流量和粘度及混入油液的杂质数量有关。当过滤器使用一段时间后，被过滤器阻挡的杂质将逐渐堵塞滤芯，从而使过滤器的前后压力差(滤芯的压力降)增大。为此，对过滤器都有一个最大允许压力降的限制值，以保护滤芯不受破坏或系统的压力损失不致于过高。

**5. 纳垢容量**

随着积聚在滤芯上的杂质逐渐增多，过滤器前后的压力降也将逐渐升高。当压力降达到规定的最大值时，积聚在过滤器中的杂质重量的最大值称为纳垢(杂质)容量。纳垢容量是决定过滤器在系统中的工作寿命的因素，是确定过滤器保养期的客观依据。

## 6.2.4 过滤器在液压系统中的安装

过滤器在液压系统中的安装位置主要有以下几种方式：

(1) 安装在泵的吸油管路上，如图 6-26 所示。在泵的吸油管路上安装过滤器主要是为了保护液压泵，当然也可使整个液压系统得到保护，应用比较广泛。这种过滤器一般都采用网式或线隙式结构，如图 6-16 和 6-17 所示。因为是直接浸入油液之内的，所以过滤器没有外壳。为了不影响液压泵的吸油，要求该过滤器有足够大的通油能力(一般为液压泵流量的两倍)，压力损失要很小(不超过 0.01～0.02 MPa)。过滤器应经常清洗，以免过多地增加液压泵的吸油阻力。

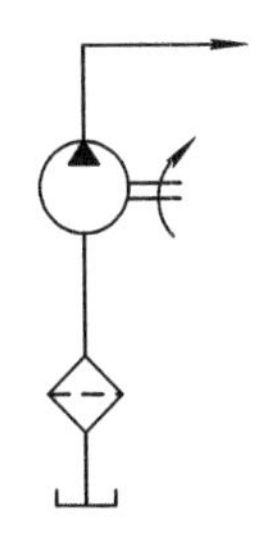

图 6-26 过滤器安装在吸油管路上

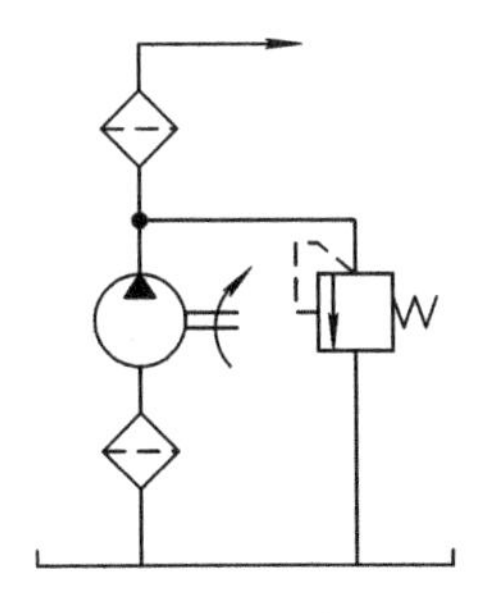

图 6-27 过滤器安装在压油管路上

(2) 安装在压油管路上，如图 6-27 所示。在压油管路上安装普通或精密过滤器，可用来保护除液压泵以外的其它液压元件。需要注意的是，过滤器应安装在溢流阀或安全阀之后，这样可以避免因过滤器堵塞而使液压泵过载损坏。另外，要求过滤器具有足够的强度，以承受系统的工作压力及冲击压力。其最大压降不能超过 0.35 MPa。

此外，在一些重要的精密元件(如伺服阀、微量节流阀)之前，通常还装有专用的精密过滤器，以保证这些元件正常工作。

(3) 安装在回油管路上，如图 6-28 所示。安装在回油管路上的过滤器可以保证流回油箱的油液是清洁的，它既不会在主油路上造成压力降，又不承受系统的工作压力。因此，这种过滤器的强度可以低一些，体积和重量也可小一些。

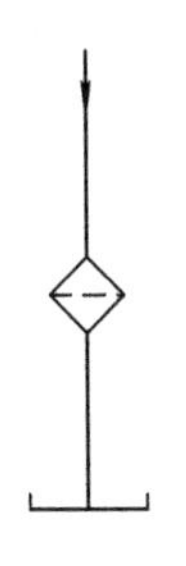

图 6-28 过滤器安装在回油路上

(4) 单独的过滤系统如图 6-29 所示。在一些大型的液压系统中，主油路之外常采用一个低压小流量泵和过滤器以组成一个单独的过滤系统。这种方法对经常滤除油液中的全部杂质很有利，但需要增加一套专用的设备。

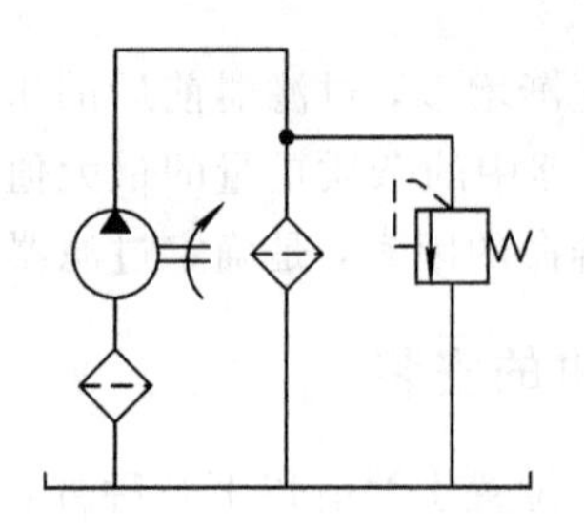

图 6-29　单独的过滤系统

由于过滤器需要经常观察、定期清洗，因此必须安装在比较容易装拆的地方。此外，由于过滤器只能单方向使用，因此过滤器不能安装在液流方向改变的油路上。如果需要这样设置时，应如图 6-30 所示那样适当加设过滤器和单向阀，其中图(a)为用两只过滤器，图(b)为用一只过滤器的桥式回路。

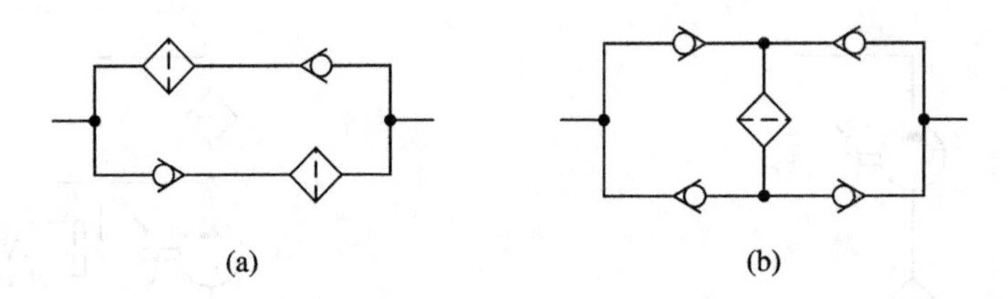


图 6-30　过滤器与单向阀组合

## 6.2.5　过滤器的维护与保护发信装置

随着液压装置大型化、自动化、精密化程度的不断提高，对过滤器的要求也在不断提高。因此，在使用过滤器时，必须严格按照维护保养的规定，经常观察、定期清洗，一些不能清洗的滤芯应及时更换。除此之外，为了保护过滤器，一些重要的过滤器上还并联有起安全作用的压力阀和起警报作用的过滤器堵塞状态发信装置。

图 6-31 所示为过滤器并联顺序阀的原理图，当过滤器堵塞到一定程度时，过滤器前后的压力差即达到一定值，于是顺序阀打开。这一方面可以防止滤芯遭到破坏，另一方面可以保证油液继续流动。其结构上通常是用在过滤器的盖子上设置球形或锥形阀来实现的。

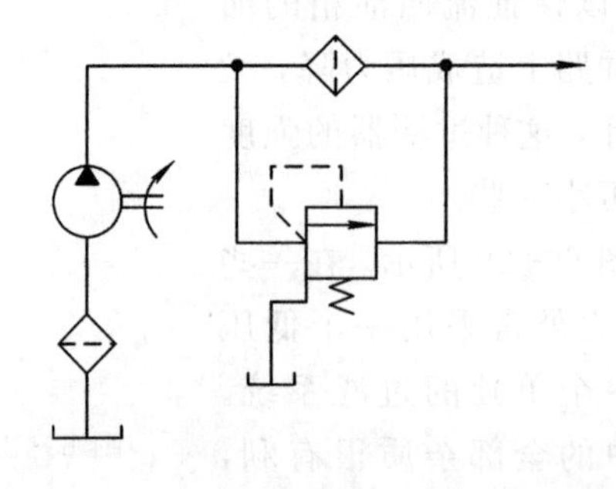

图 6-31　过滤器并联顺序阀的原理图

图 6－32 所示为用于压油管路上的过滤器堵塞状态发信装置的工作原理图。过滤器两端的压力差 $p_1-p_2$ 作用在活塞 1 上，产生的液压力与弹簧 2 的弹力相平衡。当过滤器堵塞到一定程度，压力差达到一定值时，液压力即可克服弹簧力使活塞 1 移动，通过杠杆 3 压下微动开关 4，报警器 5 即发出报警信号，以便对过滤器及时进行清洗。

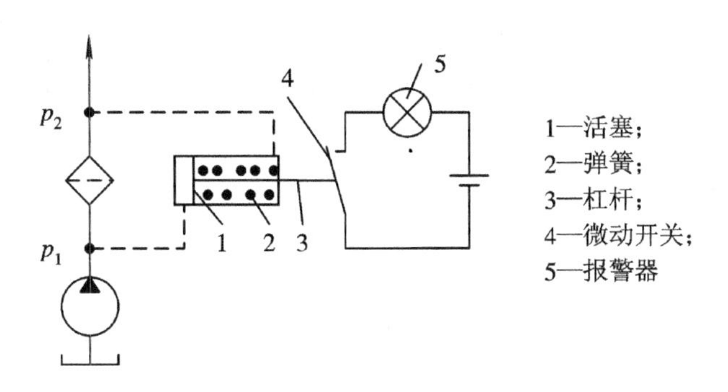


图 6－32　堵塞状态发信装置的原理图

# 6.3　密 封 装 置

## 6.3.1　密封装置的作用与要求

所谓密封就是在两个相互接触的零件表面的间隙中阻挡液体通过，它是解决液压系统泄漏问题最重要、最有效的手段。液压系统如果密封不良，则有可能产生诸多不利后果：出现不允许的外泄漏，外漏的油液将弄脏设备、污染环境；使空气进入吸油腔，影响液压泵或执行元件的工作性能；使液压元件的内泄漏过大，导致液压系统的容积效率过低，甚至工作压力达不到要求值。液压系统如果密封过度，虽可防止泄漏，但会造成密封部分的剧烈磨损，缩短密封件的使用寿命；同时，将会增大液压元件内的运动摩擦阻力，从而降低系统的机械效率。实际使用表明：在许多情况下，液压系统的损坏或故障首先是从密封处的泄漏开始的。因此，对密封装置有如下主要要求：

(1) 在一定压力、温度及振动的工作范围内，具有良好的密封性；

(2) 具有合适的密封松紧度；

(3) 耐磨寿命长，结构简单，维修方便，成本较低；

(4) 耐油抗腐蚀，橡胶密封件应不易老化。

设计或选择密封的主要依据是工作压力、油液温度和品种、被密封表面的相对速度及密封件的几何形状等因素。

## 6.3.2　密封的种类和特点

密封的方法和形式很多，根据密封原理可分为非接触式密封和接触式密封两大类，前者主要指间隙密封，后者则指密封件密封；根据被密封零件之间是否有相对运动可分为固定式密封和活动式密封两种。

**1. 间隙密封**

间隙密封属于非接触式密封，它是利用运动件之间的微小间隙，使其产生液体摩擦阻力来防止泄漏的一种密封方法。由环形缝隙流量公式可知，泄漏量与间隙的三次方成正比，因此可用减小间隙的方法来减小泄漏。一般间隙为 0.01～0.05 mm，这就要求配合面加工有很高的精度。有时还在配合表面上开环形槽，常取槽宽为 0.3～0.5 mm，槽深为0.5～1 mm，槽距为 3～4 mm，称为平衡槽(见图 6 - 33)。其作用如下：

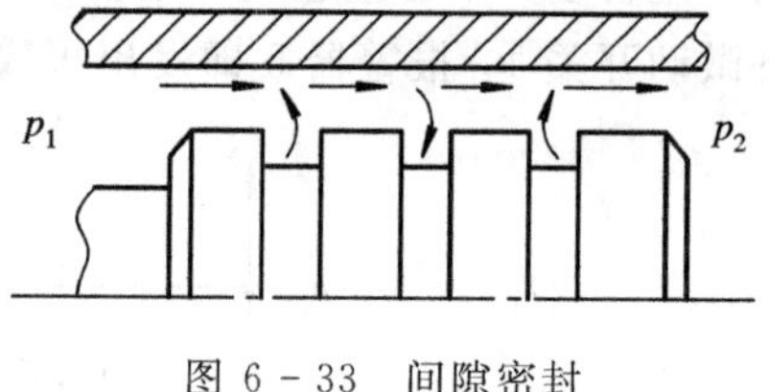

图 6 - 33　间隙密封

(1) 由于运动件的几何形状与同轴度误差，使油液在工作中形成一个径向不平衡力，从而使得摩擦力增大。开平衡槽后，间隙的差别减小，各向油压趋于平衡，使运动件自动对中心，减小了摩擦力。

(2) 增大了油液泄漏的阻力，减小了偏心量，提高了密封性能。

(3) 储存油液，使运动件能自动润滑。

间隙密封结构简单，摩擦力小，使用寿命长。但是，泄漏量却随着压力差的升高而增加，而且磨损后又不能自动补偿。间隙密封通常只适用于直径较小的场合，如柱塞泵中柱塞与柱塞孔之间的密封，各种控制阀的阀芯与阀套或阀体之间的密封，低压、小直径快速缸的密封等。

**2. 密封件密封**

密封件密封属于接触式密封，它是利用密封件装配时的预压缩力和工作时的油液压力的作用产生弹性变形，通过弹性力紧压密封表面而实现接触密封。密封能力随压力的升高而提高，在磨损后具有一定的补偿能力。密封件形式很多，下面分别予以介绍。

1) O 型密封圈

O 型密封圈是一种使用最广泛的密封件，其断面形状为圆形，如图 6 - 34 所示。它的主要结构参数为密封圈的断面直径 $d_0$，密封圈的内径 $d$。它可以用于图 6 - 35 中的 $A$ 处做固定密封，也可以用于图 6 - 35 中的 $B$、$C$ 处做活动密封。其中 $B$ 处是以圆的直径作为相对滑动面，称内径密封；$C$ 处是以圆的外径作为相对滑动面，称外径密封。也有用它作为端面密封的，如图 6 - 36 所示。

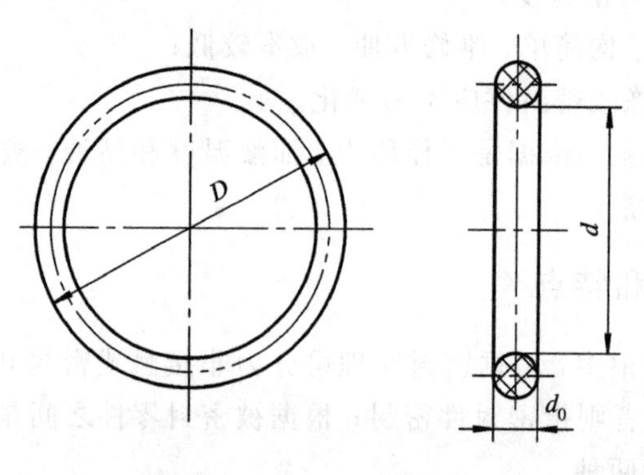

图 6 - 34　O 型密封圈

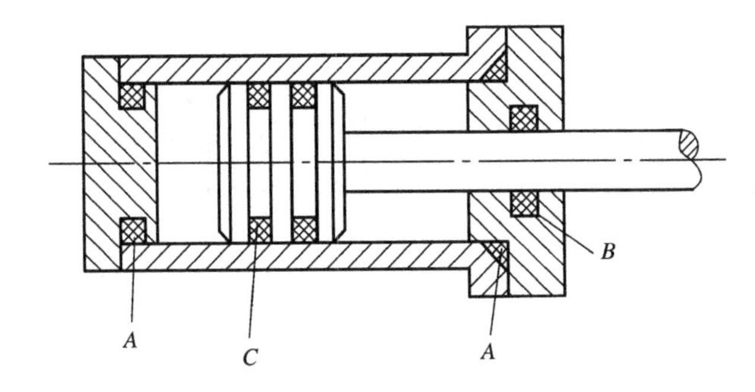


图 6－35　O 型密封示意图

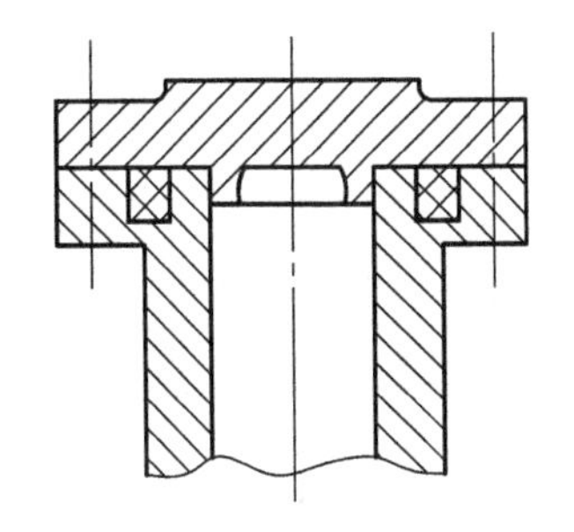

图 6－36　O 型密封圈用于端面密封

为了进一步弄清密封圈的密封作用，必须了解密封圈在装配过程中的变形情况，现以图 6－35 中的 $C$ 处结构为例加以说明。在装配过程中，首先将密封圈的内径扩大，套入活塞的沟槽中，然后将活塞装入缸体孔内。在此过程中，密封圈发生了两种性质不同的变形，即首先是拉伸变形，然后是压缩变形。

当 O 型密封圈套入活塞的沟槽中时，为了保证密封性，必须使圈紧紧地抱住沟槽内径，即沟槽的内径 $d'$ 应该大于密封圈的内径 $d$，此时密封圈因扩大而受到拉伸作用(图 6－37(b))。其拉伸率 $\delta$ 可由下式计算：

$$\delta=\frac{d'+d_0}{d+d_0} \tag{6-4}$$

对于固定密封，$\delta$ 取 1.03～1.04；对于活动密封，因摩擦阻力随拉伸率的增加而增大，故 $\delta$ 取 1.02。

若将拉伸后的 O 形圈断面仍看成圆形的，则其断面直径 $d_c$ 可由下式求出：

$$d_c=d_0\sqrt{\frac{k_c}{\delta}-0.35} \tag{6-5}$$

式中：$k_c$——为一经验数值，它取决于密封圈的材料。例如：丁腈－18 的 $k_c$ 为 1.25；丁腈－26 的 $k_c$ 为 1.35；丁腈－40 的 $k_c$ 为 1.45 等。

此时，密封圈的外径 $D'=d'+2d_c$。

若将装有 O 型圈的活塞装入缸筒内时，为了保证密封，必须使缸筒的内径 $D_0$ 小于第一次变形后的 O 型圈的外径 $D'$。此时，密封圈因外径缩小而受到压缩作用(见图 6－37(c))，其压缩率 $\varepsilon$ 可按下式计算：

$$\varepsilon=\frac{d_c-H}{d_c} \tag{6-6}$$

式中：$H=\dfrac{D_0-d'}{2}$。

对于固定密封，$\varepsilon$ 取 15%～25%；对于活动密封，也由于摩擦力的原因，$\varepsilon$ 一般取 12%～17%。

当元件通入较低的压力油时，O 型圈的自身弹性变形即可形成密封。图 6－38(a)所示为此时密封圈的接触压力分布图。

当油液压力较高时，密封圈被挤在槽的一侧，变成图 6－38(b)所示形状。这时密封面的接触压力除上述自身弹性变形所形成的接触压力外，还要加上由于油液压力的作用而产

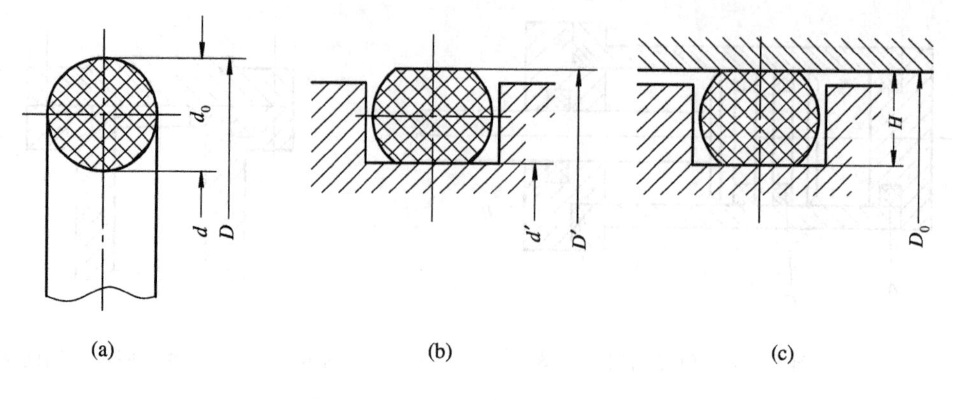


图 6-37　O 型密封圈的变形过程

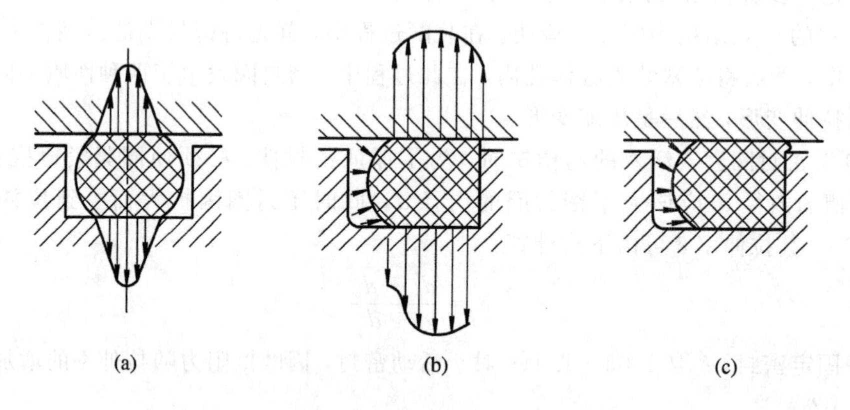


图 6-38　O 型密封圈的工作原理

生的接触压力，这样就大大地提高了密封效果。

当压力超过一定限度时，密封圈容易在高压油作用下嵌入间隙内而损坏(图 6-38(c))。这时，要在 O 型密封圈的侧面安放厚度为 1.2～1.5 mm 的挡圈，挡圈一般用聚四氟乙烯制成。单向受力时，在密封圈受压力的另一侧安放一个挡圈，如图 6-39(a)所示；双向受力时，则在密封圈的两侧各安放一个挡圈，如图 6-39(b)所示。

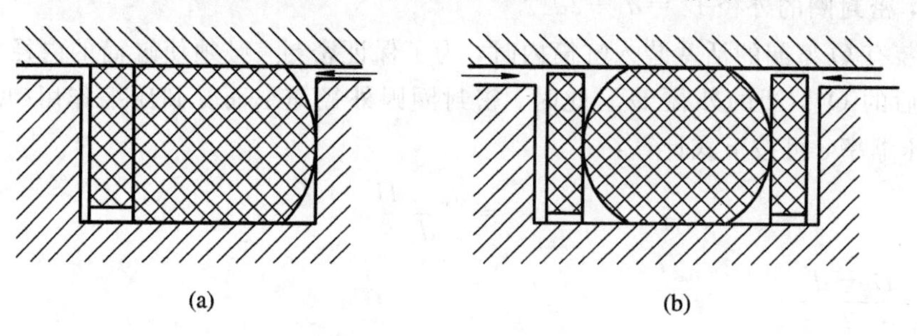


图 6-39　O 型密封圈加用挡圈

用于各种情况下的 O 型密封圈的尺寸，安装它们的沟槽形状、尺寸和加工精度及表面粗糙度，都可以从标准或设计手册中查得。

O 型密封圈结构简单，制造方便，摩擦力小，密封性能良好，结构尺寸小。因此，其在液压元件中应用特别广泛。O 型密封圈一般用耐油橡胶制成。

2）Y型密封圈

Y型密封圈一般也用耐油橡胶制成，它的断面形状呈Y型。其主要尺寸如图6-40所示，图中，尺寸$D$和$d$是Y型密封圈的公称外径和内径，图示为自由状态，两唇向内外侧张开。

Y型密封圈安装后两唇收拢，预压缩变形使唇边与密封面紧贴，如图6-41所示。通低压油时，唇边靠自身的预压缩变形来保证密封。当油液压力升高时，压力油作用在唇边上，使唇边与被密封表面贴得更紧，从而提高了密封能力。装配时一定要注意，唇边必须面对有压力的油腔。由于一个Y型密封圈只能对一个方向的高压液体起密封作用，因此当两个方向交替出现高压时，应安装两个Y型密封圈，它们的唇边分别对着各自的高压油。

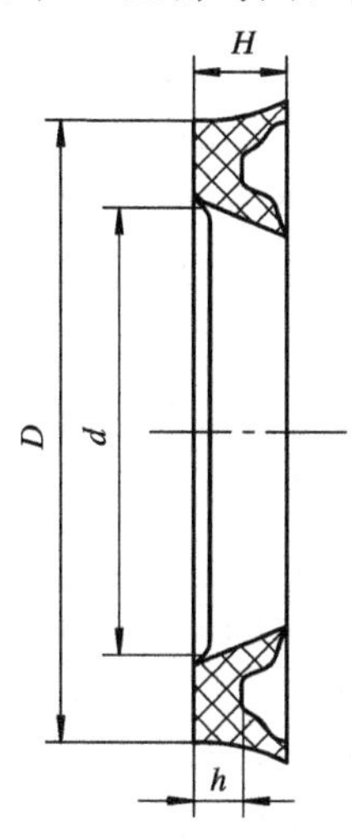


图6-40　Y型密封圈

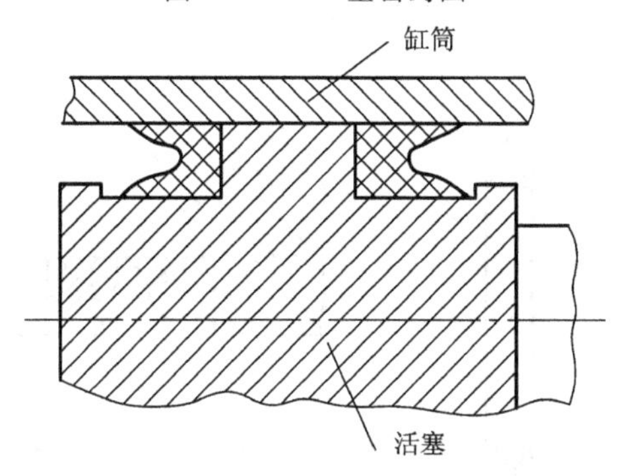


图6-41　Y型密封圈安装图

Y型密封圈一般用于往复运动密封，如液压缸的活塞与缸筒之间、活塞杆与端盖之间的密封等，工作压力可达21 MPa。

Y型密封圈也已具有标准，其安装沟槽的形状、尺寸及加工精度也可从手册中查得。

Y型密封圈摩擦力小，安装方便，应用也比较广泛。

图6-42所示为由Y型密封圈改进设计而成，断面高宽比等于或大于2的Yx型密封圈的安装图。由于增大了断面的高宽比，因而增大了支承面积，其密封原理与Y型密封圈相似。根据轴用与孔用的不同，其内、外唇边做成不等高的形式，因而可以防止运动件切伤密封唇边。

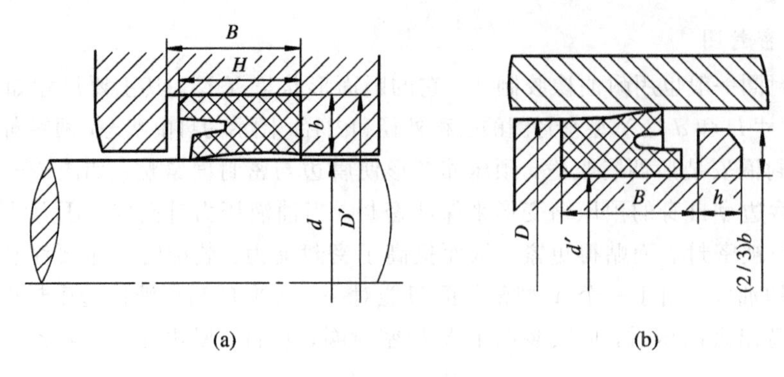


图 6-42　Yx 型密封圈的安装情况

(a) 轴用；(b) 孔用

由于 Yx 型密封圈采用聚胺弹性材料制成，因此具有较好的耐油性能和优良的机械性能，可以在 -40℃的低温和小于 100℃的高温下长期工作，其工作压力可达 31.5 MPa。

3) V 型密封圈

V 型密封圈如图 6-43(a)所示，它是由多层涂胶织物压制而成的，断面形状呈 V 型。这种密封圈由支承环 1、密封环 2、压紧环 3 等三件组合而使用。当压紧环压紧密封环时，支承环使密封环产生变形而起密封作用。

V 型密封圈耐高压，一般当压力小于 10 MPa 时，使用一组密封圈已足够保证密封性。合理地选择密封圈和增加密封环数量，可以使最高压力达到 100～140 MPa。安装 V 型密封圈时也和 Y 型密封圈一样，其安装方向应使压力油能帮助密封圈的唇边张开。密封环的预压紧力可以通过旋紧压紧螺钉予以调节(如图 6-43(b)所示)，但不宜压得过紧，以免摩擦力过大。它可以用来密封活塞和活塞杆，但较适用于活塞杆密封。其结构尺寸也可由手册中查到。

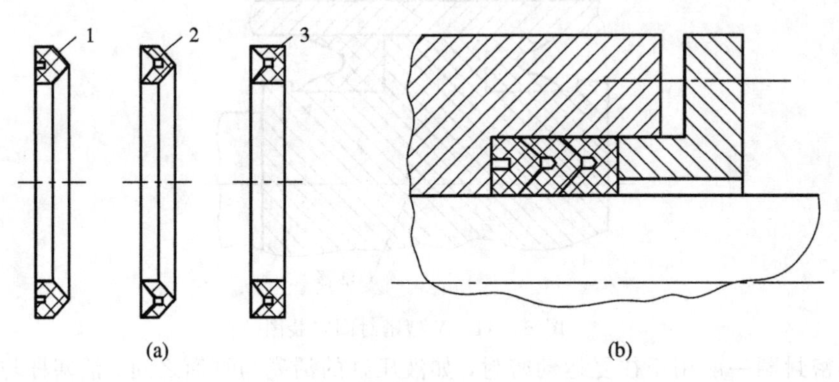


图 6-43　V 型密封圈的结构及安装图

V 型密封圈耐压、耐久性能好，在直径大、压力高、速度大、行程长等条件下应用较多，但其结构复杂，外形尺寸大，摩擦力也较大。

4) 油封

用于防止旋转轴处润滑油外漏的密封件，称为油封。它既可对内封油，又可对外防尘。油封一般由耐油橡胶制成，断面形状有 J 型、U 型等。图 6-44(a)所示为 J 型有骨架式橡胶油封的结构图。橡胶皮碗的唇边与轴接触，为了增强刚性，其内部设有钢制骨架，唇边外侧有一条螺旋弹簧(称皮碗弹簧，见图 6-44(b))。缠绕时，圈与圈相互靠紧，左端一般为锥形。装配时，将锥端拧入另一端的孔中，即形成皮碗弹簧，然后套在唇边的外侧，组成皮碗组件。

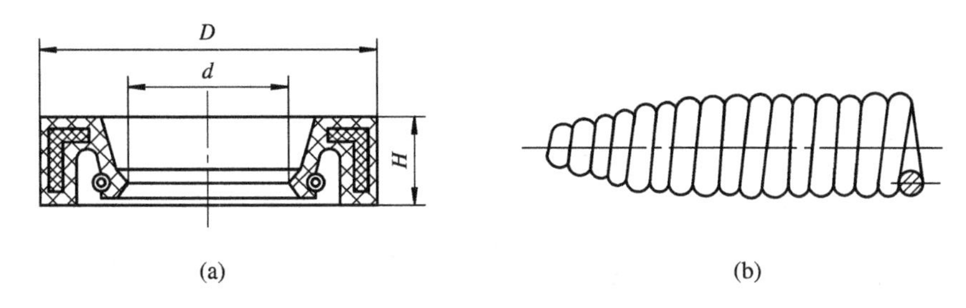


图 6-44　油封及皮碗弹簧

油封在自由状态下其内径小于轴的外径，装上后对轴有一定的压紧力。装有弹簧的油封，压紧力将进一步增大。安装时，油封的唇边应在油压作用下贴紧在轴上，不能装反。

油封一般用于旋转轴的线速度不大于 12 m/s、压力不大于 0.1 MPa 的场合。

实际使用中除了以上介绍的密封件以外，还有 U 型、L 型等多种形式。近年来，还出现了组合式密封圈、金属密封圈等供选用。

### 6.3.3　密封的摩擦阻力计算

无论哪种密封形式，被密封面处都会发生摩擦，因此必然存在摩擦力。要比较准确地确定液压缸的推力、液压马达的转矩及推动阀芯的力时，往往需要考虑摩擦力的大小。一般来说，摩擦力随工作压力、压缩量、胶料硬度、接触面积的增大而增加，随表面粗糙度的变小、运动速度和温度的提高而减小。由于影响因素复杂，因此目前只能靠实测或实验来获得摩擦力值。下面介绍几种摩擦力的计算公式，以供参考。

**1. 间隙密封的摩擦力**

间隙密封的摩擦力的计算公式如下：

$$F = fkdlp \quad (\mathrm{N}) \tag{6-7}$$

式中：$f$——摩擦系数，取 $f=0.05$；

$k$——由制造精度决定的系数，一般 $k=0.15\sim0.3$，$d$ 和 $l$ 小时取大值；

$d$——密封处的直径(m)；

$l$——密封长度(m)；

$p$——密封处的工作压力(Pa)。

**2. 往复运动 O 型密封圈的摩擦力**

影响 O 型密封圈摩擦力的因素很多，粗略计算时可用下列公式估算。

当为外径密封时，

$$F = \pi DA + \frac{\pi}{4}(D^2 - d'^2)B \quad (\mathrm{N}) \tag{6-8}$$

当为内径密封时，

$$F = \pi dA + \frac{\pi}{4}(D^2 - d'^2)B \quad (\mathrm{N}) \tag{6-9}$$

式中：$D$、$d$——O型密封圈的公称外径和内径(m)；

$D'$、$d'$——O型密封圈沟槽的外径和内径(m)；

$A$——系数，根据O型密封圈的压缩率$\varepsilon$由图6-45(a)查取；

$B$——系数，根据工作压力由图6-45(b)查取。

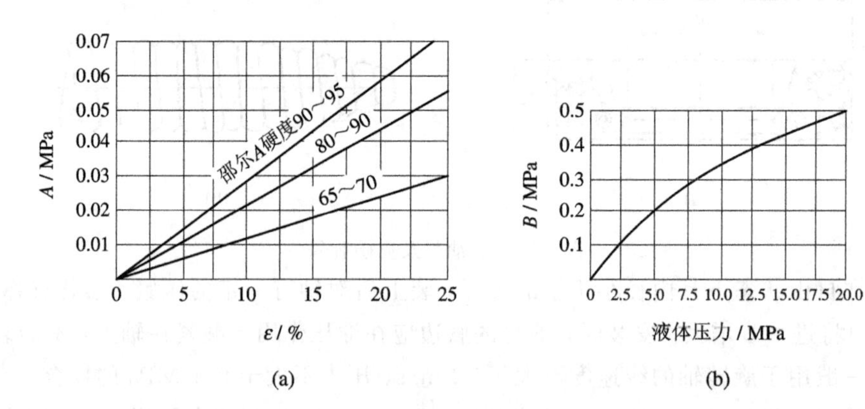


图6-45　O型密封圈摩擦力计算系数

在往复运动中，用O型密封圈时的摩擦阻力较小，但启动摩擦阻力较大，均为动摩擦阻力的3～4倍。其主要原因是，由于O型密封圈处于相当大的压缩状态使密封材料嵌入接触面的凹处，在接触面处产生轻度的物理和化学融和，从而造成启动阻力增大。为了减小摩擦力，我国近年来采用了在O型密封圈的滑动表面处粘贴聚四氟乙烯薄膜的新技术(也称组合密封装置)，实践已经证明，这是降低启动摩擦力的有效手段之一。

**3. Y型和V型密封圈的摩擦力**

Y型和V型密封圈的摩擦力一般用下式计算：

$$F = fk\pi dh_1 p \quad (\mathrm{N}) \tag{6-10}$$

式中：$f$——摩擦系数，Y型橡胶圈的$f=0.01$，V型夹物橡胶圈的$f=0.1\sim0.13$；

$k$——系数，Y型时$k=1$，V型时$k=1.59$；

$d$——密封相对运动处的直径(m)；

$h_1$——密封有效宽度(m)；

$p$——密封处的工作压力(Pa)。

## 6.4　管路和管接头

管路是液压系统中液压元件之间传递油液的各种油管的总称。管接头用于油管与油管之间的连接以及油管与元件之间的连接。为保证液压系统工作可靠，管路及管接头应有足够的强度和良好的密封，且其压力损失要小，拆装要方便。

### 6.4.1　管路的种类及应用场合

液压系统中常用的油管有钢管、铜管和耐油橡胶管等，有时也用塑料管、尼龙管和铝管。可根据用途与压力来选择不同材料的油管，参考表6-2。

表 6-2　不同材料的油管

| 种类 | 用　　途 | 优　缺　点 |
| --- | --- | --- |
| 钢管 | 在中高压系统的管道中优先采用，常用10号、15号冷拔无缝钢管 | 能承受高压，油液不易氧化，价格低，装配、弯曲困难，装配后长久不变形 |
| 紫铜管 | 在中低压液压系统中采用，机床中应用较多，常配以扩口管接头 | 装配时弯曲方便，抗振能力弱，易使液压油氧化，管壁光滑，流动阻力小 |
| 铝管 | 在中低压系统中采用，通常可代替紫铜管，在航空工业中应用普遍 | 重量轻、弯曲方便，适用于噪声较大的场合，一般用得较少 |
| 塑料管 | 通常在低压系统中使用，只适用于临时设备 | 价格低，不能承受压力，高温时软化 |
| 尼龙管 | 通常在低压系统中使用，耐压可达2.5 MPa | 能代替部分紫铜管，价格低，弯曲方便，但寿命较低 |
| 橡胶软管 | 高压软管由耐油橡胶夹以1～3层钢丝编织网或钢丝缠绕而成，适用于中高压 | 装接方便，能连接相对运动部件，能减轻液压系统的冲击，价格较贵，寿命较短 |

根据功用不同，又可将油管分成工作管路、控制管路和泄漏管路。其符号如图 6-46(a)所示，其中，工作管路为实线，控制管路和泄漏管路为虚线。连接管路如图 6-46(b)所示；交叉管路如图 6-46(c)所示；软管连接用一段圆弧线，如图 6-46(d)所示。

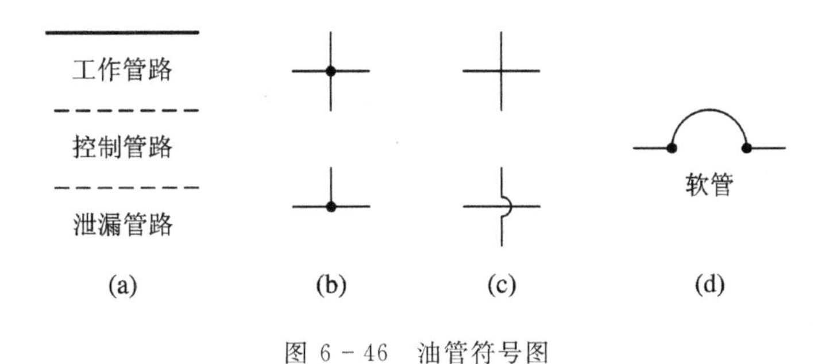


图 6-46　油管符号图

## 6.4.2　管路的尺寸

管路的尺寸主要是指内径、外径和壁厚。

### 1. 管路的内径

管路的内径大小取决于管路的种类及管内油液的流速。在流量一定的情况下，内径小则流速高、压力损失大，而且可能产生振动和噪声；内径大时虽然可避免上述缺点，但会使液压装置结构庞大，且难于弯曲和安装。因此，要合理选择内径，一般可由下式确定：

$$d = \sqrt{\frac{4q}{\pi v}} \tag{6-11}$$

式中：$d$——油管的内径(m)；

$q$——通过油管的流量($m^3/s$)；

$v$——油液在管路内的允许流速(m/s)。

对于吸油管路，$v=0.5\sim1.5$ m/s；

对于回油管路，$v\leqslant1.5\sim2.5$ m/s；

对于压油管路，当 $p<2.5$ MPa 时，$v=2$ m/s；当 $p=2.5\sim14$ MPa 时，$v=3\sim4$ m/s；当 $p>14$ MPa 时，$v\leqslant5$ m/s；

对于工程机械和行走机械，当 $p>21$ MPa 时，$v=5\sim6$ m/s。

按式(6－11)计算出来的内径应按有关标准圆整为标准值。对于橡胶软管，无论用于何种管路，流速都不能超过 3～5 m/s，因为它的内径比较粗糙。

**2. 管壁厚度的确定**

按式(6－11)计算出油管内径后，对于橡胶软管，需由工作压力和内径依标准来选择合适的钢丝层数，一般不计算壁厚；对于金属管，若是中低压系统，一般只按标准规格选取即可；若是高压系统，则要进行管壁的强度核算，通常按薄壁筒公式计算壁厚，即

$$\delta = \frac{pd}{2[\sigma]} \ (\mathrm{m}) \tag{6-12}$$

式中：$p$——油管内油液的最大工作压力(Pa)；

$d$——油管的内径(m)；

$[\sigma]$——油管材料的许用拉伸应力(Pa)

对于钢管，则有

$$[\sigma] = \frac{\sigma_b}{n} \tag{6-13}$$

式中：$\sigma_b$——抗拉强度(Pa)；

$n$——安全系数，$p<7$ MPa 时，$n=8$；$p<17.5$ MPa 时，$n=6$；$p>17.5$ MPa 时，$n=4$。

对于紫钢管，可取$[\sigma_b]\leqslant25$ MPa。

### 6.4.3 管接头

液压系统中元件和管路间都用管接头相互连接，用量很大。管接头的形式和质量直接影响系统的安装质量、油路阻力和连接强度。

管接头的形式很多，按接头的通路方式可分为直通、直角、三通和四通等；按管路和管接头的连接方式可分为焊接式、卡套式、扩口式和扣压式等；按接头和连接体的连接形式可分为螺纹连接和法兰连接等。机床液压系统中的管接头一般都采用螺纹与连接体连接。若采用英制圆锥螺纹连接，则须加密封涂料；若采用普通细牙螺纹连接，则须加密封垫圈。表 6－3 列出了液压系统中常用管接头的形式及其特点，供选用时参考。

**表 6－3　常用管接头形式及其特点**

| 名称 | 结构简图 | 特点和说明 |
| --- | --- | --- |
| 焊接式管接头 | 球形头 | 1. 连接牢固，利用球面进行密封，简单可靠<br>2. 焊接工艺必须保证质量，必须采用厚壁钢管，装拆不便 |
| 卡套式管接头 | 油管<br>卡套 | 1. 用卡套卡住油管进行密封，轴向尺寸要求不严，装拆简便<br>2. 对油管径向尺寸精度要求较高，为此要采用冷拔无缝钢管 |
| 扩口式管接头 | 油管<br>卡套 | 1. 用油管管端的扩口在管套的压紧下进行密封，结构简单<br>2. 适用于铜管、薄壁钢管、尼龙管和塑料管等低压管道的连接 |
| 扣压式管接头 | | 1. 用来连接高压软管<br>2. 在中、低压系统中应用 |
| 固定铰接管接头 | 螺钉<br>组合垫圈<br>接头体<br>组合垫圈 | 1. 是直角接头，优点是可以随意调整布管方向，安装方便，占用空间小<br>2. 接头与管子的连接方法，除本图卡套式外，还可用焊接式<br>3. 中间有通油孔的固定螺钉，把两个组合垫圈压紧在接头体上进行密封 |

某些管接头的符号如图 6－47 所示。其中，图(a)为带两个单向元件的快速接头组的图形符号；图(b)为有一条回转接头的图形符号。

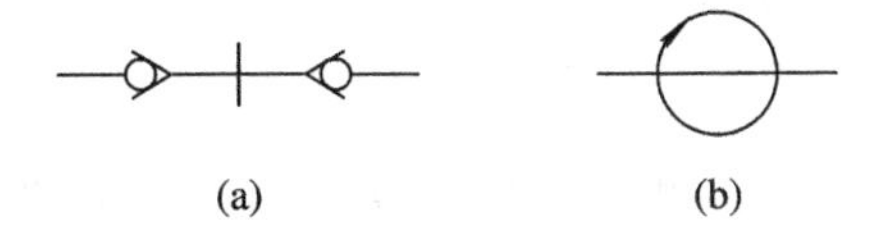


图 6－47　管接头的图形符号

### 6.4.4 管路的安装

管路安装不合理时，不仅会给安装和检修带来麻烦，而且会造成过大的压力损失，以致出现振动、噪声等不良现象。因此，必须重视管路的安装。

液压系统的管路包括高压、低压及回油管路，且安装要求各不相同。为了便于检修，安装时最好分别着色，以示区别。

管路安装时应注意如下事项：

(1) 管路安装要求尽量短，布置整齐，转弯较小，避免过大的弯曲，并保证管路有必要的伸缩变形余地。一般硬管的弯曲半径应大于管径的 3 倍，管径小时还应再取大些。弯曲处管径的圆度不得大于 10%，且不应有波纹变形、凹凸不平及压裂扭伤等现象。油管悬伸太长时要有支架，布置接头时要保证拆装方便，系统中的主要管道或辅助管道应能单独拆装而不影响其它元件。

(2) 管路最好平行布置，减少交叉。平行或交叉的油管之间至少应有 10 mm 的间隙，以防止接触振动，并给安装管接头留有足够的空间。在高压大流量的场合，为防止管路振动，需每隔 1 m 左右用管夹将管子固定。

(3) 对安装前的管子以及因储存不当而造成管子内部锈蚀时，一般要用浓度为 20% 的硫酸或盐酸进行酸洗，酸洗后用 10% 的苏打水中和，再用温水洗净，进行干燥、涂油，并做预压试验，确认合格后再安装。

(4) 软管安装时，除其长度应有一定余量外，还应防止受拉力或拧扭；其弯曲半径应不小于管径的 9 倍，弯曲处距管接头的距离至少是管径的 6 倍。安装时不能靠近热源，以防橡胶加速老化。

## 6.5 油箱和热交换器

### 6.5.1 油箱

油箱主要用于储存液压系统中的液压油，此外还起散热降温、分离气泡和沉淀杂质的作用。油箱设计的好坏直接影响液压系统的工作可靠性，尤其对液压泵的寿命有重要影响。因此，合理地设计油箱是一个不可忽视的问题。

**1. 油箱的容积计算**

油箱的容积主要根据压力和散热要求来确定，必须保证在设备停止运转时，系统中的油液在自重作用下能全部返回油箱。一般有两种计算方法：经验估算法和热平衡计算法。对工作负载大、长期连续工作的液压系统，则需按液压系统发热量来计算油箱的容积。一般情况下，则按经验公式来估算油箱的容积，通常按以下公式估算：

$$V = k\sum q + \sum V_c + V_a \tag{6-14}$$

式中：$V$——油箱的有效容积(L)，即指液面高度为 80% 时的油箱容积；

$\sum q$——同一油箱供油的各液压泵流量的总和(L/min)；

$k$——系数，一般取 2～5 分钟，低压不连续工作时取小值，高压连续工作时取大值；

使用变量泵时取小值，使用定量泵时取大值；油箱内设有冷却器时取小值，反之取大值。

$\sum V_c$——各液压缸最大储油量的总和(L)；

$V_a$——系统中蓄能器的总容积(L)。

油箱的总容积一般为有效容积的 1.25 倍左右。

粗略估算时，对于低压系统其油箱的有效容积取为液压泵每分钟流量的 2～4 倍，中高压系统取为每分钟流量的 5～7 倍。

**2. 油箱的结构设计**

根据油箱液面是否与大气相通，可将油箱分为开式油箱和闭式油箱，其中开式油箱应用最普遍。

1）开式油箱

开式油箱有整体式和分离式之分。整体式油箱利用机床床身兼作油箱，如磨床、仿形车床等。这种结构比较紧凑，占地面积小，易于回收泄漏油，但维护不便，散热不良，增加了床身结构的复杂性，且当油温变化时容易引起机床的热变形，影响机床精度。目前已普遍采用分离式油箱。分离式油箱与机床分离并与泵组成一个单独供油单元，这样可以大大减小油温变化、电机与液压泵振动对机床工作性能的影响，所以应用较为广泛。

图 6-48 所示为一分离式油箱的结构图。图中 1 为吸油管，4 为回油管，中间有两个隔板 7 和 9，隔板 7 阻挡沉淀物进入吸油管，隔板 9 阻挡泡沫进入吸油管。脏物可以从放油阀 8 放出。加油过滤网 2 设置在回油一侧的上部。加油口盖 3 上设有通气孔，过滤网兼起过滤空气的作用。6 是油面指示器。当彻底清洗油箱时，可将上盖 5 卸开。

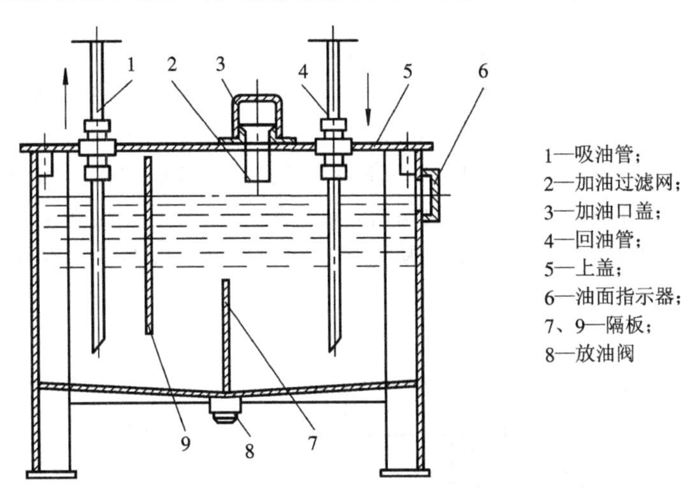


图 6-48　分离式油箱示意图

为了在相同的容量下得到最大的散热面积，油箱的外形宜设计成立方体或长六面体。开式油箱设计时应注意以下问题：

(1) 油箱应有足够的强度和刚度，一般用钢板焊接而成。容量在 100 L 以内时，其壁厚为 3 mm；容量为 100～320 L 时，其壁厚为 3～4 mm；容量大于 320 L 时，其壁厚为 4～6 mm。油箱底部应有底脚，以使底板与地面有一定的距离，一般为 150～200 mm，底脚的厚度为油箱侧壁厚度的 2～3 倍。尺寸高大的油箱要加焊角板、筋条以增加刚度。油箱上盖板若要安装电动机、液压泵和其它元件时，不仅要适当加厚，还要采取局部加强措施。液压泵和电动机直立安装时所产生的振动一般比横放安装时要小。

(2) 吸油管和回油管的距离应尽量远，两管最好用隔板隔开，以增加油液循环的距离，提高散热效果，放出油中气泡，并使杂质大都沉淀在回油管一侧。隔板的高度约为油面高度的 3/4，隔板的厚度应等于或大于油箱侧壁的厚度。

吸油管离油箱底部的距离应大于管径的二倍，距箱壁应大于管径的三倍，以便油流通畅。吸油管入口处一般应装有粗过滤器。回油管应插入最低油面以下，以防回油冲入油液使油中混入气泡。回油管距油箱底部也应大于管径的二倍，管端切成 45°角，以增大回油面积，使流速缓慢变化，减小振动。管口面向箱壁，以利于散热。泄油管不应插入油中，以避免增大元件泄漏腔处的背压。

(3) 要采取措施保持油箱内油液清洁。油箱上盖板与四周都严格密封，盖板上的安装孔也要密封，以防止灰尘、杂物进入油箱。加油口上要装过滤器。密封油箱应有通气孔，使液面和大气相通。通气孔处应有空气过滤器。

(4) 油箱应便于清洗和维护。为便于放油，油箱底面应作成适当斜度，且与地面有一定的距离，在箱底最低处安装放油阀或放油塞。油箱侧面应有观察油面高度的油面指示器。过滤器应便于装拆和清洗。

(5) 油箱内壁应涂上耐油的防锈材料，以延长油箱寿命，减少油液污染。

(6) 如有必要安装热交换器、温度计等附加装置时，需要合理地确定它们的安放位置。

2) 闭式油箱

闭式油箱一般分为隔离式和充气式两种。

(1) 隔离式油箱。隔离式油箱又称为带挠性隔离器的油箱，这种油箱可以保证油箱内的油液始终不与油箱外的大气直接接触，从而避免大气中的尘埃混入油液，并有助于缓和油液的氧化作用。隔离式油箱的工作原理如图 6 - 49 所示，当液压泵 3 吸油时，空气经挠性隔离器 1 的进出气口 2 进入，挠性隔离器容积增大，以补偿油箱 5 内的油液减小而让出空间；当液压泵停止工作、油液回到油箱时，挠性隔离器内的空气受挤压排出。挠性隔离器的容积随油箱内油液的容量而变化，从而保证油箱内的油液在不与空气直接接触的情况下，液面 4 上的压力始终为大气压力。

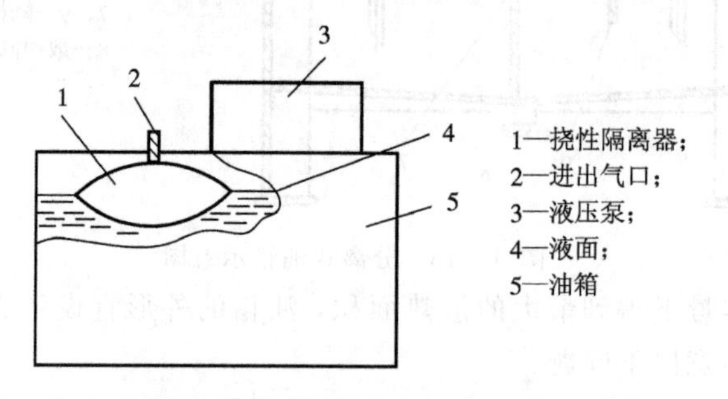


图 6 - 49　隔离式油箱示意图

挠性隔离器一般由夹织薄膜耐油橡胶制成，要求质地柔软、强度高、寿命长。

挠性隔离器的容积要比泵的每分钟流量大 25%以上。

为防止意外事故导致油液压力低于大气压力而影响液压系统的正常工作，隔离式油箱要安装低压报警器、自动停机或自动紧急补油装置。

(2) 充气式油箱。充气式油箱又称压力油箱，当泵的吸油能力差、安装辅助泵不方便或不经济时，可采用充气式油箱。如图 6－50 所示将油箱密闭，并通入经过过滤器的压缩空气，即成为充气式油箱。压缩空气由空压机供给，压力为 0.7～0.8 MPa，经充气罐滤清、干燥、减压(表压力为 0.05～0.15 MPa)后通入油箱液面。

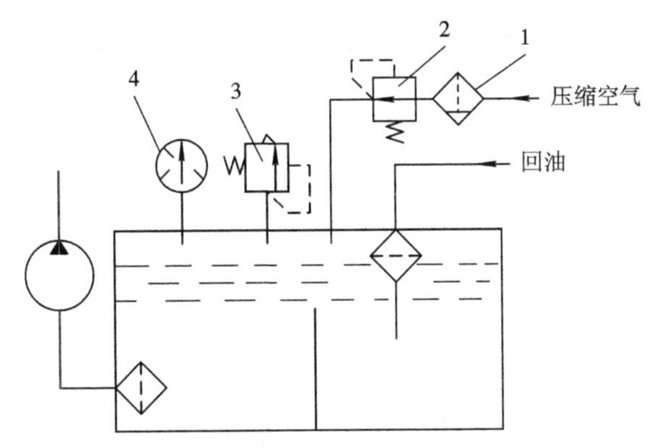


1—空气过滤器；2—减压阀；3—溢流阀；4—电接触式压力表

图 6－50　充气式油箱示意图

充气式油箱的压力不宜过高，以免油中溶入过多空气。一般以表压力为 0.05～0.07 MPa 为最好，为此供气系统应装安全阀 3。与此同时，为避免压力不足导致液压系统工作失常，充气式油箱还要装设电接点压力表 4 和警报器。

充气式油箱和隔离式油箱除加压或补气装置与开式油箱不同外，其它结构与开式油箱相同，有关结构设计可参考开式油箱部分。

## 6.5.2　热交换器

为了提高液压系统的工作性能，应使系统在允许的温度下工作并保持热平衡。液压系统油液的工作温度一般希望保持在 30～50℃范围内为宜，最高不超过 60℃，最低不低于 15℃。温度过高将使油液变质，加速其污染，使油液粘度增大，于是液压阻力增大，液压泵吸油困难。

如果液压系统单靠自身散热不能使油温限制在允许值以下时，就必须安装冷却器；反之，如果环境温度太低无法使液压泵正常启动时，就必须安装加热器。冷却器和加热器统称为热交换器，其图形符号如图 6－51 所示，上图为带有冷却或加热介质的图形符号。

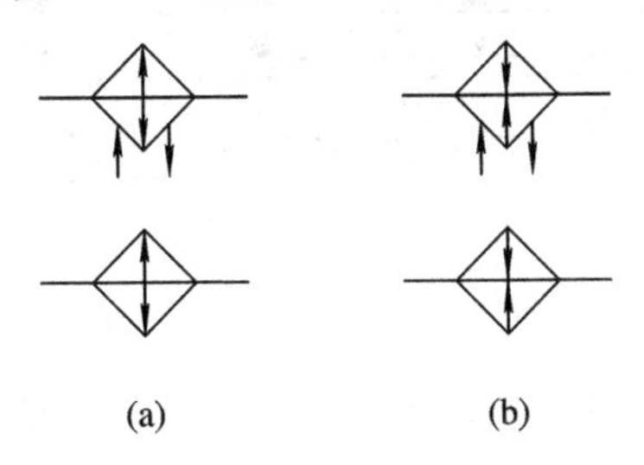


图 6－51　热交换器的图形符号

(a) 冷却器；(b) 加热器

**1. 冷却器**

冷却器按其使用冷却介质的不同分为风冷、水冷和氨冷等多种形式，一般液压系统中多采用前两种。冷却器应满足散热面积足够、散热效率高、压力损失小等要求。

风冷式冷却器适用于缺水或不便用水冷却的液压设备，冷却方式有自然通风冷却和采用风扇强制吹风冷却两种。强制吹风冷却器结构比较简单，它通常由许多带散热片的管子所组成的油散热器和风扇两部分组成(油散热器可用汽车上的散热器代替)。这种冷却方式可节约用水，但冷却效果较差。

水冷式冷却器有多种结构形式，最简单的一种是蛇形管冷却器，如图 6－52 所示。它一般用壁厚 1～1.5 mm、外径 15～25 mm 的紫铜管盘旋而成，安装在油箱内，管内有冷水流通，以带走油箱内的部分热量。这种冷却方式效率低，耗水量大，运转费用较高，但由于结构比较简单，所以应用较为普遍。

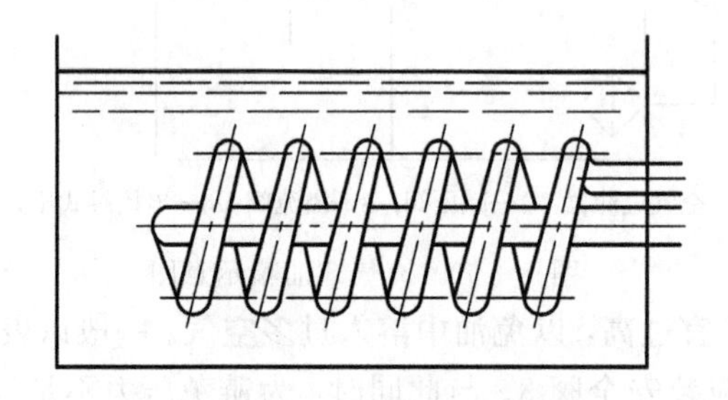

图 6－52　蛇形管冷却器示意图

液压系统中冷却效果较好的是多管式冷却器，它采用强制对流方式进行冷却，其结构如图 6－53 所示。它主要由铜管 3，端盖 1、4 及隔板 2 组成。工作时，冷却水由左端盖 1 的 $a$ 孔进入，经过多根铜管 3 的内部，从右端盖 4 的孔 $d$ 流出。而油液自油口 $c$ 流入，在水管外部流过，从左侧上部的油口 $b$ 流出。三块隔板 2 用来增加油液循环路线的长度。这种冷却器传热效率较高，结构紧凑，因此应用比较普遍。

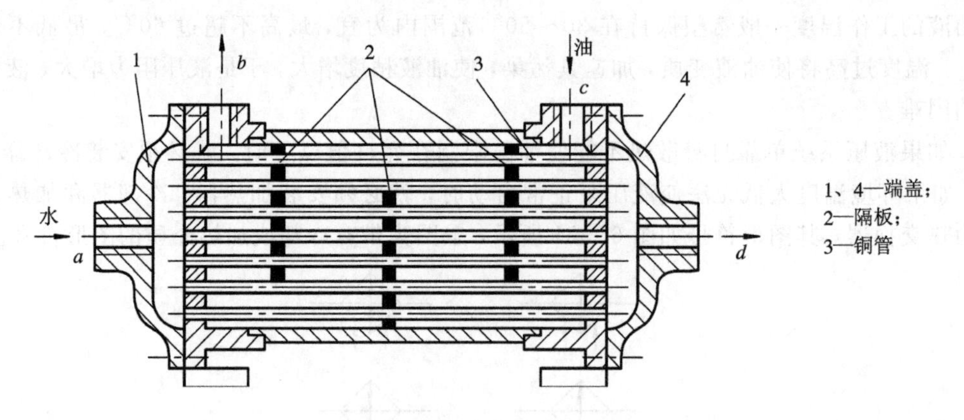


图 6－53　多管式冷却器

图 6－54 所示为近年来出现的翅片式冷却器的一种典型结构，它采用在水管外面增加横向或纵向散热翅片(厚度为 0.2～0.3 mm 的铝片或铜片)的方式，使散热面积增加(增加的散热面积可达光管的 8～10 倍)，因此，冷却效果比直管式冷却器提高数倍，体积和重量

相对减小了许多。由于翅片式冷却器冷却效果好，结构紧凑，当翅片采用铝片时造价低、不易生锈，因此已逐渐受到人们的重视。

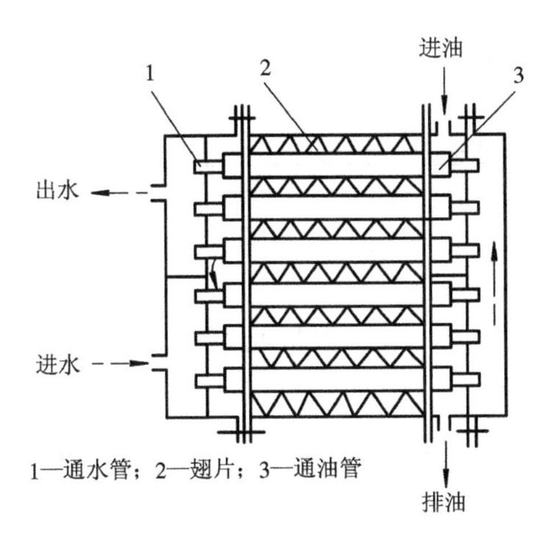


图 6 - 54　翅片式冷却器结构示意图

冷却器在液压系统中的安装位置是串联在回油路中或溢流阀的溢流管路上，因为这里的油温较高，冷却效果较好。图 6 - 55 所示是冷却器的一种连接方式，液压泵输出的压力油直接进入液压系统，已经发热的回油和溢流阀 1 溢出的热油一起通过冷却器 3 进行冷却后，回到油箱。并联的安全阀 2 起保护冷却器的作用。当不需要进行冷却时可将截止阀 4 打开，使油直接回油箱。

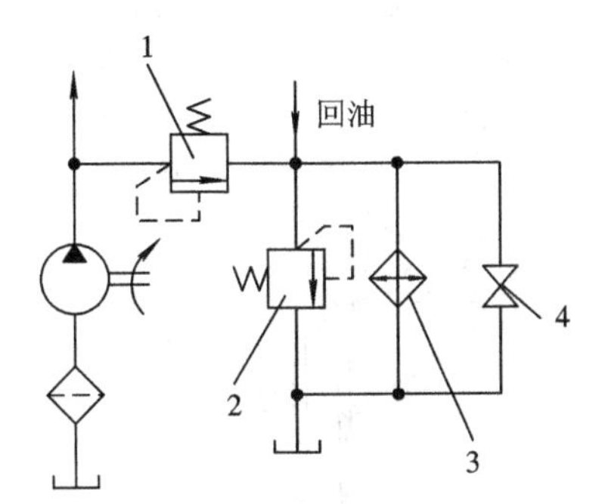


图 6 - 55　油冷却器的连接方式

**2. 加热器**

若液压系统的油液温度过低，将会引起油液粘度过大，从而使液压泵的吸油和启动发生困难，这时可采用加热器。最简单的加热器是蛇形管加热器，它放入油液之中，管内通入热水或蒸汽。

目前最常用的加热器为电加热器，其形状和安装示意图如图 6 - 56 所示，它可以通过控制电路对油液的加温进行自动调节。电加热器 2 应水平安装在油箱 1 的侧壁上，加热部分应全部侵入油液之内，严防因油的蒸发、油面降低而使加热部分露出油面。安装位置应使油箱内的油液有良好的自然对流。加热器的功率不能选得过高，以免周围油温过高而使油质发生变化，为此可在油箱的不同部位多装几个加热器。

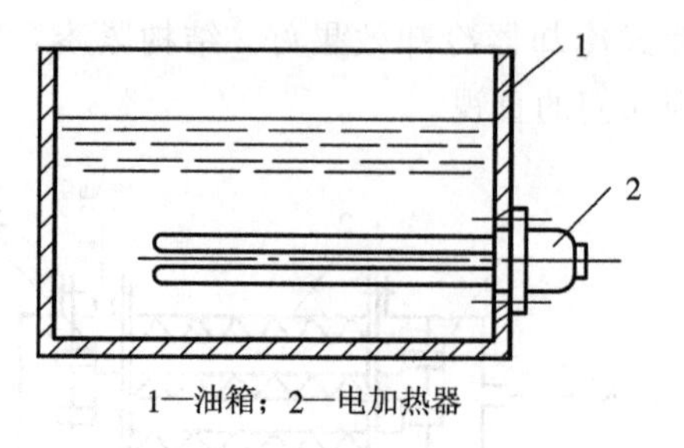


1—油箱；2—电加热器

图 6 - 56　电加热器的安装示意图

# ＊6.6　其他辅助元件

在液压传动系统中，除了上述辅助元件外，还常用压力表、压力表开关及润滑油稳定器等液压辅助元件。

## 6.6.1　压力表和压力表开关

压力是液压系统最重要的参数之一。压力表可测量系统中各工作点的压力，压力表的品种规格较多。液压系统中最常用的压力表是弹簧弯管式压力表，其结构图如图 6 - 57 所示。

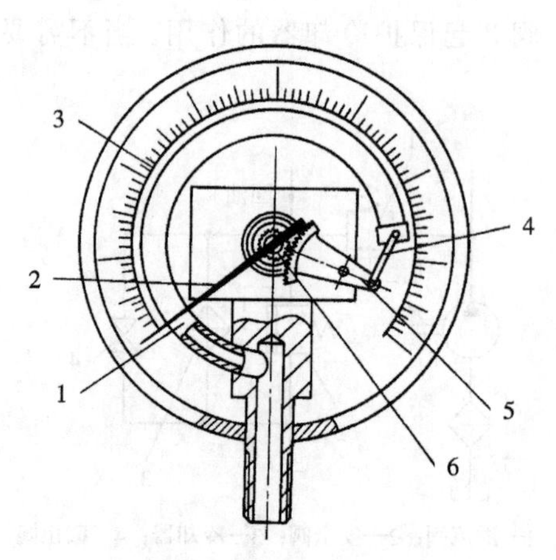


1—弹簧弯管；2—指针；3—刻度盘；
4—杠杆；5—扇形齿轮；6—小齿轮

图 6 - 57　压力表

选用压力表时，系统最高压力约为其量程的 3/4。

压力表开关用来切断或接通压力表和油路的连接。它可以用一般的截止阀，但在液压系统中往往应用多点压力表开关，使一只压力表和液压系统中几个被测油路分别相通，用以测量几个油路的压力。压力表开关的形式很多，下面介绍一种滑阀式结构。

图 6 - 58 所式为磨床上常用的压力计座的结构及符号图。它可以指示液压系统两种不同的压力，由压力表和压力表开关两部分组成。压力表开关部分实际上是一个三位四通手动换向滑阀，阀芯有左、右和中立三个位置。壳体上有通压力表、油箱和两条被测油路等四条通道。阀芯上的 $a$、$b$、$c$ 及 $d$ 四条环形槽，经各自的径向孔与阀芯的中心孔彼此相通。

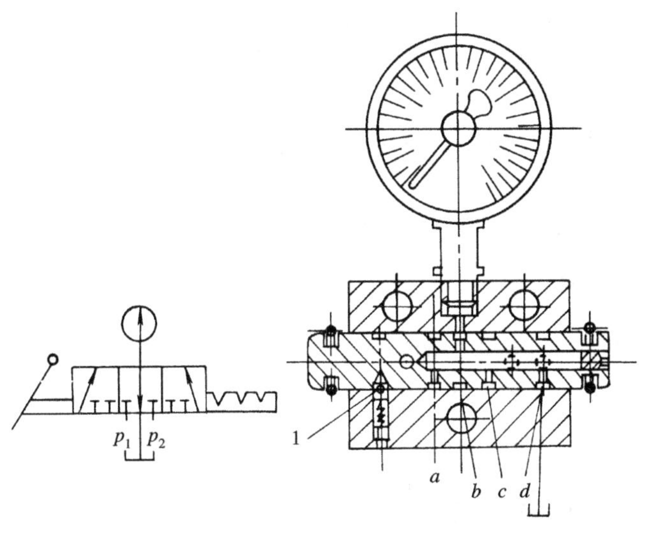


1—定位装置

图 6 - 58　压力计座

图示位置为非测量位置。此时，压力表通过阀芯上的环形槽 $b$，经中心孔与环形槽 $d$ 相连，而 $d$ 又与壳体上的通油箱的孔 $T$ 相通，这样，压力表与油箱相通，使压力表卸压，指示压力为零；若用手向右推动阀芯至左卡圈与壳体相碰，则环形槽 $a$ 通压力表，$c$ 通被测油路 $p_2$，与此同时，$d$ 与 $T$ 断开。来自 $p_2$ 的压力油经中心孔与压力表相通，表上便指示 $p_2$ 油路的压力；反之，若用手向左推动阀芯至右卡圈与壳体相碰，则环形槽 $c$ 通压力表，$a$ 通被测油路 $p_1$，表上便指示 $p_1$ 油路的压力。注意，在测量工作结束后，必须将阀芯推至中立位置，使表中压力油回油箱，以保护压力表。这种装置也可以用来测量三条油路的压力，但在液压系统工作时，压力表始终处于工作状态。

定位装置 1 只供阀芯在中立位置时使用，左、右定位基本上均由两端弹簧卡圈起作用。

图 6 - 59 所示为国产 K 型系列压力表开关。这种类型的压力表开关，按其所能测量的点数分为一点、三点及六点等几种；按连接方式可分为管式和板式两种。图示开关为 K - 6B 型，6 表示测量点数，B 表示板式连接。

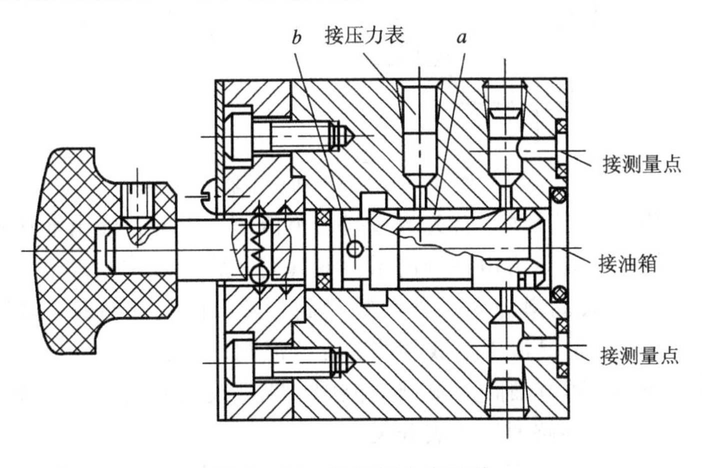


图 6 - 59　K 型压力表开关

图示为非测量位置。此时，压力表内的压力油可经过弧形沟槽与阀体上的沉割槽相通，再经阀芯上的径向孔、轴向孔与油箱连接，使压力表卸压。若将手柄推进去，则首先切断了压力表通往油箱的通路，然后阀芯上的弧形槽 $a$ 将被测点与压力表连通，于是便可测出该点的压力。如将手柄转到另一个位置，便可测出另一点的压力。两个钢球和弹簧供定位用。

K 型压力表开关相当于一个多位转阀。

## 6.6.2 润滑油稳定器

图 6－60 所示为润滑油稳定器的一种结构形式。其作用是将机床液压系统的压力油，按一定的压力及流量输送至导轨活动面及丝杠螺母副等需要润滑油的部位。它实际上是由一个抖动节流阀 1，三个轴向三角槽式节流阀 2 及一个球式溢流阀 3 组成。

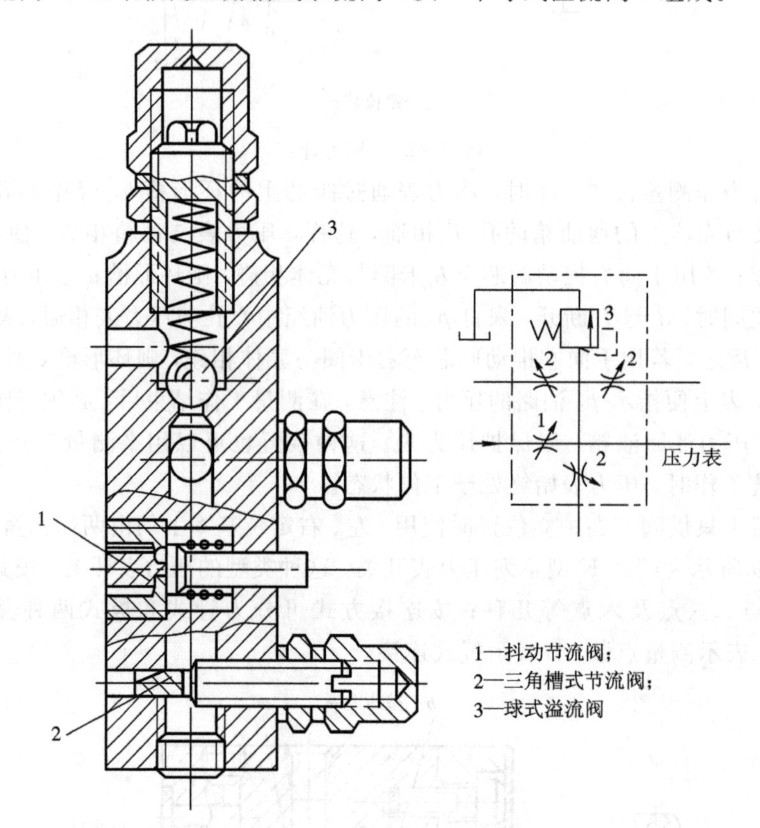


图 6－60 润滑油稳定器

压力油进入润滑油稳定器时，首先经过抖动节流阀，将压力油由液压系统的主油路压力降至润滑系统压力，前者压力由系统的溢流阀保持，后者压力由球式溢流阀调节。然后分别经三个可调节流阀去润滑导轨及丝杠螺母副。当工作台换向时，输油压力便略有波动，此时，抖动节流阀的弹簧被压缩或伸张，使节流阀产生抖动，以防脏物在节流口处堆积起来，影响节流作用。调节轴向三角槽节流阀，即可改变润滑油的流量。为了测量润滑油的压力，专门设有一条油路通压力表开关。

润滑油稳定器的主要故障是润滑压力不稳定与流量不稳定。润滑压力不稳定主要是由于球式溢流阀的密封不良、弹簧疲乏或变形以及抖动节流阀卡死或间隙过大而造成的。流量不稳定主要是由于润滑压力不稳定或管道及节流阀被脏物堵塞所致。遇到这些情况，可采用清洗或更换部分零件的办法来排除。

## 习题与思考题

1. 蓄能器有哪些功用？有哪几种类型？

2. 过滤器有哪几种类型？各有什么优缺点？其性能之间有些什么辩证关系？

3. 过滤器在液压系统中常有哪些安装位置？怎样考虑各安装位置上过滤器的过滤精度？

4. 比较各种密封装置的密封原理和结构特点。说明它们各用在什么场合比较合理。

5. 如何计算各种密封件的摩擦力？

6. 管路内流量 $q=25$ L/min 时，采用内径为 10.9 mm 的铜管，问管内流速为多少？

7. 管接头有哪几种类型？说明其结构和使用场合。

8. 油箱有什么作用？设计时应注意哪些问题？

9. 热交换器有哪些类型？各用于什么场合？

# 附录　常用液压与气动元件图形符号

（GB/T 786.1—93 摘录）

**表1　基本符号、管路及连接**

| 名　称 | 符　号 | 名　称 | 符　号 |
|---|---|---|---|
| 工作管路 |  | 管端连接于油箱底部 | 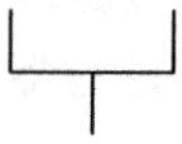 |
| 控制管路<br>泄漏管路 |  | 密闭式油箱 | 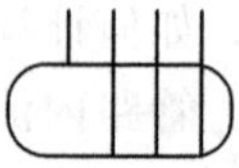 |
| 连接管路 | 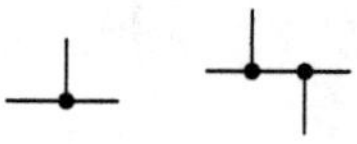 | 直接排气 | 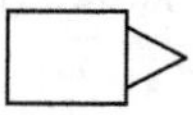 |
| 交叉管路 |  | 带连接排气 | 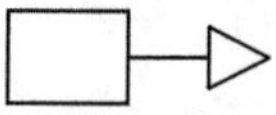 |
| 柔性管路 | | 带单向阀快换接头 | 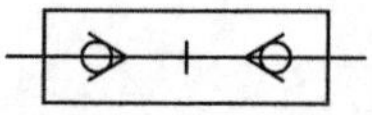 |
| 组合元件线 | 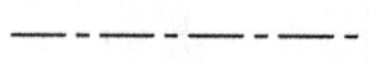 | 不带单向阀快换接头 | 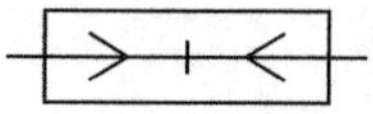 |
| 管口在液面以上的油箱 | 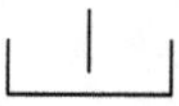 | 单通路旋转接头 | 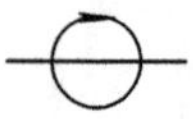 |
| 管口在液面以下的油箱 | 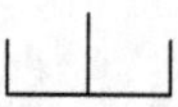 | 三通路旋转接头 | 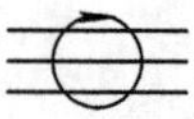 |

## 表2 泵、马达和缸

| 名 称 | 符 号 | 名 称 | 符 号 |
|---|---|---|---|
| 单向定量液压泵 | 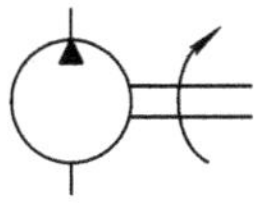 | 定量液压泵、马达 | 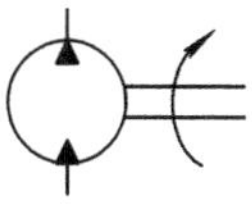 |
| 双向变量液压泵 | 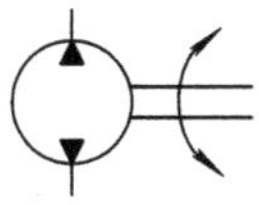 | 变量液压泵、马达 | 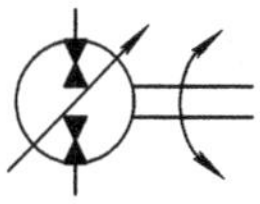 |
| 单向变量液压泵 | 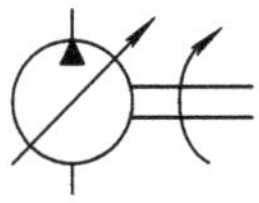 | 液压整体式传动装置 | 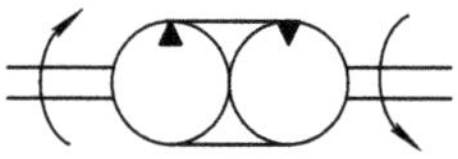 |
| 双向变量液压泵 | 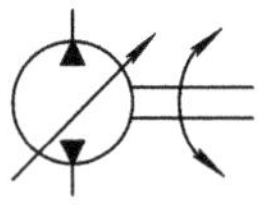 | 摆动马达 | 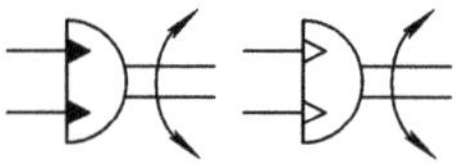 |
| 单向定量马达 | 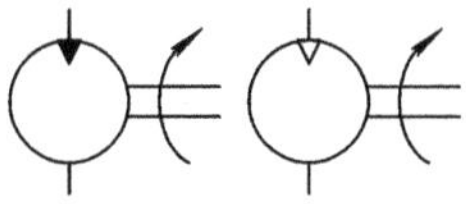 | 单作用弹簧复位缸 | 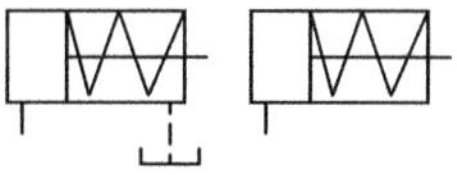 |
| 双向定量马达 | 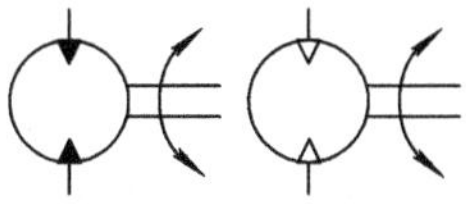 | 单作用伸缩缸 | 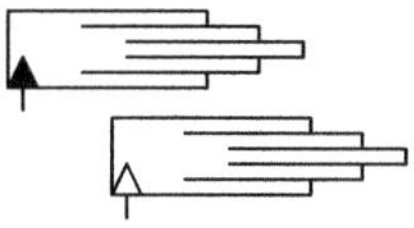 |
| 单向变量马达 | 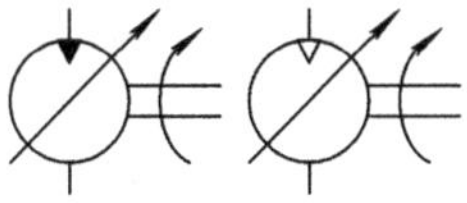 | 双作用单活塞杆缸 | 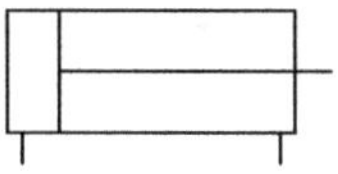 |
| 双向变量马达 | 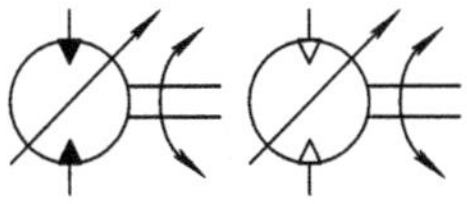 | 双作用双活塞杆缸 | 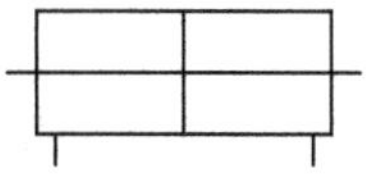 |
| 单向缓冲缸 | 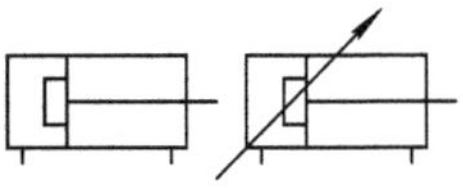 | 双作用伸缩缸 |  |
| 双向缓冲缸 | 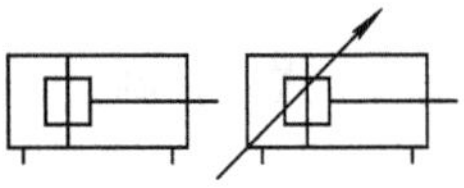 | 增压器 | 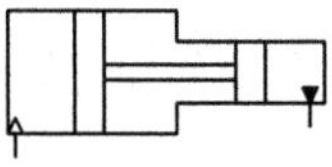 |

**表3 控制机构和控制方法**

| 名 称 | 符 号 | 名 称 | 符 号 |
|---|---|---|---|
| 按钮式人力控制 | | 单向滚轮式机械控制 | |
| 手柄式人力控制 | | 单作用电磁控制 | |
| 踏板式人力控制 | | 双作用电磁控制 | |
| 顶杆式机械控制 | | 电动机旋转控制 | M |
| 弹簧控制 | | 加压或泄压控制 | |
| 滚轮式机械控制 | | 内部压力控制 | |
| 外部压力控制 | | 电液先导控制 | |
| 气压先导控制 | | 电气先导控制 | |
| 液压先导控制 | | 液压先导泄压控制 | |
| 液压二级先导控制 | | 电反馈控制 | |
| 气液先导控制 | | 差动控制 | |

## 表4 控制元件

| 名 称 | 符 号 | 名 称 | 符 号 |
|---|---|---|---|
| 直动型溢流阀 | 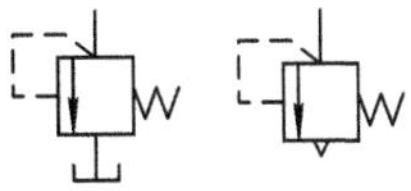 | 溢流减压阀 | 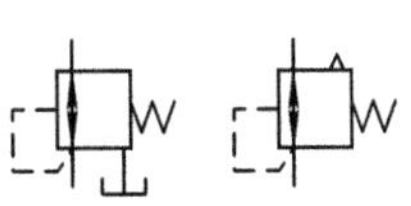 |
| 先导型溢流阀 | 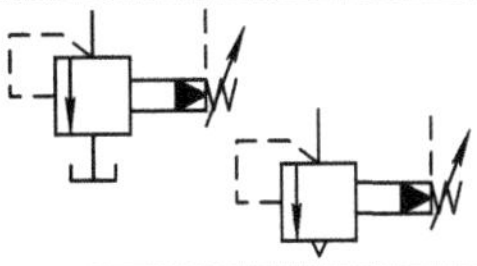 | 先导型比例<br>电磁式溢流阀 | 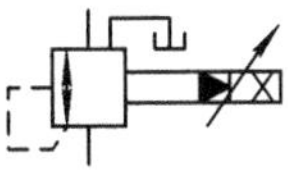 |
| 先导型比例<br>电磁溢流阀 | 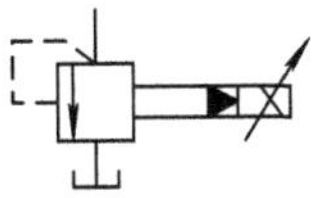 | 定比减压阀 | 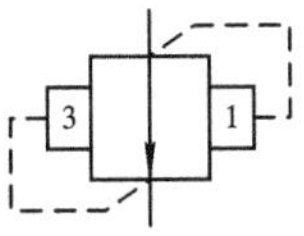 |
| 卸荷溢流阀 | 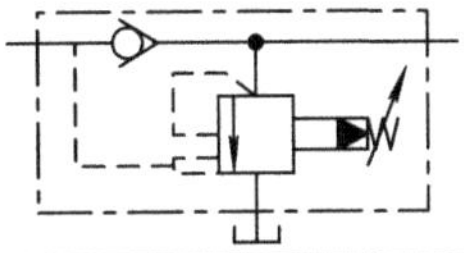 | 定差减压阀 | 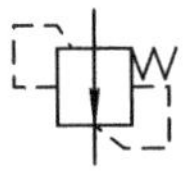 |
| 双向溢流阀 | 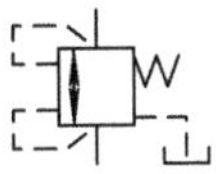 | 直动型顺序阀 | 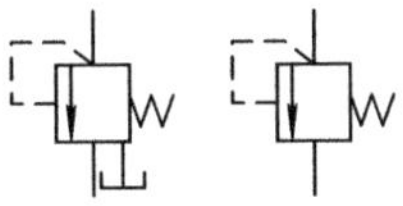 |
| 直动型减压阀 | 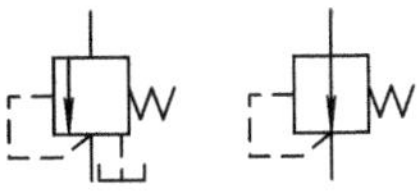 | 先导型顺序阀 | 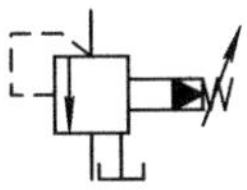 |
| 先导型减压阀 | 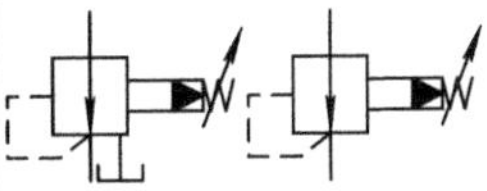 | 单向顺序阀(平衡阀) | 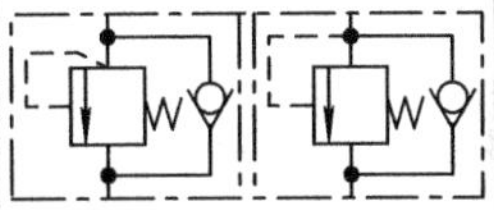 |
| 直动型卸荷阀 | 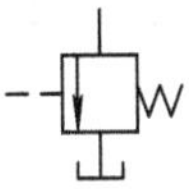 | 集流阀 | 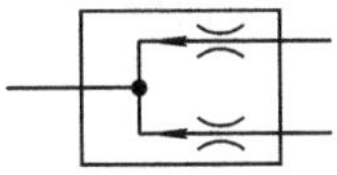 |
| 制动阀 | 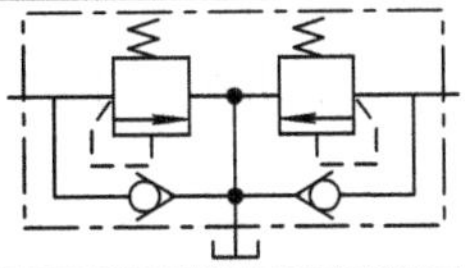 | 分流集流阀 | 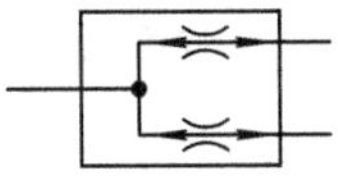 |
| 不可调节流阀 |  | 单向阀 |  |
| 可调节流阀 |  | 液控单向阀 | 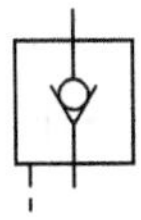 |

续表

| 名　称 | 符　号 | 名　称 | 符　号 |
|---|---|---|---|
| 可调单向节流阀 | 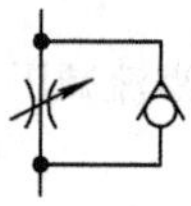 | 液压锁 | 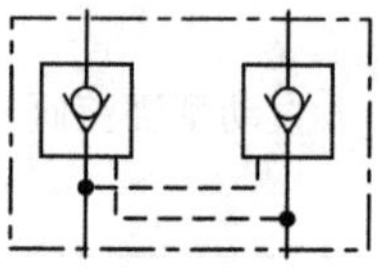 |
| 减速阀 | 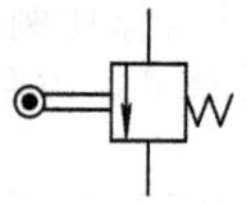 | 或门型梭阀 | 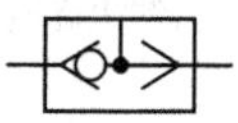 |
| 带消声器的节流阀 | 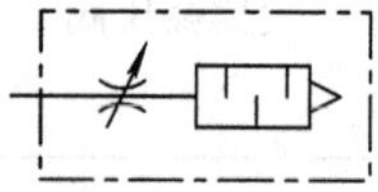 | 与门型梭阀 | 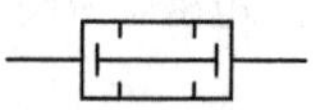 |
| 调速阀 | 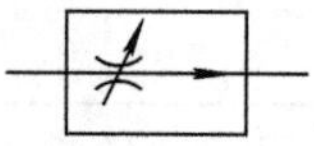 | 快速排气阀 | 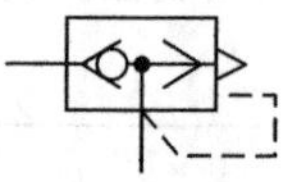 |
| 温度补偿调速阀 | 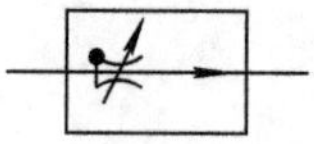 | 二位二通换向阀 | 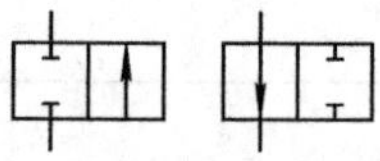 |
| 旁通型调速阀 | 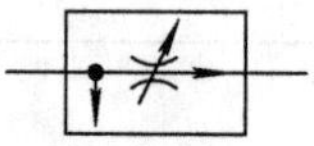 | 二位三通换向阀 | 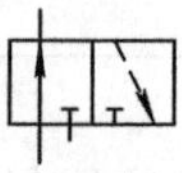 |
| 单向调速阀 | 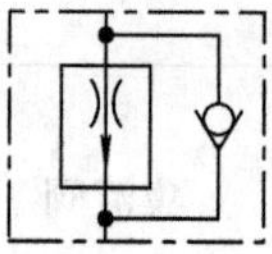 | 二位四通换向阀 | 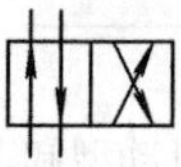 |
| 分流阀 | 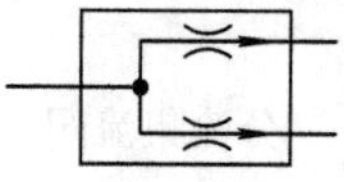 | 二位五通换向阀 |  |
| 三位四通换向阀 | 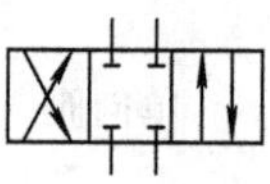 | 四通电液伺服阀 | 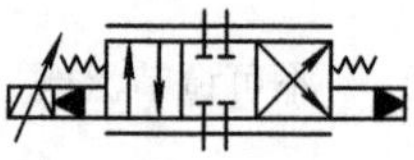 |
| 三位五通换向阀 | 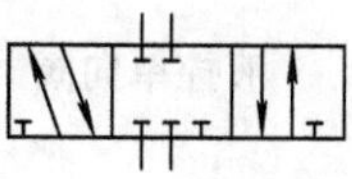 | | |

**表5　辅 助 元 件**

| 名　称 | 符　号 | 名　称 | 符　号 |
|---|---|---|---|
| 过滤器 | 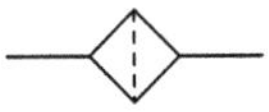 | 气罐 |  |
| 磁芯过滤器 | 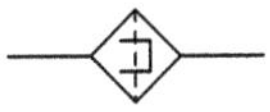 | 压力计 |  |
| 污染指示过滤器 | 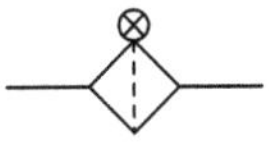 | 液面计 |  |
| 分水排水器 | 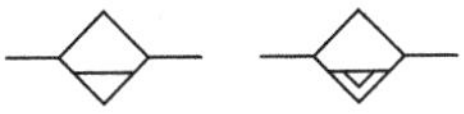 | 温度计 |  |
| 空气过滤器 | 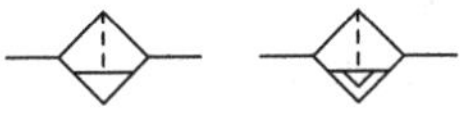 | 流量计 |  |
| 除油器 | 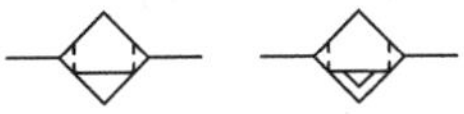 | 压力继电器 | 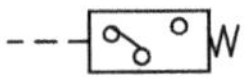 |
| 空气干燥器 | 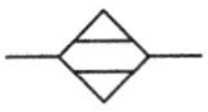 | 消声器 | 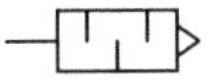 |
| 油雾器 | 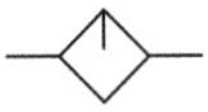 | 液压源 |  |
| 气源调节装置 | 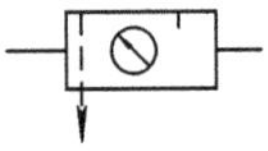 | 气压源 | |
| 冷却器 |  | 电动机 | 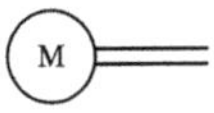 M |
| 加热器 |  | 原动机 | 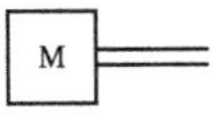 M |
| 蓄能器 | 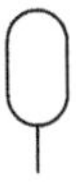 | 气-液转换器 | 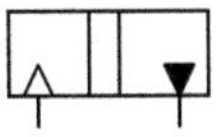 |

# 参 考 文 献

[1] 雷天觉. 液压工程手册. 北京：机械工业出版社，2000
[2] 机械电子工业部广州机床研究所. 机床液压传动设计指导手册. 广州：广东高等教育出版社，1993
[3] 何存兴. 液压元件. 北京：机械工业出版社，1982
[4] 林建亚，何存兴. 液压元件. 北京：机械工业出版社，1988
[5] 顾柏和. 液压元件. 西安：西安航专教材室，1986
[6] 简引霞. 液压元件. 西安：西安航专教材室，1993
[7] 李壮云，葛宜远. 液压元件与系统. 北京：机械工业出版社，2004
[8] 官忠范. 液压传动系统. 3 版. 北京：机械工业出版社，2004
[9] 廖家璞. 液压传动. 北京：北京航空航天大学出版社，1995
[10] 丁树模. 液压传动. 2 版. 北京：机械工业出版社，1997
[11] 许福玲，陈尧明. 液压与气压传动. 北京：机械工业出版社，1996
[12] 姜佩东. 液压与气动技术. 北京：高等教育出版社，2000
[13] 朱梅，朱光力. 液压与气动技术. 西安：西安电子科技大学出版社，2004